21 世纪高校教材

高 等 数 学

(第 3 版)

主　编　张大庆　滕冬梅　汪光先

苏州大学出版社

图书在版编目(CIP)数据

高等数学 / 张大庆,滕冬梅,汪光先主编. —3 版
.—苏州：苏州大学出版社,2017.7(2024.8 重印)
21 世纪高校教材
ISBN 978-7-5672-2181-9

Ⅰ.①高… Ⅱ.①张… ②滕… ③汪… Ⅲ.①高等数学—高等学校—教材 Ⅳ.①O13

中国版本图书馆 CIP 数据核字(2017)第 172205 号

内 容 提 要

全书共分九章,包括函数与向量、极限与连续、导数与微分、中值定理与导数的应用、定积分与不定积分、二重积分与曲线积分、微分方程、无穷级数、概率论基础.

本书每章配套习题与习题课结合使用,辅以复习题训练,目的是帮助读者理解、消化和复习教材主体内容,编写中注重培养学生良好的科学思维习惯及实际应用能力.

本书适用于应用型高等院校理工类和经济类各专业的公共数学课教学,也可供高等数学授课教师作为教参使用,以及提供给学生作考研辅导和竞赛指导使用.

高 等 数 学

(第 3 版)

张大庆　滕冬梅　汪光先　主编
责任编辑　李　娟

苏州大学出版社出版发行
(地址：苏州市十梓街 1 号　邮编:215006)
广东虎彩云印刷有限公司印装
(地址：东莞市虎门镇黄村社区厚虎路20号C幢一楼　邮编：523898)

开本 787 mm×960 mm　1/16　印张 22　字数 418 千
2017 年 7 月第 1 版　2024 年 8 月第 8 次印刷
ISBN 978-7-5672-2181-9　定价：49.80 元

苏州大学版图书若有印装错误,本社负责调换
苏州大学出版社营销部　电话：0512-67481020
苏州大学出版社网址　http://www.sudapress.com

前 言

当前，数学已经成为社会经济研究的重要工具.高等数学课程对于大学生是非常重要的基础课程.刚步入高等教育殿堂的学生需要一本内容充实而难度适中的教材.为此，我们结合新形势下高等数学的教学要求编写了本书.

本书主要针对课时数较少的学生编写.针对读者的特点，本着"以应用为目的、以必需和够用为尺度"的编写原则，在概念与理论、方法与技巧、实践与应用三个方面努力做出较为合理的安排，力求使学生的逻辑思考能力和数学应用能力都能得到发展，以期达到提高学生数学综合素质的目的.

在编写中我们努力使全书条理清晰，定理、定义的叙述力求严密.在建构引入新概念时，尽量使用通俗的语言，希望能够体现我们把本书写成一本"易教易学的高等数学教材"这一初衷.

本书共分八章，前五章主要介绍一元微积分，把多元函数微分学与一元函数内容一起介绍.第六章是二重积分与曲线积分，第七章是微分方程，第八章是无穷级数.后面的三章供不同专业选讲.各章的"习题课"部分提供了不少典型例题，可供上习题课时选用.此外，本书在各章附有习题和复习题供学生练习之用.

本书的编写出版，得到了苏州大学数学科学学院的大力支持，许多教师对本书提出了非常好的建议，使其增色不少.凡此种种，编者谨此一并致谢！最后，我们还要感谢苏州大学出版社为本书面世所做的工作.

编　者

2007 年 8 月

再版前言

本书按照教育部《高等教育面向21世纪教学内容和课程体系改革计划》的精神和要求编写，结合高等数学教材主流体系模式，沿用定义严谨、理论框架组织合理的原则，强调在实例中熟练掌握理论方法的应用.创新点在于整合了一元和多元框架下的微积分教学体系，将不同专业不同需求的主要教学内容融进一本教材，将微积分基本内容由浅入深、由易到难、由一元到多元组合成层次合理、内容简明的章节.从数学定义到定理推导，从典型例题到精选习题，尽可能体现教学的多元性与多专业的适用性.

本书适合作为大部分院系专业学生的高等数学课程的教材，通过本书的学习，学生能在较短时间内掌握一元和多元微积分的初步知识.修订版增加了概率论基础内容以及对应的排列组合分析知识，为学生学习统计、线性代数等后续课程提供必要的预备知识.教师在教学中可以利用每章后习题、复习题统一安排组织习题课体系，章节后的练习题和精选问题有益于学生进一步开阔思路和拓展应用性问题的思考，有利于学生参与数学建模等活动，适于多层次教学目的的实现.

本书是各位参加编写的老师与责任编辑团队合作下的新模式教材，体现了在多元结构下微分和积分体系的调整，增加了部分内容的图解分析，既保证传统教学的基本内容和知识范围，又给予学生不同的视界来分析问题和理解数学，提高学生对数学问题的领悟素质和能力.

编　者

2013年7月

第3版前言

本书结合高等院校非数学专业数学基础课程教学指导委员会对本科数学基础课程教学的基本要求编写，编写过程中注重强调数学思想方法教学，培养学生的数学应用能力.我们认真总结了前两版教材在使用过程中存在的问题，听取了各兄弟院校教师和学生使用教材的反馈意见，现将教材重新修订出版，希望进一步提高教材质量.

新版教材保持了原教材的特色，既方便自学，又适合一元到多元体系下不同专业课堂教学的多功能使用.在修订过程中，强调内容精简化，删除了部分超出基本要求的内容和例题；进一步核查并对教材中例题、练习题和复习题的解题方法进行了优化改进和细节纠错，选择替换了部分题目，希冀降低难度而做到由浅入深；继续保留了习题课程特点，以强调重点内容辅以典型例题训练，目标是循序渐进，更上一层楼.

编者谨此一并感谢在历次修订改版过程中许多教师和学生提出的宝贵建议，还有出版社责任编辑提供的细致服务和长期帮助.

编者

2017年6月

Contents

第1章　函数与向量

第2章　极限与连续

第3章　导数与微分

第 4 章　中值定理与导数的应用

第 5 章　定积分与不定积分

第 6 章　二重积分与曲线积分

第7章　微分方程

第8章　无穷级数

第9章　概率论基础

第1章 函数与向量

我们将从一维数轴的区间、二维平面的区域概念引入到三维的空间直角坐标系.在一个具体的实例模式下,对实数范围的一元与多元函数做一体化的研究分析,从而在微积分知识框架中融会贯通一元和二元情形,继而在今后数学课程(如概率论和数理统计、线性代数)的学习中,更容易理解多元关系与高维情形.

§1.1 函数及其图形

我们考虑一些特殊的数集,如数轴上的区间、平面和空间上的区域概念,并且假定大家熟悉基本的集合语言和必要的逻辑符号(参见附录A).

一、区间与区域概念

实数系统 $\mathbf{R}$ 构成一维数轴,区间为其特殊的子集.

开区间、闭区间、半开半闭区间都可以用集合来表示.

例如,开区间 $(a,b)=\{x|a<x<b,x\in\mathbf{R}\}$,闭区间 $[a,b]=\{x|a\leqslant x\leqslant b,x\in\mathbf{R}\}$,还有半闭(半开)区间 $[a,b)$,$(a,b]$.这四种区间称为有限区间,a,b 分别称为区间的左、右端点,$b-a$ 称为区间的长度.

无限区间有 $(a,+\infty)=\{x|x>a,x\in\mathbf{R}\}$,$(-\infty,b)=\{x|x<b,x\in\mathbf{R}\}$,$(-\infty,+\infty)=\{x|x\in\mathbf{R}\}$.

下面介绍一个很重要的概念:

设 x_0 为实数,$\delta>0$,称集合 $\{x||x-x_0|<\delta\}$ 为 x_0 的δ邻域,记为 $U(x_0,\delta)$,即

$$U(x_0,\delta)=\{x||x-x_0|<\delta\},$$

其中 x_0 称为邻域的中心,δ 称为邻域的半径.这里 $U(x_0,\delta)=(x_0-\delta,x_0+\delta)$.

称集合 $\{x|0<|x-x_0|<\delta\}$ 为 x_0 的δ去心邻域,记为 $\mathring{U}(x_0,\delta)$,即

$$\mathring{U}(x_0,\delta)=(x_0-\delta,x_0)\cup(x_0,x_0+\delta)=\{x\mid 0<|x-x_0|<\delta,x\in\mathbf{R}\}.$$

二维平面 $\mathbf{R}^2$ 的(笛卡儿)直角坐标系是大家比较熟悉的,平面上的点 $M(x,y)$ 对应二元有序数组(x,y)(图 1-1),而在极坐标系中对应于(ρ,θ)(图 1-2).

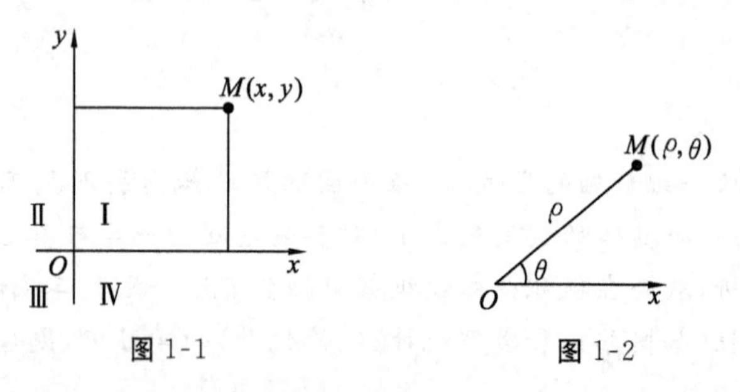

图 1-1　　　　图 1-2

直角坐标系与极坐标系的互换关系如下:

$$\begin{cases}x=\rho\cos\theta,\\ y=\rho\sin\theta;\end{cases}$$

反过来有

$$\rho=\sqrt{x^2+y^2},\theta=\begin{cases}\arctan\dfrac{y}{x}, & x>0,\\ \pi+\arctan\dfrac{y}{x}, & x<0.\end{cases}$$

对于平面,可以给出类似的邻域概念. 设 $P_0(x_0,y_0)\in\mathbf{R}^2$,称 $U(P_0,\delta)=\{P\mid |PP_0|<\delta\}$为 P_0 的δ邻域,$\mathring{U}(P_0,\delta)=\{P\mid 0<|PP_0|<\delta\}$为 P_0 的δ去心邻域.

一个区域 D 的聚点是指这样一些点:在其任意去心邻域内都有属于 D 的点.

区域 D 的边界点是指这样一些点:在其任意去心邻域内既有属于 D 的点,也有不属于 D 的点.

一个区域若不包含边界上任一点,则称之为开区域;若包含所有边界点,则称之为闭区域.

例如,图 1-3 所示,$D=\{(x,y)\mid x^2+y^2\leqslant 1\}$是 xOy 平面上以原点为中心、单位(闭)圆 $x^2+y^2=1$ 为边界的闭区域;又如,图 1-4 所示,$D=\{(x,y)\mid x>|y|,x>0\}$是以 $x+y=0,x-y=0$ 为边界的开区域.

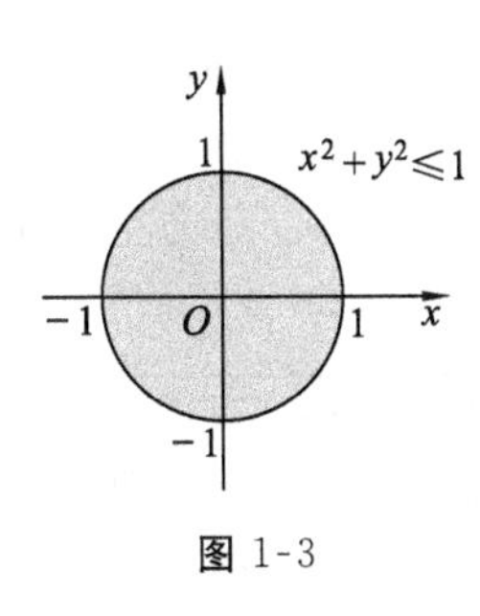

图 1-3

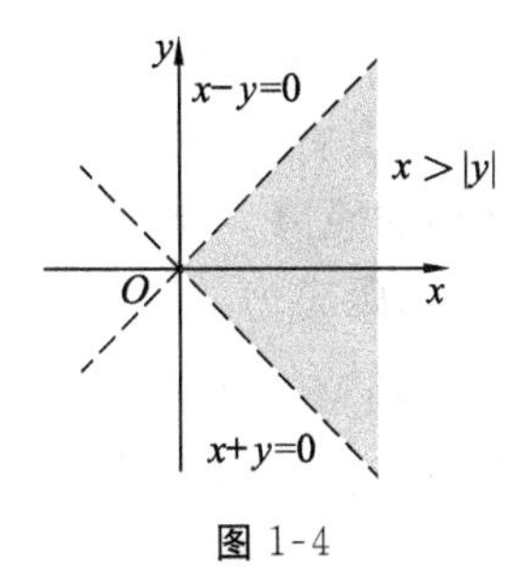

图 1-4

二、空间直角坐标系

三元有序数组(x,y,z)可以与$\mathbf{R}^3$的元素一一对应，在几何上可建立空间直角坐标系如下：O为原点，Ox，Oy，Oz为两两垂直的坐标轴，xOy，yOz，zOx为两两垂直的坐标面，把空间分割成为八个卦限(图1-5)．以Ox为横轴，Oy为纵轴，Oz为竖轴，对空间中一点$M(x,y,z)$，x为横坐标，y为纵坐标，z为竖坐标.

一般我们采用“右手”直角坐标系(图1-6).

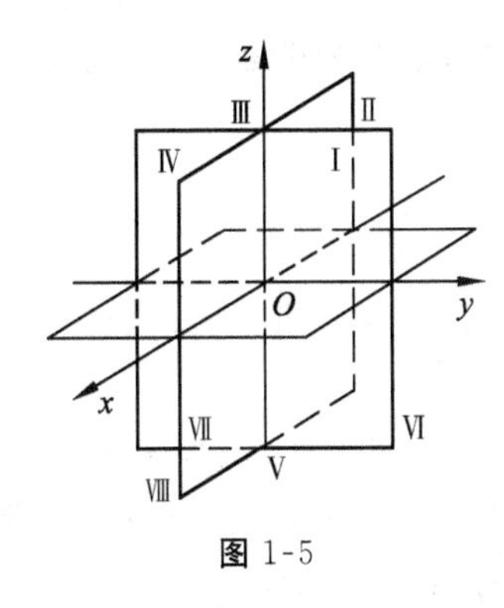

图 1-5

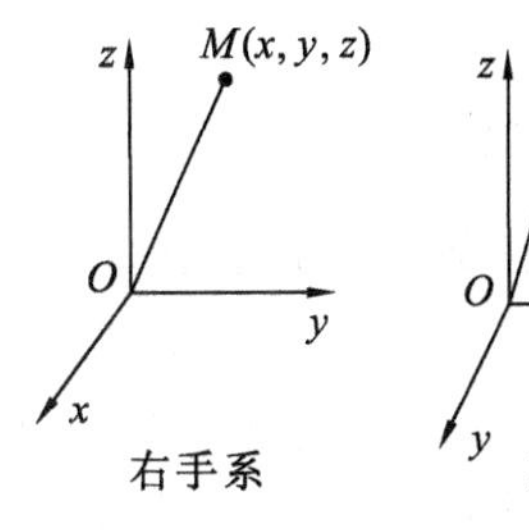

图 1-6

Ⅰ～Ⅷ为八个卦限，在各个卦限里点的坐标x,y,z的符号如下表所示：

坐标＼卦限	Ⅰ	Ⅱ	Ⅲ	Ⅳ	Ⅴ	Ⅵ	Ⅶ	Ⅷ
x	+	−	−	+	+	−	−	+
y	+	+	−	−	+	+	−	−
z	+	+	+	+	−	−	−	−

位于坐标轴上的点的坐标有如下特点：x轴上的点为$(x,0,0)$，y轴上的点为$(0,y,0)$，z轴上的点为$(0,0,z)$；

位于坐标平面上的点的坐标有如下特点：xOy 面上的点为$(x,y,0)$，zOx 面上的点为$(x,0,z)$上，yOz 面上的点为$(0,y,z)$.

空间两点间的距离 设 $M_1(x_1,y_1,z_1)$，$M_2(x_2,y_2,z_2)$为空间上的两点，则点 M_1 与点 M_2 的距离为

$$|M_1M_2|=\sqrt{(x_2-x_1)^2+(y_2-y_1)^2+(z_2-z_1)^2}.$$

一些重要的概念，如点、邻域、去心邻域的概念可推广至三维空间，如下：

若 $P_0(x_0,y_0,z_0)\in\mathbf{R}^3$，记 $U(P_0,\delta)=\{P\mid |PP_0|<\delta\}$为 P_0 的 δ 邻域，记 $\mathring{U}(P_0,\delta)=\{P\mid 0<|PP_0|<\delta\}$为 P_0 的 δ 去心邻域.

一个空间域 V 的边界点是在其任意的去心邻域内既有属于 V 的点，也有不属于 V 的点. 例如，$V=\{(x,y,z)\mid x^2+y^2+z^2\leqslant 1\}$为单位球体，它以原点为中心、1 为半径、单位球面 $x^2+y^2+z^2=1$ 为边界.

习惯上称一维数轴、二维平面与三维空间的点分别对应一元数、二元有序数组、三元有序数组. 因此，如果进一步考虑 n 元有序数组，也有抽象的 n 维空间来对应，只是不能用直观的方式来表示而已. 在微积分中主要讲授一元和二元情形，在线性代数中可以有多维的线性系统，但都可以此几何背景来作为理解概念的初步模型.

三、函数的概念

一般而言，函数研究的是变量之间的对应关系. 下面给出一元函数和多元函数的概念.

定义 1 设 D 是数集，f 是定义在 D 上的一个对应关系，若对 $\forall x\in D$，都有唯一的实数 $y\in\mathbf{R}$，按照关系 f 与 x 对应，则称 f 是定义在 D 上的一个函数，记为$y=f(x)$，$x\in D$. 其中 x 称为自变量，y 称为因变量，D 称为定义域，记作 D_f，即$D_f=D$；集合 $R_f=\{y\mid y=f(x),x\in D\}$称为函数的值域. 点集$\{(x,y)\mid y=f(x),x\in D\}$称为函数 $y=f(x)$的图形.

这里先考虑数集为一元点集 D，可以得到一元函数的概念.

举几个常用的一元函数的例子：

(1) 常值函数 $y=c$.

其定义域为$(-\infty,+\infty)$，值域为$\{c\}$，图形为一条平行于 x 轴的直线.

(2) 绝对值函数 $y=|x|=\begin{cases}x, & x\geqslant 0,\\ -x, & x<0.\end{cases}$

其定义域为$(-\infty,+\infty)$，值域为$[0,+\infty)$.

(3) 符号函数 $y=\operatorname{sgn}x=\begin{cases}1, & x>0,\\ 0, & x=0,\\ -1, & x<0.\end{cases}$

其定义域为$(-\infty,+\infty)$,值域为$\{-1,0,1\}$.

(4) 取整函数 $y=[x]$.

设 x 为任一实数,不超过 x 的最大整数称为 x 的整数部分,记为$[x]$.

其定义域为$(-\infty,+\infty)$,值域为 $\mathbf{Z}$.

例如,$\left[\frac{5}{7}\right]=0,[\sqrt{2}]=1,[\pi]=3,[-1]=-1,[-3.95]=-4$.

(5) Dirichlet 函数 $D(x)=\begin{cases}1, & x\text{ 是有理数},\\ 0, & x\text{ 是无理数}.\end{cases}$

定义域为$(-\infty,+\infty)$,值域为$\{0,1\}$.

定义 2 若 D 为二维点集($D\subset\mathbf{R}^2$)或三维点集($D\subset\mathbf{R}^3$),则称 D 到 $\mathbf{R}$ 上的对应关系 f 为定义在 D 上的二元或三元函数.

通常用 $z=f(x,y)$ 来表示二元函数的记号,x,y 称为自变量,z 称为因变量,定义域 D 为平面点集.用 $u=f(x,y,z)$ 来表示三元函数的记号,x,y,z 称为自变量,u 称为因变量,定义域 D 为空间点集.注意在这里自变量之间没有依赖关系.

在平面或空间中引入点和向量的概念后,多元函数可称为点函数或向量值函数.

例如,点 $P(x,y,z)\in D$,点函数 $u=f(P)$ 表示多元函数.

对有实际背景的函数,定义域根据变量的实际意义确定;对抽象地用解析式表达的函数,通常约定这种函数的定义域是使得解析式有意义的点的集合,即函数的自然定义域.下面的几个称为"用显式表达"的函数 $y=f(x)$,可以表出 D_f.

例如,函数 $y=\sqrt{1-x^2}$的定义域是闭区间$[-1,1]$,函数 $y=\frac{1}{\sqrt{1-x^2}}$的定义域是开区间$(-1,1)$,三元函数 $u=\sqrt{1-x^2-y^2-z^2}$的定义域是空间内以原点为中心的单位球体(包括边界单位球面).

例 1 求函数 $y=\frac{1}{x}-\sqrt{x^2-4}$的定义域.

解 要使函数有意义,必须 $x\neq0$ 且 $x^2-4\geqslant0$,解不等式得$|x|\geqslant2$.

所以函数的定义域为 $D=\{x\mid|x|\geqslant2\}$或 $D=(-\infty,-2]\cup[2,+\infty)$.

例 2 求二元函数 $z=\ln\left(1-\sqrt{\frac{x^2}{4}+\frac{y^2}{9}}\right)$的定义域.

解 要使函数表达式有意义,必须$\frac{x^2}{4}+\frac{y^2}{9}<1$,所以二元函数的定义域为平面区域$D=\left\{(x,y)\middle|\frac{x^2}{4}+\frac{y^2}{9}<1\right\}$.

四、函数的其他形式

在一元函数的定义中,对每个$x\in D$,对应的函数值y总是唯一的,这样定义的函数都是"单值"函数.但函数作为变量之间的一般关系,有时给出的形式是比较复杂的.

例如,设变量x和y之间的对应关系由方程$x^2+y^2=r^2$给出.对每个$x\in D$,总有确定的y值与之对应,但这个y不总是唯一的,我们习惯上说确定了一个"多值"函数.

有时只要附加一些条件,就可以将它化为单值的,这样得到的单值函数称为多值函数的单值分支.

例如,在由方程$x^2+y^2=r^2$给出的对应法则中,分别附加"$y\geqslant 0$"或"$y\leqslant 0$"的条件,可得到两个单值分支$y=y_1(x)=\sqrt{r^2-x^2}$和$y=y_2(x)=-\sqrt{r^2-x^2}$.

有些函数可以由参数方程给出或由隐函数方程确定.

利用参数方程$x=r\cos\varphi, y=r\sin\varphi$同样可以讨论由方程$x^2+y^2=r^2$给出的变量$x$和$y$之间的关系,即考虑二元有序数组$(x,y)$.其中每一分量都是定义在$\varphi\in[0,2\pi]$的一元函数,其实它就是$[0,2\pi]\to\mathbf{R}^2$的一个向量函数.

例如,$\begin{cases}x=2\cos\theta,\\y=3\sin\theta\end{cases}$$(\theta\in[0,2\pi])$即为平面上椭圆$\frac{x^2}{4}+\frac{y^2}{9}=1$.

对于一元与多元情形,通常可用隐函数方程来确定变量x和y或x,y,z的关系.

例如,二元方程$\frac{x^2}{4}+\frac{y^2}{9}=1$,$e^{x+y}=xy$表示$x$和$y$有依赖关系;三元方程$x^2+y^2+z^2=1$表示$x,y,z$有依赖关系.一般用$F(x,y)=0$表示二元关系,$F(x,y,z)=0$表示三元关系.

显式表示的一元函数图形即为坐标平面上的点集$\{(x,y)\mid y=f(x),x\in D\}$;

由参数方程$\begin{cases}x=\varphi(t),\\y=\psi(t)\end{cases}$$(t\in[\alpha,\beta],\varphi(t),\psi(t)$为$t$的一元函数)确定的图形为平面点集$\{(x,y)\mid x=\varphi(t),y=\psi(t),t\in[\alpha,\beta]\}$;

由隐函数方程确定的函数图形可表示为$\{(x,y)|F(x,y)=0\}$.

图 1-7 所示是隐函数方程 $y^2=x^2+\sin xy$ 确定的函数图形.

一般来说,二元之间(一元函数)的图形关系在二维平面上可以观察,三元之间(二元函数)的图形关系要在三维空间中观察.例如,$z=\sin x\cos y$,$x\in[0,2\pi]$,$y\in[0,2\pi]$的图形如图 1-8 所示.

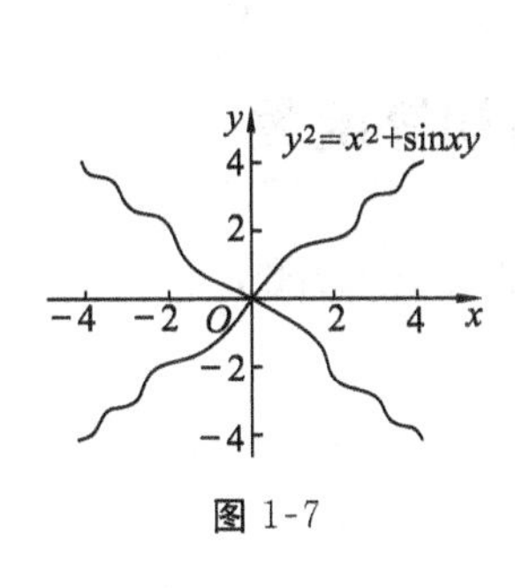

图 1-7

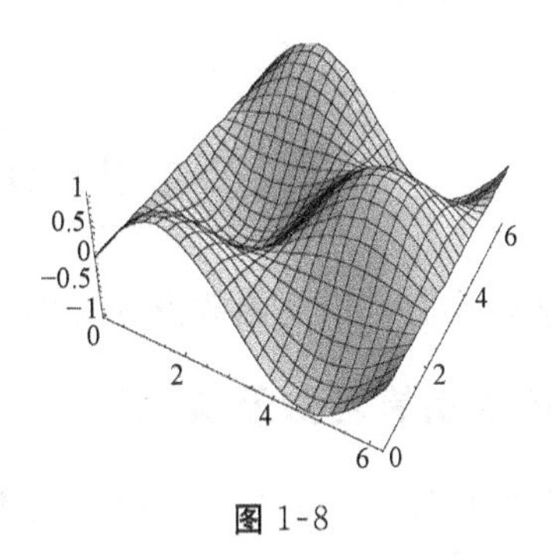

图 1-8

五、分段函数与分片函数

在自变量的不同变化范围中,对应关系用不同解析式来表示的函数,对一元函数,称为分段函数;对二元函数,称为分片函数.

例如,函数 $y=\begin{cases}2\sqrt{x}, & 0\leqslant x\leqslant 1,\\ 1+x, & x>1.\end{cases}$

这是一个分段函数,定义域为 $D=[0,1]\cup(1,+\infty)=[0,+\infty)$.

当 $0\leqslant x\leqslant 1$ 时,$y=2\sqrt{x}$;

当 $x>1$ 时,$y=1+x$.

对应有 $f\left(\frac{1}{2}\right)=2\sqrt{\frac{1}{2}}=\sqrt{2}$, $f(1)=2\sqrt{1}=2$, $f(3)=1+3=4$.

例 3 作出函数 $y=x^2-2|x|+1$ 的图形.

分析 去掉绝对值符号,得

$$y=\begin{cases}x^2+2x+1, & x\leqslant 0,\\ x^2-2x+1, & x>0.\end{cases}$$

它为分段函数(图 1-9).

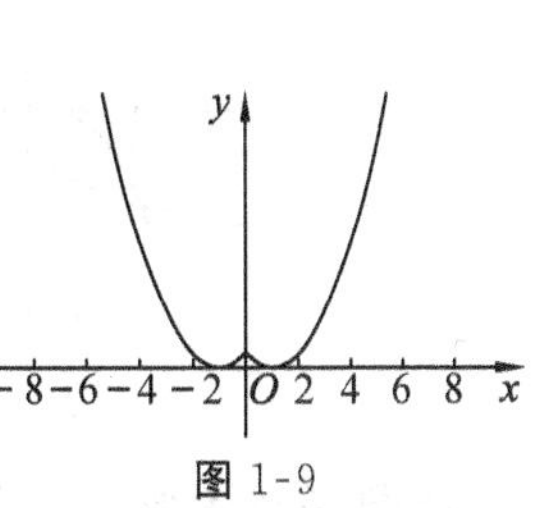

图 1-9

例 4 求二元函数

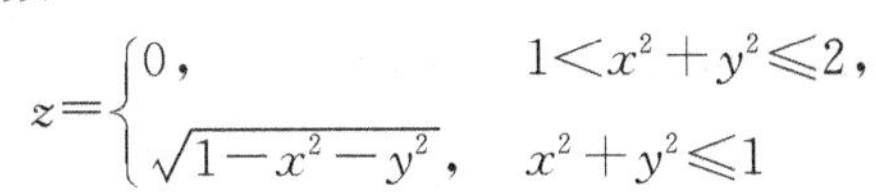

$$z=\begin{cases}0, & 1<x^2+y^2\leqslant 2,\\ \sqrt{1-x^2-y^2}, & x^2+y^2\leqslant 1\end{cases}$$

的定义域.

分析　要使函数表达式有意义,必须 $1-x^2-y^2\geqslant 0$,所以二元函数的定义域为

$$D=\{(x,y)\mid x^2+y^2\leqslant 2\}.$$

其图形为"上半球面加边的帽子"(图 1-10),是分片函数.

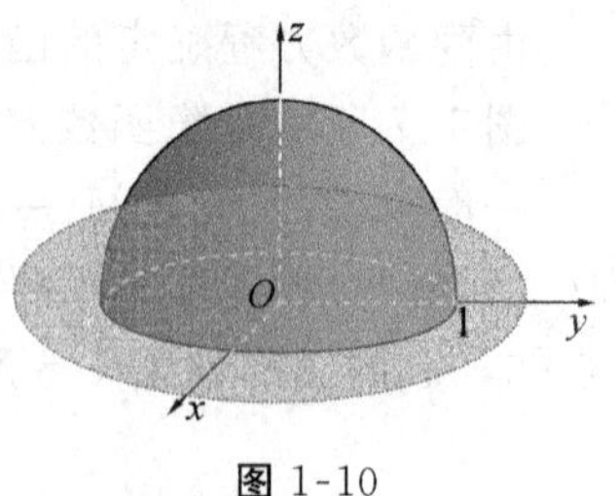

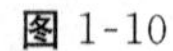

图 1-10

§1.2　函数运算与初等函数

这里我们讨论的函数没有特别指出的话,都是指一元函数.

一、基本初等函数及其图形

下列几种一元函数可以称为基本初等函数:

(1) 幂函数:$y=x^{\mu}$($\mu\in\mathbf{R}$ 是常数);

(2) 指数函数:$y=a^x$($a>0$ 且 $a\neq 1$);

(3) 对数函数:$y=\log_a x$ ($a>0$ 且 $a\neq 1$),特别地,当 $a=10$ 时,对数函数记为$y=\lg x$;

* 以后在极限论中引入数 e 的意义后,当 $a=\mathrm{e}\approx 2.71828$ 时,对数函数记为 $y=\ln x$.

(4) 三角函数:$y=\sin x$, $y=\cos x$, $y=\tan x$, $y=\cot x$, $y=\sec x$, $y=\csc x$;

(5) 反三角函数:$y=\arcsin x$, $y=\arccos x$, $y=\arctan x$, $y=\mathrm{arccot}\,x$.

幂函数的定义域与幂次参数 μ 有关,见图 1-11、图 1-12.

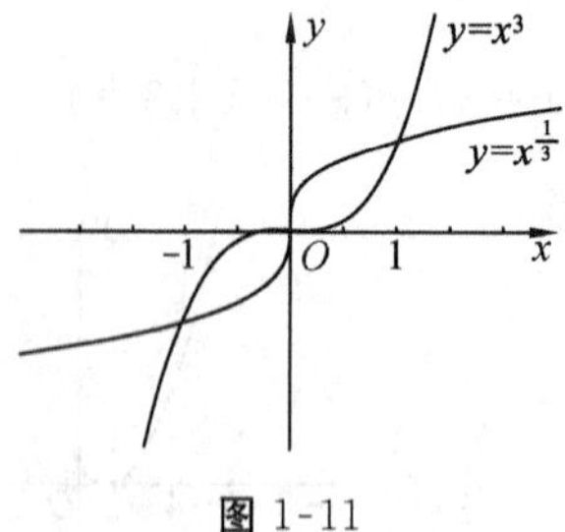

图 1-11

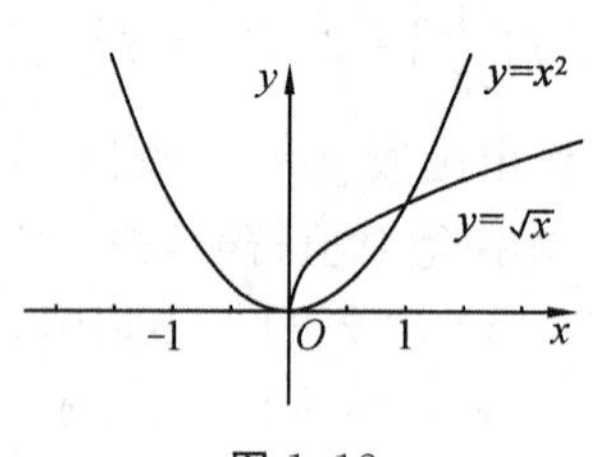

图 1-12

指数函数图形与指数底 a 有关,见图 1-13.

对数函数图形与对数底 a 有关,见图 1-14.

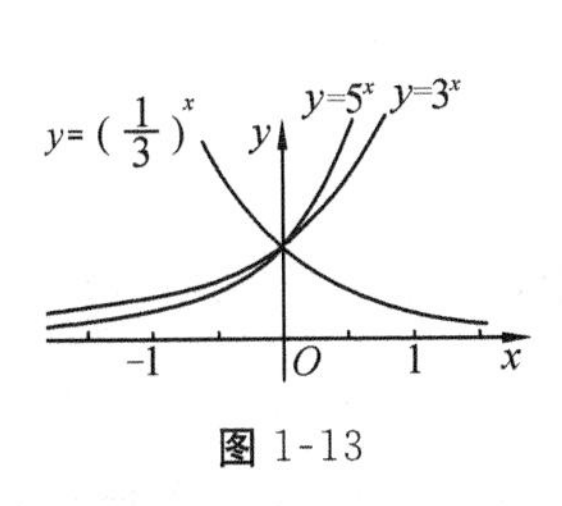

图 1-13

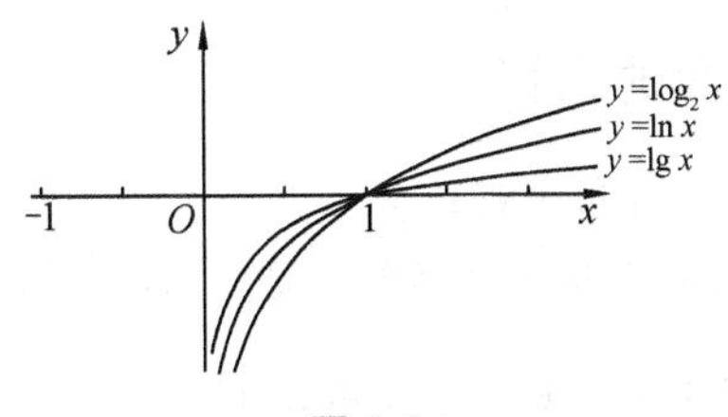

图 1-14

三角函数的图形见图 1-15 至图 1-18.

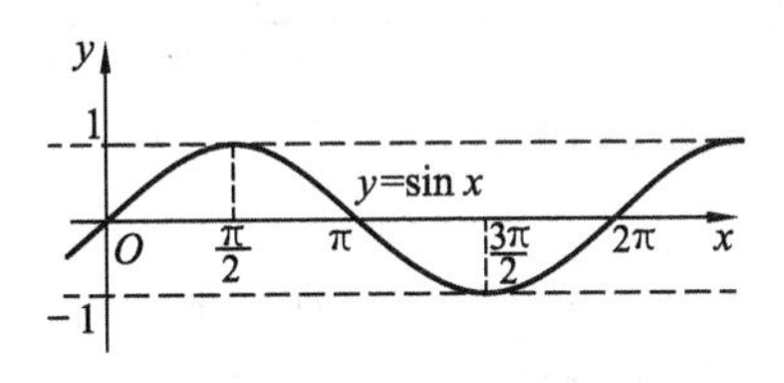

图 1-15

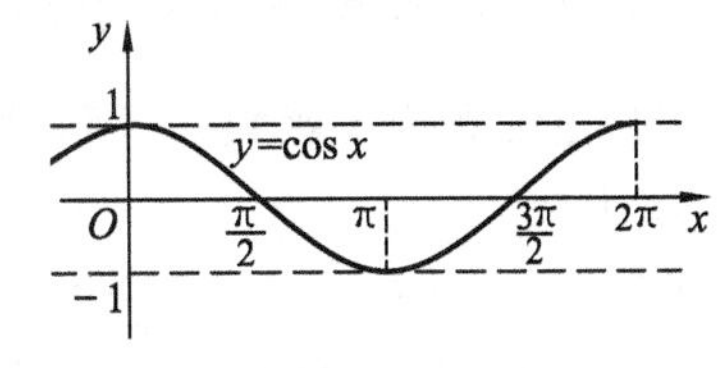

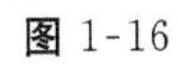

图 1-16

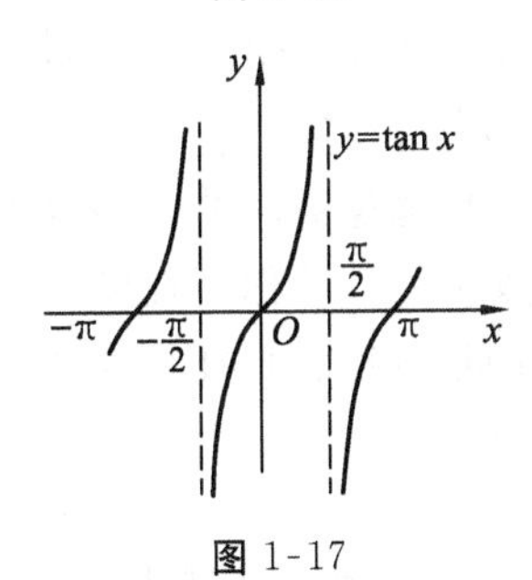

图 1-17

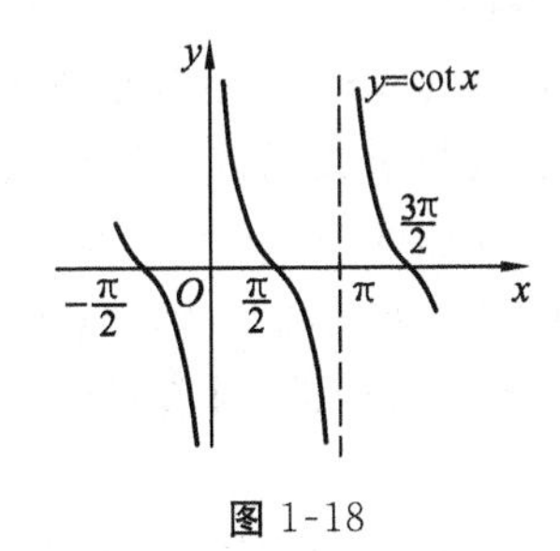

图 1-18

反三角函数的图形见图 1-19 至图 1-22.

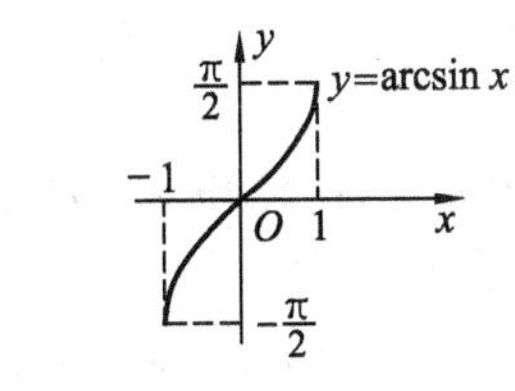

图 1-19

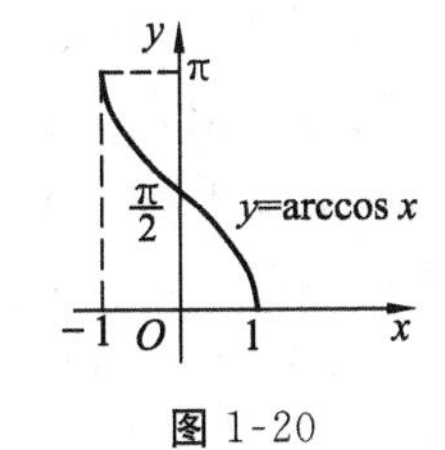

图 1-20

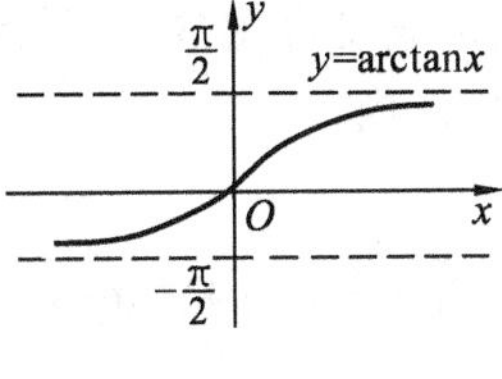

图 1-21

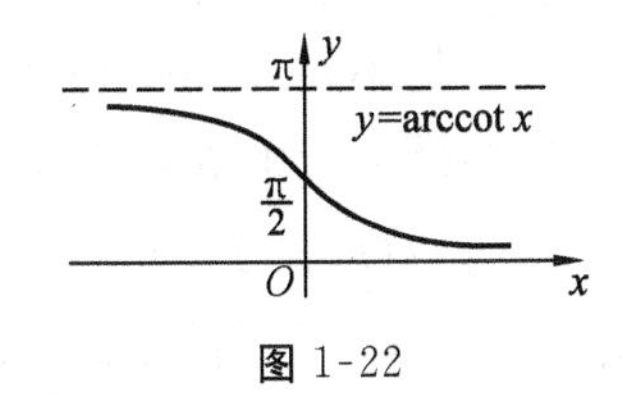

图 1-22

二、函数的运算

1. 函数的四则运算

两个函数通过实数的四则运算可以构造新的函数，实现 $f(x)\pm g(x)$，$f(x)g(x)$，$\dfrac{f(x)}{g(x)}$，但要注意定义域可能会有变化.

例如，多项式函数 $f(x)=a_0+a_1x+a_2x^2+\cdots+a_nx^n$ 是由常数与幂函数经过加法运算和乘积运算得到的. 有理函数 $R(x)=\dfrac{a_0+a_1x+a_2x^2+\cdots+a_nx^n}{b_0+b_1x+b_2x^2+\cdots+b_mx^m}$ 也可以看作是由常数与幂函数经过和、积、商运算得到的.

2. 反函数

设函数 f 是一种一一对应关系，即对每个 $y\in f(D)$，有唯一的 $x\in D$，使得 $f(x)=y$. 这种由 $f(D)$ 到 D 上的对应关系，称为函数 f 的反函数，记为 f^{-1}.

例如，函数 $y=x^3$ 一一对应有 $x=y^{\frac{1}{3}}$，习惯上自变量用 x 表示，因变量用 y 表示，于是 $y=x^3$，$x\in\mathbf{R}$ 的反函数通常写作 $y=x^{\frac{1}{3}}$，$x\in\mathbf{R}$.

指数函数与对数函数，三角函数与反三角函数也是对应的反函数关系.

相对于反函数 $y=f^{-1}(x)$ 来说，原来的函数 $y=f(x)$ 称为直接函数. 把函数 $y=f(x)$ 和它的反函数 $y=f^{-1}(x)$ 的图形画在同一坐标平面上，这两个图形关于直线 $y=x$ 是对称的. 可参见图 1-11.

3. 复合函数

设函数 $y=f(u)$ 的定义域为 D_f，函数 $u=g(x)$ 的定义域为 D_g，且其值域 $R_g\subset D_f$，则由 $y=f(g(x))$，$x\in D_g$ 确定的函数称为由函数 $u=g(x)$ 和函数 $y=f(u)$ 构成的复合函数，它的定义域为 D_g，变量 u 称为中间变量. 函数 g 与函数 f 构成的复合函数通常记为 $f\circ g$.

g 与 f 构成复合函数 $f\circ g$ 的条件是：函数 g 在 D_g 上的值域 $g(D)$ 必须含在 f 的定义域 D_f 内，即 $g(D)\subset D_f$. 否则，不能构成复合函数.

例如，$y=f(u)=\arcsin u$ 的定义域为 $[-1,1]$，$u=g(x)=\cos x$ 的定义域为 R，且 $R_g\subset[-1,1]$，故 g 与 f 可构成复合函数 $y=\arcsin\cos x$，$x\in\mathbf{R}$；

但是函数 $y=\arcsin u$ 和函数 $u=2+x^2$ 不能构成复合函数，这是因为对任意 $x\in\mathbf{R}$，$u=2+x^2$ 均不在 $y=\arcsin u$ 的定义域 $[-1,1]$ 内.

由此可以类推多个函数的复合过程.

例如：$u=g(f(h(x)))=\ln(\arcsin\sqrt{1-x^2})$ 由 $u=g(v)=\ln v$，$v=f(w)=\arcsin w$，$w=h(x)=\sqrt{1-x^2}$ 复合而成.

三、初等函数

由常数和基本初等函数经过有限次的四则运算和有限次的函数复合步骤构成的，并可用一个式子表示的函数，称为初等函数.

例如，$y=\sqrt{1-x^2}$，$y=\sin^2 x$，$y=\sqrt{\cot\frac{x}{2}}$ 等都是初等函数.

图 1-23

下面介绍一类特殊的初等函数.

1. 双曲函数

双曲正弦：$\mathrm{sh}x=\dfrac{e^x-e^{-x}}{2}$；

双曲余弦：$\mathrm{ch}x=\dfrac{e^x+e^{-x}}{2}$；

双曲正切：$\mathrm{th}x=\dfrac{\mathrm{sh}x}{\mathrm{ch}x}=\dfrac{e^x-e^{-x}}{e^x+e^{-x}}$；

双曲余切：$\mathrm{cth}x=\dfrac{1}{\mathrm{th}x}$.

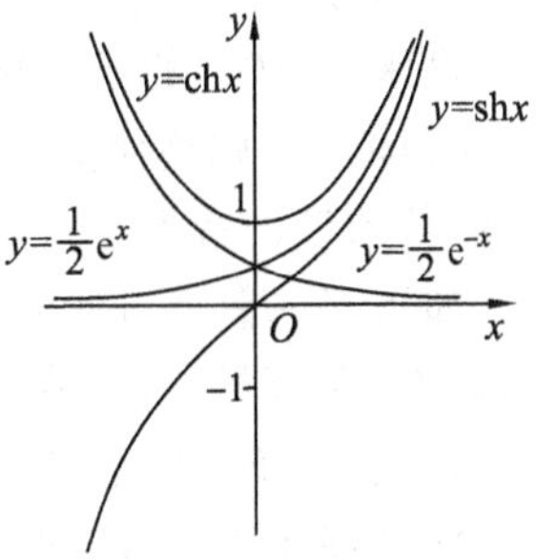

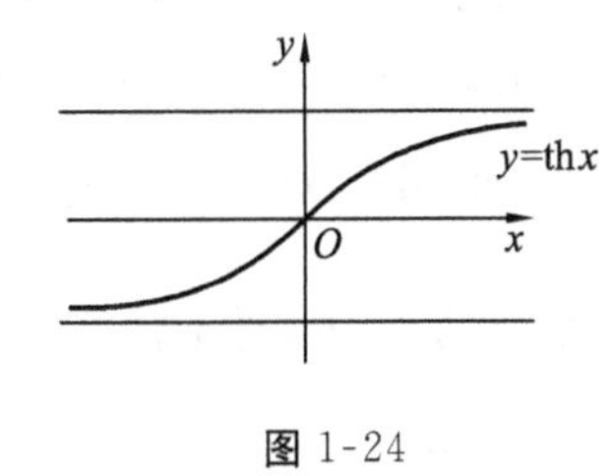

图 1-24

其图形可见图 1-23、图 1-24.

我们有双曲函数的性质如下：

$\mathrm{sh}(x\pm y)=\mathrm{sh}x\cdot\mathrm{ch}y\pm\mathrm{ch}x\cdot\mathrm{sh}y$；

$\mathrm{ch}(x\pm y)=\mathrm{ch}x\cdot\mathrm{ch}y\pm\mathrm{sh}x\cdot\mathrm{sh}y$；

特殊地，

$\mathrm{ch}^2 x-\mathrm{sh}^2 x=1$；

$\mathrm{sh}2x=2\mathrm{sh}x\cdot\mathrm{ch}x$；

$\mathrm{ch}2x=\mathrm{ch}^2 x+\mathrm{sh}^2 x$.

2. 反双曲函数

双曲函数 $y=\mathrm{sh}x$，$y=\mathrm{ch}x(x\geqslant 0)$，$y=\mathrm{th}x$ 的反函数依次为

反双曲正弦：$y=\mathrm{arsh}x$；

反双曲余弦：$y=\mathrm{arch}x$；

反双曲正切：$y=\mathrm{arth}x$.

其实，反双曲函数的表达式可推出为

$\mathrm{arsh}x=\ln(x+\sqrt{x^2+1})$；

$\mathrm{arch}x=\ln(x+\sqrt{x^2-1})$；

$\operatorname{arth} x=\frac{1}{2}\ln\frac{1+x}{1-x}.$

四、函数的几种特性

1. 有界性

设函数 $f(x)$的定义域为 D,数集 $X\subset D$. 如果存在数 K_1,使对任一 $x\in X$,有 $f(x)\leqslant K_1$,则称函数 $f(x)$在 X 上有上界,称 K_1 为函数 $f(x)$在 X 上的一个上界. 其图形的特点是 $y=f(x)$的图形在直线 $y=K_1$ 的下方.

如果存在数 K_2,使对任一 $x\in X$,有 $f(x)\geqslant K_2$,则称函数 $f(x)$在 X 上有下界,称 K_2 为函数 $f(x)$在 X 上的一个下界. 其图形的特点是函数 $y=f(x)$的图形在直线 $y=K_2$ 的上方.

如果存在正数 M,使对任一 $x\in X$,有$|f(x)|\leqslant M$,则称函数 $f(x)$在 X 上有界;如果这样的 M 不存在,则称函数 $f(x)$在 X 上无界. 有界函数图形的特点是函数 $y=f(x)$的图形在直线 $y=-M$ 和 $y=M$ 之间.

函数 $f(x)$无界,就是说对任何 M,总存在 $x_1\in X$,使$|f(x_1)|>M$.

例如,(1) $f(x)=\sin x$ 在$(-\infty,+\infty)$上有界:$|\sin x|\leqslant 1$.

(2) 函数 $f(x)=\frac{1}{x}$在开区间$(0,1)$内无上界,或者说它在$(0,1)$内有下界无上界. 这是因为,对于任一 $M>1$,总有 x_1 满足 $0<x_1<\frac{1}{M}<1$,使 $f(x_1)=\frac{1}{x_1}>M$,所以函数无上界. 但函数 $f(x)=\frac{1}{x}$在$(1,2)$内是有界的.

例 1 证明函数 $f(x)=\frac{1+x^2}{1+x^4}$在$(-\infty,+\infty)$上是有界的.

证 由$\frac{1}{1+x^4}\leqslant 1$,$1+x^4\geqslant 2x^2$,则$\frac{1+x^2}{1+x^4}\leqslant\frac{1}{1+x^4}+\frac{1}{2}\cdot\frac{2x^2}{1+x^4}\leqslant 1+\frac{1}{2}=\frac{3}{2}$,

故 $f(x)=\frac{1+x^2}{1+x^4}$在$(-\infty,+\infty)$上是有界的.

2. 单调性

设函数 $y=f(x)$的定义域为 D,区间 $I\subset D$. 如果对于区间 I 上任意两点 x_1 及 x_2,当 $x_1<x_2$ 时,恒有 $f(x_1)<f(x_2)$,则称函数 $f(x)$在区间 I 上是单调增加的. 如果对于区间 I 上任意两点 x_1 及 x_2,当 $x_1<x_2$ 时,恒有 $f(x_1)>f(x_2)$,则称函数 $f(x)$在区间 I 上是单调减少的.

单调增加和单调减少的函数统称为单调函数.

例如,函数 $y=x^2$ 在区间$(-\infty,0]$上是单调减少的,在区间$[0,+\infty)$上是单调增加的,在$(-\infty,+\infty)$上不是单调的.

3. 奇偶性

设函数 $f(x)$的定义域 D 关于原点对称(即若 $x\in D$,则$-x\in D$). 如果对于任一 $x\in D$,有 $f(-x)=f(x)$,则称 $f(x)$为偶函数.

如果对于任一 $x\in D$,有 $f(-x)=-f(x)$,则称 $f(x)$为奇函数.

偶函数的图形关于 y 轴对称,奇函数的图形关于原点对称.

例如,$y=x^2$,$y=\cos x$ 都是偶函数;$y=x^3$,$y=\sin x$ 都是奇函数;$y=\sin x+\cos x$ 既非奇函数,也非偶函数.

例 2 设函数 $f(x)$的定义域为$(-l,l)$,证明:必存在$(-l,l)$上的偶函数 $g(x)$及奇函数 $h(x)$,使得 $f(x)=g(x)+h(x)$.

分析 如果 $f(x)=g(x)+h(x)$,则 $f(-x)=g(x)-h(x)$,于是

$$g(x)=\frac{1}{2}[f(x)+f(-x)],\quad h(x)=\frac{1}{2}[f(x)-f(-x)].$$

证 作 $g(x)=\frac{1}{2}[f(x)+f(-x)]$,$h(x)=\frac{1}{2}[f(x)-f(-x)]$,则

$$f(x)=g(x)+h(x),$$

且 $$g(-x)=\frac{1}{2}[f(-x)+f(x)]=g(x),$$

$$h(-x)=\frac{1}{2}[f(-x)-f(x)]=-\frac{1}{2}[f(x)-f(-x)]=-h(x).$$

即 $g(x)$为偶函数,$h(x)$为奇函数.

4. 周期性

设函数 $f(x)$的定义域为 D. 如果存在一个正数 T,使得对于任一 $x\in D$ 有 $(x\pm T)\in D$,且 $f(x+T)=f(x)$,则称 $f(x)$为周期函数,T 称为 $f(x)$的周期.

周期函数的图形特点:在函数的定义域内每个长度为 T 的区间上,函数的图形有相同的形状.

例 3 试问 $y=\sin x+\sin\sqrt{2}x$ 是否为周期函数?

解 假设函数为周期函数,周期为 T,则有

$$\sin(x+T)+\sin\sqrt{2}(x+T)=\sin x+\sin\sqrt{2}x,$$

即 $$\sin(x+T)-\sin x=\sin\sqrt{2}(x+T)-\sin\sqrt{2}x,$$

化为 $$2\cos\left(x+\frac{T}{2}\right)\sin\frac{T}{2}=2\cos\sqrt{2}\left(x+\frac{T}{2}\right)\sin\frac{\sqrt{2}}{2}T.$$

分别取 $x+\frac{T}{2}=\frac{\pi}{2}$和 $\sqrt{2}\left(x+\frac{T}{2}\right)=\frac{\pi}{2}$,可得 $\sin\frac{\sqrt{2}}{2}T=0$ 且 $\sin\frac{T}{2}=0$,即有

$T=\sqrt{2}n\pi=2k\pi$，n,k 为整数，则矛盾，假设不成立，所以 $y=\sin x+\sin\sqrt{2}x$ 不是周期函数.

此例说明两个周期函数的和差并不一定是周期函数.

由前述 Dirichelet 函数可以取任意正有理数皆为周期，所以一个周期函数并不一定有最小正周期.

最后我们指出对多元函数也可以研究函数的四则运算，可通过一元函数的基本初等函数来构建多元初等函数.

例如，$z=\sin x\sin y$ 可以看作由两个不同自变量的三角函数的乘积运算得到.

二元函数 $z=x^3+xy+y^2$ 与三元函数 $u=x^2+y^2+z^2+xy+yz+xz$ 都是多元初等函数.

还可以继续讨论多元函数的有界性和奇偶性.

显然 $z=\sin x\cos y$ 在平面上是有界函数，而且关于 x 是奇函数，关于 y 是偶函数.

*§1.3 向量代数　数量积　向量积

无论是否了解二维向量的概念与运算，这里主要介绍三维情形的向量代数. 在力学、物理学以及其他应用科学中，常需要研究一类既有大小，又有方向的量，如力、力矩、位移、速度、加速度等，这一类量叫做向量.

在数学上，用一条有方向的线段(称为有向线段)来表示向量. 有向线段的长度表示向量的大小，有向线段的方向表示向量的方向.

一、向量及其运算

1. 向量的概念

对于空间上任意两点，类似平面上两点，可以称既有大小又有方向的量为向量. 有时也称矢量. 以 A 为起点、B 为终点的有向线段所表示的向量记作 $\overrightarrow{AB}$. 向量可用粗体字母表示，也可用上加箭头的书写体字母表示. 例如，$\boldsymbol{a},\boldsymbol{r},\boldsymbol{v},\boldsymbol{F}$ 或 $\vec{a},\vec{r},\vec{v},\vec{F}$.

由于一切向量的共性是它们都有大小和方向，所以在数学上我们只研究与起点无关的向量，并称这种向量为自由向量，简称向量. 因此，如果向量 $\boldsymbol{a}$ 和 $\boldsymbol{b}$ 的大小相等，且方向相同，则说向量 $\boldsymbol{a}$ 和 $\boldsymbol{b}$ 是相等的，记为 $\boldsymbol{a}=\boldsymbol{b}$. 相等的向量经过平移后可以完全重合.

向量的模：向量的大小叫做向量的模．向量 $\boldsymbol{a}$，$\vec{a}$，$\overrightarrow{AB}$的模分别记为 $|\boldsymbol{a}|$，$|\vec{a}|$，$|\overrightarrow{AB}|$．

单位向量：模等于 1 的向量叫做单位向量．

零向量：模等于 0 的向量叫做零向量，记作 $\mathbf{0}$ 或 $\vec{0}$．零向量的起点与终点重合，它的方向可以看作是任意的．

向量的平行：两个非零向量如果它们的方向相同或相反，就称这两个向量平行．向量 $\boldsymbol{a}$ 与 $\boldsymbol{b}$ 平行，记作 $\boldsymbol{a}/\!/\boldsymbol{b}$．零向量与任何向量都平行．

当把两个平行向量的起点放在同一点时，它们的终点和公共的起点在一条直线上．因此，两向量平行又称两向量共线．

类似还有共面的概念．设有 k 个向量（$k\geqslant 3$），当把它们的起点放在同一点时，如果 k 个终点和公共起点在一个平面上，就称这 k 个向量共面．

两向量的夹角：把两个非零向量 $\boldsymbol{a}$，$\boldsymbol{b}$ 的起点放在同一点 O，它们的终点分别为 A 与 B，规定不超过 π 的 $\angle AOB$ 为这两个向量的夹角，记作 $\theta=\angle AOB=(\widehat{\boldsymbol{a},\boldsymbol{b}})$ 或 $(\widehat{\boldsymbol{b},\boldsymbol{a}})$（$0\leqslant\theta\leqslant\pi$）．特殊地，当 $\theta=0$ 时，$\boldsymbol{a}/\!/\boldsymbol{b}$ 且 $\boldsymbol{a}$，$\boldsymbol{b}$ 方向相同；当 $\theta=\pi$ 时，$\boldsymbol{a}/\!/\boldsymbol{b}$ 且 $\boldsymbol{a}$，$\boldsymbol{b}$ 方向相反；当 $\theta=\dfrac{\pi}{2}$ 时，称 $\boldsymbol{a}$，$\boldsymbol{b}$ 垂直，记作 $\boldsymbol{a}\perp\boldsymbol{b}$．

2．向量的运算

（1）向量的加法．

三角形法则（图 1-25）：

设有两个向量 $\boldsymbol{a}$ 与 $\boldsymbol{b}$，平移向量使 $\boldsymbol{b}$ 的起点与 $\boldsymbol{a}$ 的终点重合，此时从 $\boldsymbol{a}$ 的起点到 $\boldsymbol{b}$ 的终点的向量 $\boldsymbol{c}$ 称为向量 $\boldsymbol{a}$ 与 $\boldsymbol{b}$ 的和，记作 $\boldsymbol{a}+\boldsymbol{b}$，即 $\boldsymbol{c}=\boldsymbol{a}+\boldsymbol{b}$．

另有平行四边形法则（图 1-26）：

当向量 $\boldsymbol{a}$ 与 $\boldsymbol{b}$ 不平行时，平移向量使 $\boldsymbol{a}$ 与 $\boldsymbol{b}$ 的起点重合，以 $\boldsymbol{a}$，$\boldsymbol{b}$ 为邻边作一平行四边形，从公共起点到对角的向量等于向量 $\boldsymbol{a}$ 与 $\boldsymbol{b}$ 的和 $\boldsymbol{a}+\boldsymbol{b}$．

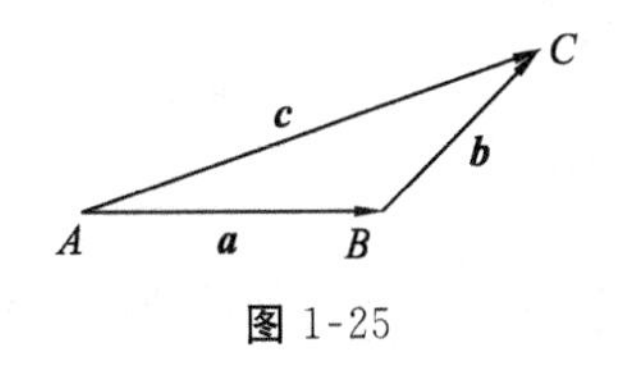

图 1-25

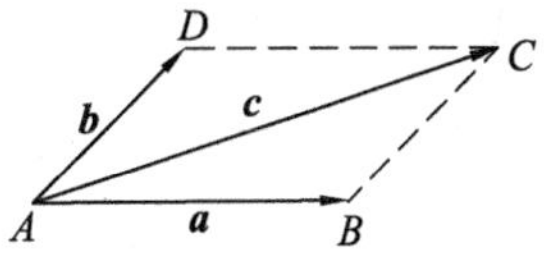

图 1-26

向量的加法的运算规律：

（1）交换律　$\boldsymbol{a}+\boldsymbol{b}=\boldsymbol{b}+\boldsymbol{a}$；

（2）结合律　$(\boldsymbol{a}+\boldsymbol{b})+\boldsymbol{c}=\boldsymbol{a}+(\boldsymbol{b}+\boldsymbol{c})$．

由于向量的加法符合交换律与结合律，故 n 个向量 $\boldsymbol{a}_1,\boldsymbol{a}_2,\cdots,\boldsymbol{a}_n(n\geqslant 3)$ 相加可写成 $\boldsymbol{a}_1+\boldsymbol{a}_2+\cdots+\boldsymbol{a}_n$.

(2) 向量与数的乘法.

定义 1 向量 $\boldsymbol{a}$ 与实数 λ 的乘积记作 $\lambda\boldsymbol{a}$. 规定 $\lambda\boldsymbol{a}$ 是一个向量，它的模 $|\lambda\boldsymbol{a}|=|\lambda||\boldsymbol{a}|$，它的方向当 $\lambda>0$ 时与 $\boldsymbol{a}$ 相同，当 $\lambda<0$ 时与 $\boldsymbol{a}$ 相反.

特别地，当 $\lambda=0$ 时，$|\lambda\boldsymbol{a}|=0$，即 $\lambda\boldsymbol{a}$ 为零向量，这时它的方向可以是任意的.

当 $\lambda=1$ 时，有 $1\boldsymbol{a}=\boldsymbol{a}$，当 $\lambda=-1$ 时，记 $(-1)\boldsymbol{a}=-\boldsymbol{a}$，叫做 $\boldsymbol{a}$ 的负向量.

(3) 向量的减法.

规定两个向量 $\boldsymbol{b}$ 与 $\boldsymbol{a}$ 的差为 $\boldsymbol{b}-\boldsymbol{a}=\boldsymbol{b}+(-\boldsymbol{a})$.

特别地，
$$\boldsymbol{a}-\boldsymbol{a}=\boldsymbol{a}+(-\boldsymbol{a})=\boldsymbol{0}.$$

向量与数的乘法有如下运算规律：

(1) 结合律 $\lambda(\mu\boldsymbol{a})=\mu(\lambda\boldsymbol{a})=(\lambda\mu)\boldsymbol{a}$；

(2) 分配律 $(\lambda+\mu)\boldsymbol{a}=\lambda\boldsymbol{a}+\mu\boldsymbol{a}$，$\lambda(\boldsymbol{a}+\boldsymbol{b})=\lambda\boldsymbol{a}+\lambda\boldsymbol{b}$.

三角不等式：由三角形两边之和大于第三边的原理，有
$$|\boldsymbol{a}+\boldsymbol{b}|\leqslant|\boldsymbol{a}|+|\boldsymbol{b}| \text{ 及 } |\boldsymbol{a}-\boldsymbol{b}|\leqslant|\boldsymbol{a}|+|\boldsymbol{b}|,$$
其中等号在 $\boldsymbol{b}$ 与 $\boldsymbol{a}$ 同向或反向时成立.

向量的单位化：设 $\boldsymbol{a}\neq\boldsymbol{0}$，则向量 $\dfrac{\boldsymbol{a}}{|\boldsymbol{a}|}$ 是与 $\boldsymbol{a}$ 同方向的单位向量，记为 $\boldsymbol{e}_a$ 或 $\boldsymbol{a}^\circ$. 于是 $\boldsymbol{a}=|\boldsymbol{a}|\boldsymbol{e}_a$.

定理 1 设向量 $\boldsymbol{a}\neq\boldsymbol{0}$，则向量 $\boldsymbol{b}$ 平行于 $\boldsymbol{a}$ 的充分必要条件是存在唯一的实数 λ，使 $\boldsymbol{b}=\lambda\boldsymbol{a}$.

例 1 在平行四边形 $ABCD$ 中，设 $\overrightarrow{AB}=\boldsymbol{a}$，$\overrightarrow{AD}=\boldsymbol{b}$. 试用 $\boldsymbol{a}$ 和 $\boldsymbol{b}$ 表示向量 $\overrightarrow{MA}$，$\overrightarrow{MB}$，$\overrightarrow{MC}$，$\overrightarrow{MD}$，其中 M 是平行四边形对角线的交点(图 1-27).

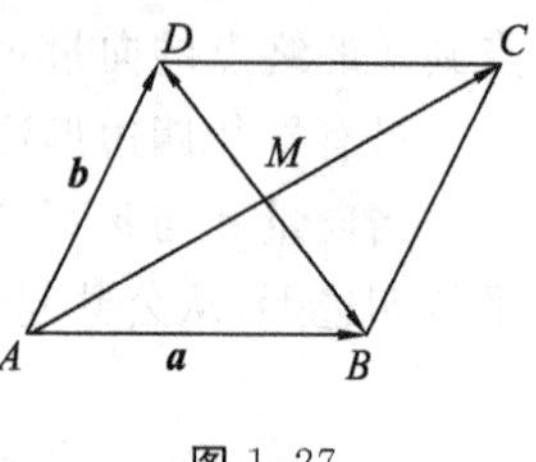

图 1-27

解 由于平行四边形的对角线互相平分，所以 $\boldsymbol{a}+\boldsymbol{b}=\overrightarrow{AC}=2\overrightarrow{AM}$，即 $-(\boldsymbol{a}+\boldsymbol{b})=2\overrightarrow{MA}$，于是 $\overrightarrow{MA}=-\dfrac{1}{2}(\boldsymbol{a}+\boldsymbol{b})$. 因为 $\overrightarrow{MC}=-\overrightarrow{MA}$，所以 $\overrightarrow{MC}=\dfrac{1}{2}(\boldsymbol{a}+\boldsymbol{b})$. 又因 $-\boldsymbol{a}+\boldsymbol{b}=\overrightarrow{BD}=2\overrightarrow{MD}$，所以 $\overrightarrow{MD}=\dfrac{1}{2}(\boldsymbol{b}-\boldsymbol{a})$. 由于 $\overrightarrow{MB}=-\overrightarrow{MD}$，所以 $\overrightarrow{MB}=\dfrac{1}{2}(\boldsymbol{a}-\boldsymbol{b})$.

二、向量的坐标

1. 向量在轴上的投影

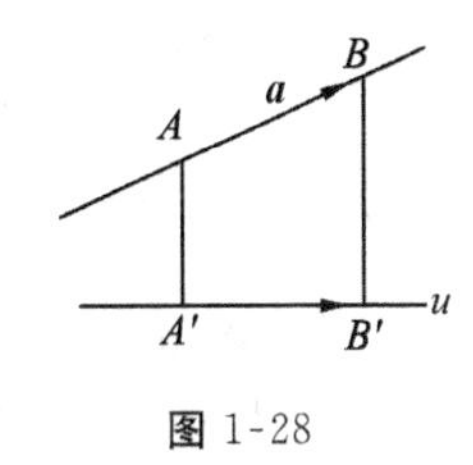

图 1-28

设空间上点 A 及 u 轴，则过点 A 垂直于 u 轴的平面与 u 的交点 A' 称为点 A 在 u 轴上的投影.

已知 $\boldsymbol{a}=\overrightarrow{AB}$ 是以 A 为起点、B 为终点的向量，点 A，B 在 u 上的投影为点 A'，B'（图 1-28），则 u 轴上的有向线段 $\overrightarrow{A'B'}$ 的值，叫做向量 $\boldsymbol{a}=\overrightarrow{AB}$ 在 u 轴上的投影，记为 $\mathrm{Prj}_u\overrightarrow{AB}$. u 轴上的有向线段 $\overrightarrow{A'B'}$ 的值为 $\pm|\overrightarrow{A'B'}|$，正负号由 $\overrightarrow{A'B'}$ 与 u 轴的正向是否一致而定.

定理 2 $\mathrm{Prj}_u\overrightarrow{AB}=|\overrightarrow{AB}|\cos\varphi$，$\varphi$ 为 $\overrightarrow{AB}$ 与 u 的夹角.

定理 3 $\mathrm{Prj}_u(\boldsymbol{a}+\boldsymbol{b})=\mathrm{Prj}_u\boldsymbol{a}+\mathrm{Prj}_u\boldsymbol{b}$.

2. 向量在坐标轴上的分量与向量的坐标

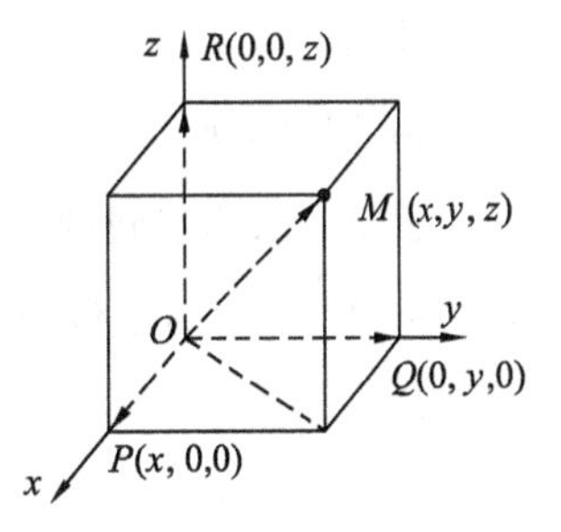

图 1-29

设向量 $\boldsymbol{a}=\overrightarrow{AB}$，平行地将起点 A 移到原点 O，终点 B 移至 M 点（$\overrightarrow{OM}$ 称为向径，图 1-29），则

$\boldsymbol{a}=\overrightarrow{AB}=\overrightarrow{OM}=\overrightarrow{OP}+\overrightarrow{OQ}+\overrightarrow{OR}=x\boldsymbol{i}+y\boldsymbol{j}+z\boldsymbol{k}$.

其中 $\boldsymbol{i},\boldsymbol{j},\boldsymbol{k}$ 分别为 x,y,z 轴正向上的单位向量.

$\overrightarrow{OM}$ 在 x,y,z 轴上的分量也就是 $\boldsymbol{a}$ 在 x,y,z 轴上的投影 a_x,a_y,a_z，可称为向量 $\boldsymbol{a}$ 的坐标，记为 $\boldsymbol{a}=\{a_x,a_y,a_z\}$. 有时也用 $\boldsymbol{a}=(a_x,a_y,a_z)$ 表示向量，注意不要与类似的点或三元有序数组的表示混淆.

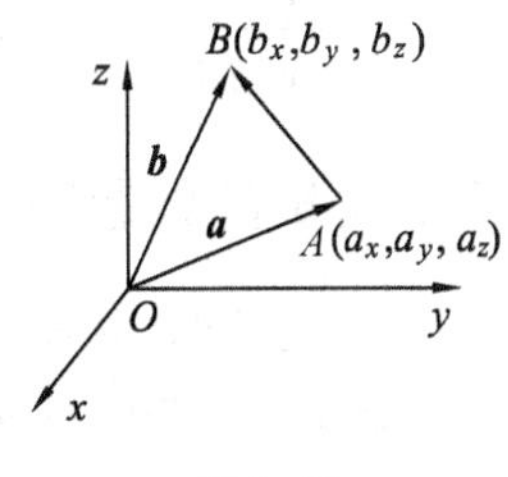

图 1-30

设 $\boldsymbol{a}=\{a_x,a_y,a_z\}$，$\boldsymbol{b}=\{b_x,b_y,b_z\}$，则

$\boldsymbol{a}\pm\boldsymbol{b}=\{a_x\pm b_x,a_y\pm b_y,a_z\pm b_z\}$，$\lambda\boldsymbol{a}=\{\lambda a_x,\lambda a_y,\lambda a_z\}$.

图 1-30 说明：

$\overrightarrow{AB}=(b_x-a_x)\boldsymbol{i}+(b_y-a_y)\boldsymbol{j}+(b_z-a_z)\boldsymbol{k}=\{b_x-a_x,b_y-a_y,b_z-a_z\}$.

3. 向量的模与方向余弦

如图 1-31，非零向量 $\boldsymbol{a}=\overrightarrow{OM}$ 与 x,y,z 轴正向的夹角 α,β,γ 称为 $\boldsymbol{a}$ 的方向角.

设 $\boldsymbol{a}=\{a_x,a_y,a_z\}$，则 $a_x=|\boldsymbol{a}|\cos\alpha$，$a_y=|\boldsymbol{a}|\cos\beta$，$a_z=|\boldsymbol{a}|\cos\gamma$. 称 $\cos\alpha$，

$\cos\beta,\cos\gamma$ 为 $\boldsymbol{a}$ 的方向余弦.

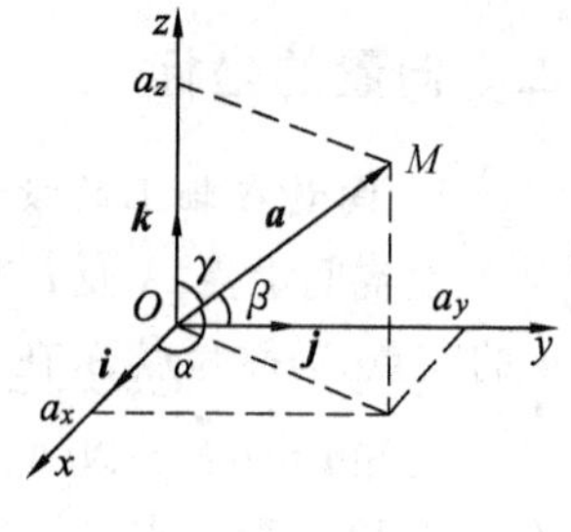

图 1-31

① $|\boldsymbol{a}|=\sqrt{a_x^2+a_y^2+a_z^2}$；

② $\cos\alpha=\dfrac{a_x}{\sqrt{a_x^2+a_y^2+a_z^2}}$，$\cos\beta=\dfrac{a_y}{\sqrt{a_x^2+a_y^2+a_z^2}}$，

$\cos\gamma=\dfrac{a_z}{\sqrt{a_x^2+a_y^2+a_z^2}}$；

③ $\cos^2\alpha+\cos^2\beta+\cos^2\gamma=1$；

④ 与 $\boldsymbol{a}$ 平行的单位向量为

$$\pm\boldsymbol{a}^\circ=\pm\frac{\boldsymbol{a}}{|\boldsymbol{a}|}=\pm\frac{1}{|\boldsymbol{a}|}\{a_x,a_y,a_z\}=\pm\{\cos\alpha,\cos\beta,\cos\gamma\}.$$

例 2 设 $M_1(1,3,4)$，$M_2(2,1,3)$，求 $\overrightarrow{OM_1}+\overrightarrow{OM_2}$，$\overrightarrow{OM_1}-\overrightarrow{OM_2}$，$\overrightarrow{M_1M_2}$.

解 $\overrightarrow{OM_1}+\overrightarrow{OM_2}=\{1,3,4\}+\{2,1,3\}=\{3,4,7\}$；

$\overrightarrow{OM_1}-\overrightarrow{OM_2}=\{1,3,4\}-\{2,1,3\}=\{-1,2,1\}$；

$\overrightarrow{M_1M_2}=\overrightarrow{OM_2}-\overrightarrow{OM_1}=\{2,1,3\}-\{1,3,4\}=\{1,-2,-1\}$.

例 3 已知空间两点 $M_1(2,2,\sqrt{2})$，$M_2(1,3,0)$，求 $\overrightarrow{M_1M_2}$ 的模、方向余弦，并求与 $\overrightarrow{M_1M_2}$ 平行的单位向量.

解 $\overrightarrow{M_1M_2}=\{-1,1,-\sqrt{2}\}$，$|\overrightarrow{M_1M_2}|=\sqrt{(-1)^2+1^2+(-\sqrt{2})^2}=2$，则

$\cos\alpha=-\dfrac{1}{2}$，$\cos\beta=\dfrac{1}{2}$，$\cos\gamma=-\dfrac{\sqrt{2}}{2}$.

从而与 $\overrightarrow{M_1M_2}$ 平行的单位向量为

$$\pm\frac{\overrightarrow{M_1M_2}}{|\overrightarrow{M_1M_2}|}=\pm\{\cos\alpha,\cos\beta,\cos\gamma\}=\pm\left\{-\frac{1}{2},\frac{1}{2},-\frac{\sqrt{2}}{2}\right\}.$$

三、向量的数量积与向量积

1. 数量积(点乘)

定义 2 若向量 $\boldsymbol{a},\boldsymbol{b}$ 的夹角为 θ，则称 $|\boldsymbol{a}||\boldsymbol{b}|\cos\theta$ 为 $\boldsymbol{a}$ 与 $\boldsymbol{b}$ 的数量积，记为 $\boldsymbol{a}\cdot\boldsymbol{b}$，即 $\boldsymbol{a}\cdot\boldsymbol{b}=|\boldsymbol{a}||\boldsymbol{b}|\cos\theta$.

由定义 2 可得

① $\boldsymbol{a}\cdot\boldsymbol{a}=|\boldsymbol{a}|^2$；② 若 $\boldsymbol{a}\neq\boldsymbol{0},\boldsymbol{b}\neq\boldsymbol{0}$，则 $\boldsymbol{a}\cdot\boldsymbol{b}=0\Leftrightarrow\boldsymbol{a}\perp\boldsymbol{b}$.

向量的数量积有如下运算规律：

① 交换律 $\boldsymbol{a}\cdot\boldsymbol{b}=\boldsymbol{b}\cdot\boldsymbol{a}$；② 分配律 $(\boldsymbol{a}+\boldsymbol{b})\cdot\boldsymbol{c}=\boldsymbol{a}\cdot\boldsymbol{c}+\boldsymbol{b}\cdot\boldsymbol{c}$；

③ 结合律 $(\lambda \boldsymbol{a})\cdot\boldsymbol{b}=\lambda(\boldsymbol{a}\cdot\boldsymbol{b})$.

数量积的坐标表示：设 $\boldsymbol{a}=\{a_x,a_y,a_z\}$，$\boldsymbol{b}=\{b_x,b_y,b_z\}$，则

(1) $\boldsymbol{a}\cdot\boldsymbol{b}=a_xb_x+a_yb_y+a_zb_z$；

(2) $\cos\theta=\dfrac{a_xb_x+a_yb_y+a_zb_z}{\sqrt{a_x^2+a_y^2+a_z^2}\sqrt{b_x^2+b_y^2+b_z^2}}$；

(3) $\boldsymbol{a}\perp\boldsymbol{b}\Leftrightarrow\boldsymbol{a}\cdot\boldsymbol{b}=0\Leftrightarrow a_xb_x+a_yb_y+a_zb_z=0$.

例 4 设 $\boldsymbol{a}=2\boldsymbol{i}-4\boldsymbol{j}-5\boldsymbol{k}$，$\boldsymbol{b}=\boldsymbol{i}-2\boldsymbol{j}-\boldsymbol{k}$，求 $(-2\boldsymbol{a})\cdot(3\boldsymbol{b})$ 与 $\boldsymbol{a},\boldsymbol{b}$ 的夹角 θ.

解 $\boldsymbol{a}\cdot\boldsymbol{b}=2\times1+(-4)\times(-2)+(-5)\times(-1)=15$，

$(-2\boldsymbol{a})\cdot(3\boldsymbol{b})=-6(\boldsymbol{a}\cdot\boldsymbol{b})=-6\times15=-90$，

$$\cos\theta=\frac{\boldsymbol{a}\cdot\boldsymbol{b}}{|\boldsymbol{a}||\boldsymbol{b}|}=\frac{15}{\sqrt{2^2+(-4)^2+(-5)^2}\sqrt{1^2+(-2)^2+(-1)^2}}=\frac{\sqrt{30}}{6},$$

则 $\theta=\arccos\dfrac{\sqrt{30}}{6}$.

例 5 设 $\boldsymbol{a}=\{3,5,-2\}$，$\boldsymbol{b}=\{2,1,4\}$，问 λ 与 μ 关系如何，才能使 $\lambda\boldsymbol{a}+\mu\boldsymbol{b}$ 与 z 轴垂直?

解 $\lambda\boldsymbol{a}+\mu\boldsymbol{b}$ 与 z 轴垂直，即 $(\lambda\boldsymbol{a}+\mu\boldsymbol{b})\cdot\boldsymbol{k}=0$，

而 $\lambda\boldsymbol{a}+\mu\boldsymbol{b}=\{3\lambda+2\mu,5\lambda+\mu,-2\lambda+4\mu\}$，$\boldsymbol{k}=\{0,0,1\}$，

故 $(\lambda\boldsymbol{a}+\mu\boldsymbol{b})\cdot\boldsymbol{k}=(3\lambda+2\mu)\times0+(5\lambda+\mu)\times0+(-2\lambda+4\mu)\times1=4\mu-2\lambda=0$，

即当 $\lambda=2\mu$ 时，$\lambda\boldsymbol{a}+\mu\boldsymbol{b}$ 与 z 轴垂直.

2. 向量积(叉乘)

定义 3 对向量 $\boldsymbol{a}$ 与 $\boldsymbol{b}$，若向量 $\boldsymbol{c}$ 满足：

(1) $\boldsymbol{c}$ 的模 $|\boldsymbol{c}|=|\boldsymbol{a}||\boldsymbol{b}|\sin\theta$，$\theta$ 为 $\boldsymbol{a}$ 与 $\boldsymbol{b}$ 之间的夹角，

(2) $\boldsymbol{c}$ 的方向垂直于 $\boldsymbol{a}$ 与 $\boldsymbol{b}$ 所决定的平面，且 $\boldsymbol{c}$ 的指向满足右手法则，则称 $\boldsymbol{c}$ 为 $\boldsymbol{a}$ 与 $\boldsymbol{b}$ 的向量积，记为 $\boldsymbol{a}\times\boldsymbol{b}$，即 $\boldsymbol{c}=\boldsymbol{a}\times\boldsymbol{b}$.

由定义 3 可得

① $\boldsymbol{a}\times\boldsymbol{a}=\boldsymbol{0}$；② 若 $\boldsymbol{a}\neq\boldsymbol{0}$，$\boldsymbol{b}\neq\boldsymbol{0}$，则 $\boldsymbol{a}\times\boldsymbol{b}=\boldsymbol{0}\Leftrightarrow\boldsymbol{a}/\!/\boldsymbol{b}$.

向量的向量积有如下运算法则：

① 反交换律 $\boldsymbol{a}\times\boldsymbol{b}=-\boldsymbol{b}\times\boldsymbol{a}$；

② 分配律 $(\boldsymbol{a}+\boldsymbol{b})\times\boldsymbol{c}=\boldsymbol{a}\times\boldsymbol{c}+\boldsymbol{b}\times\boldsymbol{c}$；

③ 结合律 $(\lambda\boldsymbol{a})\times\boldsymbol{b}=\lambda(\boldsymbol{a}\times\boldsymbol{b})$.

向量积的坐标表示：设 $\boldsymbol{a}=\{a_x,a_y,a_z\}$，$\boldsymbol{b}=\{b_x,b_y,b_z\}$，则

$$\boldsymbol{a}\times\boldsymbol{b}=(a_yb_z-a_zb_y)\boldsymbol{i}+(a_zb_x-a_xb_z)\boldsymbol{j}+(a_xb_y-a_yb_x)\boldsymbol{k},$$

记为 $$\boldsymbol{a}\times\boldsymbol{b}=\begin{vmatrix}\boldsymbol{i}&\boldsymbol{j}&\boldsymbol{k}\\a_x&a_y&a_z\\b_x&b_y&b_z\end{vmatrix}=\begin{vmatrix}a_y&a_z\\b_y&b_z\end{vmatrix}\boldsymbol{i}-\begin{vmatrix}a_x&a_z\\b_x&b_z\end{vmatrix}\boldsymbol{j}+\begin{vmatrix}a_x&a_y\\b_x&b_y\end{vmatrix}\boldsymbol{k}.$$

这里引用了二阶、三阶行列式的计算公式,参见附录B.

注意:$\boldsymbol{i}\times\boldsymbol{i}=\boldsymbol{j}\times\boldsymbol{j}=\boldsymbol{k}\times\boldsymbol{k}=\boldsymbol{0},\boldsymbol{i}\times\boldsymbol{j}=\boldsymbol{k},\boldsymbol{j}\times\boldsymbol{k}=\boldsymbol{i},\boldsymbol{k}\times\boldsymbol{i}=\boldsymbol{j}$.

注 $\boldsymbol{a}/\!/\boldsymbol{b}\Leftrightarrow\boldsymbol{a}\times\boldsymbol{b}=\boldsymbol{0}\Leftrightarrow\frac{a_x}{b_x}=\frac{a_y}{b_y}=\frac{a_z}{b_z}$,即 $\boldsymbol{a}$ 与 $\boldsymbol{b}$ 对应坐标成比例.若某分母为零,则认为该分子也为零.

例6 设 $\boldsymbol{a}=\{2,1,-1\},\boldsymbol{b}=\{1,-1,4\}$,求与 $\boldsymbol{a},\boldsymbol{b}$ 皆垂直的单位向量.

解 $$\boldsymbol{a}\times\boldsymbol{b}=\begin{vmatrix}\boldsymbol{i}&\boldsymbol{j}&\boldsymbol{k}\\2&1&-1\\1&-1&4\end{vmatrix}=\begin{vmatrix}1&-1\\-1&4\end{vmatrix}\boldsymbol{i}-\begin{vmatrix}2&-1\\1&4\end{vmatrix}\boldsymbol{j}+\begin{vmatrix}2&1\\1&-1\end{vmatrix}\boldsymbol{k}$$

$$=3\boldsymbol{i}-9\boldsymbol{j}-3\boldsymbol{k}=3\{1,-3,-1\},$$

$$\boldsymbol{c}^{\circ}=\frac{\boldsymbol{a}\times\boldsymbol{b}}{|\boldsymbol{a}\times\boldsymbol{b}|}=\frac{1}{\sqrt{1^2+(-3)^2+(-1)^2}}\{1,-3,-1\}$$

$$=\left\{\frac{1}{\sqrt{11}},-\frac{3}{\sqrt{11}},-\frac{1}{\sqrt{11}}\right\},$$

故所求向量为$\pm\left\{-\frac{1}{\sqrt{11}},\frac{3}{\sqrt{11}},\frac{1}{\sqrt{11}}\right\}$.

例7 设 $\boldsymbol{a}=\{1,-2,3\},\boldsymbol{b}=\{-2,4,1\},\boldsymbol{c}=\{4,2,0\}$,问 $\boldsymbol{a}\times\boldsymbol{b}$ 是否与 $\boldsymbol{c}$ 平行?

解 $$\boldsymbol{a}\times\boldsymbol{b}=\begin{vmatrix}\boldsymbol{i}&\boldsymbol{j}&\boldsymbol{k}\\1&-2&3\\-2&4&1\end{vmatrix}=-14\boldsymbol{i}-7\boldsymbol{j}=\{-14,-7,0\},$$

$\frac{4}{-14}=\frac{2}{-7}=\frac{0}{0}$,与向量 $\boldsymbol{c}$ 对应坐标成比例,故 $\boldsymbol{a}\times\boldsymbol{b}$ 与 $\boldsymbol{c}$ 平行.

例8 已知空间三点 $A(1,2,3),B(3,4,5),C(2,4,7)$,求$\triangle ABC$的面积.

解 $S_{\triangle ABC}=\frac{1}{2}|\overrightarrow{AB}||\overrightarrow{AC}|\sin\angle CAB=\frac{1}{2}|\overrightarrow{AB}\times\overrightarrow{AC}|$.

因为$\overrightarrow{AB}=\{2,2,2\},\overrightarrow{AC}=\{1,2,4\}$,所以

$$\overrightarrow{AB}\times\overrightarrow{AC}=\begin{vmatrix}\boldsymbol{i}&\boldsymbol{j}&\boldsymbol{k}\\2&2&2\\1&2&4\end{vmatrix}=4\boldsymbol{i}-6\boldsymbol{j}+2\boldsymbol{k},$$

所以 $$|\overrightarrow{AB}\times\overrightarrow{AC}|=\sqrt{4^2+(-6)^2+2^2}=\sqrt{56},$$

从而 $$S_{\triangle ABC}=\frac{1}{2}\sqrt{56}=\sqrt{14}.$$

§1.4 几何曲线与空间曲面

一、几何曲线

1. 平面上的曲线与直线方程

平面曲线方程的一般形式是由 $F(x,y)=0$ 确定的隐式(二元关系).

通常讨论的是一元函数显式表示 $y=f(x)$ 或极坐标形式 $\rho=\rho(\theta)$.

平面直线有下列几种形式,是一般平面曲线的特例.

一般式:$Ax+By+C=0$ (A,B,C 为常数,A,B 不同时为零).

参数式:$\begin{cases}x=x_0+lt,\\ y=y_0+mt\end{cases}(-\infty< t <+\infty)$(图 1-32).

两点式:$\dfrac{x-x_1}{x_2-x_1}=\dfrac{y-y_1}{y_2-y_1}$或$\begin{vmatrix}x & y & 1\\ x_1 & y_1 & 1\\ x_2 & y_2 & 1\end{vmatrix}=0$(图 1-33).

* 向量式:$\boldsymbol{r}=\boldsymbol{r}_0+t\boldsymbol{a}(-\infty<t<+\infty)$,这里考虑二维向量(图 1-34).

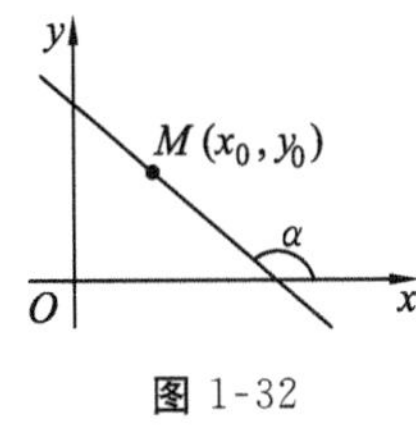

图 1-32

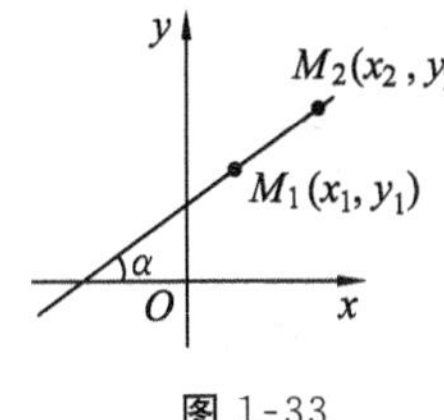

图 1-33

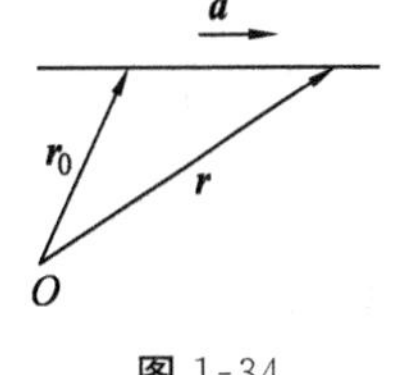

图 1-34

常见平面曲线参见附录 C.

2. 空间中的曲线与直线

与平面曲线类似,空间曲线也可用参数方程来表示.

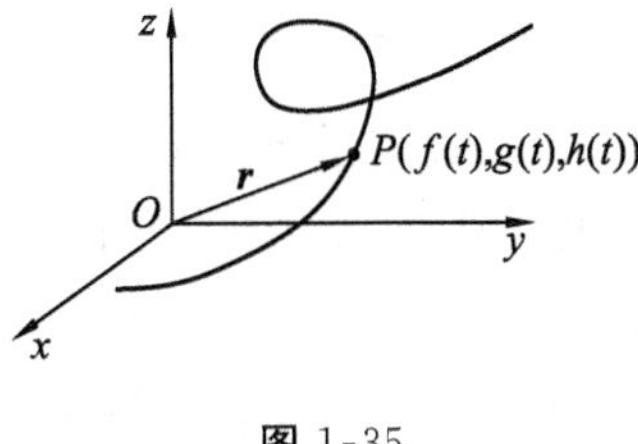

图 1-35

设有参数方程$\begin{cases}x=f(t),\\ y=g(t),\\ z=h(t),\end{cases}$当 $t=t_0$ 时,得

$$x_0=f(t_0),y_0=g(t_0),z_0=h(t_0),$$

于是得到空间上的一点(x_0,y_0,z_0)，随着 t 的变动，便可得到曲线上的全部点，如图 1-35.

上述方程称为曲线的参数方程．亦可用向量函数表示如下：

$$\boldsymbol{r}=f(t)\boldsymbol{i}+g(t)\boldsymbol{j}+h(t)\boldsymbol{k} \text{ 或 } \boldsymbol{r}(t)=\{f(t),g(t),h(t)\}.$$

例如，图 1-36、图 1-37 所示：

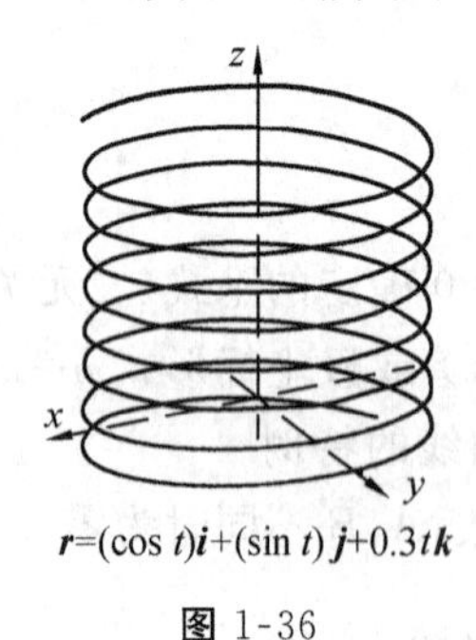

$\boldsymbol{r}=(\cos t)\boldsymbol{i}+(\sin t)\boldsymbol{j}+0.3t\boldsymbol{k}$

图 1-36

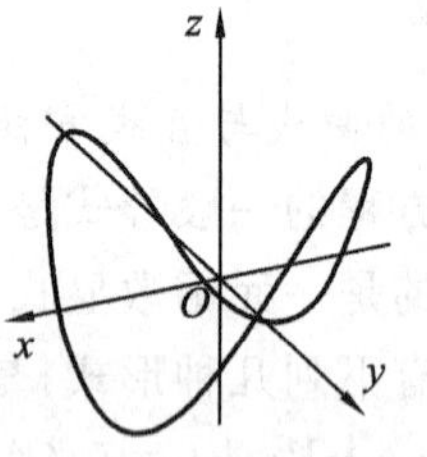

z
O
x
y

$\boldsymbol{r}=(\cos t)\boldsymbol{i}+(\sin t)\boldsymbol{j}+(\sin 2t)\boldsymbol{k}$

图 1-37

空间直线是上述空间曲线的特例.

直线 L 过点 $M_0(x_0,y_0,z_0)$，且平行于非零向量 $\boldsymbol{s}=\{m,n,p\}$，则动点 $M(x,y,z)$与 M_0 所成的向量为$\overrightarrow{M_0M}=\{x-x_0,y-y_0,z-z_0\}$. 由向量平行的充要条件知：$\overrightarrow{M_0M}=t\boldsymbol{s}$，因 M 是 L 上的任意一点，故$-\infty<t<+\infty$，非零向量 $\boldsymbol{s}=\{m,n,p\}$叫做直线的方向向量. 从而得直线 L 的方程：

对称式(点向式) $\dfrac{x-x_0}{m}=\dfrac{y-y_0}{n}=\dfrac{z-z_0}{p}$.

参数式 $\begin{cases}x=x_0+mt,\\ y=y_0+nt,\ (-\infty<t<+\infty).\\ z=z_0+pt\end{cases}$

两点式　若直线 L 过两点 $M_0(x_0,y_0,z_0)$和 $M_1(x_1,y_1,z_1)$，则其方程为

$$\frac{x-x_0}{x_1-x_0}=\frac{y-y_0}{y_1-y_0}=\frac{z-z_0}{z_1-z_0}.$$

若直线 L 的方向向量 $\boldsymbol{s}$ 的方向角为 α,β,γ，则 $\cos\alpha,\cos\beta,\cos\gamma$ 为 $\boldsymbol{s}$ 的方向余弦，也叫做直线 L 的方向数. 方向数中有一个或两个为零时为特殊情形，见下例.

例 1　设直线过点 $M_0(1,-2,1)$且平行于向量 $\boldsymbol{s}=\{2,0,-1\}$，求其方程.

解　由题意知所求直线的方向向量为$\{2,0,-1\}$.

由对称式知所求直线方程为$\frac{x-1}{2}=\frac{y+2}{0}=\frac{z-1}{-1}$，可改写为$\begin{cases}\frac{x-1}{2}=\frac{z-1}{-1},\\ y+2=0.\end{cases}$

规定两直线的方向向量的夹角（锐角）为两直线的夹角，利用向量代数运算可讨论两直线的位置关系：平行、垂直、夹角等几何问题.

更多的方法在空间解析几何的知识中介绍.

二、空间曲面

1. 曲面及其方程

定义　设空间曲面 S 和三元方程 $F(x,y,z)=0$ 满足：

(1) 曲面 S 上的点的坐标都满足方程，

(2) 不在曲面上的点的坐标不满足方程，

则称 $F(x,y,z)=0$ 为曲面 S 的方程，而曲面 S 叫做方程 $F(x,y,z)=0$ 的图形.

这也是用隐函数方程确定的三元关系式，特殊的一些曲面有：

球面 $(x-x_0)^2+(y-y_0)^2+(z-z_0)^2=R^2$，球心为$(x_0,y_0,z_0)$，半径为 R；

椭球面 $\frac{(x-x_0)^2}{a^2}+\frac{(y-y_0)^2}{b^2}+\frac{(z-z_0)^2}{c^2}=1$，中心为$(x_0,y_0,z_0)$.

一般的二次曲面图形参见附录 C.

显式方程：$z=f(x,y)$ 也表示空间曲面，即满足方程 $f(x,y)-z=0$.

如果取 v 为一系列数值 $v_1,v_2,\cdots$，而让 u 连续变动，则 $r(u,v_i)(i=1,2,\cdots)$ 表示一族曲线，称为 u 线. 同样，如果取 u 为一系列数值 $u_1,u_2,\cdots$，而让 v 连续变动，则 $r(u_i,v)(i=1,2,\cdots)$ 表示另一族连续曲线，称为 v 线. u 线与 v 线在曲面上构成曲线网，称为坐标线或坐标网（图 1-38）. 于是数对 $u=u_i$，$v=v_j$ 就可以确定曲面上一点 M，(u_i,v_j) 称为点 M 的曲线坐标（或高斯坐标）.

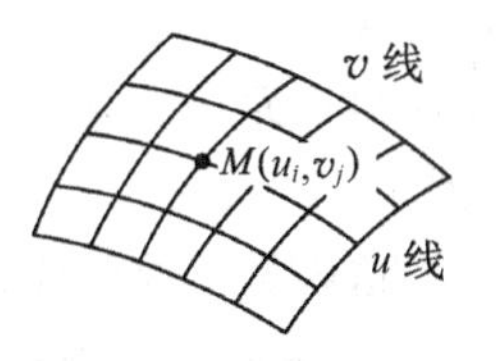

图 1-38

我们可以得到曲面的参数式和向量式表示.

参数式：$\begin{cases}x=x(u,v),\\ y=y(u,v),\\ z=z(u,v).\end{cases}$

向量式：$\boldsymbol{r}=\boldsymbol{r}(u,v)$ 或 $\boldsymbol{r}=x(u,v)\boldsymbol{i}+y(u,v)\boldsymbol{j}+z(u,v)\boldsymbol{k}$，这里 $\boldsymbol{r}$ 为向径$\overrightarrow{OM}$.

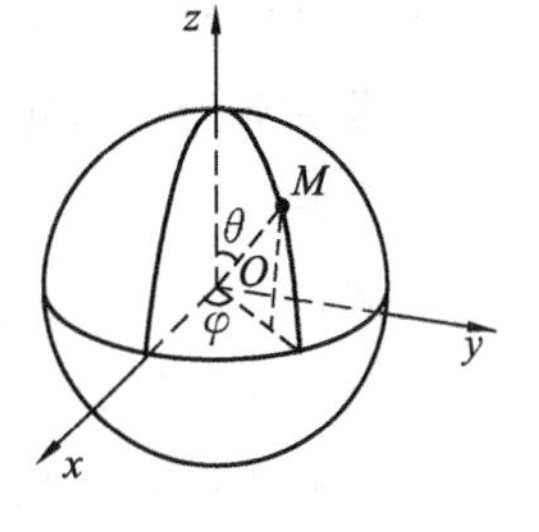

图 1-39

例如，球面（图 1-39）可表示为

$$\begin{cases}x=R\sin\theta\cos\varphi,\\ y=R\sin\theta\sin\varphi,（\varphi \text{ 为经度}, \theta \text{ 为余纬度}）\\ z=R\cos\theta\end{cases}$$

或向量函数 $\boldsymbol{a}(\theta,\varphi)=(R\sin\theta\cos\varphi, R\sin\theta\sin\varphi, R\cos\theta)$.

特殊地，平面曲线 C 绕同一平面上定直线 L 旋转所形成的曲面称为旋转面，定直线称为旋转轴. 常考虑以坐标轴或平行于坐标轴的直线为旋转轴.

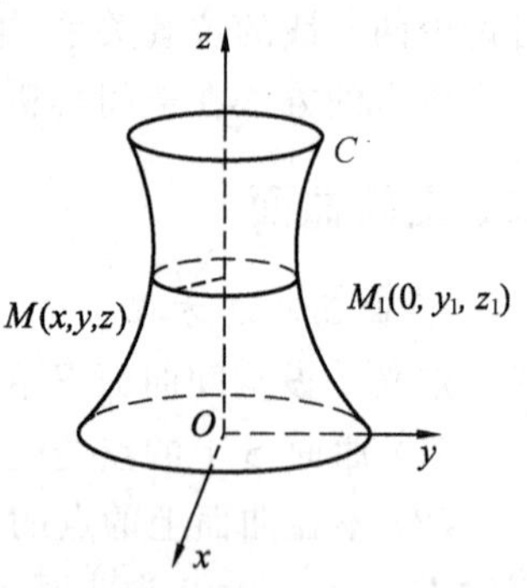

图 1-40

一般地，yOz 平面上曲线 $f(y,z)=0$ 绕 z 轴旋转而成的旋转面（图 1-40）方程为

$$f(\pm\sqrt{x^2+y^2}, z)=0.$$

类似地，平面曲线 $f(y,z)=0$ 绕 y 轴旋转而成的旋转面方程为

$$f(y, \pm\sqrt{x^2+z^2})=0.$$

动直线 L 沿平面上曲线 C 平行移动所形成的曲面称为柱面，动直线称为母线，曲线 C 称为准线. 例如，圆柱面、双曲柱面.

例 2 设动点 M 与定点 $M_1(1,2,1)$ 和 $M_2(2,1,3)$ 等距，求 M 的轨迹方程.

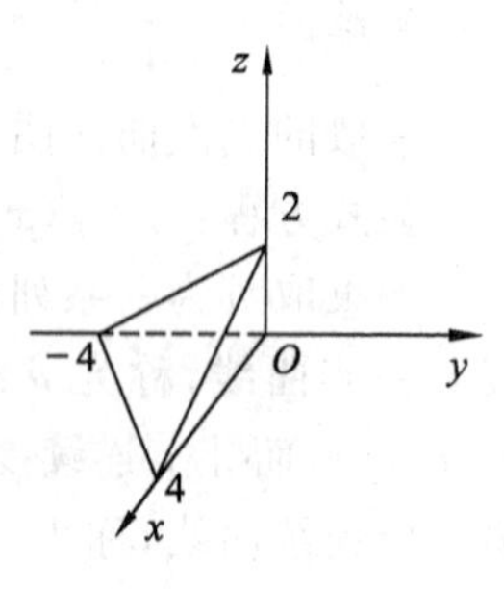

图 1-41

解 设 $M(x,y,z)$，由 $|MM_1|=|MM_2|$ 得

$$(x-1)^2+(y-2)^2+(z-1)^2=(x-2)^2+(y-1)^2+(z-3)^2,$$

化简得三元一次方程 $x-y+2z=4$，即为所求轨迹方程（图 1-41）.

这就是下面要介绍的特殊曲面——平面.

2. 平面及其方程

平面可看作具有这样特征的动点的几何轨迹：动点与一定点所成的向量垂直于一已知的非零向量 $\boldsymbol{n}$. 与平面垂直的非零向量叫做平面的法向量.

设一平面 Π 过定点 $M_0(x_0,y_0,z_0)$ 且垂直于非零向量 $\boldsymbol{n}=\{A,B,C\}$，如何求平面方程？

假定 $P(x,y,z)$ 是平面 Π 上任一点，由 $\overrightarrow{M_0P}\cdot\boldsymbol{n}=0$，即得

点法式：$A(x-x_0)+B(y-y_0)+C(z-z_0)=0$；

一般式：$Ax+By+Cz+D=0$，这里记 $D=-(Ax_0+By_0+Cz_0)$，即平面方程为三元一次方程.

反之,三元一次方程 $Ax+By+Cz+D=0$ 是否表示平面?

定理 任何三元一次方程 $Ax+By+Cz+D=0$(A,B,C 不全为零)都是一个平面,且此平面的一个法向量为 $\boldsymbol{n}=\{A,B,C\}$.

证 设有三元一次方程 $Ax+By+Cz+D=0$,其中 A,B,C 不全为零,不妨设 $A\neq 0$,则三元方程可化为

$$A\left(x+\frac{D}{A}\right)+By+Cz=0,$$

这是过点 $M_0\left(-\frac{D}{A},0,0\right)$,且垂直于向量 $\boldsymbol{n}=\{A,B,C\}$ 的平面方程.

例 3 已知平面过点$(3,-1,7)$,且垂直于此点与原点 O 的连线,求其方程.

解 法向量 $\boldsymbol{n}=\{3,-1,7\}$,由点法式知平面方程为

$$3(x-3)+(-1)(y+1)+7(z-7)=0,$$

即 $\quad 3x-y+7z-59=0.$

例 4 已知平面过三点 $M_1(2,-3,1)$,$M_2(4,1,3)$,$M_3(1,0,2)$,求其方程.

解 法向量 $\boldsymbol{n}=\{x_2-x_1,y_2-y_1,z_2-z_1\}\times\{x_3-x_1,y_3-y_1,z_3-z_1\}$

$$=\begin{vmatrix}\boldsymbol{i} & \boldsymbol{j} & \boldsymbol{k}\\ x_2-x_1 & y_2-y_1 & z_2-z_1\\ x_3-x_1 & y_3-y_1 & z_3-z_1\end{vmatrix}=\begin{vmatrix}\boldsymbol{i} & \boldsymbol{j} & \boldsymbol{k}\\ 2 & 4 & 2\\ -1 & 3 & 1\end{vmatrix}$$

$$=-2\boldsymbol{i}-4\boldsymbol{j}+10\boldsymbol{k}=-2\{1,2,-5\},$$

则所求平面方程为$(x-2)+2(y+3)-5(z-1)=0$,

即 $\quad x+2y-5z-9=0.$

一般地,过不在同一直线上三点 $M_1(x_1,y_1,z_1)$,$M_2(x_2,y_2,z_2)$,$M_3(x_3,y_3,z_3)$的平面方程为

$$\begin{vmatrix}x-x_1 & y-y_1 & z-z_1\\ x_2-x_1 & y_2-y_1 & z_2-z_1\\ x_3-x_1 & y_3-y_1 & z_3-z_1\end{vmatrix}=0.$$

平面方程还有其他如下几种形式.

截距式:$\frac{x}{a}+\frac{y}{b}+\frac{z}{c}=1$(三元一次方程).

其中 a,b,c 分别为平面在x,y,z轴上的截距,即平面过点$(a,0,0)$,$(0,b,0)$,$(0,0,c)$.

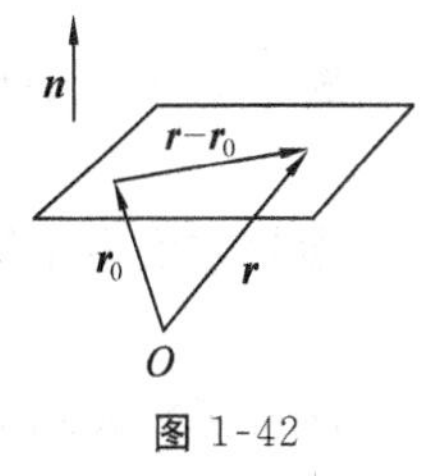

图 1-42

向量式:$(\boldsymbol{r}-\boldsymbol{r}_0)\cdot\boldsymbol{n}=0$(图 1-42).

平面通过矢径 $\boldsymbol{r}_0$ 的终点,且与已知矢量 $\boldsymbol{n}$ 垂直,$\boldsymbol{r}$ 为平面上任意一点的矢径.

法线式：$x\cos\alpha+y\cos\beta+z\cos\gamma-p=0$(图 1-43)(其中 α,β,γ 为平面的法线 $\boldsymbol{n}$ 的方向角，$p\geqslant 0$ 为法线长，即原点到平面的距离).

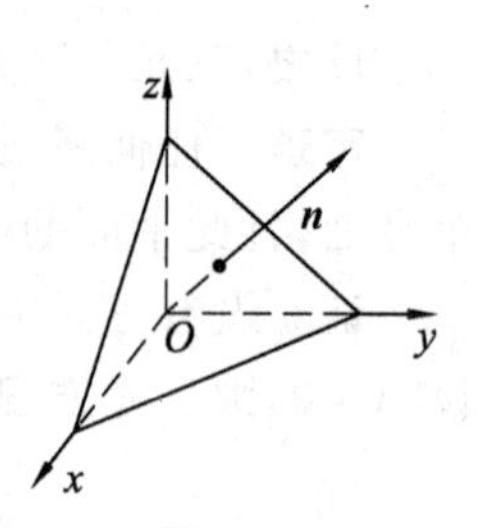

图 1-43

在空间解析几何中，进一步可以利用平面的法向量和直线的方向向量讨论两个平面、直线与平面之间的几何关系. 常用的点到平面的距离给出如下：

已知平面 Π：$Ax+By+Cz+D=0$ 及平面外的点 $M_0(x_0,y_0,z_0)$，则点 $M_0(x_0,y_0,z_0)$ 到平面 Π 的距离

$$d=\frac{|Ax_0+By_0+Cz_0+D|}{\sqrt{A^2+B^2+C^2}}$$

或

$$d=|x_0\cos\alpha+y_0\cos\beta+z_0\cos\gamma-p|.$$

例 5 平面过点 $M_1(1,1,1)$ 和 $M_2(2,2,2)$ 且垂直于平面 Π：$x+y-z=0$，求其方程.

解 设所求平面的法向量为 $\boldsymbol{n}=\{A,B,C\}$，由 $\boldsymbol{n}\cdot\overrightarrow{M_1M_1}=0$ 有

$$A(2-1)+B(2-1)+C(2-1)=0\text{，即 }A+B+C=0.$$

因为平面 Π 的法向量为 $\{1,1,-1\}$，则由两平面垂直有 $\boldsymbol{n}\cdot\{1,1,-1\}=0$，即 $A+B-C=0$，得 $A+B=C=0$，取 $A=1,B=-1,C=0$.

故所求平面方程为 $(x-1)-(y-1)=0$，即 $x-y=0$.

最后，我们指出空间曲线可看作两个曲面的交线. 特殊地，空间直线可看作两个非平行平面的交线.

空间曲线的一般式方程：$\begin{cases}F(x,y,z)=0,\\ G(x,y,z)=0.\end{cases}$

其中 $F(x,y,z)=0$ 和 $G(x,y,z)=0$ 分别表示空间中的两张曲面. 事实上，这条曲线就是两张曲面的交线.

例 6 将曲线 $\begin{cases}x^2+y^2=1,\\ x+y+z=1\end{cases}$ 用参数方程表示，并指出是什么曲线.

解 令 $x=\cos\theta,y=\sin\theta$，代入曲线方程得 $z=1-\cos\theta-\sin\theta$.

参数方程表示即为 $\begin{cases}x=\cos\theta,\\ y=\sin\theta,\\ z=1-\cos\theta-\sin\theta.\end{cases}$

向量函数表示即为 $\boldsymbol{r}=\cos\theta\,\boldsymbol{i}+\sin\theta\,\boldsymbol{j}+(1-\cos\theta-\sin\theta)\boldsymbol{k}$，曲线为椭圆.

例 7 用对称式表示直线 L：$\begin{cases}x+2y-3z-4=0,\\ 3x-y+5z+9=0.\end{cases}$

解 由 $x+2y-3z-4=0$，$3x-y+5z+9=0$，消去变量 y 得

$$7x+7z+14=0\text{，即 } z=-(x+2).$$

在 $x+2y-3z-4=0$ 中代入 $z=-(x+2)$ 得

$$4x+2y+2=0\text{，即 } x=\frac{y+1}{-2},$$

合并得 $x=\dfrac{y+1}{-2}=\dfrac{(z+2)}{-1}$，即 $\dfrac{x}{-1}=\dfrac{y+1}{2}=\dfrac{(z+2)}{1}$.

这就是直线 L 的对称式表示.

*3. 空间曲线在坐标平面上的投影

设空间曲线 Γ 的一般式方程为

$$\begin{cases}F(x,y,z)=0,\\G(x,y,z)=0.\end{cases}$$

若一柱面的母线与该曲线都相交，且与一定平面垂直，则此柱面叫做曲线 P 在定平面的投影柱面. 取定平面为坐标平面，下面讨论曲线在坐标面 xOy 上的投影柱面及投影曲线.

对空间曲线 Γ 的一般式方程组消去 z 得 $H(x,y)=0$，它表示母线平行于 z 轴的柱面，又包含曲线 Γ，所以在坐标面 xOy 上的投影柱面为 $H(x,y)=0$.

曲线 Γ 在柱面 $H(x,y)=0$ 上. 曲线 Γ 在 xOy 面上的投影曲线为 $\begin{cases}H(x,y)=0,\\z=0.\end{cases}$

同理可求得曲线 Γ 在另两个坐标面的投影柱面和投影曲线.

例 8 求抛物面 $y^2+z^2=x$ 与平面 $x+2y-z=0$ 的截线在坐标面上的投影曲线方程.

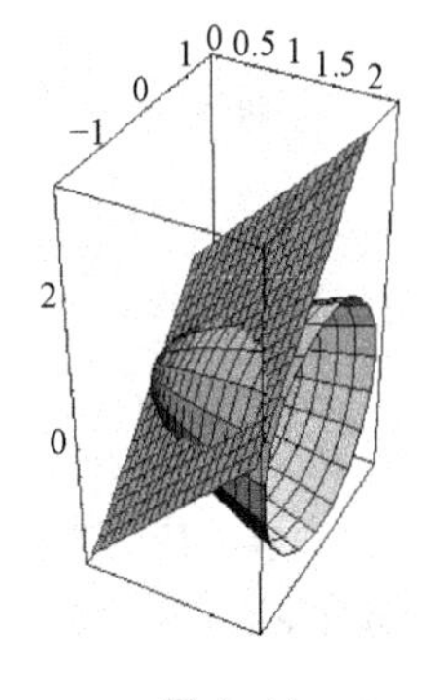

图 1-44

解 如图 1-44 所示，截线方程为 $\begin{cases}y^2+z^2=x,\\x+2y-z=0.\end{cases}$

消去 z 得截线在 xOy 面上的投影曲线为

$$\begin{cases}x^2+5y^2+4xy-x=0,\\z=0;\end{cases}$$

消去 y 得截线在 xOz 面上的投影曲线为

$$\begin{cases}x^2+5z^2-2xz-4x=0,\\y=0;\end{cases}$$

消去 x 得截线在 yOz 面上的投影曲线为

$$\begin{cases}y^2+z^2+2y-z=0,\\x=0.\end{cases}$$

习 题 一

1. 求下列函数的定义域：

(1) $f(x)=\sqrt{2x+3}$；　　(2) $f(x)=\dfrac{1}{1-x^2}$；

(3) $f(x)=\sqrt{\cos(\arctan x)-1}$；　　(4) $y=\dfrac{\sqrt{4-x}}{\ln(x-2)}$；

(5) $f(x)=\sqrt{\cos\dfrac{x}{1+x^2}-1}$；　　(6) $y=\dfrac{x}{\sin x}$.

2. 已知折线段 $ABCD$ 由点 $A(0,0)$，$B(1,3)$，$C(3,1)$，$D(4,1)$连成，求对应的函数表达式.

3. 试作出下列函数的图形：

(1) $f(x)=|x|+x$；　　(2) $y=\sqrt{\sin^2 x}$；

(3) $y=|x^2-1|$；　　(4) $y=|x-3|+|x-1|$；

(5) $y=\sin x+\cos x$.

4. 试把下列极坐标形式或参数方程表示的函数化为直角坐标系下的隐式方程，并用描点法绘出其图形：

(1) $\rho=a(1+\cos\theta)$（心形线，其中 $a>0$）；　(2) $\rho^2=\cos 2\theta$（双纽线）；

(3) $x=\sin t, y=\dfrac{\sin t}{2+\cos t}$；　　(4) $x=a\cos^3 t, y=a\sin^3 t$.

5. 确定并绘出下列二元函数的定义域：

(1) $z=\sqrt{x}+y$；　　(2) $z=\sqrt{1-x^2}+\sqrt{y^2-1}$；

(3) $z=\sqrt{1-x^2}+\sqrt{y}$；　　(4) $z=\sqrt{(x^2+y^2-1)(4-x^2-y^2)}$；

(5) $z=\sqrt{\dfrac{x^2+y^2-x}{2x-x^2-y^2}}$；　　(6) $z=\dfrac{\sqrt{4x-y^2}}{\ln(1-x^2-y^2)}$.

6. 在 yOz 平面上，求与三个已知点 $A(3,1,2)$，$B(4,-2,2)$及 $C(0,5,1)$等距离的点.

7. 求出并描述三元函数 $u=\sqrt{1-x^2}+\sqrt{1-y^2}+\sqrt{1-z^2}$的定义域.

8. 已知 $y=f(x)$的定义域为$(0,1)$，求 $y=f(\ln x)$的定义域.

9. 已知 $f(x-1)=x^2-2x$，求 $f(x)$.

10. 设双曲正弦函数 $f(x)=\mathrm{sh}x=\dfrac{\mathrm{e}^x-\mathrm{e}^{-x}}{2}$，求其反函数 $f^{-1}(x)=\mathrm{arsh}x$ 的

表达式.

11. 已知 $f(x)=\sqrt{x+\sqrt{x^2}}$,求 $f(f(x))$,并求当 $x>0$ 时 $f(x)$ 的反函数 $f^{-1}(x)$.

12. 函数 $f(x)$是定义在$(-\infty,+\infty)$内的任意函数,判断下列函数哪些是偶函数:

(1) $|f(x)|$;　(2) $f(|x|)$;　(3) $[f(x)]^2$;　(4) $f(x)-f(-x)$.

13. 证明:定义在对称区间$(-l,l)$内的任何函数 $f(x)$必可表示为一个偶函数与一个奇函数的和的形式,且这种表示形式是唯一的.

14. 设 $z=x+y+f(x-y)$,若当 $y=0$ 时,有 $z=x^2$,试求函数 $f(x)$及 z 的解析表达式.

15. 若 $z=f\left(\frac{y}{x}\right)=\frac{\sqrt{x^2+y^2}}{x}$,求 $f(x)$的表达式.

16. 若 $f\left(x+y,\frac{y}{x}\right)=x^2-y^2$,求 $f(x,y)$.

17. 若平面上的四边形的对角线相互平分,试用向量证明它是平行四边形.

18. 已知$|\boldsymbol{a}|=1$,$|\boldsymbol{b}|=2$,$(\widehat{\boldsymbol{a},\boldsymbol{b}})=60°$,求作向量 $\boldsymbol{c}=\sqrt{3}\boldsymbol{b}-\sqrt{2}\boldsymbol{a}$.

19. 求解下列各题:

(1) 设 $\boldsymbol{a}=\{6,-5,-4\}$,$\boldsymbol{b}=\{3,-2,3\}$,$\boldsymbol{c}=\{4,-1,-3\}$,求 $3\boldsymbol{a}-2\boldsymbol{b}+4\boldsymbol{c}$;

(2) 已知点 $A(1,-2,0)$,求一向量 $\boldsymbol{b}$,平行于已知向量 $\boldsymbol{a}=\{2,-3,4\}$,且满足$|\boldsymbol{b}|=3|\boldsymbol{a}|$;

(3) 求平行于向量 $\boldsymbol{a}=\{6,7,-6\}$的单位向量;

(4) 一向量 $\boldsymbol{a}$ 的模为 6,它与投影轴 u 的夹角为 30°,求此向量在该轴上的投影 $\mathrm{Prj}_u\boldsymbol{a}$.

20. 求向量 $\boldsymbol{a}=\{-2,1,2\}$,$\boldsymbol{b}=\{3,0,-4\}$的角平分线上的单位向量.

21. 求点 $A(-3,2,5)$关于 $B(4,-2,8)$的对称点.

22. 设在连接 $P_1(x_1,y_1,z_1)$与 $P_2(x_2,y_2,z_2)$两点的直线上有一点 $P(x,y,z)$,使得$\overrightarrow{P_1P}=\lambda\overrightarrow{PP_2}$$(\lambda\neq-1)$,称 P 为线段 P_1P_2 的定比分点. 试证 P 点的坐标为

$$x=\frac{x_1+\lambda x_2}{1+\lambda},y=\frac{y_1+\lambda y_2}{1+\lambda},z=\frac{z_1+\lambda z_2}{1+\lambda}.$$

23. 设给定向量 $\boldsymbol{a}=\{1,2,-4\}$,$\boldsymbol{b}=\{3,-2,1\}$. 求:

(1) 数量积 $\boldsymbol{a}\cdot\boldsymbol{b}$;(2) 两向量的模$|\boldsymbol{a}|$,$|\boldsymbol{b}|$与夹角$(\widehat{\boldsymbol{a},\boldsymbol{b}})$;(3) $\boldsymbol{b}$ 在 $\boldsymbol{a}$ 上的投

影 $\text{Prj}_{\boldsymbol{a}}\boldsymbol{b}$.

24. 设$|\boldsymbol{a}|=\sqrt{3}$,$|\boldsymbol{b}|=1$,$(\widehat{\boldsymbol{a},\boldsymbol{b}})=\dfrac{\pi}{6}$，求向量$\boldsymbol{a}+\boldsymbol{b}$与$\boldsymbol{a}-\boldsymbol{b}$的夹角.

25. 已知向量$\boldsymbol{a}=\{3,2,-1\}$,$\boldsymbol{b}=\{4,-1,3\}$.

(1) 求向量积$\boldsymbol{a}\times\boldsymbol{b}$及其在坐标轴上的投影与分向量；

(2) 求$3\boldsymbol{b}$与$-2\boldsymbol{a}$的向量积.

26. 求同时垂直于向量$\boldsymbol{a}=\{3,4,-2\}$与$z$轴的单位向量.

27. 将下列平面曲线化为参数方程形式：

(1) $x^2+y^2=2ay\ (a>0)$；(2) $\rho=\theta$（阿基米德螺线）.

28. 求二元函数$z=\arcsin(x-y^2)+\ln[\ln(10-x^2-4y^2)]$的定义域，并确定其各边界曲线方程.

29. 求解下列各题：

(1) 求过两点$(3,-1,5)$与$(-2,4,3)$的直线方程；

(2) 求过点$(4,-1,2)$且与各坐标轴正向夹角都相等的直线方程；

(3) 求过点$(2,4,0)$且与直线$\begin{cases}x+2z-1=0,\\y-3z-2=0\end{cases}$平行的直线方程.

30. 指出下列各平面位置的特殊性：

(1) $2x+3z-10=0$；(2) $3z+5=0$；(3) $3x=0$.

31. 求解下列各题：

(1) 求过点$(2,1,-1)$且与x轴、z轴的截距分别是4与3的平面方程；

(2) 确定k的值，使平面$x+ky-2z=7$与原点的距离为$\sqrt{7}$个单位.

32. 求直径的两个端点为$(-1,3,3)$和$(-3,-3,4)$的球面方程.

33. 说明下列曲面哪些是旋转曲面,并指出它们是如何产生的：

(1) $\dfrac{x^2}{4}+\dfrac{y^2}{9}+\dfrac{z^2}{9}=1$；　　(2) $x^2+y^2=4z$；

(3) $\dfrac{x^2}{4}+\dfrac{y^2}{9}=3z$；　　(4) $x^2-y^2-z^2=1$.

34. 说明下列方程在空间中表示什么曲面,并指出它们在xOy平面上是何曲线：

(1) $y=x^3$；(2) $y^2=x^3$；(3) $\dfrac{x^2}{4}+\dfrac{y^2}{9}=1$.

35. 已知动点$M(x,y,z)$到xOy平面的距离与点$(1,-1,2)$的距离相等，求点M的轨迹方程.

36. 求球面$x^2+y^2+z^2=r^2$与柱面$x^2+y^2=a^2\ (r>a)$的交线的参数方程.

习题课

内容小结

(1) 对区间和区域上分别引入一元函数和多元函数的概念及其性质.

(2) 向量的概念及其运算(数量积、向量积).

(3) 几何曲线与空间曲面(平面、球面、柱面、旋转曲面、二次曲面).

典型例题

例 1 定义在区间$(-\infty,+\infty)$内的函数$f(x)$严格递增,且有$f(f(f(x)))=f(x)$,求$f(x)$.

解 用反证法证明$f(x)=x$.

假设存在一点a满足$f(a)\neq a$,不妨设$f(a)>a$,由函数$f(x)$严格递增,得$f(f(a))>f(a)>a$,又有$f(f(f(a)))>f(f(a))>f(a)$,即$f(a)>f(a)$,得出矛盾.

类似设$f(a)<a$,也推出矛盾结论.所以恒有$f(x)=x$.

例 2 确定下列函数的定义域:

(1) $z=\sqrt{\dfrac{x^2+y^2-x}{2x-x^2-y^2}}$;　　(2) $u=\ln(z^2-1-x^2-y^2)$.

解 (1) 联立不等式$\begin{cases}x^2+y^2-x\geqslant 0,\\ 2x-x^2-y^2>0\end{cases}$或$\begin{cases}x^2+y^2-x\leqslant 0,\\ 2x-x^2-y^2<0,\end{cases}$可得

$x\leqslant x^2+y^2<2x$或$x\geqslant x^2+y^2>2x$(舍去).

所以函数的定义域为$\{(x,y)\mid x\leqslant x^2+y^2<2x\}$.

(2) 由$z^2-1-x^2-y^2>0$可得定义域为空间域$V=\{(x,y,z)\mid x^2+y^2-z^2<-1\}$.

例 3 设$z=\sqrt{y}+f(x-y)$,且当$y=1$时,$z=x$,求函数$f(x)$及z的解析表达式.

解 当$y=1$时,$z=\sqrt{1}+f(x-1)=x$,则$f(x-1)=x-1$,即$f(x)=x$.

从而$z=\sqrt{y}+f(x-y)=\sqrt{y}+x-y$.

例 4 作出$|\ln x|+|\ln y|=1$的图形.

解 当$\ln x\geqslant 0,\ln y\geqslant 0$,即$x\geqslant 1,y\geqslant 1$时,方程化为$\ln x+\ln y=1$,即$xy=\mathrm{e}$;

当$\ln x<0,\ln y<0$,即$0<x<1,0<y<1$时,方程化为$\ln x+\ln y=-1$,即$xy=\dfrac{1}{\mathrm{e}}$;

当 $\ln x \geqslant 0, \ln y < 0$，即 $x \geqslant 1, 0 < y < 1$ 时，方程化为 $\ln x - \ln y = 1$，即 $\dfrac{x}{y} = \mathrm{e}$；

当 $\ln x < 0, \ln y \geqslant 0$，即 $0 < x < 1, y \geqslant 1$ 时，方程化为 $-\ln x + \ln y = 1$，即 $\dfrac{y}{x} = \mathrm{e}$.

图形如图 1-45 所示.

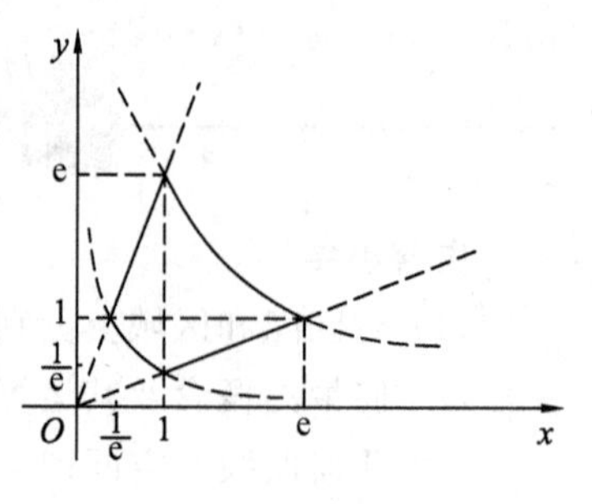

图 1-45

例 5 设当 $0 \leqslant x \leqslant 1$ 时，$f(x) = x(1-x)$，以关系式 $f(x+1) = 2f(x)$ 来定义 $[0,1]$ 以外的函数值，称为向外延拓，求 $y = f(x)(-\infty < x < +\infty)$ 的表达式并作出其图形.

解 当 $1 \leqslant x \leqslant 2$ 时，$f(x) = f(x-1+1) = 2f(x-1) = 2(x-1)(2-x)$；

当 $2 \leqslant x \leqslant 3$ 时，$f(x) = f(x-1+1) = 2f(x-1) = 2f(x-2+1)$

$$= 4f(x-2) = 4(x-2)(3-x).$$

假设当 $n-1 \leqslant x \leqslant n$ 时，$f(x) = 2^{n-1}[x-(n-1)](n-x)$.

则当 $n-1 \leqslant x \leqslant n$ 时，

$$f(x) = f(x-1+1) = 2f(x-1) = 2 \times 2^{n-1}[x-1-(n-1)][n-(x-1)],$$
$$= 2^n(x-n)(n+1-x).$$

由数学归纳法，知 $f(x) = 2^n(x-n)(n+1-x)$ 当 $n-1 \leqslant x \leqslant n$ 时成立($n \in \mathbf{Z}$).

例 6 求证：$(\boldsymbol{a} \cdot \boldsymbol{b})^2 + (\boldsymbol{a} \times \boldsymbol{b})^2 = |\boldsymbol{a}|^2 |\boldsymbol{b}|^2$. 再推导由三角形的三边表示它的面积公式.

证 $\boldsymbol{a} \cdot \boldsymbol{b} = |\boldsymbol{a}||\boldsymbol{b}|\cos(\widehat{\boldsymbol{a},\boldsymbol{b}})$，$|\boldsymbol{a} \times \boldsymbol{b}| = |\boldsymbol{a}||\boldsymbol{b}|\sin(\widehat{\boldsymbol{a},\boldsymbol{b}})$.

$$(\boldsymbol{a} \cdot \boldsymbol{b})^2 + (\boldsymbol{a} \times \boldsymbol{b})^2 = (\boldsymbol{a} \cdot \boldsymbol{b})^2 + |\boldsymbol{a} \times \boldsymbol{b}|^2$$
$$= |\boldsymbol{a}|^2 |\boldsymbol{b}|^2 \cos^2(\widehat{\boldsymbol{a},\boldsymbol{b}}) + |\boldsymbol{a}|^2 |\boldsymbol{b}|^2 \sin^2(\widehat{\boldsymbol{a},\boldsymbol{b}}) = |\boldsymbol{a}|^2 |\boldsymbol{b}|^2.$$

设向量 $\boldsymbol{a}, \boldsymbol{b}, \boldsymbol{c}$ 组成一个三角形，如图所示，$\boldsymbol{a} + \boldsymbol{b} + \boldsymbol{c} = \mathbf{0}$，$a = |\boldsymbol{a}|$，$b = |\boldsymbol{b}|$，$c = |\boldsymbol{c}|$.

由 $\boldsymbol{c} = -(\boldsymbol{a} + \boldsymbol{b})$，可得

$$c^2 = |\boldsymbol{c}|^2 = (-1)^2 |\boldsymbol{a} + \boldsymbol{b}|^2 = |\boldsymbol{a}|^2 + |\boldsymbol{b}|^2 + 2\boldsymbol{a} \cdot \boldsymbol{b},$$

$$\boldsymbol{a} \cdot \boldsymbol{b} = -\frac{1}{2}(|\boldsymbol{a}|^2 + |\boldsymbol{b}|^2 - \boldsymbol{c}^2) = -\frac{1}{2}(a^2 + b^2 - c^2).$$

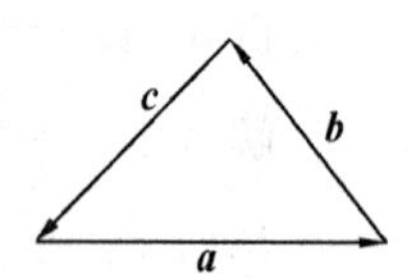

从而三角形的面积为

$$S = \frac{1}{2}|\boldsymbol{a} \times \boldsymbol{b}| = \frac{1}{2}\sqrt{|\boldsymbol{a} \times \boldsymbol{b}|^2} = \frac{1}{2}\sqrt{|\boldsymbol{a}|^2 |\boldsymbol{b}|^2 - (\boldsymbol{a} \cdot \boldsymbol{b})^2}$$
$$= \frac{1}{2}\sqrt{a^2 b^2 - \frac{1}{4}(a^2 + b^2 - c^2)^2}$$

$$=\frac{1}{2}\sqrt{\left[ab+\frac{1}{2}(a^2+b^2-c^2)\right]\left[ab-\frac{1}{2}(a^2+b^2-c^2)\right]}$$

$$=\frac{1}{2}\sqrt{\frac{1}{4}[(a+b)^2-c^2][c^2-(a-b)^2]}$$

$$=\frac{1}{2}\sqrt{\frac{1}{4}(a+b+c)(a+b-c)(c+a-b)(c-a+b)}$$

$$=\sqrt{p(p-a)(p-b)(p-c)}.$$

其中 $p=\frac{1}{2}(a+b+c)$. 此即为海伦公式的一种证明.

***例 7** 已知向量 $\boldsymbol{a}=\{1,0,1\}$, $\boldsymbol{b}=\{1,-2,0\}$, $\boldsymbol{c}=\{-1,2,1\}$, 求 $(\boldsymbol{a}\times\boldsymbol{b})\times\boldsymbol{c}$ 和 $\boldsymbol{a}\times(\boldsymbol{b}\times\boldsymbol{c})$.

解 $$\boldsymbol{a}\times\boldsymbol{b}=\begin{vmatrix}\boldsymbol{i} & \boldsymbol{j} & \boldsymbol{k}\\ 1 & 0 & 1\\ 1 & -2 & 0\end{vmatrix}=\begin{vmatrix}0 & 1\\ -2 & 0\end{vmatrix}\boldsymbol{i}-\begin{vmatrix}1 & 1\\ 1 & 0\end{vmatrix}\boldsymbol{j}+\begin{vmatrix}1 & 0\\ 1 & -2\end{vmatrix}\boldsymbol{k}$$

$$=2\boldsymbol{i}+\boldsymbol{j}-2\boldsymbol{k}=\{2,1,-2\},$$

则 $$(\boldsymbol{a}\times\boldsymbol{b})\times\boldsymbol{c}=\begin{vmatrix}\boldsymbol{i} & \boldsymbol{j} & \boldsymbol{k}\\ 2 & 1 & -2\\ -1 & 2 & 1\end{vmatrix}=\{5,0,5\}.$$

又 $$\boldsymbol{b}\times\boldsymbol{c}=\begin{vmatrix}\boldsymbol{i} & \boldsymbol{j} & \boldsymbol{k}\\ 1 & -2 & 0\\ -1 & 2 & 1\end{vmatrix}=\{-2,-1,0\},$$

则 $$\boldsymbol{a}\times(\boldsymbol{b}\times\boldsymbol{c})=\begin{vmatrix}\boldsymbol{i} & \boldsymbol{j} & \boldsymbol{k}\\ 1 & 0 & 1\\ -2 & -1 & 0\end{vmatrix}=\{1,2,-1\}.$$

例 8 设直线 L: $\frac{x-1}{1}=\frac{y-2}{1}=\frac{z-3}{2}$, 平面 Π: $x+2y-z=3$, 求:

(1) 直线与平面的交点坐标;

(2) 直线与平面的交角;

(3) 直线在平面上的投影直线方程.

解 设 $\frac{x-1}{1}=\frac{y-2}{1}=\frac{z-3}{2}=t$, 得参数方程 $x=t+1$, $y=t+2$, $z=2t+3$, 代入平面方程, 得 $(t+1)+2(t+2)-(2t+3)=3$, 解之得 $t=1$.

(1) 由 $x=2$, $y=3$, $z=5$, 可知直线与平面的交点坐标为 $A(2,3,5)$.

(2) 直线的方向向量 $\boldsymbol{s}=\{1,1,2\}$, 平面的法向量为 $\boldsymbol{n}=\{1,2,-1\}$.

设直线与平面的夹角为 θ,则

$\sin\theta=|\cos(\widehat{\boldsymbol{s},\boldsymbol{n}})|=\dfrac{|\boldsymbol{s}\cdot\boldsymbol{n}|}{|\boldsymbol{s}||\boldsymbol{n}|}=\dfrac{|1\times1+1\times2+2\times(-1)|}{\sqrt{1^2+1^2+2^2}\sqrt{1^2+2^2+(-1)^2}}=\dfrac{1}{6}$,所以 $\theta=\arcsin\dfrac{1}{6}$.

(3) 取直线上另一点,如 $t=0$,即点 $B(1,2,3)$,沿平面的法向量方向作垂线,

$\dfrac{x-1}{1}=\dfrac{y-2}{1}=\dfrac{z-2}{-1}=p$,不妨设为 $x=p+1,y=2p+2,z=-p+3$.

代入平面方程,解得 $p=\dfrac{1}{6}$,得垂点为 $C\left(\dfrac{7}{6},\dfrac{7}{3},\dfrac{17}{6}\right)$,则$\overrightarrow{CA}=\left\{\dfrac{5}{6},\dfrac{2}{3},\dfrac{13}{6}\right\}//\{5,4,13\}$,直线在平面上的投影直线方程为$\dfrac{x-2}{5}=\dfrac{y-3}{4}=\dfrac{z-5}{13}$.

例 9 求曲线$\begin{cases}x^2+y^2=z,\\x+y+z=\dfrac{1}{2}\end{cases}$在 xOy 坐标面上的投影,并写出原曲线的一个参数方程.

解 在曲线的联立方程中消去 z,得 $x+y+x^2+y^2=\dfrac{1}{2}$,即

$$\left(x+\frac{1}{2}\right)^2+\left(y+\frac{1}{2}\right)^2=1.$$

曲线在 xOy 坐标面上的投影方程为$\begin{cases}x+y+x^2+y^2=\dfrac{1}{2},\\z=0.\end{cases}$

原曲线的参数方程可表示为

$$x=\cos t-\frac{1}{2},y=\sin t-\frac{1}{2},z=\frac{3}{2}-\cos t-\sin t.$$

例 10 已知一圆,自圆心作圆面的垂线,在圆上取动点,过此点及垂线作一平面,在此平面上,以该动点为圆心、定长(小于定圆半径)为半径作圆,求此圆所生成的曲面.

解 设已知圆在 xOy 平面上以原点为圆心,a 为半径,动圆半径为 $b(a>b)$.

已知圆为$\begin{cases}x^2+y^2=a^2,\\z=0,\end{cases}$其参数式为$\begin{cases}x=a\cos\theta,\\y=a\sin\theta,\\z=0.\end{cases}$

设动圆上任意一点 $P(x,y,z)$,圆心为 $P(x_1,y_1,0)$,则动圆所在平面方程是

$$y_1x-x_1y=0.$$

动圆方程为 $\begin{cases}(x-x_1)^2+(y-y_1)^2+z^2=b^2,\\ y_1x-x_1y=0,\end{cases}$ $P(x_1,y_1,0)$满足 $x_1^2+y_1^2=a^2$.

令 $x_1=xt,y_1=yt$,代入动圆方程,化简得

$$x^2+y^2+z^2-b^2=2(x_1x+y_1y)=2(x^2+y^2)t.$$

最后由 $x_1^2+y_1^2=a^2,(x^2+y^2)t^2=a^2$ 两边乘以 $4(x^2+y^2)$得动圆所生成的曲面方程为$(x^2+y^2+z^2-b^2)^2=4a^2(x^2+y^2)$.

复习题一

1. 在 z 轴上求与 $A(-4,1,7)$和 $B(3,5,-2)$等距离的点.

2. 一个长为 a 的正方体放在 xOy 平面上,其底面的中心与原点重合,底面的顶点在 x 轴、y 轴上,求立方体各顶点的坐标.

3. 求点 $A(3,-4,1)$,$B(a,b,c)$分别关于各坐标平面、各坐标轴和原点的对称点的坐标.

4. 填空题:

(1) 若 $f\left(\frac{1}{t}\right)=\frac{5}{t}+2t^2$,则 $f(t)=$________,$f(t^2+1)=$________;

(2) 设 $f(x)$的定义域是$[0,3]$,则 $f(\ln x)$的定义域是________;

(3) 已知 $f\left(\sin\frac{x}{2}\right)=1+\cos x$,则 $f\left(\cos\frac{x}{2}\right)=$________.

5. 选择题:

(1) 设 $f(x)=\begin{cases}-\sin^3x, & -\pi\leqslant x\leqslant 0,\\ \sin^3x, & 0<x\leqslant\pi,\end{cases}$ 则此函数是 (　　)

A. 周期函数　　B. 单调增函数　　C. 奇函数　　D. 偶函数

(2) 设 $f(x)=e^x,g(x)=\sin^2x$,则 $f(g(x))$等于 (　　)

A. $e^{\sin^2x}$　　B. $\sin^2(e^x)$　　C. $e^x\sin^2x$　　D. $(\sin^2x)^{e^{x^2}}$

(3) 设 $f(x),g(x)$是$[-l,l]$上的偶函数,$h(x)$是$[-l,l]$上的奇函数,则以下所给函数必为奇函数的是 (　　)

A. $f(x)+g(x)$　　B. $f(x)+h(x)$

C. $f(x)[h(x)+g(x)]$　　D. $f(x)g(x)h(x)$

6. 设 $f(x)$是以 2 为周期的函数,且 $f(x)=\begin{cases}x^2, & -1<x<0,\\ 0, & 0\leqslant x<1.\end{cases}$ 试在$(-\infty,$

$+\infty)$上绘出 $f(x)$的图形.

7. 设 $f(x)=\dfrac{1-x}{1+x}$,求 $f(f(x))$.

8. 求二元函数 $z=\dfrac{\sqrt{x}}{\sqrt{2-x^2-y^2}}-\dfrac{1}{\sqrt{y-x}}$的定义域,并作图表示其平面区域.

9. 已知 $f(x+y,x-y)=x^2y+y^2$,求 $f(x,y)$的表达式.

10. 判断题:

(1) 若 $\boldsymbol{a}\neq\boldsymbol{0}$,且 $\boldsymbol{a}\cdot\boldsymbol{b}=\boldsymbol{a}\cdot\boldsymbol{c}$ 或 $\boldsymbol{a}\times\boldsymbol{b}=\boldsymbol{a}\times\boldsymbol{c}$,则 $\boldsymbol{b}=\boldsymbol{c}$; ( )

(2) 与 Ox,Oy,Oz 三个坐标轴之正向有相等夹角的向量,其方向角必为$\dfrac{\pi}{3}$,$\dfrac{\pi}{3}$,$\dfrac{\pi}{3}$; ( )

(3) 向量 $\boldsymbol{a}(\boldsymbol{b}\cdot\boldsymbol{c})-\boldsymbol{b}(\boldsymbol{a}\cdot\boldsymbol{c})$与 $\boldsymbol{c}$ 恒垂直; ( )

(4) $(\boldsymbol{a}\cdot\boldsymbol{b})^2=\boldsymbol{a}^2\boldsymbol{b}^2$; ( )

(5) 若 $\boldsymbol{a}\cdot\boldsymbol{b}=0,\boldsymbol{a}\times\boldsymbol{c}=\boldsymbol{0}$,则 $\boldsymbol{b}\cdot\boldsymbol{c}=0$. ( )

11. 设单位向量 $\boldsymbol{a},\boldsymbol{b},\boldsymbol{c}$ 满足 $\boldsymbol{a}+\boldsymbol{b}+\boldsymbol{c}=\boldsymbol{0}$,试证:

(1) $\boldsymbol{a}\cdot\boldsymbol{b}+\boldsymbol{b}\cdot\boldsymbol{c}+\boldsymbol{c}\cdot\boldsymbol{a}=-\dfrac{3}{2}$;

(2) $(\boldsymbol{a}\cdot\boldsymbol{b})(\boldsymbol{a}\times\boldsymbol{b})+(\boldsymbol{b}\cdot\boldsymbol{c})(\boldsymbol{b}\times\boldsymbol{c})+(\boldsymbol{c}\cdot\boldsymbol{a})(\boldsymbol{c}\times\boldsymbol{a})=-\dfrac{3}{2}\boldsymbol{a}\times\boldsymbol{b}$.

12. 设 $\boldsymbol{a}+3\boldsymbol{b}\perp 7\boldsymbol{a}-5\boldsymbol{b},\boldsymbol{a}-4\boldsymbol{b}\perp 7\boldsymbol{a}-2\boldsymbol{b}$,求向量 $\boldsymbol{a}$ 与 $\boldsymbol{b}$ 的夹角.

13. 选择题:

(1) 两平面 $A_1x+B_1y+C_1z+D_1=0$ 与 $A_2x+B_2y+C_2z+D_2=0$ 重合的充分必要条件是 ( )

A. $\dfrac{A_1}{A_2}=\dfrac{B_1}{B_2}=\dfrac{C_1}{C_2}$　　B. $A_1=A_2,B_1=B_2,C_1=C_2$

C. $\dfrac{A_1}{A_2}=\dfrac{B_1}{B_2}=\dfrac{C_1}{C_2}=\dfrac{D_1}{D_2}$　　D. $A_1=A_2,B_1=B_2,C_1=C_2,D_1=D_2$

(2) 旋转曲面 $x^2-y^2-z^2=1$ 是由 ( )

A. xOz 坐标面上的双曲线 $x^2-z^2=1$ 绕 Ox 轴旋转而成的

B. xOy 坐标面上的双曲线 $x^2-y^2=1$ 绕 Oz 轴旋转而成的

C. xOy 坐标面上的椭圆 $x^2+y^2=1$ 绕 Oz 轴旋转而成的

D. xOz 坐标面上的椭圆 $x^2+y^2=1$ 绕 Ox 轴旋转而成的

(3) 曲线$\begin{cases}(x-1)^2+(y-1)^2+(z-1)^2=4,\\ z=0\end{cases}$的参数方程是 ( )

A. $\begin{cases}x=1+\sqrt{3}\cos\theta,\\ y=1+\sqrt{3}\sin\theta,\\ z=0\end{cases}$

B. $\begin{cases}x=1+2\cos\theta,\\ y=2\sin\theta,\\ z=0\end{cases}$

C. $\begin{cases}x=\sqrt{3}\cos\theta,\\ y=\sqrt{3}\sin\theta,\\ z=0\end{cases}$

D. $\begin{cases}x=2\cos\theta,\\ y=2\sin\theta,\\ z=0\end{cases}$

14. 求半径为 3,且与平面 $x+2y+2z+3=0$ 相切于点 $A(1,1,-3)$的球面方程.

15. 试理解平面与空间中方程组$\begin{cases}x^2+y^2=25,\\ x+y=a\end{cases}$表示的不同含义,并求 a 使得方程组有实数解.

16. 设平面方程 Π:$\dfrac{x}{a}+\dfrac{y}{b}+\dfrac{z}{c}=1$,证明:

(1) 若 d 为原点到平面 Π 的距离,则$\dfrac{1}{d^2}=\dfrac{1}{a^2}+\dfrac{1}{b^2}+\dfrac{1}{c^2}$;

(2) 平面被三个坐标面所截得的三角形的面积为 $A=\dfrac{1}{2}\sqrt{a^2b^2+b^2c^2+c^2a^2}$.

第2章 极限与连续

极限是微积分的基础，本章由数列极限过渡到函数的极限，从容易理解的描述性定义过渡到严格定义，给出了无穷小、无穷大的概念，函数四则运算、反函数、复合函数的极限运算法则. 由函数极限引入的连续概念可以在局部和整体上讨论. 函数的极限和连续性包含了对多元函数的类似概念的引入和比较.

§2.1 数列极限　函数极限

一、数列极限

对给定数列$\{x_n\}$，重要的是讨论当n无限增大时x_n的变化趋势，为方便，记"n无限增大"这一变化过程为$n\to\infty$.

例如，当$n\to\infty$时，$x_n=n$趋向无穷大，$x_n=\frac{1}{n}$趋向于0，$x_n=2+\frac{(-1)^{n-1}}{n}$趋向于2，$x_n=(-1)^{n-1}$没有确定的趋势.

当$n\to\infty$时，x_n的变化趋势可分为三类：

(1) x_n趋向于某确定的常数A；(2) x_n趋向于无穷大；(3) x_n没有确定的趋势.

数列极限常常这样描述：在n无限增大的过程中，x_n无限接近于常数A，则称A是数列x_n当$n\to\infty$时的极限，记为$\lim\limits_{n\to\infty}x_n=A$，这时称数列$\{x_n\}$收敛. 否则，称为发散.

为了理解严格的极限定义，x_n与A的接近程度可用$|x_n-A|$来度量，x_n无限接近A，就是$|x_n-A|$可以任意小，可以小于任意给定的正数ε，即$|x_n-A|<\varepsilon$，只要n足够大.

以后分别用记号"$\forall$"表示"任意给定"或"任给"，"$\exists$"表示"存在"，"$\to$"表示"趋向".

定义1　对$\forall\varepsilon>0$，总$\exists$正整数$N>0$，当$n>N$时，恒有$|x_n-A|<\varepsilon$，则称常

数 A 是数列 x_n 当 $n\to\infty$ 时的极限，记为 $\lim\limits_{n\to\infty}x_n=A$ 或 $x_n\to A\ (n\to\infty)$.

例如，当 $n\to\infty$ 时，$x_n=\dfrac{2n+1}{n}\to 2$.

$\lim\limits_{n\to\infty}x_n=a$ 的几何意义：对 $\forall\varepsilon>0$，存在正整数 N，当 $n>N$ 时，数列 x_n 都落在 a 的邻域 $U(a,\varepsilon)$ 内（图 2-1）.

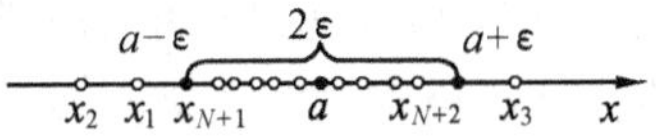

图 2-1

用定义证明 $\lim\limits_{n\to\infty}x_n=A$，就是证明对任意给定的 $\varepsilon>0$，能够指出定义中的正整数 N 确实存在，证明的过程就是寻找 N 的过程，证明的方法是从分析 $|x_n-A|<\varepsilon$ 出发，找出 n 与 $\varphi(\varepsilon)$ 的关系：$n>\varphi(\varepsilon)$，于是可取 $[\varphi(\varepsilon)]$ 为 N.

由于 N 不唯一，故可把 $|x_n-A|$ 适当放大，得到一个新的不等式，再找 N.

注意：从 $|x_n-A|<\varepsilon$ 找 N 与解不等式 $|x_n-A|<\varepsilon$ 意义不同.

例 1 用定义证明下列数列的极限存在：

(1) $\lim\limits_{n\to\infty}\dfrac{2n-1}{3n+2}=\dfrac{2}{3}$；(2) $\lim\limits_{n\to\infty}q^n=0\ (|q|<1)$.

证 (1) 对 $\forall\varepsilon>0$，要使 $\left|\dfrac{2n-1}{3n+2}-\dfrac{2}{3}\right|<\varepsilon$，而 $\left|\dfrac{2n-1}{3n+2}-\dfrac{2}{3}\right|=\dfrac{7}{3(3n+2)}<\dfrac{7}{9n}$，只要 $n>\dfrac{7}{9\varepsilon}$. 取 $N=\left[\dfrac{7}{9\varepsilon}\right]$，当 $n>N$ 时，有 $\left|\dfrac{2n-1}{3n+2}-\dfrac{2}{3}\right|<\varepsilon$，则 $\lim\limits_{n\to\infty}\dfrac{2n-1}{3n+2}=\dfrac{2}{3}$.

(2) 对 $\forall\varepsilon>0$，不妨设 $\varepsilon<1$ 且 $q\neq 0$，要使数列 $x_n=q^n$ 满足 $|q^n-0|<\varepsilon$，即 $0<|q|^n<\varepsilon$，也就是 $n\ln|q|<\ln\varepsilon$，即 $n>\dfrac{\ln\varepsilon}{\ln|q|}$. 所以存在 $N=\max\left\{1,\left[\dfrac{\ln\varepsilon}{\ln|q|}\right]\right\}$，当 $n>N$ 时，有 $|q^n-0|<\varepsilon$，则 $\lim\limits_{n\to\infty}q^n=0\ (|q|<1)$ 成立.

数列极限的性质.

(1) 唯一性：若数列 $\{x_n\}$ 收敛，则数列 $\{x_n\}$ 的极限是唯一的.

(2) 有界性：若 $\lim\limits_{n\to\infty}x_n=A$，则对 $\forall n\in\mathbf{N}_+$，总 $\exists M>0$ 使 $|x_n|\leqslant M$，即收敛数列必有界.

(3) 子列的收敛性：

在数列 $\{x_n\}$ 中任意抽取无穷多项并保持这些项在原数列中的先后次序，这样得到的数列称为原数列的子列.

若数列 $\{x_n\}$ 收敛，则 $\{x_n\}$ 的任一子列也收敛，且极限相同.

以上性质都可以用数列极限的严格定义来证明.

二、一元函数极限

从数列极限的定义可知，x_n 以 A 为极限与自变量 n 的变化过程有关. 数列是定义在自然数集上的函数. 下面给出一般的函数极限的概念.

在自变量 x 的某变化过程中，对应的函数值 $f(x)$ 无限接近于常数 A，则称常数 A 是函数 $f(x)$ 当自变量 x 在该变化过程中的极限.

自变量的变化过程不同，函数极限的定义就呈现为不同的形式.

自变量的变化过程分为下列几种：

(a) $x>0$，且 x 无限增大，记为 $x\to+\infty$；

(b) $x<0$，且 $|x|$ 无限增大，记为 $x\to-\infty$；

(c) x 为任意实数，且 $|x|$ 无限增大，记为 $x\to\infty$；

(d) x 无限接近于 x_0，记为 $x\to x_0$；

(e) $x<x_0$，且 x 无限接近于 x_0，记为 $x\to x_0^-$；

(f) $x>x_0$，且 x 无限接近于 x_0，记为 $x\to x_0^+$.

1. $x\to+\infty$，$x\to-\infty$，$x\to\infty$ 时 $f(x)$ 的极限

定义 2 设 $f(x)$ 在 $x>a(a>0)$ 的邻域内有定义，对 $\forall\varepsilon>0$，总 $\exists X>0$，当 $x>X$ 时，恒有 $|f(x)-A|<\varepsilon$，则称常数 A 是函数 $f(x)$ 当 $x\to+\infty$ 时的极限. 记为 $\lim\limits_{x\to+\infty}f(x)=A$ 或 $f(x)\to A(x\to+\infty)$.

设 $f(x)$ 在 $x<a(a<0)$ 的邻域内有定义，对 $\forall\varepsilon>0$，总 $\exists X>0$，当 $x<-X$ 时，恒有 $|f(x)-A|<\varepsilon$，则称常数 A 是函数 $f(x)$ 当 $x\to-\infty$ 时的极限. 记为 $\lim\limits_{x\to-\infty}f(x)=A$ 或 $f(x)\to A(x\to-\infty)$.

设 $f(x)$ 在 $|x|>a(a>0)$ 的邻域内有定义，对 $\forall\varepsilon>0$，总 $\exists X>0$，当 $|x|>X$ 时，恒有 $|f(x)-A|<\varepsilon$，则称常数 A 是函数 $f(x)$ 当 $x\to\infty$ 时的极限. 记为 $\lim\limits_{x\to\infty}f(x)=A$ 或 $f(x)\to A(x\to\infty)$.

$\lim\limits_{x\to\infty}f(x)=A$ 成立的充要条件是 $\lim\limits_{x\to+\infty}f(x)=A$ 且 $\lim\limits_{x\to-\infty}f(x)=A$.

$\lim\limits_{x\to\infty}f(x)=A$ 的几何意义是对任给的 $\varepsilon>0$，存在正数 X，使得当 $x<-X$ 或当 $x>X$ 时，函数 $y=f(x)$ 的图形完全落在由直线 $y=A-\varepsilon$ 和直线 $y=A+\varepsilon$ 所构成的宽度为 2ε 的带形区域内.

见下例 $y=\dfrac{\sin x}{x}$ 的图形（图 2-2）所示.

例 2 用定义证明 $\lim\limits_{x\to\infty}\dfrac{\sin x}{x}=0$.

证 $\forall \varepsilon>0$，要使得 $\left|\dfrac{\sin x}{x}-0\right|<\varepsilon$，取 $X=1+\dfrac{1}{\varepsilon}>0$，当 $|x|>X$ 时，恒有

$$\left|\frac{\sin x}{x}\right| \leqslant \frac{1}{|x|}<\frac{1}{X}=\frac{\varepsilon}{1+\varepsilon}<\varepsilon,$$

故有 $\lim\limits_{x \to \infty}\dfrac{\sin x}{x}=0$.

图 2-2

又如，$f(x)=\dfrac{2x+1}{x}$，在 $x \to +\infty$，$x \to -\infty$，$x \to \infty$ 三种情形下 $f(x)$ 的极限都是 2.

2. $x \to x_0$，$x \to x_0^-$，$x \to x_0^+$ 时 $f(x)$ 的极限

定义 3 设 $f(x)$ 在 $\mathring{U}(x_0,\delta)$ 内有定义，对 $\forall \varepsilon>0$，总 $\exists \delta>0$，当 $0<|x-x_0|<\delta$ 时，恒有 $|f(x)-A|<\varepsilon$，则称常数 A 是函数 $f(x)$ 当 $x \to x_0$ 时的极限. 记为 $\lim\limits_{x \to x_0} f(x)=A$ 或 $f(x) \to A(x \to x_0)$.

$\lim\limits_{x \to x_0} f(x)=A$ 的几何意义是对任给的 $\varepsilon>0$，存在正数 δ，使得当 x 在 $\mathring{U}(x_0,\delta)$ 内时，函数 $y=f(x)$ 的图形完全落在由直线 $y=A-\varepsilon$ 和直线 $y=A+\varepsilon$ 所构成的宽度为 2ε 的带形区域内.（图2-3）

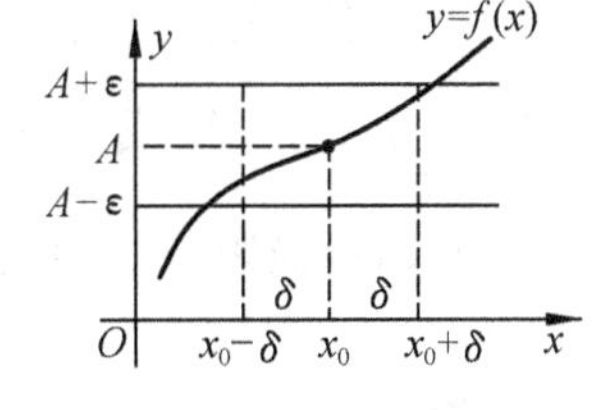

图 2-3

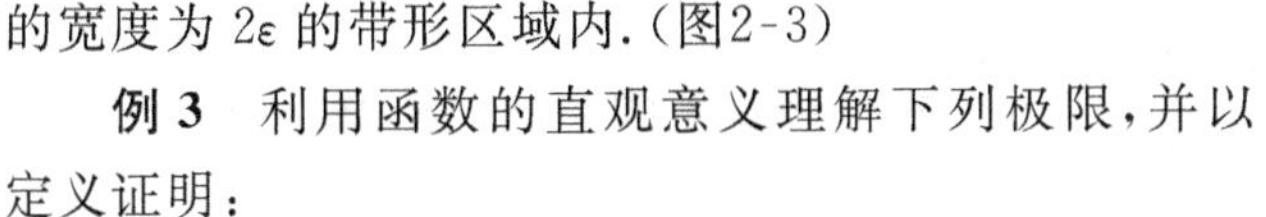

例 3 利用函数的直观意义理解下列极限，并以定义证明：

(1) $\lim\limits_{x \to x_0} C=C$；　(2) $\lim\limits_{x \to x_0} x=x_0$；　(3) $\lim\limits_{x \to 1}\dfrac{2(x^2-1)}{x-1}=4$；

(4) $\lim\limits_{x \to 0}\sqrt{1-x^2}=1$；　(5) $\lim\limits_{x \to x_0}\sqrt{x}=\sqrt{x_0}\ (x_0>0)$.

证 直观意义不难理解，现只证(4)(5).

(4) $\forall \varepsilon>0$，要使得 $|\sqrt{1-x^2}-1|<\varepsilon$，由于

$$|\sqrt{1-x^2}-1|=\left|\frac{x^2}{\sqrt{1-x^2}+1}\right| \leqslant x^2,$$

只要 $x^2<\varepsilon$，可取 $\delta=\sqrt{\varepsilon}$，当 $|x|<\delta$ 时，有 $|\sqrt{1-x^2}-1|<\varepsilon$，即 $\lim\limits_{x \to 0}\sqrt{1-x^2}=1$.

(5) $\forall \varepsilon>0$，要使得 $|\sqrt{x}-\sqrt{x_0}|<\varepsilon$，即让

$$\frac{|x-x_0|}{\sqrt{x}+\sqrt{x_0}}<\frac{\delta}{\sqrt{x_0}} \leqslant \varepsilon,$$

且要满足$-x_0<x-x_0$，取$\delta=\min\{\sqrt{x_0}\varepsilon,x_0\}$，当$|x-x_0|<\delta$时，恒有

$$|\sqrt{x}-\sqrt{x_0}|=\frac{|x-x_0|}{\sqrt{x}+\sqrt{x_0}}<\frac{\delta}{\sqrt{x_0}}\leqslant\varepsilon,$$

故$\lim\limits_{x\to x_0}\sqrt{x}=\sqrt{x_0}\,(x_0>0)$成立.

用定义证明$\lim\limits_{x\to x_0}f(x)=A$的过程就是对$\forall\varepsilon>0$，验证$\exists\delta>0$，使当$0<|x-x_0|<\delta$时，$|f(x)-A|<\varepsilon$，也就是寻找$\delta$的过程. 证明的方法可把$|f(x)-A|$适当放大为$|f(x)-A|<k|x-x_0|$，再从$k|x-x_0|<\varepsilon$找到关系式$|x-x_0|<\dfrac{\varepsilon}{k}$，就是使$|f(x)-A|<\varepsilon$的$x$的变化范围.

上面讨论$x\to x_0$时$f(x)$的极限的概念中，x要从x_0的左右两侧趋向x_0. 对有些函数，只要或只能考虑x从x_0的左侧或右侧趋向x_0时的极限.

定义4 设$f(x)$在$(x_0-\delta, x_0)$（或$(x_0, x_0+\delta)$）内有定义，对$\forall\varepsilon>0$，总$\exists\delta>0$，当$-\delta<x-x_0<0$（或$0<x-x_0<\delta$）时，恒有$|f(x)-A|<\varepsilon$，则称常数A是函数$f(x)$当$x\to x_0^-$（或$x\to x_0^+$）时的左（或右）极限. 记为$\lim\limits_{x\to x_0^-}f(x)=A$（或$\lim\limits_{x\to x_0^+}f(x)=A$）或$f(x_0^-)=A$（或$f(x_0^+)=A$）.

左（右）极限与极限的关系：$\lim\limits_{x\to x_0}f(x)=A\Leftrightarrow\lim\limits_{x\to x_0^+}f(x)=\lim\limits_{x\to x_0^-}f(x)=A$.

例4 讨论$f(x)=\begin{cases}x-1, & x>0,\\ 2-x, & x\leqslant 0\end{cases}$在分段点处的左（右）极限.

解 $\lim\limits_{x\to 0^+}f(x)=\lim\limits_{x\to 0^+}(x-1)=-1$，$\lim\limits_{x\to 0^-}f(x)=\lim\limits_{x\to 0^-}(2-x)=2$，

则$\lim\limits_{x\to 0^-}f(x)\neq\lim\limits_{x\to 0^+}f(x)$，所以在分段点$x=0$处$\lim\limits_{x\to 0}f(x)$不存在.

函数极限的性质与数列极限的性质类似，函数极限有唯一性、（局部）有界性，还有下面的（局部）保号性：

(1) 若$\lim\limits_{x\to x_0}f(x)=A$且$A>0$（或$A<0$），则存在$\mathring{U}(x_0, \delta)$，使对$\forall x\in\mathring{U}(x_0, \delta)$，$f(x)>0$（或$f(x)<0$）.

(2) 若$\lim\limits_{x\to x_0}f(x)=A$且对$\forall x\in\mathring{U}(x_0, \delta)$有$f(x)\geqslant 0$（或$f(x)\leqslant 0$），则有$A\geqslant 0$（或$A\leqslant 0$）.

一般来说，用定义证明数列和函数极限的原始方法虽然严密，但多数比较复杂，而我们只需对最简单的基本初等函数的极限用定义来验证极限过程，其他都

可以利用后面的极限运算法则来计算.

三、无穷小与无穷大

定义 5 若$\lim\limits_{x \to x_0} \alpha(x)=0$,则称 $\alpha(x)$为当 $x \to x_0$ 时的无穷小(量).

这里 $x \to x_0$ 可以改为其他的变化过程.

例如,$\lim\limits_{x \to 0} x=0$,$\alpha(x)=x$ 当 $x \to 0$ 时为无穷小,但当 $x \to 1$ 时不是无穷小.

无穷小是与自变量的变化过程有关的极限为 0 的变量.与很小的常数是不同的.

无穷小与函数极限的关系:$\lim\limits_{x \to x_0} f(x)=A \Leftrightarrow f(x)=A+\alpha(x)$,其中$\lim\limits_{x \to x_0} \alpha(x)=0$.

无穷小的性质:

(1) 有限个无穷小的代数和仍是无穷小.

(2) 无穷小与有界函数的乘积仍是无穷小.

推论 (1) 常数与无穷小的乘积为无穷小.

(2) 无穷小与无穷小的乘积为无穷小.

在自变量的某变化过程中,$|f(x)|$无限增大,可称$f(x)$在自变量该变化过程中为无穷大.记为 $\lim f(x)=\infty$. 还可以用$+\infty$,$-\infty$表示函数确定的无穷趋势.

例如,$f(x)=x$ 当 $x \to +\infty$时为无穷大,$f(x)=\frac{1}{x}$当 $x \to 0$ 时为无穷大.

注意:无穷大与一个很大的常数是有区别的,无穷大与无界函数也是不同的概念.

例如,$f(x)=x\cos x$ 当 $x \to +\infty$时无界但非无穷大.

无穷大与无穷小的关系:在自变量的同一变化过程中,若 $f(x)$为无穷小,且 $f(x) \neq 0$,则$\frac{1}{f(x)}$为无穷大;反之,若 $f(x)$为无穷大,则$\frac{1}{f(x)}$为无穷小.

四、多元函数的极限

设 $z=f(x,y)$的定义域为 D,P_0 是 D 的聚点,当 $P(x,y) \in D$ 且 P 沿任意方向趋向于 P_0 时,对应的函数值 $z=f(x,y)$无限接近于常数 A,则称常数 A 为 $z=f(x,y)$当 $P \to P_0$ 时的极限.

定义 6 设 $z=f(x,y)$的定义域为 D,P_0 是 D 的聚点,对$\forall \varepsilon>0$,$\exists \delta>0$,使当 $P(x,y) \in D$ 且 $0<|P_0P|<\delta$,即 $0<\sqrt{(x-x_0)^2+(y-y_0)^2}<\delta$ 时,恒有

$$|f(x,y)-A|<\varepsilon,$$

则称 A 为 $z=f(x,y)$ 当 $P\to P_0$ 时的极限. 记为 $\lim\limits_{P\to P_0}f(P)=A$，或 $\lim\limits_{\substack{x\to x_0\\ y\to y_0}}f(x,y)=A$，或 $\lim\limits_{(x,y)\to(x_0,y_0)}f(x,y)=A$. 可称为二重极限或二元函数的极限.

例 5 证明 $\lim\limits_{(x,y)\to(0,0)}\dfrac{xy}{\sqrt{x^2+y^2}}=0$.

证 $|f(x,y)-A|=\dfrac{|xy|}{\sqrt{x^2+y^2}}\leqslant\dfrac{1}{2}\sqrt{x^2+y^2}$，对 $\forall\varepsilon>0$，要 $|f(x,y)-A|<\varepsilon$，只要 $\dfrac{1}{2}\sqrt{x^2+y^2}<\varepsilon$，即 $\sqrt{x^2+y^2}<2\varepsilon$. 取 $\delta=2\varepsilon$，则当 $\sqrt{x^2+y^2}<\delta$ 时，恒有 $\left|\dfrac{xy}{\sqrt{x^2+y^2}}-0\right|<\varepsilon$，所以 $\lim\limits_{(x,y)\to(0,0)}\dfrac{xy}{\sqrt{x^2+y^2}}=0$.

例 6 设 $f(x,y)=\begin{cases}\dfrac{xy}{x^2+y^2}, & x^2+y^2\neq0,\\ 0, & x^2+y^2=0.\end{cases}$ 证明：$\lim\limits_{(x,y)\to(0,0)}f(x,y)$ 不存在.

证 取 $P(x,y)$ 沿直线 $y=kx$ 趋向原点 $(0,0)$，$\lim\limits_{(x,y)\to(0,0)}\dfrac{xy}{x^2+y^2}=\dfrac{k}{1+k^2}$. 极限与 k 的值有关，故原极限不存在.

这个例子说明：若仅知道动点在 D 内沿某特定的方向趋向于 $P_0(x_0,y_0)$，即使 $f(x,y)$ 趋向于某一确定常数，也不能断定 $f(x,y)$ 在 $P_0(x_0,y_0)$ 的极限存在. 只有动点在 D 内沿任何方向趋向于 $P_0(x_0,y_0)$，函数的极限都存在且相等，这时函数的极限存在.

若能找到某两个特定的方向使 $P\to P_0$ 时 $f(x,y)$ 的极限不相同或不存在，则可断定 $f(x,y)$ 在 $P_0(x_0,y_0)$ 的极限不存在.

§2.2 函数极限的运算

一、极限的四则运算与复合运算

定理 1（极限的四则运算法则） 若 $\lim\limits_{x\to x_0}f(x)=A$，$\lim\limits_{x\to x_0}g(x)=B$，则

(1) $\lim\limits_{x\to x_0}[f(x)\pm g(x)]=\lim\limits_{x\to x_0}f(x)\pm\lim\limits_{x\to x_0}g(x)$；

(2) $\lim\limits_{x\to x_0}[f(x)\cdot g(x)]=\lim\limits_{x\to x_0}f(x)\cdot\lim\limits_{x\to x_0}g(x)$；

(3) $\lim\limits_{x\to x_0}\dfrac{f(x)}{g(x)}=\dfrac{\lim\limits_{x\to x_0}f(x)}{\lim\limits_{x\to x_0}g(x)}$，其中$\lim\limits_{x\to x_0}g(x)\neq 0$.

推论 (1) 有限个函数代数和的极限等于各函数极限的代数和；

(2) 有限个函数积的极限等于各函数极限的积；

(3) $\lim\limits_{x\to x_0}[f(x)]^n=[\lim\limits_{x\to x_0}f(x)]^n$（$n$ 为正整数）.

极限的运算法则中变量的变化过程换为 $n\to\infty$，$x\to x_0^-$，$x\to x_0^+$，$x\to+\infty$，$x\to-\infty$，$x\to\infty$也成立.

定理 2（复合函数的极限运算法则） 设$\lim\limits_{x\to x_0}\varphi(x)=a$，且 $x\in\mathring{U}(x_0,\delta_1)$，$\varphi(x)\neq a$，又$\lim\limits_{u\to a}f(u)=A$，则有

$$\lim_{x\to x_0}f(\varphi(x))=A.$$

这里对 $a=\infty$也成立.

例 1 计算下列极限：

(1) $\lim\limits_{x\to x_0}(2x^2-3x+1)$； (2) $\lim\limits_{x\to 1}\dfrac{x^3+2x-3}{x^2+2x-1}$； (3) $\lim\limits_{x\to -1}\dfrac{x^3+1}{x^2+3x+2}$；

(4) $\lim\limits_{x\to 2}\dfrac{x^2+1}{x^2-3x+2}$； (5) $\lim\limits_{x\to 3}\dfrac{\sqrt{x+1}-2}{x-3}$； (6) $\lim\limits_{x\to 1}\left(\dfrac{1}{1-x}-\dfrac{2}{1-x^2}\right)$；

(7) $\lim\limits_{x\to +\infty}\dfrac{3x^2+2x-1}{5x^2+x+3}$； (8) $\lim\limits_{x\to -\infty}\dfrac{2x^2+x+1}{3x^3+5x-1}$； (9) $\lim\limits_{x\to +\infty}(\sqrt{x+\sqrt{x}}-\sqrt{x})$；

(10) $\lim\limits_{x\to 0}x\sin\dfrac{1}{x}$.

解 (1) $\lim\limits_{x\to x_0}(2x^2-3x+1)=\lim\limits_{x\to x_0}2x^2-\lim\limits_{x\to x_0}3x+\lim\limits_{x\to x_0}1$

$$=2(\lim_{x\to x_0}x)^2-3\lim_{x\to x_0}x+\lim_{x\to x_0}1=2x_0^2-3x_0+1.$$

一般地，设 $P_n(x)=a_0x^n+a_1x^{n-1}+\cdots+a_n$，则有$\lim\limits_{x\to x_0}P_n(x)=P_n(x_0)$.

(2) $\lim\limits_{x\to 1}\dfrac{x^3+2x-3}{x^2+2x-1}=\dfrac{1^3+2-3}{1^2+2-1}=\dfrac{0}{2}=0$.

一般地，设 $R(x)=\lim\limits_{x\to x_0}\dfrac{a_0x^n+a_1x^{n-1}+\cdots+a_n}{b_0x^m+b_1x^{m-1}+\cdots+b_m}$，若 $Q_m(x)=b_0x^m+b_1x^{m-1}+\cdots+b_m$ 在 x_0 的值不为零，则有 $\lim\limits_{x\to x_0}R(x)=R(x_0)$.

(3) $\lim\limits_{x\to -1}\dfrac{x^3+1}{x^2+3x+2}=\lim\limits_{x\to -1}\dfrac{(x+1)(x^2-x+1)}{(x+1)(x+2)}=\lim\limits_{x\to -1}\dfrac{(x^2-x+1)}{x+2}=\dfrac{3}{1}=3$.

(4) 因为$\lim\limits_{x\to 2}\dfrac{x^2-3x+2}{x^2+1}=\dfrac{0}{5}=0$，所以$\lim\limits_{x\to 2}\dfrac{x^2+1}{x^2-3x+2}=\infty$.

(5) $\lim\limits_{x\to 3}\frac{\sqrt{x+1}-2}{x-3}=\lim\limits_{x\to 3}\frac{x+1-4}{(x-3)(\sqrt{x+1}+2)}=\lim\limits_{x\to 3}\frac{1}{\sqrt{x+1}+2}$

$$=\frac{1}{\sqrt{3+1}+2}=\frac{1}{4}.$$

(6) $\lim\limits_{x\to 1}\left(\frac{1}{1-x}-\frac{2}{1-x^2}\right)=\lim\limits_{x\to 1}\frac{1+x-2}{1-x^2}=\lim\limits_{x\to 1}\frac{-1}{1+x}=-\frac{1}{2}.$

(7) $\lim\limits_{x\to +\infty}\frac{3x^2+2x-1}{5x^2+x+3}=\lim\limits_{x\to +\infty}\frac{3+\frac{2x}{x^2}-\frac{1}{x^2}}{5+\frac{x}{x^2}+\frac{3}{x^2}}=\lim\limits_{x\to +\infty}\frac{3+0-0}{5+0+0}=\frac{3}{5}.$

(8) $\lim\limits_{x\to -\infty}\frac{2x^2+x+1}{3x^3+5x-1}=\lim\limits_{x\to -\infty}\frac{2+\frac{x}{x^2}+\frac{1}{x^2}}{2+\frac{5x}{x^2}-\frac{1}{x^2}}\cdot\frac{1}{x}=\frac{2}{2}\cdot 0=0.$

且可得 $$\lim_{x\to\infty}\frac{3x^3+5x-1}{2x^2+x+1}=\infty.$$

对有理函数,当 $x\to\infty$($-\infty$或$+\infty$)时,有

$$\lim_{x\to\infty}\frac{a_0x^n+a_1x^{n-1}+\cdots+a_n}{b_0x^m+b_1x^{m-1}+\cdots+b_m}=\begin{cases}\frac{a_0}{b_0}, & n=m,\\ 0, & n<m,\\ \infty, & n>m.\end{cases}$$

(9) $\lim\limits_{x\to +\infty}(\sqrt{x+\sqrt{x}}-\sqrt{x})=\lim\limits_{x\to +\infty}\frac{\sqrt{x}}{\sqrt{x+\sqrt{x}}+\sqrt{x}}=\lim\limits_{x\to +\infty}\frac{1}{\sqrt{1+\frac{1}{\sqrt{x}}}+1}$

$$=\frac{1}{\sqrt{1+0}+1}=\frac{1}{2}.$$

(10) 因为$\lim\limits_{x\to 0}x=0$,所以 x 当 $x\to 0$ 时为无穷小.

又$\left|\sin\frac{1}{x}\right|\leqslant 1$ 有界,所以$\lim\limits_{x\to 0}x\sin\frac{1}{x}=0$.

二、极限存在的准则与两个重要极限

我们来介绍极限存在的两个准则(夹逼准则和单调有界准则),利用这两个准则分别可以导出两个重要极限:$\lim\limits_{x\to 0}\frac{\sin x}{x}=1$,$\lim\limits_{x\to\infty}\left(1+\frac{1}{x}\right)^x=\mathrm{e}$.

准则Ⅰ(夹逼准则) 若

(1) 当 $x\in \mathring{U}(x_0, \delta)$时，有 $g(x)\leqslant f(x)\leqslant h(x)$，

(2) $\lim\limits_{x\to x_0} g(x)=A=\lim\limits_{x\to x_0} h(x)$，

则
$$\lim_{x\to x_0} f(x)=A.$$

准则Ⅰ对其他的变量、变化过程也成立.

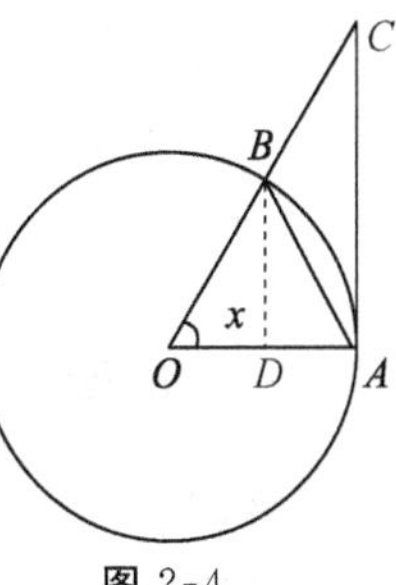

图 2-4

如图 2-4 所示单位圆内，令$\angle AOB=x\left(0<x<\frac{\pi}{2}\right)$，比较$\triangle OAB$、扇形 OAB 与直角三角形 OAC 三者的面积，有不等式$\frac{1}{2}\sin x<\frac{1}{2}x<\frac{1}{2}\tan x$，即 $\cos x<\frac{\sin x}{x}<1$.

此式对$-\frac{\pi}{2}<x<0$ 也成立.

例 2 证明：(1) $\lim\limits_{x\to 0}\sin x=0$；(2) $\lim\limits_{x\to 0}\cos x=1$；(3) $\lim\limits_{x\to 0}\arcsin x=0$.

证 (1) 由 $\cos x<\frac{\sin x}{x}<1$ 得：当 x 在 $\mathring{U}(0)$内时，$0<|\sin x|<|x|$，

故有
$$\lim_{x\to 0}\sin x=0.$$

(2) 当 x 在 $\mathring{U}(0)$内时，

$$0<|\cos x-1|=\left|2\sin^2\frac{x}{2}\right|<2\left(\frac{x}{2}\right)^2=\frac{x^2}{2},$$

故 $\lim\limits_{x\to 0}\cos x=1$.

(3) 令 $t=\arcsin x$，得 $\sin t=x$，$\cos t=\sqrt{1-x^2}$，由

$$0<|\arcsin x|=|t|<|\tan t|=\left|\frac{\sin t}{\cos t}\right|=|x|\frac{1}{\sqrt{1-x^2}},$$

而$\lim\limits_{x\to 0}|x|\frac{1}{\sqrt{1-x^2}}=0$，由夹逼定理$\lim\limits_{x\to 0}\arcsin x=0$.

由夹逼准则，不难证明重要极限 $\lim\limits_{x\to 0}\frac{\sin x}{x}=1$.

例 3 求下列极限：

(1) $\lim\limits_{x\to 0}\frac{\tan x}{x}$；　(2) $\lim\limits_{x\to 0}\frac{\arcsin x}{x}$；　(3) $\lim\limits_{x\to 0}\frac{\sin 3x}{\tan 2x}$；

(4) $\lim\limits_{x\to 0}\frac{1-\cos x}{x^2}$；　(5) $\lim\limits_{x\to 1}\frac{\sin[(x^2-1)\pi]}{x-1}$.

解 (1) $\lim\limits_{x\to 0}\frac{\tan x}{x}=\lim\limits_{x\to 0}\frac{\sin x}{x}\cdot\frac{1}{\cos x}=1$.

(2) $\lim\limits_{x\to0}\dfrac{\arcsin x}{x}\xlongequal{t=\arcsin x}\lim\limits_{t\to0}\dfrac{t}{\sin t}=1$.

(3) $\lim\limits_{x\to0}\dfrac{\sin3x}{\tan2x}=\lim\limits_{x\to0}\dfrac{\sin3x}{3x}\cdot\dfrac{2x}{\sin2x}\cdot\dfrac{\cos2x}{1}\cdot\dfrac{3x}{2x}=1\cdot1\cdot1\cdot\dfrac{3}{2}=\dfrac{3}{2}$.

(4) $\lim\limits_{x\to0}\dfrac{1-\cos x}{x^2}=\lim\limits_{x\to0}\dfrac{2\sin^2\dfrac{x}{2}}{x^2}=\lim\limits_{x\to0}\dfrac{\sin^2\dfrac{x}{2}}{2\left(\dfrac{x}{2}\right)^2}=\dfrac{1}{2}$.

(5) $\lim\limits_{x\to1}\dfrac{\sin[(x^2-1)\pi]}{x-1}=\lim\limits_{x\to1}(x+1)\pi\,\dfrac{\sin[(x^2-1)\pi]}{(x^2-1)\pi}=\lim\limits_{x\to1}(x+1)\pi=2\pi$.

准则Ⅱ 单调有界数列必有极限.

准则Ⅱ包含：

(1) 若 x_n 单调增加且有上界，则 x_n 必有极限；

(2) 若 x_n 单调减少且有下界，则 x_n 必有极限.

可以讨论一个特殊的数列 $\left(1+\dfrac{1}{n}\right)^n$ 是单调递增的且有上界，其极限存在，定义为无理数 e，近似值为

$$2.718281828459045\cdots.$$

即有

$$\lim_{n\to\infty}\left(1+\frac{1}{n}\right)^n=\lim_{n\to\infty}\left(1+\frac{1}{n}\right)^{n+1}=\lim_{n\to\infty}\left(1+\frac{1}{n+1}\right)^n=\mathrm{e}$$
$$=2.718281828459045\cdots.$$

前面已经指出，对数函数 $\log_{\mathrm{e}}x$ 称为自然对数，记为 $\ln x$.

考虑函数 $\left(1+\dfrac{1}{x}\right)^x$，如图 2-5 所示.

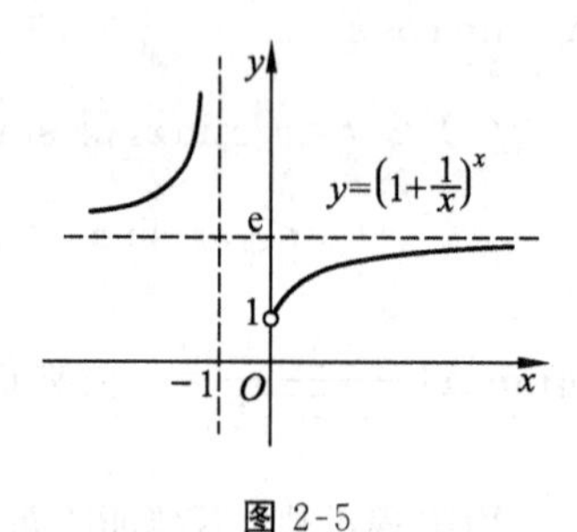

图 2-5

当 $x\to+\infty$ 时，由 $[x]\leqslant x<[x]+1$，得

$$\left(1+\frac{1}{[x]+1}\right)^{[x]}<\left(1+\frac{1}{x}\right)^x<\left(1+\frac{1}{[x]}\right)^{[x]+1}.$$

$[x]$ 是 n 的子列，有

$$\lim_{x\to+\infty}\left(1+\frac{1}{[x]+1}\right)^{[x]}=\lim_{x\to+\infty}\left(1+\frac{1}{[x]}\right)^{[x]+1}=\mathrm{e},$$

由夹逼准则，得

$$\lim_{x\to+\infty}\left(1+\frac{1}{x}\right)^x=\mathrm{e}.$$

又 $\lim\limits_{x\to-\infty}\left(1+\dfrac{1}{x}\right)^x=\lim\limits_{t\to+\infty}\left(1+\dfrac{1}{-t}\right)^{-t}=\lim\limits_{t\to+\infty}\left(1+\dfrac{1}{t-1}\right)^{t-1}\left(1+\dfrac{1}{t-1}\right)=\mathrm{e}$.

这样我们得到了另一个重要极限：

$$\lim_{x\to\infty}\left(1+\frac{1}{x}\right)^{x}=\mathrm{e} \text{ 或 } \lim_{x\to 0}(1+x)^{\frac{1}{x}}=\mathrm{e}.$$

例 4 求下列极限：

(1) $\lim\limits_{x\to\infty}\left(1+\frac{2}{x}\right)^{x}$； (2) $\lim\limits_{x\to 0}(1-3x)^{\frac{1}{x}}$； (3) $\lim\limits_{x\to\infty}\left(\frac{x-1}{x+1}\right)^{x-2}$；

(4) $\lim\limits_{x\to 0}\frac{\ln(1+x)}{x}$； (5) $\lim\limits_{x\to 0}\frac{\mathrm{e}^{x}-1}{x}$.

解 (1) $\lim\limits_{x\to\infty}\left(1+\frac{2}{x}\right)^{x}=\lim\limits_{x\to\infty}\left[\left(1+\frac{2}{x}\right)^{\frac{x}{2}}\right]^{2}=\mathrm{e}^{2}$.

(2) $\lim\limits_{x\to 0}(1-3x)^{\frac{1}{x}}=\lim\limits_{x\to 0}\left[(1-3x)^{-\frac{1}{3x}}\right]^{-3}=\mathrm{e}^{-3}$.

(3)
$$\lim_{x\to\infty}\left(\frac{x-1}{x+1}\right)^{x-2}=\lim_{x\to\infty}\left(1-\frac{2}{x+1}\right)^{x+1-3}=\lim_{x\to\infty}\left(1-\frac{2}{x+1}\right)^{x+1}\lim_{x\to\infty}\left(1-\frac{2}{x+1}\right)^{-3}$$
$$=\lim_{x\to\infty}\left[\left(1-\frac{2}{x+1}\right)^{-\frac{x+1}{2}}\right]^{-2}\cdot 1=\mathrm{e}^{-2}.$$

(4) $\lim\limits_{x\to 0}\frac{\ln(1+x)}{x}=\lim\limits_{x\to 0}\ln(1+x)^{\frac{1}{x}}=\lim\limits_{u\to \mathrm{e}}\ln u=1$.

(5) 令 $u=\mathrm{e}^{x}-1$，则 $x=\ln(u+1)$. 当 $x\to 0$ 时 $u\to 0$，则

$$\text{原式}=\lim_{u\to 0}\frac{u}{\ln(1+u)}=1.$$

三、无穷小的比较

定义 设 $\alpha=\alpha(x)$，$\beta=\beta(x)$ 都是在同一自变量 x 同一变化过程下的无穷小，且 $\alpha(x)\neq 0$，$\lim\frac{\beta(x)}{\alpha(x)}$ 也是在同一变化过程下的极限.

(1) 若 $\lim\frac{\beta(x)}{\alpha(x)}=0$，则称 $\beta(x)$ 是比 $\alpha(x)$ 高阶的无穷小，记为 $\beta=o(\alpha)$.

(2) 若 $\lim\frac{\beta(x)}{\alpha(x)}=\infty$，则称 $\beta(x)$ 是比 $\alpha(x)$ 低阶的无穷小.

(3) 若 $\lim\frac{\beta(x)}{\alpha(x)}=C(C\neq 0)$，则称 $\beta(x)$ 与 $\alpha(x)$ 是同阶无穷小.

(4) 若 $\lim\frac{\beta(x)}{\alpha^{k}(x)}=C(C\neq 0,k>0)$，则称 $\beta(x)$ 是关于 $\alpha(x)$ 的 k 阶无穷小.

(5) 若 $\lim\frac{\beta(x)}{\alpha(x)}=1$，则称 $\beta(x)$ 与 $\alpha(x)$ 是等价无穷小，记为 $\beta\sim\alpha$.

等价无穷小是同阶无穷小的特殊情形.

等价无穷小是一个重要的概念，常用的等价无穷小有：

当 $x\to 0$ 时，$\sin x\sim x$，$\tan x\sim x$，

$\arcsin x\sim x$，$\arctan x\sim x$，$1-\cos x\sim\dfrac{1}{2}x^2$，

$e^x-1\sim x$，$\ln(1+x)\sim x$，

$\sqrt[n]{1+x}-1\sim\dfrac{1}{n}x$.

一般还有 $(1+x)^\alpha-1\sim\alpha x$（$\alpha$ 为常数）.

定理 3（等价无穷小代换定理） 设 $\alpha(x)\sim\alpha^*(x)$，$\beta(x)\sim\beta^*(x)$ 且 $\lim\dfrac{\alpha^*(x)}{\beta^*(x)}$ 存在或为无穷大，则 $\lim\dfrac{\alpha(x)}{\beta(x)}=\lim\dfrac{\alpha^*(x)}{\beta^*(x)}$.

利用这个定理求极限，有时可简化极限计算过程.

例 5 求下列极限：

(1) $\lim\limits_{x\to 0}\dfrac{(e^{2x}-1)\ln(1+x)}{1-\cos x}$；(2) $\lim\limits_{x\to 0}\dfrac{\sqrt{1+x\sin x}-1}{\sqrt{1-\cos x^2}}$；(3) $\lim\limits_{x\to 0}\dfrac{\tan x-\sin x}{x^3}$.

解 (1) 因为当 $x\to 0$ 时，$e^{2x}-1\sim 2x$，$\ln(1+x)\sim x$，$1\sim\cos x\sim\dfrac{1}{2}x^2$，所以

$$\lim_{x\to 0}\frac{(e^{2x}-1)\ln(1+x)}{1-\cos x}=\lim_{x\to 0}\frac{(2x)(x)}{\frac{1}{2}x^2}=4.$$

(2) 因为当 $x\to 0$ 时，$\sqrt{1+x\sin x}-1\sim\dfrac{1}{2}x\sin x\sim\dfrac{1}{2}x^2$，$1-\cos x^2\sim\dfrac{1}{2}x^4$，所以

$$\lim_{x\to 0}\frac{\sqrt{1+x\sin x}-1}{\sqrt{1-\cos x^2}}=\lim_{x\to 0}\frac{\frac{1}{2}x\sin x}{\sqrt{\frac{1}{2}x^4}}=\lim_{x\to 0}\frac{\frac{1}{2}x^2}{\sqrt{\frac{1}{2}x^4}}=\lim_{x\to 0}\frac{\sqrt{2}}{2}\frac{x^2}{|x^2|}=\lim_{x\to 0}\frac{\sqrt{2}}{2}=\frac{\sqrt{2}}{2}.$$

(3) $\lim\limits_{x\to 0}\dfrac{\tan x-\sin x}{x^3}=\lim\limits_{x\to 0}\dfrac{\sin x(1-\cos x)}{\cos x\cdot x^3}=\lim\limits_{x\to 0}\dfrac{x\cdot\frac{1}{2}x^2}{x^3}\lim\limits_{x\to 0}\dfrac{1}{\cos x}=\dfrac{1}{2}$.

注意：(1) 无穷小的等价关系不是相等关系.

(2) 无穷小的积、商可分别等价代换，无穷小的代数和一般不能分别等价代换.

下面给出几个计算数列极限的例子.

例 6 求下列极限：

(1) $\lim\limits_{n\to\infty}\frac{(1+n)^3}{n^4-3n+1}$；(2) $\lim\limits_{n\to\infty}\sqrt{n}(\sqrt{n+4}-\sqrt{n})$；(3) $\lim\limits_{n\to\infty}\left(\frac{n-2}{n+1}\right)^n$.

解 (1) $\lim\limits_{n\to\infty}\frac{(1+n)^3}{n^4-3n+1}=\lim\limits_{n\to\infty}\frac{\left(\frac{1}{n}+1\right)^3\cdot\frac{1}{n}}{1-\frac{3}{n^3}+\frac{1}{n^4}}=\frac{1\cdot 0}{1-0+0}=0.$

(2) $\lim\limits_{n\to\infty}\sqrt{n}(\sqrt{n+4}-\sqrt{n})=\lim\limits_{n\to\infty}\sqrt{n}\cdot\frac{4}{\sqrt{n+4}+\sqrt{n}}=\lim\limits_{n\to\infty}\frac{4}{\sqrt{1+\frac{4}{n}}+1}=\frac{4}{2}=2.$

(3) $\lim\limits_{n\to\infty}\left(\frac{n-2}{n+1}\right)^n=\lim\limits_{n\to\infty}\left(1-\frac{3}{n+1}\right)^n=\lim\limits_{n\to\infty}\left(1-\frac{3}{n+1}\right)^{n+1-1}$

$$=\lim_{n\to\infty}\left[\left(1-\frac{3}{n+1}\right)^{-\frac{n+1}{3}}\right]^{(-3)}\left(1-\frac{3}{n+1}\right)^{-1}=\mathrm{e}^{-3}.$$

§2.3 函数连续性及其在闭域上的性质

一、函数连续与间断的概念

当自变量变化不大时，对应的函数值的变化也不大，这就是函数的连续性.

1. 函数的连续性

设变量 u 从初值 u_1 变到 u_2，则称 u_2-u_1 为变量 u 在 u_1 的增量，记为 Δu，即

$$\Delta u=u_2-u_1.$$

注意：Δu 是整体记号，它代表一个数值，可正也可负.

设 $y=f(x)$ 在 $U(x_0,\delta)$ 内有定义，x 在 $U(x_0,\delta)$ 内从 x_0 变到 $x_0+\Delta x$，对应的函数值从 $f(x_0)$ 变到 $f(x_0+\Delta x)$，则称 $f(x_0+\Delta x)-f(x_0)$ 为 $f(x)$ 在 x_0 点相应于 x 的增量，记为 Δy，即

$$\Delta y=f(x_0+\Delta x)-f(x_0).$$

定义 1 设 $y=f(x)$ 在 $U(x_0,\delta)$ 内有定义，$x_0+\Delta x\in U(x_0,\delta)$，$\Delta y=f(x_0+\Delta x)-f(x_0)$，若 $\lim\limits_{\Delta x\to 0}\Delta y=0$，则称 $y=f(x)$ 在点 x_0 处连续.

等价定义如下：

定义 1′ 设 $y=f(x)$ 在 $U(x_0,\delta)$ 内有定义，若 $\lim\limits_{x\to x_0}f(x)=f(x_0)$，则称 $y=f(x)$ 在点 x_0 处连续.

由左、右极限可定义左、右连续如下：

(1) 若 $\lim\limits_{x\to x_0^-}f(x)=f(x_0)$，即 $f(x_0^-)=f(x_0)$，则称 $y=f(x)$ 在点 x_0 左连续；

(2) 若 $\lim\limits_{x \to x_0^+} f(x)=f(x_0)$,即 $f(x_0^+)=f(x_0)$,则称 $y=f(x)$ 在点 x_0 右连续.

$y=f(x)$ 在点 x_0 处连续 $\Leftrightarrow y=f(x)$ 在点 x_0 处既是左连续又是右连续.

函数 $y=f(x)$ 在点 x_0 处连续,必须同时满足三个条件:

(1) 在点 x_0 处有定义;(2) $f(x_0^-)$,$f(x_0^+)$ 都存在;(3) $f(x_0^-)=f(x_0^+)=f(x_0)$.

若有一个条件不满足,$y=f(x)$ 在点 x_0 就不连续.

例 1 讨论 $f(x)=\begin{cases} x, & 0 \leqslant x \leqslant 1, \\ 2-x, & 1<x \leqslant 2 \end{cases}$ 在 $x=1$ 处的连续性.

解 因为

$$\lim_{x \to 1^-} f(x)=\lim_{x \to 1^-} x=1,$$

$$\lim_{x \to 1^+} f(x)=\lim_{x \to 1^+}(2-x)=1,$$

则

$$\lim_{x \to 1} f(x)=1=f(1),$$

所以 $f(x)$ 在 $x=1$ 处连续.

例 2 讨论 $f(x)=\begin{cases} x+2, & x>0, \\ 0, & x=0, \\ x-2, & x<0 \end{cases}$ 在 $x=0$ 处的连续性.

解 因为

$$f(0^+)=\lim_{x \to 0^+}(x+2)=2,$$

$$f(0^-)=\lim_{x \to 0^-}(x-2)=-2,$$

则 $f(0^-) \neq f(0^+)$,所以 $f(x)$ 在 $x=0$ 处不连续.

下面说明函数在区间上的连续性.

设 $f(x)$ 在 (a,b) 内有定义,且对 (a,b) 内每一点 $f(x)$ 都连续,则称 $f(x)$ 在 (a,b) 内连续,(a,b) 叫做 $f(x)$ 的连续区间.

设 $f(x)$ 在 $[a,b]$ 上有定义,若 $f(x)$ 在 (a,b) 内连续,且 $f(x)$ 在 a 点右连续,在 b 点左连续,则称 $f(x)$ 在 $[a,b]$ 上连续.

例 3 证明 $f(x)=\sin x$ 在 $(-\infty,+\infty)$ 内连续.

证 对任意 $x \in(-\infty,+\infty)$,

$$\begin{aligned} \Delta y &= f(x+\Delta x)-f(x)=\sin(x+\Delta x)-\sin x \\ &= 2\cos\left(x+\frac{\Delta x}{2}\right)\sin\frac{\Delta x}{2}. \end{aligned}$$

当 $x \in U(x_0, \delta)$ 时,$0 \leqslant |\Delta y|=2\left|\cos\left(x+\frac{\Delta x}{2}\right)\sin\frac{\Delta x}{2}\right| \leqslant 2\left|\sin\frac{\Delta x}{2}\right| \leqslant|\Delta x|$.

由夹逼准则得 $\lim\limits_{\Delta x \to 0} \Delta y=0$,$y=f(x)=\sin x$ 在 $(-\infty,+\infty)$ 内连续.

类似可证 $\cos x$, e^x 在$(-\infty,+\infty)$内连续.

例 4 确定 a,b 的值,使 $f(x)=\begin{cases}\dfrac{\sin bx}{x}, & x<0,\\ 2, & x=0,\\ x^2+a, & x>0\end{cases}$ 在 $x=0$ 点连续.

解 因为 $f(0^-)=\lim\limits_{x\to 0^-}\dfrac{\sin bx}{x}=b$, $f(0^+)=\lim\limits_{x\to 0^+}(x^2+a)=a$,
则由 $f(0^-)=f(0^+)=f(0)$,得 $a=b=2$.

2. 函数的间断点

设 x_0 是 $f(x)$定义域的聚点,若 $f(x)$在点 x_0 处不连续,则称 x_0 为 $f(x)$的间断点.

根据函数连续的定义可知,$f(x)$在点 x_0 满足下列条件之一:

(1) $f(x)$在点 x_0 没有定义;

(2) $f(x)$在点 x_0 有定义,但$\lim\limits_{x\to x_0}f(x)$不存在;

(3) $f(x)$在点 x_0 有定义,$\lim\limits_{x\to x_0}f(x)$存在,但$\lim\limits_{x\to x_0}f(x)\neq f(x_0)$,

则 x_0 为 $f(x)$的间断点.

例 5 (1) 设 $f(x)=\dfrac{1}{x-1}$. 在 $x=1$ 处 $f(x)$没有定义,故 $x=1$ 是 $f(x)$的间断点.

(2) 设 $f(x)=\begin{cases}2+x, & x\leqslant 0,\\ \dfrac{\sin x}{x}, & x>0.\end{cases}$ 在 $x=0$ 处 $f(x)$有定义,左、右极限都存在,

但$f(0^-)=2$,$f(0^+)=1$,所以$\lim\limits_{x\to 0}f(x)$不存在,故 $x=0$ 是 $f(x)$的间断点.

(3) 设 $f(x)=\begin{cases}\dfrac{x^2-1}{x-1}, & x\neq 1,\\ 1, & x=1.\end{cases}$ 在 $x=1$ 处 $f(x)$有定义,且$\lim\limits_{x\to 1}f(x)=2$,

但$\lim\limits_{x\to 1}f(x)\neq f(1)=1$,故 $x=1$ 是 $f(x)$的间断点.

下面介绍间断点的分类:

设 x_0 是 $f(x)$的间断点,

(1) 若 $f(x_0^-)$,$f(x_0^+)$都存在,则 x_0 是 $f(x)$的第一类间断点.

这时 $f(x)$在点 x_0 不连续的原因有三种:

① $f(x_0^-)\neq f(x_0^+)$;

② $f(x_0^-)=f(x_0^+)\neq f(x_0)$;

③ $f(x_0^-)=f(x_0^+)$，但 $f(x)$ 在点 x_0 没有定义.

若因① $f(x)$ 不连续，则称 x_0 为跳跃间断点；若因②③ $f(x)$ 不连续，这时称 x_0 为可去间断点.

例如，(a) $f(x)=\frac{|x|}{x}$，$f(0^+)=1$，$f(0^-)=-1$，则 $x=0$ 为跳跃间断点；

(b) $f(x)=\begin{cases}\frac{\sin 2x}{x}, & x\neq 0,\\ 1, & x=0,\end{cases}$ $\lim\limits_{x\to 0}f(x)=2\neq 1$，$f(x)$ 在 $x=0$ 间断，$x=0$ 为可去间断点；

(c) $f(x)=\frac{x^2-1}{x-1}$，$\lim\limits_{x\to 1}f(x)=2$，$f(x)$ 在 $x=1$ 处无定义，不连续，$x=1$ 为可去间断点.

(2) 若 $f(x_0^-)$，$f(x_0^+)$ 至少有一个不存在，则 x_0 是 $f(x)$ 的第二类间断点.

① $f(x_0^-)$，$f(x_0^+)$ 中至少有一个为无穷大，这种间断点叫做无穷间断点.

例如，$f(x)=\frac{1}{x-1}$，$x=1$ 是 $f(x)$ 的无穷间断点.

② $f(x_0^-)$，$f(x_0^+)$ 中至少有一个不存在，但都不为无穷大，这种间断点叫做振荡间断点.

例如，$x=0$ 为 $f(x)=\sin\frac{1}{x}$ 的振荡间断点.

例 6 (1) 求 $f(x)=\frac{x}{\tan x}$ 的间断点并讨论其类型；

(2) 求 $f(x)=\frac{2^{\frac{1}{x}}-1}{2^{\frac{1}{x}}+1}$ 的间断点并讨论其类型.

解 (1) $f(x)$ 在点 $x=k\pi$，$k\pi+\frac{\pi}{2}$ 无定义，且

$$\lim_{x\to k\pi}\frac{x}{\tan x}=\infty\ (k\neq 0),\ \lim_{x\to k\pi+\frac{\pi}{2}}\frac{x}{\tan x}=0,\ \lim_{x\to 0}\frac{x}{\tan x}=1,$$

故 $x=k\pi\ (k\neq 0)$ 为 $f(x)$ 的无穷间断点，$x=0$，$x=k\pi+\frac{\pi}{2}$ 为 $f(x)$ 的可去间断点.

(2) $f(x)$ 在 $x=0$ 无定义，$\lim\limits_{x\to 0^-}2^{\frac{1}{x}}=0$，$\lim\limits_{x\to 0^+}2^{\frac{1}{x}}=+\infty$，

$$\lim_{x\to 0^-}f(x)=\lim_{x\to 0^-}\frac{2^{\frac{1}{x}}-1}{2^{\frac{1}{x}}+1}=-1,\ \lim_{x\to 0^+}f(x)=\lim_{x\to 0^+}\frac{2^{\frac{1}{x}}-1}{2^{\frac{1}{x}}+1}=1,$$

故 $x=0$ 是 $f(x)$的跳跃间断点.

二、连续函数的运算、初等函数的连续性

1. 函数的四则运算的连续性

定理 1 设函数 $f(x)$,$g(x)$在 $x=x_0$ 处连续,则 $f(x)\pm g(x)$,$f(x)\cdot g(x)$,$\frac{f(x)}{g(x)}(g(x_0)\neq 0)$在 $x=x_0$ 处连续.

由这个定理及 $\sin x$,$\cos x$ 的连续性知:$y=\tan x$,$y=\cot x$,$y=\sec x$,$y=\csc x$ 在其定义域内都连续.

2. 反函数与复合函数的连续性

定理 2 设 $y=f(x)$在区间 I 上单调、连续,则其反函数 $y=f^{-1}(x)$在其对应区间上也单调、连续.

由这个定理可知,$y=\sin x$ 在 $\left[-\frac{\pi}{2},\frac{\pi}{2}\right]$上的反函数 $y=\arcsin x$ 在$[-1,1]$上是连续的.

同理,$y=\arccos x$,$y=\arctan x$,$y=\operatorname{arccot} x$ 在其定义域内也是连续的.

定理 3 设 $u=\varphi(x)$在 x_0 点连续,而 $y=f(u)$在 $u_0=\varphi(x_0)$连续,则复合函数设 $y=f(\varphi(x))$在 x_0 点连续.

这里相当于 $\lim\limits_{x\to x_0} f(\varphi(x))=f(\varphi(x_0))=f(\lim\limits_{x\to x_0}\varphi(x))$.

例如,$y=\sin(2x+1)$, $y=\arcsin\frac{2x-1}{5}$的连续性显然.

当条件改为 $y=f(u)$在 u_0 连续,且$\lim\limits_{x\to x_0}\varphi(x)=u_0$ 时,有

$$\lim_{x\to x_0} f(\varphi(x))=f(\lim_{x\to x_0}\varphi(x))=f(u_0).$$

3. 初等函数的连续性

上面已经讨论了基本初等函数:$\sin x$,$\cos x$,$\tan x$,$\cot x$,$\sec x$,$\csc x$,$\arcsin x$,$\arccos x$,$\arctan x$, $\operatorname{arccot} x$ 在其定义域内连续.

可以证明 $y=e^x$ 在定义域内连续.

利用上述结论可证明 $y=\ln x$ 在定义域内连续. 于是利用定理可得 a^x,$\log_a x$,x^μ在定义域内都连续.

定理 4 基本初等函数在其定义域内都连续.

定理 5 初等函数在其定义区间内都连续.

定义区间指包含在定义域内的区间.

例 7 求极限$\lim\limits_{x\to1}\dfrac{x^2+\cos(x-1)}{\arctan x}$.

解 因为 $f(x)=\dfrac{x^2+\cos(x-1)}{\arctan x}$为初等函数,且在 $x=1$ 处连续,所以

$$\lim_{x\to1}\frac{x^2+\cos(x-1)}{\arctan x}=\frac{1^2+\cos0}{\arctan1}=\frac{8}{\pi}.$$

三、闭区间上连续函数的性质

1. 最大值和最小值存在定理

设 $y=f(x)$在区间 I 内有定义,若有 $x_0\in I$,使对 $\forall x\in I$ 有$f(x)\leqslant f(x_0)$ ($f(x)\geqslant f(x_0)$),则称 $f(x_0)$是 $f(x)$在区间 I 上的最大值(最小值).

最值定理 若 $f(x)$在闭区间$[a,b]$上连续,则 $f(x)$在$[a,b]$上一定有最大值和最小值.

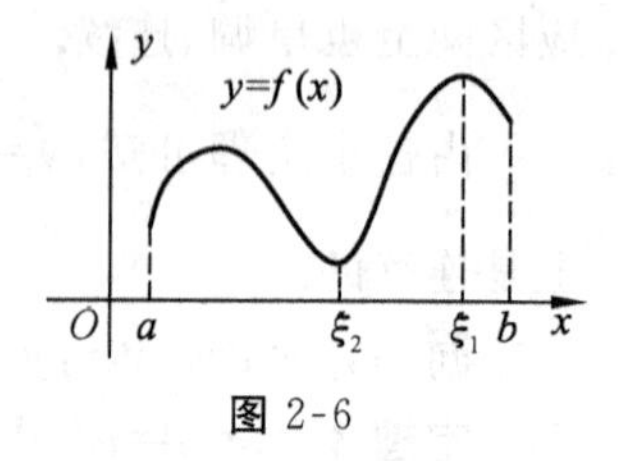

图 2-6

如图 2-6 所示,闭区间$[a,b]$上连续函数至少存在一点 ξ_1,使 $f(\xi_1)$为最大值;又至少存在一点 ξ_2,使 $f(\xi_2)$为最小值.

注意:若 $f(x)$不在闭区间上连续,就不一定有定理的结论.

例如,(1) $f(x)=x$ 在区间$(0,1)$内连续,但在该区间内没有最大值和最小值.

(2) $f(x)=\begin{cases}-x-2, & -2\leqslant x<0,\\ 0, & x=0,\\ 2-x, & 0<x\leqslant2,\end{cases}$ 作出分段函数的图形(图 2-7),函数定义区间为$[-2,2]$,在 $x=0$ 点间断,也没有最大值和最小值.

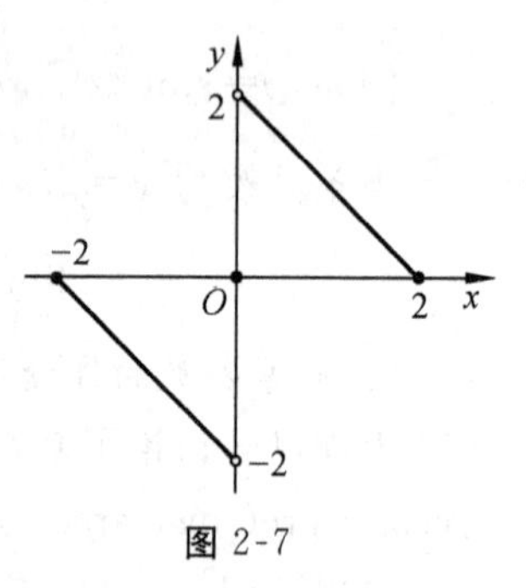

图 2-7

下面的有界性定理其实是上面定理的推论.

2. 有界性定理

有界性定理 设 $f(x)$在闭区间$[a,b]$上连续,则 $f(x)$在$[a,b]$上一定有界.

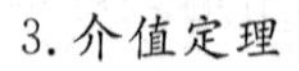
3. 介值定理

零点存在定理 设 $f(x)$在闭区间$[a,b]$上连续,且 $f(a)\cdot f(b)<0$,则至少存在一点 $\xi\in(a,b)$使 $f(\xi)=0$(图 2-8(a)).

这里使得 $f(\xi)=0$ 的点 ξ 称为函数 $f(x)$的零点.

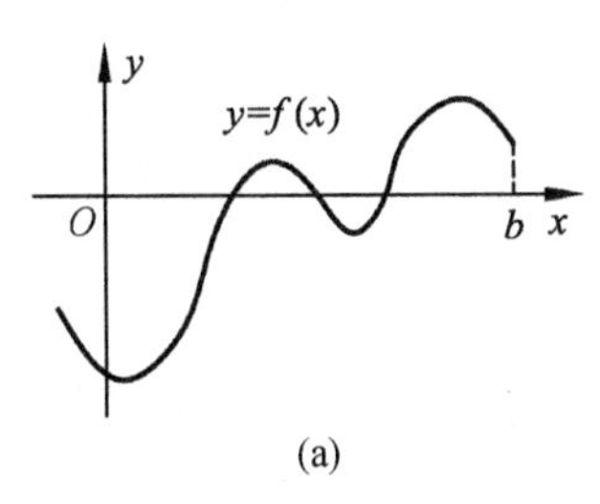

(a)

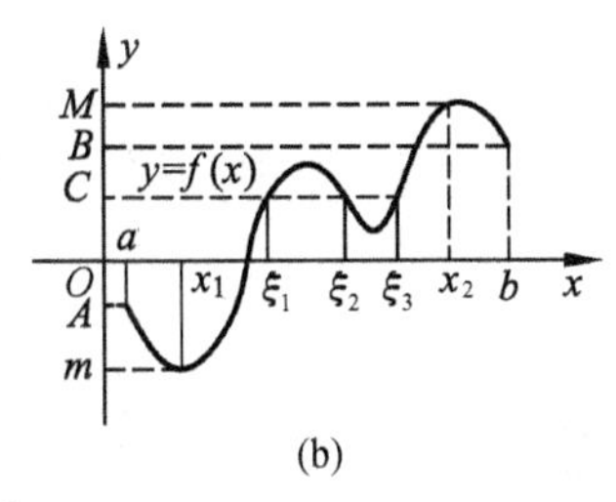

(b)

图 2-8

介值定理 设 $f(x)$ 在闭区间 $[a,b]$ 上连续，m,M 分别是 $f(x)$ 在 $[a,b]$ 上的最小值和最大值，则对任意满足 $m\leqslant C\leqslant M$ 的 C，至少存在一点 $\xi\in[a,b]$ 使 $f(\xi)=C$（图 2-8(b)）.

例 8 证明方程 $\sin x+x+1=0$ 在 $\left[-\frac{\pi}{2},\frac{\pi}{2}\right]$ 上至少有一个根.

证 令 $f(x)=\sin x+x+1$，则 $f(x)$ 在 $\left[-\frac{\pi}{2},\frac{\pi}{2}\right]$ 上连续，且

$$f\left(-\frac{\pi}{2}\right)=-\frac{\pi}{2}<0, f\left(\frac{\pi}{2}\right)=2+\frac{\pi}{2}>0.$$

由零点存在定理知至少有一个根 $\xi\in\left(-\frac{\pi}{2},\frac{\pi}{2}\right)$，使 $f(\xi)=0$. 得证.

例 9 设 $f(x)$ 在闭区间 $[0,1]$ 上连续，且 $0<f(x)<1$，证明至少存在一点 ξ，使 $f(\xi)=\xi$.

证 令 $\varphi(x)=f(x)-x$，则 $\varphi(x)$ 在闭区间 $[0,1]$ 上连续，且

$\varphi(0)=f(0)>0,\varphi(1)=f(1)-1<0.$

由零点存在定理知，至少有一个点 $\xi\in(0,1)$，使 $\varphi(\xi)=0$，即 $f(\xi)=\xi$. 得证.

四、多元函数的连续性

最后来讨论一下二元函数连续性的概念.

定义 2 设 $z=f(x,y)$ 在区域 D 内有定义，$P_0(x_0,y_0)$ 是 D 的聚点，且 $P_0\in D$，若 $\lim\limits_{\substack{x\to x_0\\y\to y_0}}f(x,y)=f(x_0,y_0)$，则称 $z=f(x,y)$ 在点 $P_0(x_0,y_0)$ 连续.

设 $z=f(P)$ 在区域 D 内有定义，且 D 为开(或闭)区域，若对每一点 $P\in D$，$z=f(P)$ 都连续，则称 $z=f(P)$ 在 D 内(上)连续，这时称 $z=f(P)$ 是 D 内(上)的连续函数.

例如，由 $\lim\limits_{\substack{x\to 0\\y\to 0}}\frac{xy}{\sqrt{x^2+y^2}}=0$，故 $f(x,y)=\begin{cases}\frac{xy}{\sqrt{x^2+y^2}}, & x^2+y^2\neq 0,\\ 0, & x^2+y^2=0\end{cases}$ 在 $(0,0)$ 处

连续.

但函数 $f(x,y)=\dfrac{xy}{x^2+y^2}$ 在(0,0)处无定义,故(0,0)是 $f(x,y)=\dfrac{xy}{x^2+y^2}$ 的间断点.

由于 $\lim\limits_{\substack{x\to 0\\ y\to 0}}\dfrac{xy}{x^2+y^2}$ 不存在,所以 $f(x,y)=\begin{cases}\dfrac{xy}{x^2+y^2}, & x^2+y^2\neq 0,\\ 0, & x^2+y^2=0\end{cases}$ 在(0,0)处间断.

由多元函数极限的四则运算可得多元函数的四则运算的连续性及复合函数的连续.

考虑一个变量 x 或 y 的函数:$C,x^{\mu},y^{\mu},a^{x},a^{y},\log_a x,\log_a y,\sin x,\sin y,\cdots,\arcsin x,\arcsin y,\cdots$. 这些初等函数看作多元函数,称为多元基本初等函数,显然这些函数都连续.由多元基本初等函数经过有限次四则运算和有限次复合步骤而得到且能用一个式子表示的多元函数称为多元初等函数.多元初等函数在其定义区域(指包含在定义域内的区域)内连续.

与一元函数类似,可利用多元函数的连续性求多元函数的极限.

例 10 求 $\lim\limits_{\substack{x\to 1\\ y\to 3}}\dfrac{\sqrt{1+xy}-1}{xy}$.

解 $f(x,y)=\dfrac{\sqrt{1+xy}-1}{xy}$ 在其定义域内是连续函数,点(1,3)是定义域内的点,因此

$$\lim_{(x,y)\to(1,3)}\frac{\sqrt{1+xy}-1}{xy}=f(1,3)=\frac{1}{3}.$$

有界闭区域上连续的多元函数与闭区间上连续的一元函数具有类似的性质:

1. 在有界闭区域 D 上的多元连续函数,在 D 上至少取得它的最大值和最小值各一次,即在 D 上有界.(最值存在定理,有界性定理)

2. 在有界闭区域 D 上的多元连续函数,如果在 D 上取得两个不同的函数值,那么它在 D 上取得介于这两值之间的任何值至少一次.(介值定理)

习　题　二

1. 判断下列极限是否存在，试写出极限或变化趋势，并试用定义证明之：

(1) $\lim\limits_{n\to\infty}\frac{2n}{1+3n}(|q|<1)$；　　(2) $\lim\limits_{n\to\infty}\frac{1+2+\cdots+n}{n^3}$；

(3) $\lim\limits_{x\to+\infty}\frac{1+x^2}{2x^2}$；　　(4) $\lim\limits_{x\to0}a^x(a>0)$.

2. 对于数列$\{x_n\}$，若 $x_{2k-1}\to a(k\to\infty)$ 且 $x_{2k}\to a(k\to\infty)$，证明 $x_n\to a(n\to\infty)$.

3. 求 $f(x)=x+[x^2]$ 在 $x=1$ 点的左、右极限 $f(1^-)$，$f(1^+)$，并考虑 $\lim\limits_{x\to1}f(x)$是否存在.

4. 两个无穷小的商是否一定是无穷小？举例说明之.

5. 求下列极限：

(1) $\lim\limits_{x\to\infty}\frac{\arctan x}{x}$；　　(2) $\lim\limits_{x\to1}(x-1)\cos\frac{1}{x^2-1}$.

6. 讨论下列函数是否为对应变化过程下的无穷大，简述理由：

(1) $y=x\sin x(x\to+\infty)$；　　(2) $y=\frac{1}{x}\cos\frac{1}{x}(x\to0^+)$.

7. 证明下列二元函数的极限不存在：

(1) $\lim\limits_{(x,y)\to(0,0)}\frac{x+y}{x-y}$；　　(2) $\lim\limits_{(x,y)\to(0,0)}\frac{x^2y}{x^4+y^2}$.

8. 利用极限四则运算法则求下列极限：

(1) $\lim\limits_{n\to\infty}\left(\frac{1^2}{n^3}+\frac{2^2}{n^3}+\cdots+\frac{n^2}{n^3}\right)$；　　(2) $\lim\limits_{n\to\infty}\frac{(-2)^n+3^n}{(-2)^{n+1}+3^{n+1}}$；

(3) $\lim\limits_{x\to1}\left(\frac{1}{1-x}-\frac{3}{1-x^3}\right)$；　　(4) $\lim\limits_{x\to-\infty}(\sqrt{x^2+x}+x)$.

9. 利用极限存在准则证明：

(1) $\lim\limits_{n\to\infty}\frac{n!}{n^n}=0$；　　(2) $\lim\limits_{x\to0^+}x\left[\frac{1}{x}\right]=1$；

(3) 数列$\sqrt{2}$，$\sqrt{2+\sqrt{2}}$，$\sqrt{2+\sqrt{2+\sqrt{2}}}$，…的极限存在，并求之.

10. 由两个重要极限求下列函数的极限：

(1) $\lim\limits_{x\to0}\frac{\sin 2x}{\tan 5x}$；　　(2) $\lim\limits_{x\to0}\frac{1-\cos x}{2x^2}$；

(3) $\lim\limits_{x\to\infty}\left(\frac{2x+3}{2x+1}\right)^{x+1}$；　　(4) $\lim\limits_{x\to0}(1-3x)^{\frac{1}{5x}}$；

(5) $\lim\limits_{x\to 0}\dfrac{\tan(1-\cos x)}{\sin(2x^2)}$； (6) $\lim\limits_{x\to 1}x^{\frac{1}{1-x}}$.

11. 设当 $x\to 0$ 时，$(1-\cos x)\ln(1+x^2)$ 是比 $x\sin x^n$ 高阶的无穷小，而 $x\sin x^n$ 是比 $e^{x^2}-1$ 高阶的无穷小，求正整数 n.

12. 求下列函数的极限：

(1) $\lim\limits_{x\to 0}\dfrac{x^2\sin\dfrac{1}{x}}{\sin x}$； (2) $\lim\limits_{x\to 0}\dfrac{e^{-x}-1+x^2\sin\dfrac{1}{x}}{x}$；

(3) $\lim\limits_{x\to 0}\dfrac{\arctan 2x}{x}$； (4) $\lim\limits_{x\to 0}\dfrac{a^x-1}{x}(a>0)$；

(5) $\lim\limits_{x\to 0}\dfrac{\tan x-\sin x}{\sin^3 x}$； (6) $\lim\limits_{x\to 0}\dfrac{1-\cos x\cos 2x}{x^2}$.

13. 求下列极限：

(1) $\lim\limits_{x\to 0}(1+3\tan x)^{\cot x}$； (2) $\lim\limits_{x\to 0}\dfrac{\tan x-\sin x}{x\sin(\sin^2 x)}$；

(3) $\lim\limits_{x\to 0}(\cos x)^{\frac{1}{x^2}}$； (4) $\lim\limits_{x\to +\infty}(3^x+9^x)^{\frac{1}{x}}$.

14. 求常数 α，使得 $\lim\limits_{x\to\infty}(\sqrt[3]{1-x^3}-\alpha x)=0$.

15. 求下列二元函数的极限：

(1) $\lim\limits_{\substack{x\to 1\\ y\to 0}}(3x^2+2y+1)$； (2) $\lim\limits_{\substack{x\to 0\\ y\to 0}}\dfrac{x^2y^2}{x^2+2y^2+1}$；

(3) $\lim\limits_{\substack{x\to 0\\ y\to 0}}\dfrac{xy}{2-\sqrt{xy+4}}$； (4) $\lim\limits_{\substack{x\to 0\\ y\to 0}}\dfrac{2}{x^2+y^2}$.

16. 讨论 $f(x)=\begin{cases}x^2+1, & x<0,\\ 2x+1, & x\geqslant 0\end{cases}$ 在 $x=0$ 处是否连续？$\lim\limits_{x\to 0}f(x)$ 是否存在？

17. 求下列函数的连续区间、间断点，并判别其类型：

(1) $y=\dfrac{x}{\sin x}$； (2) $y=\dfrac{1+x}{2-x^2}$.

18. 求 $f(x)=\dfrac{1}{1-e^{\frac{x}{1-x}}}$ 的连续区间、间断点并判别其类型.

19. 求常数 k 使 $f(x)=\begin{cases}(1-x)^{\frac{1}{x}}, & x<0,\\ 2^x+k, & x\geqslant 0\end{cases}$ 在 $x=0$ 处连续.

20. 讨论 $f(x)=\lim\limits_{n\to\infty}\dfrac{x+x^2e^{nx}}{1+e^{nx}}$ 的连续性.

21. 证明方程 $\sin x-x=0$ 至少有一根介于 -2 和 2 之间.

22. 讨论二元函数 $f(x,y)=\begin{cases}(x+y)\cos\dfrac{1}{x}, & x\neq 0,\\ 0, & x=0\end{cases}$ 在(0,0)处的连续性.

23. 确定并描述下列多元函数的间断点集：

(1) $z=\arccos\dfrac{y}{x}$；(2) $z=\dfrac{1}{\sqrt[3]{x+y}}+\dfrac{1}{\sqrt{x-y}}$；(3) $u=\sqrt{\dfrac{R^2-x^2-y^2-z^2}{x^2+y^2+z^2-r^2}}$ $(R>r>0)$.

习题课

内容小结

(1) 数列极限、函数极限的概念与性质，计算极限的各种方法.

(2) 极限存在准则与两个重要极限.

(3) 无穷小、无穷大的概念与无穷小阶的比较.

(4) 函数连续与间断的概念，闭区间上连续函数的性质.

(5) 二元函数的极限概念和计算方法，连续概念及其性质.

典型例题

例 1 计算 $\lim\limits_{x\to-\infty}x(\sqrt{x^2+100}+x)$.

解 $$\lim_{x\to-\infty}x(\sqrt{x^2+100}+x)=\lim_{x\to-\infty}\frac{100x}{\sqrt{x^2+100}-x}=\lim_{x\to-\infty}\frac{100x}{|x|\sqrt{1+\frac{100}{x^2}}-x}$$
$$=\lim_{x\to-\infty}\frac{-100}{\sqrt{1+\frac{100}{x^2}}+1}=-50.$$

注 因为 $x<0$，如果用 x 除分子、分母，并把 x 直接移进根号内，将产生错误.

例 2 计算 $\lim\limits_{x\to\infty}\dfrac{1}{x}\arctan x$.

解 方法一：因为 $\lim\limits_{x\to\infty}\dfrac{1}{x}=0$，所以 $\dfrac{1}{x}$ 是 $x\to\infty$ 时的无穷小，而 $\arctan x$ 为有界函数，根据有界函数与无穷小的乘积仍为无穷小知 $\lim\limits_{x\to\infty}\dfrac{1}{x}\arctan x=0$.

方法二：$\lim\limits_{x\to-\infty}\dfrac{1}{x}\arctan x=\lim\limits_{x\to-\infty}\dfrac{1}{x}\cdot\lim\limits_{x\to-\infty}\arctan x=0\cdot\left(-\dfrac{\pi}{2}\right)=0$，

$$\lim_{x\to+\infty}\frac{1}{x}\arctan x=\lim_{x\to+\infty}\frac{1}{x}\cdot\lim_{x\to+\infty}\arctan x=0\cdot\frac{\pi}{2}=0.$$

因为 $\lim\limits_{x\to-\infty}\frac{1}{x}\arctan x=\lim\limits_{x\to+\infty}\frac{1}{x}\arctan x=0$，所以 $\lim\limits_{x\to\infty}\frac{1}{x}\arctan x=0$.

注 下面的计算是错误的：

$$\lim_{x\to\infty}\frac{1}{x}\arctan x=\lim_{x\to\infty}\frac{1}{x}\cdot\lim_{x\to\infty}\arctan x=0.$$

事实上，因 $\lim\limits_{x\to-\infty}\arctan x\neq\lim\limits_{x\to+\infty}\arctan x$，故 $\lim\limits_{x\to\infty}\arctan x$ 并不存在，从而不能直接应用极限四则运算法则.

例 3 设 $x_1=10, x_{n+1}=\sqrt{6+x_n}\ (n=1,2,\cdots)$，试证数列 $\{x_n\}$ 的极限存在，并求出此极限.

分析 利用极限存在准则证明极限存在.

先假定极限存在，即令 $\lim\limits_{n\to\infty}x_n=A$，对递推公式两边取极限，得 $A=\sqrt{6+A}$，解出 $A_1=3, A_2=-2$（舍去，$A>0$）. 因为 $x_1=10>3=A$，所以可猜想 $\{x_n\}$ 是递减数列.

证 用归纳法证明 $\{x_n\}$ 是单调递减的.

因 $x_1=10>\sqrt{6+10}=x_2$，所以命题对 $n=1$ 正确.

假设命题对 $n-1$ 正确，即 $x_n<x_{n-1}$. 以下证明命题对 n 正确.

由递推公式知，对任意 n 有 $x_{n+1}=\sqrt{6+x_n}>0$，因此 $x_n+6<x_{n-1}+6\Rightarrow\sqrt{x_n+6}<\sqrt{x_{n-1}+6}\Rightarrow x_{n+1}<x_n$，即 $\{x_n\}$ 是单调递减数列. 得证.

又因为对任意 n 有 $x_n>0$，所以数列下方有界，数列的极限存在. 令 $\lim\limits_{n\to\infty}x_n=A$. 对递推公式两边取极限，得 $A=\sqrt{6+A}$，解出 $A_1=3, A_2=-2$（舍去，$A>0$）. 所以 $\lim\limits_{n\to\infty}x_n=3$.

例 4 计算极限 $\lim\limits_{x\to\infty}\left(\frac{ax+b}{ax+c}\right)^{hx+k}$（其中 a,b,c,h,k 为常数，且 $a\neq0$）.

解 这是 1^∞ 型极限.

方法一：利用重要极限. 令 $\frac{ax+b}{ax+c}=1+u$，则 $x=\frac{b-c-cu}{au}$，当 $x\to\infty$ 时，$u\to0$.

$$\begin{aligned}原式&=\lim_{u\to0}(1+u)^{h\cdot\frac{b-c-cu}{au}+k}=\lim_{u\to0}(1+u)^{\frac{(b-c)h}{a}\cdot\frac{1}{u}+\left(k-\frac{c}{a}h\right)}\\&=\left[\lim_{u\to0}(1+u)^{\frac{1}{u}}\right]^{\frac{(b-c)h}{a}}\cdot\lim_{u\to0}(1+u)^{k-\frac{c}{a}h}=e^{\frac{(b-c)h}{a}}.\end{aligned}$$

方法二：利用公式 $\lim u^v=e^{\lim(u-1)v}$（$u^v=e^{v\ln u}$，$\ln u=\ln(1+u-1)\sim u-1$，当 $u\to1$ 时）.

$$\lim_{x\to\infty}\left(\frac{ax+b}{ax+c}\right)^{hx+k}=\exp\left[\lim_{x\to\infty}\left(\frac{ax+b}{ax+c}-1\right)(hx+k)\right]$$

$$=\exp\lim_{x\to\infty}\frac{b-c}{ax+c}\cdot(hx+k)=\mathrm{e}^{\frac{(b-c)h}{a}}.$$

注 此题解法为类似的题目提供了普遍方法. 以上两种方法,应该说各有特点:第一种解法常称为“配方法”,容易理解;第二种解法称为“化指数函数法”,可推广至更一般的情形.

例 5 求$\lim\limits_{n\to\infty}\sqrt[n]{a_1^n+a_2^n+\cdots+a_m^n}\ (a_1,a_2,\cdots,a_m>0)$.

解 设$M=\max\{a_1,a_2,\cdots,a_m\}$,则

$$0<a_i^n\leqslant M^n,i=1,2,\cdots,m,$$

$$M^n\leqslant a_1^n+a_2^n+\cdots+a_m^n\leqslant m\cdot M^n\Rightarrow M\leqslant\sqrt[n]{a_1^n+a_2^n+\cdots+a_m^n}\leqslant m^{\frac{1}{n}}\cdot M.$$

由于$\lim\limits_{n\to\infty}m^{\frac{1}{n}}=1$,根据夹逼准则得:原式$=M=\max\{a_1,a_2,\cdots,a_m\}$.

例 6 求$\lim\limits_{x\to0}\dfrac{\sqrt{1+4x}-\sqrt[3]{1-3x}}{x}$.

解 $\lim\limits_{x\to0}\dfrac{\sqrt{1+4x}-\sqrt[3]{1-3x}}{x}=\lim\limits_{x\to0}\left(\dfrac{\sqrt{1+4x}-1}{x}-\dfrac{\sqrt[3]{1-3x}-1}{x}\right)$.

当$x\to0$时,$\sqrt{1+4x}-1\sim\dfrac{1}{2}\cdot4x$,$\sqrt[3]{1-3x}-1\sim\dfrac{1}{3}\cdot(-3x)$,所以

$$\lim_{x\to0}\frac{\sqrt{1+4x}-1}{x}=\lim_{x\to0}\frac{\frac{1}{2}\cdot4x}{x}=2,$$

$$\lim_{x\to0}\frac{\sqrt[3]{1-3x}-1}{x}=\lim_{x\to0}\frac{\frac{1}{3}\cdot(-3x)}{x}=-1,$$

从而 $\lim\limits_{x\to0}\dfrac{\sqrt{1+4x}-\sqrt[3]{1-3x}}{x}=3$.

注 本题利用了无穷小代换求极限的方法,有必要记住常用的无穷小代换公式.

例 7 求下列各极限:

(1) $\lim\limits_{\substack{x\to0\\y\to0}}\dfrac{\sin(x^2y)}{x^2+y^2}$;　　(2) $\lim\limits_{\substack{x\to\infty\\y\to1}}\left(1+\dfrac{1}{x}\right)^{\frac{x^2}{x+y}}$.

解 (1) 因为$0\leqslant\left|\dfrac{\sin(x^2y)}{x^2+y^2}\right|\leqslant\dfrac{|x^2y|}{x^2+y^2}=\dfrac{|xy|}{x^2+y^2}|x|\leqslant\dfrac{1}{2}|x|$,

所以 $\lim\limits_{\substack{x\to 0\\ y\to 0}}\dfrac{\sin(x^2 y)}{x^2+y^2}=0$.

(2) 因为 $\left(1+\dfrac{1}{x}\right)^{\frac{x^2}{x+y}}=\left[\left(1+\dfrac{1}{x}\right)^x\right]^{\frac{x}{x+y}}$,而 $\lim\limits_{\substack{x\to\infty\\ y\to 1}}\left(1+\dfrac{1}{x}\right)^x=\mathrm{e}$, $\lim\limits_{\substack{x\to\infty\\ y\to 1}}\dfrac{x}{x+y}=1$,

所以 $\lim\limits_{\substack{x\to\infty\\ y\to 1}}\left(1+\dfrac{1}{x}\right)^{\frac{x^2}{x+y}}=\mathrm{e}$.

思考题:

1. 若对任意给定的 $\varepsilon>0$,数列 $\{x_n\}$ 中仅有有限多项不满足 $|x_n-A|<\varepsilon$,则数列必以 A 为极限. 这个命题是否正确,为什么?

答 正确. 因为对于任意给定的 $\varepsilon>0$,数列 $\{x_n\}$ 中仅有有限多项不满足 $|x_n-A|<\varepsilon$,假定这些项的项数为 $n_1,n_2,\cdots,n_k$,其中 n_k 最大,则 $\exists N=n_k$,当 $n>N$ 时 $|x_n-A|<\varepsilon$.

2. 已知 $\lim\limits_{x\to 0}\dfrac{x}{f(3x)}=2$,问 $\lim\limits_{x\to 0}\dfrac{f(2x)}{x}$ 是否存在? 若存在,试求之.

答 $\dfrac{1}{3}$. 请自行说明理由.

3. 判断 $\lim\limits_{\substack{x\to 0\\ y\to 0}}\dfrac{x^2 y}{x^4+y^4}$ 是否存在?

答 不存在. 但此题用直线 $y=kx$ 讨论其部分过程的极限却与 k 无关,不足以判断.

需要考虑另一过程,如 $y=kx^2$,函数趋向不同的值,可知原极限不存在.

例 8 要使 $f(x)=\begin{cases}\dfrac{1}{x}\sin x, & x<0,\\ a, & x=0,\\ x\sin\dfrac{1}{x}+b, & x>0\end{cases}$ 在 $x=0$ 处连续,a,b 各应取何值?

解 根据函数在一点连续的定义,知 $\lim\limits_{x\to 0^-}f(x)=\lim\limits_{x\to 0^+}f(x)=f(0)$,

而 $\lim\limits_{x\to 0^-}f(x)=\lim\limits_{x\to 0^-}\dfrac{1}{x}\sin x=1$, $\lim\limits_{x\to 0^+}f(x)=\lim\limits_{x\to 0^+}\left(x\sin\dfrac{1}{x}+b\right)=b$, $f(0)=a$,

故 $a=b=1$.

注 函数连续性的定义有几种说法,这就带来许多方便,通常可以根据具体情况采用某一种较合适的形式.

例 9 设 $f(x)=\begin{cases}\ln(x+1), & -1<x\leqslant 0,\\ \mathrm{e}^{\frac{1}{x-1}}, & x>0.\end{cases}$ 求 $f(x)$ 的间断点,并说明间断点

的类型.

解 间断点为 $x=0$ 和 $x=1$.

因为 $\lim\limits_{x\to0^-}f(x)=\lim\limits_{x\to0^-}\ln(x+1)=0$，$\lim\limits_{x\to0^+}f(x)=\lim\limits_{x\to0^+}\mathrm{e}^{\frac{1}{x-1}}=\mathrm{e}^{-1}$，

故 $x=0$ 为跳跃间断点；

因为 $\lim\limits_{x\to1^-}f(x)=\lim\limits_{x\to1^-}\mathrm{e}^{\frac{1}{x-1}}=0$，$\lim\limits_{x\to1^+}f(x)=\lim\limits_{x\to1^+}\mathrm{e}^{\frac{1}{x-1}}=+\infty$，

故 $x=1$ 为无穷间断点.

例 10 设 $f(x)=\begin{cases}x, & x<1,\\ a, & x\geqslant1,\end{cases}$ $g(x)=\begin{cases}b, & x<0,\\ x+2, & x\geqslant0.\end{cases}$ 若使 $f(x)+g(x)$ 在 $(-\infty,+\infty)$ 内连续，求 a,b 的值.

解 因为

$$F(x)=f(x)+g(x)=\begin{cases}x+b, & x<0,\\ 2x+2, & 0\leqslant x<1,\\ x+2+a, & x\geqslant1,\end{cases}$$

要使 $F(x)$ 在 $(-\infty,+\infty)$ 内连续，只要 $F(x)$ 在 $x=0$，$x=1$ 处连续即可，除此之外的其他点处 $F(x)$ 显然连续.

$F(0)=2$，$F(1)=3+a$，而

$\lim\limits_{x\to0^-}F(x)=\lim\limits_{x\to0^-}(x+b)=b$，由 $F(0)=F(0^-)$ 得 $b=2$；

$\lim\limits_{x\to1^-}F(x)=\lim\limits_{x\to1^-}(2x+2)=4$，由 $F(1)=F(1^-)$ 得 $3+a=4$，即 $a=1$.

从而 $a=1$，$b=2$.

例 11 若 $f(x)=\dfrac{x+\sin x}{x}$，$g(x)=\begin{cases}\dfrac{x+\sin x}{x}, & x\neq0,\\ 2, & x=0,\end{cases}$ 则下列说法正确的是 （　　）

(A) $x=0$ 是 $f(x)$ 的可去间断点，是 $g(x)$ 的连续点

(B) $x=0$ 是 $f(x)$ 和 $g(x)$ 的可去间断点

(C) $x=0$ 是 $f(x)$ 和 $g(x)$ 的连续点

解 应选(A). 注意不要错误地认为 $x=0$ 是 $g(x)$ 的可去间断点.

例 12 指出函数 $f(x)=\lim\limits_{n\to\infty}\dfrac{1-x^{2n}}{1+x^{2n}}x$ 的所有间断点，并指出间断点的类型.

解 $f(x)=\begin{cases}x, & |x|<1,\\ -x, & |x|>1,\\ 0, & x=\pm1.\end{cases}$

$$\lim_{x\to -1^-} f(x)=\lim_{x\to -1^-}(-x)=1,\ \lim_{x\to -1^+} f(x)=\lim_{x\to -1^+} x=-1,$$

故 $x=-1$ 是$f(x)$的跳跃间断点.

$$\lim_{x\to 1^-} f(x)=\lim_{x\to 1^-} x=1,\lim_{x\to 1^+} f(x)=\lim_{x\to 1^+}(-x)=-1,$$

故 $x=1$ 也是$f(x)$的跳跃间断点.

例 13 设 $f(x)$在$[0,2a]$上连续,且 $f(0)=f(2a)$,证明在$[0,a]$内至少存在一点 ξ,使 $f(\xi)=f(\xi+a)$.

证 令 $F(x)=f(x+a)-f(x)$.

显然 $F(x)$在$[0,a]$上连续,注意到 $f(0)=f(2a)$,故

$F(0)=f(a)-f(0),F(a)=f(2a)-f(a)=f(0)-f(a)$.

则当 $f(a)-f(0)=0$ 时,可取 $\xi=a$ 或$\xi=0$.

而当 $f(a)-f(0)\neq 0$ 时,有 $F(0)\cdot F(a)=-[f(a)-f(0)]^2<0$,由零点定理知,$\exists\xi\in(0,a)$,使得 $F(\xi)=0$,即 $f(\xi)=f(\xi+a)$. 命题得证.

类似地,对于闭区间上连续函数的命题可以采用作辅助函数 $F(x)$的方法证明.

例 14 确定函数 $f(x,y)=\begin{cases}\dfrac{\ln(1+xy)}{x}, & x\neq 0,\\ y, & x=0\end{cases}$ 的定义域,并证明此函数在定义域上连续.

解 $f(x,y)$的定义域是 $1+xy>0(x\neq 0)$ 与 y 轴$(x=0)$,即 $xy>-1$,如图 2-9 所示.

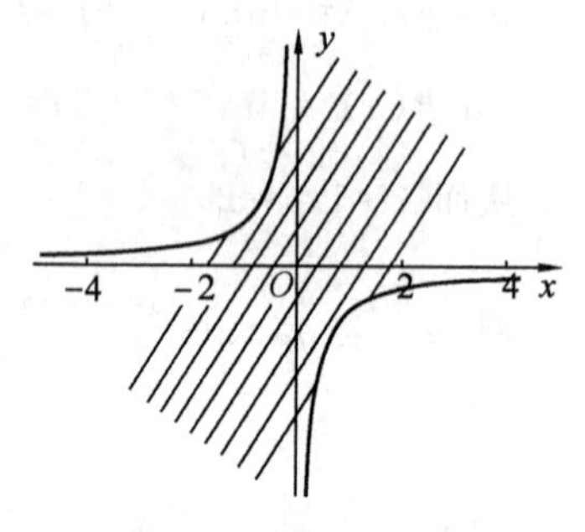

图 2-9

现证明在此区域上函数 $f(x,y)$连续.

显然函数当 $x\neq 0$ 时为初等函数,连续.

以下考虑 $x=0$,有两种情形.

(1) 在$(0,0)$处, $f(0,0)=0$,

$$\lim_{\substack{x\to 0\\ y\to 0}(x\neq 0)} f(x,y)=\lim_{\substack{x\to 0\\ y\to 0}(x\neq 0)}\frac{\ln(1+xy)}{x}$$

$$=\lim_{\substack{x\to 0\\ y\to 0}(x\neq 0)}\frac{\ln(1+xy)}{xy}y=0,$$

$$\lim_{\substack{x\to 0\\ y\to 0}(x=0)} f(x,y)=\lim_{\substack{x\to 0\\ y\to 0}(x=0)} y=0,$$

所以$\lim\limits_{\substack{x\to 0\\ y\to 0}} f(x,y)=f(0,0)=0$,函数在原点连续.

(2) 在$(0,y_0)$，$y_0\neq 0$处，

$$\lim_{\substack{x\to 0\\ y\to y_0}(x\neq 0)} f(x,y)=\lim_{\substack{x\to 0\\ y\to y_0}(x\neq 0)}\frac{\ln(1+xy)}{x}=\lim_{\substack{x\to 0\\ y\to y_0}(x\neq 0)}\frac{\ln(1+xy)}{xy}y=y_0,$$

$$\lim_{\substack{x\to 0\\ y\to y_0}(x=0)} f(x,y)=\lim_{\substack{x\to 0\\ y\to y_0}(x=0)} y=y_0,$$

所以$\lim\limits_{\substack{x\to 0\\ y\to y_0}} f(x,y)=y_0=f(0,y_0)$，函数在$(0,y_0)(y_0\neq 0)$处连续.

因此，函数$f(x,y)$在其定义域内都连续.

复习题二

1. 求下列极限：

(1) $\lim\limits_{n\to\infty}2^n\sin\dfrac{x}{2^{n-1}}$；　(2) $\lim\limits_{x\to 0}\dfrac{\cos x-\cot x}{x}$；

(3) $\lim\limits_{x\to\infty}x(\mathrm{e}^{\frac{1}{x}}-1)$；　(4) $\lim\limits_{x\to\infty}\left(\dfrac{2x+1}{2x-1}\right)^{3x}$；

(5) $\lim\limits_{x\to\frac{\pi}{3}}\dfrac{8\cos^2 x-2\cos x-1}{2\cos^2 x+\cos x-1}$；　(6) $\lim\limits_{x\to 0}\dfrac{\sqrt{1+x\sin x}-\sqrt{\cos x}}{x\tan x}$；

(7) $\lim\limits_{n\to\infty}\left[\dfrac{1}{1\times 2}+\dfrac{1}{2\times 3}+\cdots+\dfrac{1}{n(n+1)}\right]$；

(8) $\lim\limits_{x\to 2}\dfrac{\ln(1+\sqrt[3]{2-x})}{\arctan\sqrt[3]{4-x^2}}$.

2. 用极限的定义证明$\lim\limits_{x\to x_0}a^x=a^{x_0}\ (a>0)$.

3. 试确定a,b之值，使$\lim\limits_{x\to\infty}\left(\dfrac{x^2+1}{x+1}-ax-b\right)=\dfrac{1}{2}$.

4. 利用极限存在准则解下列各题：

(1) 求$\lim\limits_{n\to\infty}\dfrac{1+\dfrac{1}{2}+\dfrac{1}{3}+\cdots+\dfrac{1}{n}+\dfrac{1}{n+1}}{1+\dfrac{1}{2}+\dfrac{1}{3}+\cdots+\dfrac{1}{n}}$.

(2) 设$x_1>a>0$，且$x_{n+1}=\sqrt{ax_n}\ (n=1,2,\cdots)$，证明$\lim\limits_{n\to\infty}x_n$存在，并求此极限值.

5. 若$\lim\limits_{x\to\infty}\left(\dfrac{x-c}{x+c}\right)^x=4$，求常数$c$.

6. 设当$x\to 0$时，$(1-\cos x)\ln(1+x^2)$是比$x\sin x^n$高阶的无穷小，而$x\sin x^n$

是比 $e^{x^2}-1$ 高阶的无穷小，求正整数 n.

7. 讨论函数 $f(x)=\lim\limits_{n\to\infty}\dfrac{n^x-n^{-x}}{n^x+n^{-x}}$ 的连续性，若有间断点，指出其类型.

8. 设 $f(x)$ 在 $[a,b]$ 上连续，且 $a<f(x)<b$，证明在 (a,b) 内至少有一点 ξ，使 $f(\xi)=\xi$.

9. 填空题：

(1) $\lim\limits_{x\to\infty}\dfrac{(4+3x)^2}{x(1-x^2)}=$ ____________；

(2) $x\to 0$ 时，$\tan x-\sin x$ 是 x 的________阶无穷小；

(3) $\lim\limits_{x\to 0}x^k\sin\dfrac{1}{x}=0$ 成立的 k 为________；

(4) $\lim\limits_{x\to -\infty}e^x\arctan x=$ ________；

(5) 设 $f(x)=\begin{cases}e^x+1, & x>0,\\ x+b, & x\leqslant 0\end{cases}$ 在 $x=0$ 处连续，则 $b=$ ________；

(6) 设 $f(x)=\dfrac{e^{\frac{1}{x}}+e^{-\frac{1}{x}}}{e^{\frac{1}{x}}-e^{-\frac{1}{x}}}$，则 $f(x)$ 的连续区间为________.

10. 选择题：

(1) 设 $\alpha(x)=\dfrac{1-x}{1+x}$，$\beta(x)=1-\sqrt[3]{x}$，则当 $x\to 1$ 时有 (　　)

A. α 是比 β 高阶的无穷小

B. α 是比 β 低阶的无穷小

C. α 与 β 是同阶无穷小，但不等阶

D. $\alpha\sim\beta$

(2) 设函数 $f(x)=\begin{cases}\dfrac{\sqrt{1+x}-1}{\sqrt[3]{1+x}-1}, & x\neq 0,\\ k, & x=0\end{cases}$ $(x\geqslant -1)$ 在 $x=0$ 处连续，则 k 的值为 (　　)

A. $\dfrac{3}{2}$　　B. $\dfrac{2}{3}$　　C. 1　　D. 0

(3) 数列极限 $\lim\limits_{n\to\infty}n[\ln(n-1)-\ln n]$ 的值为 (　　)

A. 1　　B. -1　　C. ∞　　D. 不存在但非∞

(4) 设 $f(x)=\begin{cases} x+\dfrac{\sin x}{x}, & x<0, \\ 0, & x=0, \\ x\cos\dfrac{1}{x}, & x>0, \end{cases}$ 则 $x=0$ 是 $f(x)$ 的 (　　)

A. 连续点　　　　B. 可去间断点

C. 跳跃间断点　　　　D. 振荡间断点

11. 求下列极限：

(1) $\lim\limits_{\substack{x\to 0\\ y\to 2}}\dfrac{\sin(xy)}{x}$；　　(2) $\lim\limits_{\substack{x\to 0\\ y\to 0}}\dfrac{x^2|y|^{\frac{3}{2}}}{x^4+y^2}$；

(3) $\lim\limits_{\substack{x\to 0\\ y\to 0}}\dfrac{\sqrt{xy+1}-1}{xy}$；　　(4) $\lim\limits_{\substack{x\to 0\\ y\to 0}}\dfrac{xy}{\sqrt{x^2+y^2}}$.

第3章 导数与微分

函数微分学包括了一元函数的导数、多元函数的偏导数概念及其运算法则,强调了函数的微分或全微分概念及其在复合函数求导过程中的运用,简单介绍了高阶导数和高阶偏导数的概念和计算,最后对隐函数方程与参数方程确定的函数提供了求导方法.

§3.1 导数、偏导数及其运算

一、导数的定义

1. 问题的提出

(1) 瞬时速度.

设质点沿直线运动,其位置函数为 $s=s(t)$,则在 t_0 到 t 时间间隔内的平均速度为 $\bar{v}=\dfrac{s(t)-s(t_0)}{t-t_0}$,质点在 t_0 的瞬时速度为当 $t\to t_0$ 时的极限

$$v(t_0)=\lim_{t\to t_0}\frac{s(t)-s(t_0)}{t-t_0}.$$

(2) 曲线的切线.

它可定义为割线的极限位置. 设曲线的方程为 $y=f(x)$,曲线在 $(x_0,\ y_0)$ 处的割线斜率为 $\tan\varphi=\dfrac{f(x)-f(x_0)}{x-x_0}$,切线的斜率为

$$\tan\alpha=\lim_{x\to x_0}\frac{f(x)-f(x_0)}{x-x_0}\text{(图 3-1)}.$$

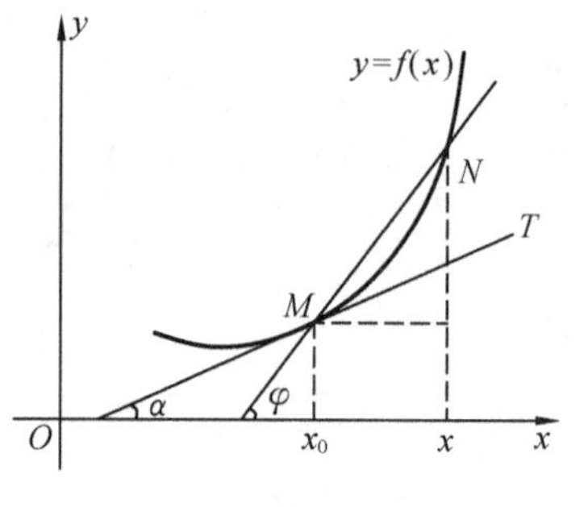

图 3-1

2. 导数的定义

定义 设 $f(x)$ 在 $U(x_0,\delta)$ 内有定义,且

$x_0+\Delta x\in U(x_0,\delta)$，若极限$\lim\limits_{\Delta x\to 0}\dfrac{f(x_0+\Delta x)-f(x_0)}{\Delta x}$存在，则称 $f(x)$在 x_0 点可导，且称极限值为 $f(x)$在 x_0 点的导数，简称导数. 记为$\left.\dfrac{\mathrm{d}y}{\mathrm{d}x}\right|_{x=x_0}$或$y'|_{x=x_0}$，即

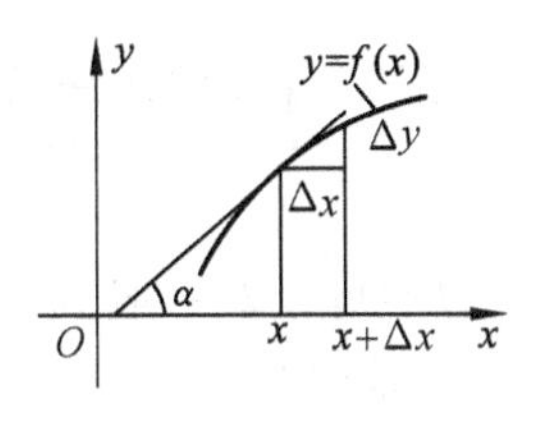

图 3-2

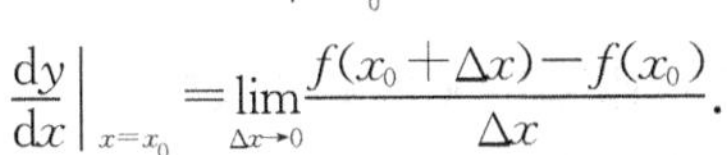

$$\left.\frac{\mathrm{d}y}{\mathrm{d}x}\right|_{x=x_0}=\lim_{\Delta x\to 0}\frac{f(x_0+\Delta x)-f(x_0)}{\Delta x}.$$

导数也可记为 $f'(x_0)$ 或 $\left.\dfrac{\mathrm{d}f}{\mathrm{d}x}\right|_{x=x_0}$.

若 $f(x)$在开区间(a,b)内的每一点处都可导，则称函数 $f(x)$在(a,b)内可导，也称 $f(x)$是(a,b)内的可导函数. 这时对 $\forall\, x\in(a,b)$，$f(x)$总有唯一确定的数与之对应，这样在(a,b)内定义了一个新的函数，称为 $f(x)$的导函数，简称导数. 记为 $f'(x)$或$\dfrac{\mathrm{d}y}{\mathrm{d}x}$，即对 $\forall\, x\in(a,b)$，

$$f'(x)=\lim_{\Delta x\to 0}\frac{f(x+\Delta x)-f(x)}{\Delta x}.$$

显然有 $f'(x_0)=f'(x)|_{x=x_0}$.

注意：导数的定义实质上是函数增量与自变量的增量之比的极限，于是定义可改写为

$$f'(x_0)=\lim_{x\to x_0}\frac{f(x)-f(x_0)}{x-x_0}.$$

函数 $f(x)$在 x_0 处的导数的几何意义即为曲线 $y=f(x)$在点$(x_0,f(x_0))$处切线的斜率.

由导数的定义可知上面问题中的瞬时速度 $v(t_0)=s'(t_0)$，切线斜率 $k=f'(x_0)$.

例 1 用定义推导下列求导公式：

(1) $(C)'=0$；(2) $(a^x)'=a^x\ln a$；(3) $(\mathrm{e}^x)'=\mathrm{e}^x$；

(4) $(\sin x)'=\cos x$；(5) $(\cos x)'=-\sin x$；(6) $(x^n)'=n\,x^{n-1}$，n 为正整数.

举例说明过程如下：

$$(\mathrm{e}^x)'=\lim_{\Delta x\to 0}\frac{\mathrm{e}^{x+\Delta x}-\mathrm{e}^x}{\Delta x}=\lim_{\Delta x\to 0}\frac{\mathrm{e}^x(\mathrm{e}^{\Delta x}-1)}{\Delta x}=\mathrm{e}^x;$$

$$(\sin x)'=\lim_{\Delta x\to 0}\frac{\sin(x+\Delta x)-\sin x}{\Delta x}=\lim_{\Delta x\to 0}\frac{2\cos(x+\frac{\Delta x}{2})\sin\left(\frac{\Delta x}{2}\right)}{\Delta x}=\cos x;$$

$$(x^n)'=\lim_{\Delta x\to 0}\frac{(x+\Delta x)^n-x^n}{\Delta x}=\lim_{\Delta x\to 0}\frac{x^n+nx^{n-1}\Delta x+\cdots+(\Delta x)^n-x^n}{\Delta x}$$

$$=nx^{n-1}\ (n\text{ 为正整数}).$$

以后可证对一般 $\mu\in\mathbf{R}$，有 $(x^\mu)'=\mu x^{\mu-1}$.

3. 单侧导数

我们用 $f(x)$ 在点 x_0 处增量之比的左、右极限来定义单侧导数如下：

(1) 左导数 $f'_-(x_0)=\lim\limits_{\Delta x\to 0^-}\dfrac{f(x_0+\Delta x)-f(x_0)}{\Delta x}$；

(2) 右导数 $f'_+(x_0)=\lim\limits_{\Delta x\to 0^+}\dfrac{f(x_0+\Delta x)-f(x_0)}{\Delta x}$.

容易推出下面的结论：

定理 1 $f'(x_0)$ 存在 $\Leftrightarrow f'_-(x_0)=f'_+(x_0)$.

例 2 讨论 $f(x)=|x|$ 在点 $x=0$ 处的可导性.

解 $f(x)=\begin{cases}-x, & x<0,\\ x, & x\geqslant 0.\end{cases}$

$$f'_-(0)=\lim_{x\to 0^-}\frac{f(x)-f(0)}{x}=\lim_{x\to 0^-}\frac{-x}{x}=-1,$$

$$f'_+(0)=\lim_{x\to 0^+}\frac{f(x)-f(0)}{x}=\lim_{x\to 0^+}\frac{x}{x}=1,$$

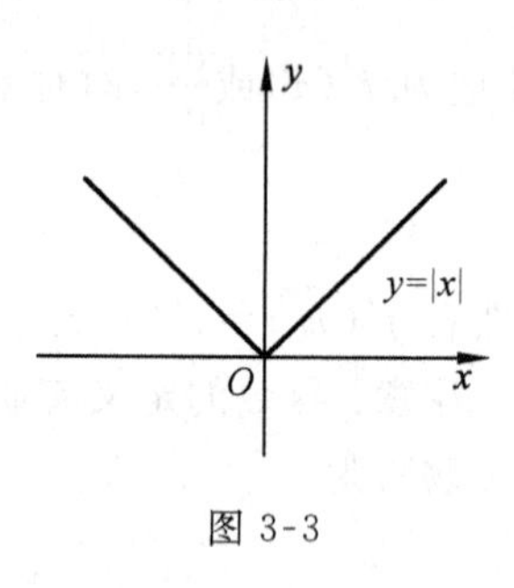

图 3-3

则 $f'_-(0)\neq f'_+(0)$，

故 $f(x)=|x|$ 在点 $x=0$ 处不可导(图 3-3).

例 3 讨论函数 $f(x)=\begin{cases}x\sin\dfrac{1}{x}, & x\neq 0,\\ 0, & x=0\end{cases}$ 在 $x=0$ 处的可导性.

解 易知 $f(x)$ 在点 $x=0$ 处连续.

由于 $\lim\limits_{x\to 0}\dfrac{f(x)-f(0)}{x-0}=\lim\limits_{x\to 0}\dfrac{x\sin\frac{1}{x}}{x}=\lim\limits_{x\to 0}\sin\dfrac{1}{x}$，

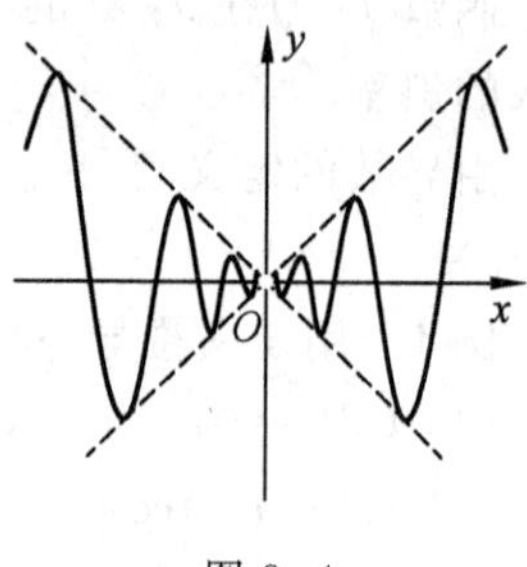

图 3-4

右端极限不存在，这说明 $f(x)$ 在 $x=0$ 处不可导(图 3-4).

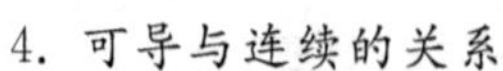
4. 可导与连续的关系

设 $y=f(x)$ 在点 x_0 处可导，$f(x)$ 在点 x_0 处是否连续？

由可导性知

$$\lim_{\Delta x \to 0}\frac{f(x_0+\Delta x)-f(x_0)}{\Delta x}=f'(x_0),$$

又

$$\Delta y=\frac{f(x_0+\Delta x)-f(x_0)}{\Delta x}\cdot \Delta x,$$

故有 $\lim\limits_{\Delta x\to 0}\Delta y=\lim\limits_{\Delta x\to 0}f'(x_0)\cdot \Delta x=0$，即 $f(x)$ 在点 x_0 处连续.

反之不一定成立，即连续不一定可导. 例如，例 2 给出函数 $f(x)=|x|$ 在点 $x=0$ 处连续，但不可导.

定理 2　设 $y=f(x)$ 在点 x_0 处可导，则 $f(x)$ 在点 x_0 处一定连续，反之不然.

当然，若函数在点 x_0 处不连续，则在点 x_0 处必定不可导.

例 4　设 $f(x)=\begin{cases} x^2, & x<1, \\ e^x, & x\geqslant 1, \end{cases}$ 讨论 $f(x)$ 在点 $x=1$ 处的连续性、可导性，并求 $f'(x)$.

解　$f(1^+)=\lim\limits_{x\to 1^+}f(x)=\lim\limits_{x\to 1^+}e^x=e$，$f(1^-)=\lim\limits_{x\to 1^-}f(x)=\lim\limits_{x\to 1^-}x^2=1$，

则 $f(x)$ 在点 $x=1$ 处不连续，故不可导.

在其他点由导数公式得

$$f'(x)=\begin{cases} 2x, & x<1, \\ e^x, & x>1. \end{cases}$$

二、函数的求导运算法则

1. 函数的四则运算求导法则

设 $u(x)$，$v(x)$ 可导，则 $u(x)\pm v(x)$，$u(x)v(x)$，$\dfrac{u(x)}{v(x)}$ $(v(x)\neq 0)$ 都可导，且有：

(1) $[u(x)\pm v(x)]'=u'(x)\pm v'(x)$；

(2) $[u(x)v(x)]'=u'(x)v(x)+u(x)v'(x)$；

(3) $\left[\dfrac{u(x)}{v(x)}\right]'=\dfrac{u'(x)v(x)-u(x)v'(x)}{v^2(x)}$.

推导很容易由定义给出，且(1)(2)可推广到有限个函数运算形式.

特别地，上面(2)中当 $v(x)=C$（C 为常数）时，有 $[Cu(x)]'=Cu'(x)$，当 $v(x)=u(x)$ 时，有 $[u^2(x)]'=2u(x)u'(x)$；(3)中当 $u(x)=C$ 时，$\left[\dfrac{C}{v(x)}\right]'=$

$-\dfrac{Cv'(x)}{v^2(x)}$.

例 5 求下列函数的导数：

(1) $y=2x^2-3\sin x+\ln 3$； (2) $y=\sqrt{x}\cos x$；

(3) $y=\tan x$； (4) $y=\mathrm{e}^x\sqrt{x\sqrt{x}}$.

解 (1) $y'=4x-3\cos x+0=4x-3\cos x$.

(2) $y'=\dfrac{1}{2\sqrt{x}}\cos x+\sqrt{x}(-\sin x)=\dfrac{1}{2\sqrt{x}}\cos x-\sqrt{x}\sin x$.

(3) $y'=\left(\dfrac{\sin x}{\cos x}\right)'=\dfrac{\cos x\cos x-\sin x(-\sin x)}{\cos^2 x}=\dfrac{1}{\cos^2 x}=\sec^2 x$.

(4) 因为 $y=\mathrm{e}^x x^{\frac{3}{4}}$，所以

$$y'=\mathrm{e}^x x^{\frac{3}{4}}+\mathrm{e}^x(x^{\frac{3}{4}})'=\mathrm{e}^x x^{\frac{3}{4}}+\mathrm{e}^x\,\frac{3}{4}x^{-\frac{1}{4}}=x^{-\frac{1}{4}}\mathrm{e}^x\left(x+\frac{3}{4}\right).$$

注意：其中(2)(4) 我们先用了导数公式 $(x^\mu)'=\mu x^{\mu-1}$.

2. 反函数的导数

若 $x=\varphi(y)$ 在区间 I_y 内单调可导，且 $\varphi'(y)\neq 0$，则其反函数 $y=f(x)$ 在对应区间 I_x 内单调可导，且 $f'(x)=\dfrac{1}{\varphi'(y)}$.

由此可推出基本初等函数 $\arcsin x$，$\ln x$ 的导数公式：

(1) 因为 $y=\arcsin x, x\in(-1,1), x=\sin y, y\in\left(-\dfrac{\pi}{2},\dfrac{\pi}{2}\right)$，所以

$$y'=(\arcsin x)'=\frac{1}{(\sin y)'}=\frac{1}{\cos y}=\frac{1}{\sqrt{1-\sin^2 y}}=\frac{1}{\sqrt{1-x^2}}, x\in(-1,1).$$

(2) 因为 $y=\ln x, x>0, x=\mathrm{e}^y$，所以 $y'=(\ln x)'=\dfrac{1}{(\mathrm{e}^y)'}=\dfrac{1}{\mathrm{e}^y}=\dfrac{1}{x}, x>0$.

3. 复合函数的导数

复合函数求导法则 设 $u=\varphi(x)$ 在点 x_0 处可导，$y=f(u)$ 在 $u_0=\varphi(x_0)$ 可导，则 $y=f(\varphi(x))$ 在点 x_0 处可导，且

$$\left.\frac{\mathrm{d}y}{\mathrm{d}x}\right|_{x=x_0}=f'(u_0)\cdot\varphi'(x_0) \text{ 或 } \frac{\mathrm{d}y}{\mathrm{d}x}=\frac{\mathrm{d}f}{\mathrm{d}u}\cdot\frac{\mathrm{d}u}{\mathrm{d}x}.$$

例 6 求下列函数的导数：

(1) $y=\ln[\cos(1+x^2)]$； (2) $y=\mathrm{e}^{-\sin^2\frac{1}{x}}$；

(3) $y=\dfrac{1-\ln x}{1+\ln x}$； (4) $y=\ln[x+\sqrt{1+x^2}]$.

解 (1) 因为 $y=\ln[\cos(1+x^2)]$是由函数 $y=\ln u, u=\cos v, v=1+x^2$ 复合而成的,所以

$$y'=\frac{1}{u}\cdot(-\sin v)\cdot(2x)=-\frac{2x\sin v}{\cos v}=-2x\tan v=-2x\tan(1+x^2).$$

(2) $y'=e^{-\sin^2\frac{1}{x}}\left(-\sin^2\frac{1}{x}\right)'=e^{-\sin^2\frac{1}{x}}\left(-2\sin\frac{1}{x}\cos\frac{1}{x}\right)\left(\frac{1}{x}\right)'=\frac{1}{x^2}\sin\frac{2}{x}e^{-\sin^2\frac{1}{x}}.$

(3) $y'=\left(\frac{1-\ln x}{1+\ln x}\right)'=\frac{-\frac{1}{x}(1+\ln x)-\frac{1}{x}(1-\ln x)}{(1+\ln x)^2}=\frac{-\frac{2}{x}}{(1+\ln x)^2}=-\frac{2}{x\cdot(1+\ln x)^2}$

或 $$y'=\left(\frac{2}{1+\ln x}-1\right)'=2\left(\frac{1}{1+\ln x}\right)'=2(-1)(1+\ln x)^{-2}(1+\ln x)'$$

$$=-2(1+\ln x)^{-2}\cdot\frac{1}{x}=-\frac{2}{x}(1+\ln x)^{-2}.$$

(4) $y'=(\ln[x+\sqrt{1+x^2}])'=\frac{1}{x+\sqrt{1+x^2}}[x+\sqrt{1+x^2}]'$

$$=\frac{1}{x+\sqrt{1+x^2}}\left[1+\frac{1}{2\sqrt{1+x^2}}(1+x^2)'\right]=\frac{1}{x+\sqrt{1+x^2}}\left(1+\frac{1}{2\sqrt{1+x^2}}\cdot 2x\right)$$

$$=\frac{1}{\sqrt{1+x^2}}.$$

下面我们给出形如 $u(x)^{v(x)}$ 的幂指函数的求导方法:

设 $u(x), v(x)$ 可导($u(x)>0$).

指数求导法 $y=u(x)^{v(x)}=e^{v(x)\ln u(x)}$.

$$y'=e^{v(x)\ln u(x)}\left[v'(x)\ln u(x)+v(x)\frac{u'(x)}{u(x)}\right]=u(x)^{v(x)}\left[v'(x)\ln u(x)+v(x)\frac{u'(x)}{u(x)}\right].$$

对数求导法 在 $y=u(x)^{v(x)}$ 两边取对数得

$$\ln y=v(x)\ln u(x),$$

两边对 x 求导得

$$\frac{1}{y}y'=v'(x)\ln u(x)+v(x)\frac{u'(x)}{u(x)},$$

从而 $$y'=u(x)^{v(x)}\left[v'(x)\ln u(x)+v(x)\frac{u'(x)}{u(x)}\right].$$

于是很方便地得出$(x^\mu)'=\mu x^{\mu-1}$.读者可试试推导过程.

例 7 $y=(1+x^2)^{\frac{1}{x}}$,求 y'.

解 $y'=\left[e^{\frac{\ln(1+x^2)}{x}}\right]'=e^{\frac{\ln(1+x^2)}{x}}\left[\frac{\ln(1+x^2)}{x}\right]'$

$$=(1+x^2)^{\frac{1}{x}}\left[\frac{2x}{x(1+x^2)}-\frac{\ln(1+x^2)}{x^2}\right]$$

$$=(1+x^2)^{\frac{1}{x}}\left[\frac{2}{1+x^2}-\frac{\ln(1+x^2)}{x^2}\right].$$

求一函数的导数，有时先取其对数较为方便，然后由此函数的对数求其导数.

例 8 求 $y=\frac{(x-a)^p(x-b)^q}{(x-c)^r}$（$a,b,c,p,q,r$ 为常数）的导数.

解 两边各取对数，得

$$\ln y=p\ln(x-a)+q\ln(x-b)-r\ln(x-c),$$

左边的 $\ln y$ 为 y 的函数，而 y 又为 x 的函数，故应用求复合函数的导数的法则得到

$$(\ln y)'=\frac{1}{y}y',$$

由此得

$$\frac{1}{y}y'=\frac{p}{x-a}+\frac{q}{x-b}-\frac{r}{x-c},$$

所以

$$y'=\frac{(x-a)^p(x-b)^q}{(x-c)^r}\left(\frac{p}{x-a}+\frac{q}{x-b}-\frac{r}{x-c}\right).$$

注意：结论对 x 在 a,b,c 之间各开区间内都适用，但不考虑 x 在 a,b,c 三点的可导性. 可举例来讨论.

最后我们给出基本初等函数以及一些常用函数的导数公式，见下表：

导数公式表

$f(x)$	$f'(x)$	$f(x)$	$f'(x)$
C	0	$\cot x$	$-\frac{1}{\sin^2 x}=-\csc^2 x$
x^u	ux^{u-1}	$\sec x$	$\frac{\sin x}{\cos^2 x}=\tan x\sec x$
e^x	e^x	$\csc x$	$-\frac{\cos x}{\sin^2 x}=-\cot x\csc x$
a^x	$a^x\ln a$	$\arcsin x$	$\frac{1}{\sqrt{1-x^2}}$
x^x	$x^x(1+\ln x)$	$\arccos x$	$-\frac{1}{\sqrt{1-x^2}}$
$\ln x$	$\frac{1}{x}$	$\arctan x$	$\frac{1}{1+x^2}$

续表

$f(x)$	$f'(x)$	$f(x)$	$f'(x)$
$\log_a x$	$\frac{1}{x\ln a}$	$\operatorname{arccot}x$	$-\frac{1}{1+x^2}$
$\lg x$	$\frac{1}{x}\lg e\approx 0.4343\frac{1}{x}$	$\operatorname{sh}x$	$\operatorname{ch}x$
$\sin x$	$\cos x$	$\operatorname{ch}x$	$\operatorname{sh}x$
$\cos x$	$-\sin x$	$\operatorname{th}x$	$\frac{1}{\operatorname{ch}^2 x}$
$\tan x$	$\frac{1}{\cos^2 x}=\sec^2 x$	$\operatorname{cth}x$	$-\frac{1}{\operatorname{sh}^2 x}$

三、偏导数的概念与计算

1. 增量

设 $z=f(x,y)$ 的定义域为 D, $P_0(x_0,y_0)$, $P_1(x_0+\Delta x,y_0)$, $P_2(x_0,y_0+\Delta y)$, $P_3(x_0+\Delta x,y_0+\Delta y)\in D$. 称 $f(P_1)-f(P_0)$ 为 $f(P)$ 在 P_0 点关于 x 的偏增量,记为 $\Delta_x z$,即

$$\Delta_x z=f(x_0+\Delta x,y_0)-f(x_0,y_0);$$

称 $f(P_2)-f(P_0)$ 为 $f(P)$ 在 P_0 点关于 y 的偏增量,记作

$$\Delta_y z=f(x_0,y_0+\Delta y)-f(x_0,y_0);$$

称 $f(P_3)-f(P_0)$ 为 $f(P)$ 在 P_0 点的全增量,记作

$$\Delta z=f(x_0+\Delta x,y_0+\Delta y)-f(x_0,y_0).$$

2. 偏导数

设 $z=f(x,y)$ 在 $P_0(x_0,y_0)$ 的某邻域 $U(P_0,\delta)$ 内有定义,且 $P_1(x_0+\Delta x,y_0)\in U(P,\delta)$,若 $\lim\limits_{\Delta x\to 0}\frac{\Delta_x z}{\Delta x}$ 存在,则称之为 $z=f(x,y)$ 在 P_0 点关于 x 的偏导数,记作 $\left.\frac{\partial z}{\partial x}\right|_{P_0}$, $\left.\frac{\partial f}{\partial x}\right|_{P_0}$ 或 $f_x(x_0,y_0)$,即

$$f_x(x_0,y_0)=\lim_{\Delta x\to 0}\frac{f(x_0+\Delta x,y_0)-f(x_0,y_0)}{\Delta x}.$$

类似地,可定义 $z=f(x,y)$ 在 P_0 点关于 y 的偏导数:

$$f_y(x_0,y_0)=\lim_{\Delta y\to 0}\frac{f(x_0,y_0+\Delta y)-f(x_0,y_0)}{\Delta y},$$

也可记作 $\left.\frac{\partial z}{\partial y}\right|_{P_0}$, $\left.\frac{\partial f}{\partial y}\right|_{P_0}$.

例 9 设 $z=f(x,y)=x^2y+y^2$,求 $f_x(1,2),f_y(1,2)$.

解 根据偏导数的定义有

$$f_x(1,2)=\lim_{\Delta x\to 0}\frac{f(1+\Delta x,2)-f(1,2)}{\Delta x}=\lim_{\Delta x\to 0}\frac{2(1+\Delta x)^2-2}{\Delta x}=\lim_{x\to 0}2(2+\Delta x)=4,$$

$$f_y(1,2)=\lim_{\Delta y\to 0}\frac{f(1,2+\Delta y)-f(1,2)}{\Delta y}=\lim_{\Delta y\to 0}\frac{(2+\Delta y)+(2+\Delta y)^2-6}{\Delta y}$$

$$=\lim_{\Delta y\to 0}(\Delta y+5)=5.$$

由此例及偏导数的定义知,求 $z=f(x,y)$关于某个变量的偏导数时,只要把其他变量看作常数,这样函数只有一个变量,仍旧是一元函数的求导问题.所以不必再建立偏导数的求导法则.

二元函数偏导数的几何意义:二元函数 $u=f(x,y)$表示一曲面,通过曲面上一点$M(x,y,u)$作一平行于 xOu 平面的平面,与曲面有一条交线,$\frac{\partial u}{\partial x}$就是这条曲线在该点的切线与 x 轴正向夹角 α 的正切,即$\frac{\partial u}{\partial x}=\tan\alpha$.同样,有$\frac{\partial u}{\partial y}=\tan\beta$(图 3-5).

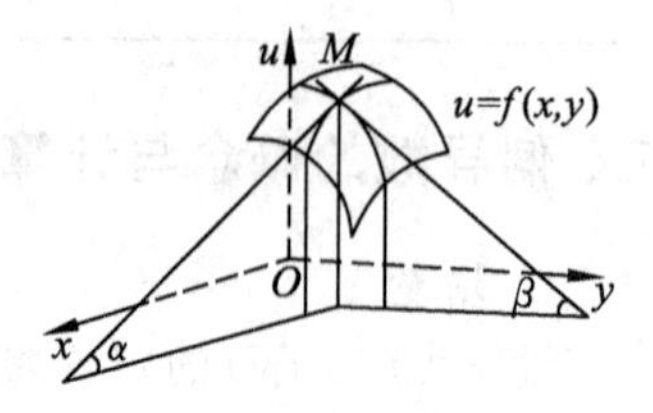

图 3-5

若 $z=f(x,y)$在区域 D 内关于 x,y 的偏导数都存在,这时称 $f(x,y)$在 D 内具有偏导数.$z=f(x,y)$在 D 内关于 x,y 的偏导数仍是 x,y 的函数,分别称为 $z=f(x,y)$关于 x,y 的偏导函数,简称为偏导数,记作

$$\frac{\partial z}{\partial x},\frac{\partial z}{\partial y}\text{或}f_x(x,y),f_y(x,y).$$

这时 $z=f(x,y)$在 D 内某点的偏导数就是偏导函数在该点的函数值.例如,例 9 中 $f_x(1,2)=2xy\Big|_{(1,2)}=4$, $f_y(1,2)=(x^2+2y)\Big|_{(1,2)}=5$.

偏导数的定义可推广到三元及三元以上函数.

例 10 设 $f(x,y)=x^2y^3$,求 $f_x(2,1),f_y(2,1)$.

解 $f_x(2,1)=2xy^3\Big|_{(2,1)}=4$, $f_y(2,1)=3x^2y^2\Big|_{(2,1)}=12$.

例 11 设 $f(x,y)=\begin{cases}\dfrac{2xy}{x^2+y^2}, & x^2+y^2\neq 0,\\ 0, & x^2+y^2=0,\end{cases}$ 求 $f_x(0,0),f_y(0,0)$.

解 $f_x(0,0)=\lim\limits_{x\to 0}\dfrac{f(x,0)-f(0,0)}{x}=\lim\limits_{x\to 0}\dfrac{\dfrac{2x\cdot 0}{x^2+0}-0}{x}=0.$

类似地,可得 $f_y(0,0)=0$.

而$\lim\limits_{\substack{x\to 0\\ y\to 0}} f(x,y)=2\lim\limits_{\substack{x\to 0\\ y\to 0}}\frac{xy}{x^2+y^2}$不存在，$f(x,y)$在$(0,0)$处不连续.

这个例题说明了二元函数不连续而偏导数仍存在.

例 12 求 $z=x^y$ 的偏导数$\frac{\partial z}{\partial x},\frac{\partial z}{\partial y}$.

解 $\frac{\partial z}{\partial x}=yx^{y-1}$， $\frac{\partial z}{\partial y}=x^y\ln x$.

例 13 设 $u=\sqrt{x^2+y^2+z^2}$，求$\frac{\partial u}{\partial x},\frac{\partial u}{\partial y},\frac{\partial u}{\partial z}$.

解 $\frac{\partial u}{\partial x}=\frac{x}{\sqrt{x^2+y^2+z^2}}$，$\frac{\partial u}{\partial y}=\frac{y}{\sqrt{x^2+y^2+z^2}}$，$\frac{\partial u}{\partial z}=\frac{z}{\sqrt{x^2+y^2+z^2}}$.

例 14 理想气体的状态方程为 $PV=RT$，求证：$\frac{\partial P}{\partial V}\cdot\frac{\partial V}{\partial T}\cdot\frac{\partial T}{\partial P}=-1$.

解 由 $P=\frac{RT}{V}$，得 $\frac{\partial P}{\partial V}=-\frac{RT}{V^2}$；

由 $V=\frac{RT}{P}$，得 $\frac{\partial V}{\partial T}=\frac{R}{P}$；

由 $T=\frac{PV}{R}$，得 $\frac{\partial T}{\partial P}=\frac{V}{R}$.

则 $\frac{\partial P}{\partial V}\cdot\frac{\partial V}{\partial T}\cdot\frac{\partial T}{\partial P}=-\frac{RT}{V^2}\cdot\frac{R}{P}\cdot\frac{V}{R}=-\frac{RT}{PV}=-1$.

本例说明符号$\frac{\partial z}{\partial x}$是一个完整的记号.

§ 3.2 微分与全微分

一、微分的概念与计算

我们先引入一个例子.

一片正方形金属薄片受温度变化的影响其边长从 x_0 变化到 $x_0+\Delta x$. 问此薄片的面积改变了多少?

设面积的改变量为 ΔS，则

$\Delta S=(x_0+\Delta x)^2-x_0^2=2x_0\Delta x+\Delta x^2$.

定义 1 设函数 $y=f(x)$ 在 $U(x_0,\delta)$ 内有定义，且 $x_0+\Delta x\in U(x_0,\delta)$，如果函数的增量 $\Delta y=f(x_0+\Delta x)-f(x_0)$ 可表示为 $\Delta y=A\Delta x+o(\Delta x)$，则称函数

$y=f(x)$在点 x_0 是可微的,$A\Delta x$ 称为函数 $y=f(x)$在点 x_0 相应于自变量的增量 Δx 的微分,记为 $\mathrm{d}y$,即 $\mathrm{d}y=A\Delta x$.

下面的定理给出了函数可微的条件.

定理 1 函数 $f(x)$在点 x_0 可微的充要条件是函数 $f(x)$在点 x_0 可导,并且当函数 $f(x)$在点 x_0 可微时,有 $A=f'(x_0)$.

函数 $y=f(x)$的微分存在的充分必要条件是:函数存在有限的导数 $y'=f'(x)$,这时函数的微分是 $\mathrm{d}y=f'(x)\mathrm{d}x$.

微分的几何意义:切线段代替曲线段(以直代曲),即 $\Delta y\approx \mathrm{d}y$.这既是微分的思想方法,又是近似计算的理论根据(图 3-6).

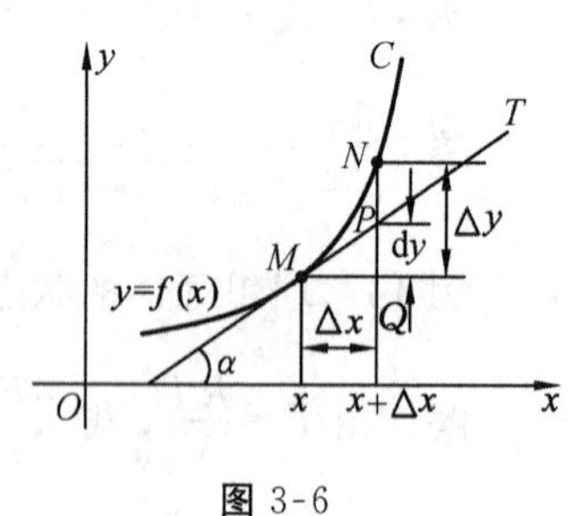

图 3-6

下面给出复合函数的微分法则:

若 $y=f(x),x=\varphi(t)$,即 $y=f(\varphi(t))$,则由复合函数的求导法则有

$$\mathrm{d}y=[f(\varphi(t))]'\mathrm{d}t=f'(x)\varphi'(t)\mathrm{d}t,$$

而 $\mathrm{d}x=\varphi'(t)\mathrm{d}t$,故

$$\mathrm{d}y=f'(x)\mathrm{d}x.$$

由上式我们发现,无论 x 是自变量还是中间变量,一阶微分形式保持不变.我们把微分的这一性质称为一阶微分的形式不变性.

由基本初等函数的导数公式,可以推出微分基本公式.

例如,$\mathrm{d}(\mathrm{e}^x)=\mathrm{e}^x\mathrm{d}x$,$\mathrm{d}(\sin x)=\cos x\mathrm{d}x$ 等.

例 1 设 $y=\mathrm{e}^{x^2}$,求 $\mathrm{d}y$.

解 $\mathrm{d}y=(\mathrm{e}^{x^2})'\mathrm{d}x=\mathrm{e}^{x^2}\cdot 2x\cdot \mathrm{d}x=2x\mathrm{e}^{x^2}\mathrm{d}x$.

例 2 利用微分近似计算 $\sin31°$的值.

解 设 $f(x)=\sin x,\Delta f(x)=\sin(x+\Delta x)-f(x)\approx f'(x)\Delta x$,

即 $\sin(x+\Delta x)\approx\sin x+\cos x\Delta x$,取 $x=30°=\dfrac{\pi}{6},\Delta x=1°=\dfrac{\pi}{180}$,则

$$\sin31°=\sin(30°+1°)=\sin\left(\frac{\pi}{6}+\frac{\pi}{180}\right)\approx\sin\left(\frac{\pi}{6}\right)+\cos\left(\frac{\pi}{6}\right)\frac{\pi}{180}$$

$$\approx\frac{1}{2}+\frac{\sqrt{3}}{2}\cdot\frac{3.1416}{180}\approx 0.51515.$$

例 3 设 x,y 为 t 的函数,自行验证下列微分运算法则:

(1) $\mathrm{d}(x+y)=\mathrm{d}x+\mathrm{d}y$;(2) $\mathrm{d}(xy)=y\mathrm{d}x+x\mathrm{d}y$;(3) $\mathrm{d}\left(\dfrac{y}{x}\right)=\dfrac{x\mathrm{d}y-y\mathrm{d}x}{x^2}$.

二、全微分

1. 全微分的定义

定义 2 若 $z=f(x,y)$ 在 $P(x,y)$ 的全增量 $\Delta z=f(x+\Delta x,y+\Delta y)-f(x,y)$ 可表示为 $\Delta z=A\Delta x+B\Delta y+o(\rho)$，其中 A,B 与 $\Delta x,\Delta y$ 无关，$\rho=\sqrt{\Delta x^2+\Delta y^2}$，则称 $z=f(x,y)$ 在 $P(x,y)$ 处可微，且 $A\Delta x+B\Delta y$ 叫做 $z=f(x,y)$ 在 $P(x,y)$ 处的全微分，记为 $\mathrm{d}z$，即 $\mathrm{d}z=A\Delta x+B\Delta y$. 若 $z=f(x,y)$ 在区域 D 内每一点都可微，则称 $z=f(x,y)$ 在 D 内可微.

2. 可微与连续的关系

设 $z=f(x,y)$ 在 $P(x,y)$ 处可微，则 $z=f(x,y)$ 在 $P(x,y)$ 处一定连续.

$z=f(x,y)$ 在 $P(x,y)$ 处连续，不一定能推出 $z=f(x,y)$ 在 $P(x,y)$ 处可微.

下面的定理给出了偏导数与全微分的关系.

定理 2（必要条件） 若 $z=f(x,y)$ 在点 $P(x,y)$ 处可微，则 $z=f(x,y)$ 在点 $P(x,y)$ 处的两个偏导数都存在，且 $z=f(x,y)$ 处的全微分为

$$\mathrm{d}z=\frac{\partial z}{\partial x}\Delta x+\frac{\partial z}{\partial y}\Delta y=\frac{\partial z}{\partial x}\mathrm{d}x+\frac{\partial z}{\partial y}\mathrm{d}y.$$

反之，偏导数都存在却不一定可微.

例 4 设 $f(x,y)=\begin{cases}\dfrac{2xy}{x^2+y^2}, & x^2+y^2\neq 0,\\ 0, & x^2+y^2=0,\end{cases}$ 讨论 $f(x,y)$ 在 $(0,0)$ 处的可微性.

解 由上一节例 11，有

$$f_x(0,0)=0,f_y(0,0)=0,$$

偏导数都存在，而 $\lim\limits_{\substack{x\to 0\\ y\to 0}}f(x,y)$ 不存在，$f(x,y)$ 在 $(0,0)$ 处不连续，所以不可微.

事实上，$\lim\limits_{\substack{\Delta x\to 0\\ \Delta y\to 0}}\Delta f(x,y)=\lim\limits_{\substack{\Delta x\to 0\\ \Delta y\to 0}}\dfrac{2\Delta x\Delta y}{\Delta x^2+\Delta y^2}$ 不存在，$\Delta z=A\Delta x+B\Delta y+o(\rho)$ 不成立，由定义也可得结论.

当 $z=f(x,y)$ 的偏导数都存在时，还要什么条件才能保证其可微？

定理 3（充分条件） 若 $z=f(x,y)$ 的偏导数 $\dfrac{\partial z}{\partial x},\dfrac{\partial z}{\partial y}$ 在点 $P(x,y)$ 处连续，则 $z=f(x,y)$ 在该点可微.

3. 全微分叠加原理

二元函数 $z=f(x,y)$ 的全微分 $\mathrm{d}z=\dfrac{\partial z}{\partial x}\mathrm{d}x+\dfrac{\partial z}{\partial y}\mathrm{d}y$，其中 $\dfrac{\partial z}{\partial x}\mathrm{d}x,\dfrac{\partial z}{\partial y}\mathrm{d}y$ 为偏微

分，表达式表明全微分是偏微分之和，这种性质叫做叠加原理.

若三元函数 $u=f(x,y,z)$ 可微，则

$$du=\frac{\partial u}{\partial x}dx+\frac{\partial u}{\partial y}dy+\frac{\partial u}{\partial z}dz.$$

例 5 求 $z=\ln\cos\frac{y}{x}$ 在点 $\left(1,\frac{\pi}{4}\right)$ 处的全微分.

解 因为 $\frac{\partial z}{\partial x}=\frac{1}{\cos\frac{y}{x}}(-1)\sin\frac{y}{x}\left(-\frac{y}{x^2}\right)=\frac{y}{x^2}\tan\frac{y}{x}$，$\frac{\partial z}{\partial y}=-\frac{1}{x}\tan\frac{y}{x}$，

则 $dz=\frac{y}{x^2}\tan\frac{y}{x}dx-\frac{1}{x}\tan\frac{y}{x}dy=\tan\frac{y}{x}\cdot\frac{ydx-xdy}{x^2}$，

从而 $dz\Big|_{(1,\frac{\pi}{4})}=\frac{\pi}{4}dx-dy.$

例 6 求下列多元函数的全微分：

(1) $z=x^2y^3$； (2) $u=\sin(xy)\cdot e^{z^2}$.

解 (1) 用一元函数微分运算法则来求多元函数的全微分如下：

$dz=y^3d(x^2)+x^2d(y^3)=y^3\cdot 2xdx+x^2\cdot 3y^2dy=2xy^3dx+3x^2y^2dy.$

(2)
$$\begin{aligned}du&=e^{z^2}\cdot d[\sin(xy)]+\sin(xy)\cdot d(e^{z^2})\\&=e^{z^2}\cos(xy)\cdot d(xy)+\sin(xy)\cdot e^{z^2}d(z^2)\\&=e^{z^2}\cos(xy)\cdot(ydx+xdy)+\sin(xy)\cdot e^{z^2}\cdot 2zdz\\&=ye^{z^2}\cos(xy)dx+xe^{z^2}\cos(xy)dy+2ze^{z^2}\sin(xy)dz.\end{aligned}$$

4. 多元复合函数的微分法则

定理 4 设 $u=u(x,y)$，$v=v(x,y)$ 具有偏导数，$z=f(u,v)$ 可微，则复合函数 $z=f(u(x,y),v(x,y))$ 有偏导数，且有

$$\frac{\partial z}{\partial x}=\frac{\partial f}{\partial u}\cdot\frac{\partial u}{\partial x}+\frac{\partial f}{\partial v}\cdot\frac{\partial v}{\partial x},\quad \frac{\partial z}{\partial y}=\frac{\partial f}{\partial u}\cdot\frac{\partial u}{\partial y}+\frac{\partial f}{\partial v}\cdot\frac{\partial v}{\partial y}.$$

以上求偏导数的方法称为连锁法则.

设 $z=f(u,v)$ 具有连续的偏导数，则 $z=f(u,v)$ 可微，且有

$$dz=\frac{\partial z}{\partial u}du+\frac{\partial z}{\partial v}dv.$$

若 $u=u(x,y)$，$v=v(x,y)$ 具有连续的偏导数，则复合函数 $z=f(u(x,y),v(x,y))$ 可微，且

$$\begin{aligned}dz&=\frac{\partial z}{\partial x}dx+\frac{\partial z}{\partial y}dy\\&=\left(\frac{\partial z}{\partial u}\cdot\frac{\partial u}{\partial x}+\frac{\partial z}{\partial v}\cdot\frac{\partial v}{\partial x}\right)dx+\left(\frac{\partial z}{\partial u}\cdot\frac{\partial u}{\partial y}+\frac{\partial z}{\partial v}\cdot\frac{\partial v}{\partial y}\right)dy=\frac{\partial z}{\partial u}du+\frac{\partial z}{\partial v}dv.\end{aligned}$$

以上说明了两种方法求全微分的一致性，称为全微分形式不变性.

求复合函数偏导数时，可以用类似一元函数的连锁法则，也可充分运用全微分形式不变性.

下面举例来熟悉以上公式的应用.

例 7 设 $z=(x^2+y^2)^{\sin(x+3y)}$，求 $\frac{\partial z}{\partial x}, \frac{\partial z}{\partial y}$.

解 方法一：设 $z=u^v, u=x^2+y^2, v=\sin(x+3y)$，则

$$\frac{\partial z}{\partial u}=v \cdot u^{v-1}=u^v \frac{v}{u}, \quad \frac{\partial z}{\partial v}=u^v \ln u,$$

由定理 4 得

$$\frac{\partial z}{\partial x}=\frac{\partial z}{\partial u} \cdot \frac{\partial u}{\partial x}+\frac{\partial z}{\partial v} \cdot \frac{\partial v}{\partial x}=u^v\left[\frac{v}{u} \cdot 2x+\ln u \cdot \cos(x+3y)\right]$$

$$=(x^2+y^2)^{\sin(x+3y)}\left[\frac{\sin(x+3y)}{x^2+y^2} \cdot 2x+\ln(x^2+y^2) \cdot \cos(x+3y)\right],$$

$$\frac{\partial z}{\partial y}=\frac{\partial z}{\partial u} \cdot \frac{\partial u}{\partial y}+\frac{\partial z}{\partial v} \cdot \frac{\partial v}{\partial y}=u^v\left[\frac{v}{u} \cdot 2y+3\ln u \cdot \cos(x+3y)\right]$$

$$=(x^2+y^2)^{\sin(x+3y)}\left[\frac{\sin(x+3y)}{x^2+y^2} \cdot 2y+3\ln(x^2+y^2) \cdot \cos(x+3y)\right].$$

方法二：利用全微分形式不变性. 设 $z=u^v, u=x^2+y^2, v=\sin(x+3y)$，则

$$\mathrm{d}z=\mathrm{d}(u^v)=\mathrm{e}^{v\ln u}\mathrm{d}(v\ln u)=u^v(v \cdot \mathrm{d}\ln u+\ln u \cdot \mathrm{d}v)=u^v\left(\frac{v}{u} \cdot \mathrm{d}u+\ln u \cdot \mathrm{d}v\right)$$

$$=u^v\left\{\frac{v}{u} \cdot \mathrm{d}(x^2+y^2)+\ln u \cdot \mathrm{d}[\sin(x+3y)]\right\}$$

$$=u^v\left[\frac{v}{u} \cdot 2(x\mathrm{d}x+y\mathrm{d}y)+\ln u \cdot \cos(x+3y)(\mathrm{d}x+3\mathrm{d}y)\right]$$

$$=u^v\left[\frac{v}{u} \cdot 2x+\ln u \cdot \cos(x+3y)\right]\mathrm{d}x+u^v\left[\frac{v}{u} \cdot y+3\ln u \cdot \cos(x+3y)\right]\mathrm{d}y,$$

从而 $\frac{\partial z}{\partial x}=u^v\left[\frac{v}{u} \cdot 2x+\ln u \cdot \cos(x+3y)\right], \quad \frac{\partial z}{\partial y}=u^v\left[\frac{v}{u} \cdot y+3\ln u \cdot \cos(x+3y)\right],$

代入 $u=x^2+y^2, v=\sin(x+3y)$ 化简即得同样结果.

复合函数求导有时比较复杂，以下举例来说明自变量、中间变量的其他不同情形.

(1) 中间变量 2 个，自变量 1 个，即复合函数为一元函数情形.

设 $u=\varphi(x), v=\psi(x)$ 在 x_0 点可导，$z=f(u,v)$ 在点 (u_0,v_0) $(u_0=\varphi(x_0), v_0=\psi(x_0))$ 可微，则复合函数 $z=f(\varphi(x),\psi(x))$ 在 x_0 点可导，且有

$$\mathrm{d}z=\frac{\partial z}{\partial u}\mathrm{d}u+\frac{\partial z}{\partial v}\mathrm{d}v \text{ 或 } \frac{\mathrm{d}z}{\mathrm{d}x}=\frac{\partial z}{\partial u}\cdot\frac{\mathrm{d}u}{\mathrm{d}x}+\frac{\partial z}{\partial v}\cdot\frac{\mathrm{d}v}{\mathrm{d}x},$$

称为全导数.

(2) 中间变量 1 个,自变量 2 个,即复合函数为二元函数情形.

设 $u=\varphi(x,y)$ 具有偏导数,$z=f(u)$ 可微,则 $z=f(\varphi(x,y))$ 有偏导数,且有

$$\frac{\partial z}{\partial x}=\frac{\mathrm{d}f}{\mathrm{d}u}\cdot\frac{\partial u}{\partial x},\ \frac{\partial z}{\partial y}=\frac{\mathrm{d}f}{\mathrm{d}u}\cdot\frac{\partial u}{\partial y}.$$

其他情形只要分清复合函数中间变量有几个,最后求偏导数还是全导数即可.

例 8 设 $u=\sqrt{x^2+y^2+z^2}$,求 $\frac{\partial u}{\partial x},\frac{\partial u}{\partial y},\frac{\partial u}{\partial z}$.

解 设 $u=\sqrt{v}$,$v=x^2+y^2+z^2$,则

$$\begin{aligned}\mathrm{d}u&=\frac{1}{2\sqrt{v}}\mathrm{d}v=\frac{1}{2\sqrt{v}}\mathrm{d}(x^2+y^2+z^2)=\frac{1}{2\sqrt{v}}(2x\mathrm{d}x+2y\mathrm{d}y+2z\mathrm{d}z)\\&=\frac{1}{\sqrt{x^2+y^2+z^2}}(x\mathrm{d}x+y\mathrm{d}y+z\mathrm{d}z),\end{aligned}$$

从而 $\frac{\partial u}{\partial x}=\frac{x}{\sqrt{x^2+y^2+z^2}},\ \frac{\partial u}{\partial y}=\frac{y}{\sqrt{x^2+y^2+z^2}},\ \frac{\partial u}{\partial z}=\frac{z}{\sqrt{x^2+y^2+z^2}}.$

例 9 设 $z=f\left(\frac{y}{x}\right)$,$f$ 可微,证明:$x\frac{\partial z}{\partial x}+y\frac{\partial z}{\partial y}=0$.

证 因为 $\mathrm{d}z=f'\left(\frac{y}{x}\right)\mathrm{d}\left(\frac{y}{x}\right)=f'\left(\frac{y}{x}\right)\frac{x\mathrm{d}y-y\mathrm{d}x}{x^2}$,

所以 $\frac{\partial z}{\partial x}=-\frac{y}{x^2}f'\left(\frac{y}{x}\right),\ \frac{\partial z}{\partial y}=\frac{1}{x}f'\left(\frac{y}{x}\right)$,

所以 $x\frac{\partial z}{\partial x}+y\frac{\partial z}{\partial y}=-x\frac{y}{x^2}f'\left(\frac{y}{x}\right)+y\frac{1}{x}f'\left(\frac{y}{x}\right)=0.$

例 10 设 $z=f(x+y,x^2+y^2)$,$y=\varphi(x)$,其中 f,φ 均可微,求 $\frac{\mathrm{d}z}{\mathrm{d}x}$.

解 对 $z=f(u,v)$ 引入记号:$f_1'=\frac{\partial z}{\partial u},f_2'=\frac{\partial z}{\partial v}$. 则

$\mathrm{d}z=f_1'\mathrm{d}(x+y)+f_2'\mathrm{d}(x^2+y^2)=f_1'(\mathrm{d}x+\mathrm{d}y)+2f_2'(x\mathrm{d}x+y\mathrm{d}y)$,

$\mathrm{d}y=\varphi'(x)\mathrm{d}x,\ \frac{\mathrm{d}z}{\mathrm{d}x}=f_1'[1+\varphi'(x)]+2f_2'[x+y\varphi'(x)].$

§ 3.3　高阶导数　高阶偏导数

一、高阶导数

设 $y=f(x)$的导数 $f'(x)$仍然可导,则 $f'(x)$的导数 $[f'(x)]'$ 称为$f(x)$的二阶导数,记为 $f''(x)$,即 $f''(x)=[f'(x)]'$或$\frac{\mathrm{d}^2 f}{\mathrm{d}x^2}$,$\frac{\mathrm{d}^2 y}{\mathrm{d}x^2}$或 y''. 相应地把 $f'(x)$称为 $f(x)$的一阶导数.

同理可定义三阶、四阶导数,一般地把 $f'(x)$的 $n-1$ 阶导数的导数称为$f(x)$的n阶导数,记为 $f^{(n)}(x)$,$y^{(n)}(x)$或$\frac{\mathrm{d}^n f}{\mathrm{d}x^n}$,$\frac{\mathrm{d}^n y}{\mathrm{d}x^n}$.

例 1　验证 $y=\sqrt{2x-x^2}$满足 $y^3 y''+1=0$.

证　$y'=\frac{1}{2\sqrt{2x-x^2}}(2-2x)=\frac{1}{\sqrt{2x-x^2}}(1-x)=(2x-x^2)^{-\frac{1}{2}}(1-x)$,

$$y''=-\frac{1}{2}(2x-x^2)^{-\frac{3}{2}}(2-2x)(1-x)+(2x-x^2)^{-\frac{1}{2}}(-1)$$

$$=(2x-x^2)^{-\frac{3}{2}}[-(1-x)^2-(2x-x^2)]=-(2x-x^2)^{-\frac{3}{2}},$$

则 $y^3 y''+1=(\sqrt{2x-x^2})^3[-(2x-x^2)^{-\frac{3}{2}}]+1=0$. 等式成立.

例 2　求下列函数的 n 阶导数:

(1) $y=x^{\mu}$;　　(2) $y=\mathrm{e}^x$;

(3) $y=\sin x$;　　(4) $y=\ln(1+x)$;

(5) $y=\frac{1}{1+x}$.

解　由一阶、二阶导数,通过归纳法可得一般 n 阶导数:

(1) $y=x^{u}$,$y'=ux^{u-1}$, $y''=u(u-1)x^{u-1}$,$\cdots$,$y^{(n)}=u(u-1)\cdots(u-n+1)x^{u-n}$;

(2) $y=\mathrm{e}^x$, $y'=\mathrm{e}^x$, $\cdots$,$y^{(n)}=\mathrm{e}^x$;

(3) $y=\sin x$,$y'=\cos x=\sin\left(x+\frac{\pi}{2}\right)$,$\cdots$,$y^{(n)}=\sin\left(x+\frac{n\pi}{2}\right)$;

(4) $y=\ln(1+x)$,$y'=\frac{1}{1+x}$,$y''=-\frac{1}{(1+x)^2}$,$\cdots$,$y^{(n)}=(-1)^{n-1}(n-1)!\ \frac{1}{(1+x)^n}$;

(5) 由 $y=\frac{1}{1+x}=[\ln(1+x)]'$得 $y^{(n)}=[\ln(1+x)]^{(n+1)}=\frac{(-1)^n\cdot n!}{(1+x)^{n+1}}$.

例 3　求下列函数的 n 阶导数:

(1) $y=xe^x$；　　　　(2) $y=\dfrac{1}{x^2+3x+2}$.

解　(1) $y=xe^x$，$y'=e^x+xe^x$，$y''=2e^x+xe^x$，归纳得 $y^{(n)}=ne^x+xe^x$.

(2) 采用间接法.

因为　$y=\dfrac{1}{x^2+3x+2}=\dfrac{1}{x+1}-\dfrac{1}{x+2}$，

所以　$y^{(n)}=\left(\dfrac{1}{1+x}\right)^{(n)}-\left(\dfrac{1}{2+x}\right)^{(n)}=(-1)^n n!\left[\dfrac{1}{(1+x)^{n+1}}-\dfrac{1}{(2+x)^{n+1}}\right]$.

二、高阶偏导数

设 $z=f(x,y)$ 在区域 D 内具有偏导数，那么 $f_x(x,y)$，$f_y(x,y)$ 都是 x,y 的函数，若 $f_x(x,y)$，$f_y(x,y)$ 的偏导数都存在，称之为 $z=f(x,y)$ 的二阶偏导数. 按照对变量求导的顺序不同，$z=f(x,y)$ 的二阶偏导数有

$$\frac{\partial^2 z}{\partial x^2}=\frac{\partial}{\partial x}\left(\frac{\partial z}{\partial x}\right),\quad \frac{\partial^2 z}{\partial x\partial y}=\frac{\partial}{\partial y}\left(\frac{\partial z}{\partial x}\right),\quad \frac{\partial^2 z}{\partial y\partial x}=\frac{\partial}{\partial x}\left(\frac{\partial z}{\partial y}\right),\ \frac{\partial^2 z}{\partial y^2}=\frac{\partial}{\partial y}\left(\frac{\partial z}{\partial y}\right),$$

其中 $\dfrac{\partial^2 z}{\partial x\partial y}$，$\dfrac{\partial^2 z}{\partial y\partial x}$ 称为二阶混合偏导数.

以上二阶偏导数还可记为 z_{xx}，z_{xy}，z_{yx}，z_{yy}.

类似可定义三阶、四阶和 n 阶偏导数.

例 4　设 $z=x^3+2x^2y^3+y^2$，求二阶偏导数.

解　$\dfrac{\partial z}{\partial x}=3x^2+4xy^3$，$\dfrac{\partial z}{\partial y}=6x^2y^2+2y$，

$$\frac{\partial^2 z}{\partial x^2}=6x+4y^3,\ \frac{\partial^2 z}{\partial y^2}=12x^2y+2,\ \frac{\partial^2 z}{\partial x\partial y}=\frac{\partial^2 z}{\partial y\partial x}=12xy^2.$$

关于混合偏导数有下列结论：

定理　若 $z=f(x,y)$ 的二阶混合偏导数 z_{xy}，z_{yx} 连续，则有 $z_{xy}=z_{yx}$.

即二阶混合偏导数在连续的条件下与求导的次序无关.

例 5　设 $r=\sqrt{x^2+y^2+z^2}$，求 $\dfrac{\partial^2 r}{\partial x^2}+\dfrac{\partial^2 r}{\partial y^2}+\dfrac{\partial^2 r}{\partial z^2}$.

解　$\dfrac{\partial r}{\partial x}=\dfrac{x}{\sqrt{x^2+y^2+z^2}}=\dfrac{x}{r}$，$\dfrac{\partial r}{\partial y}=\dfrac{y}{\sqrt{x^2+y^2+z^2}}=\dfrac{y}{r}$，

$$\frac{\partial r}{\partial z}=\frac{z}{\sqrt{x^2+y^2+z^2}}=\frac{z}{r},$$

$$\frac{\partial^2 r}{\partial x^2}=\frac{\partial}{\partial x}\left(\frac{x}{r}\right)=\frac{1}{r}+x\left(-\frac{1}{r^2}\right)\frac{\partial r}{\partial x}=\frac{1}{r}+x\left(-\frac{1}{r^2}\right)\frac{x}{r}=\frac{r^2-x^2}{r^3}.$$

类似地可得 $\frac{\partial^2 r}{\partial y^2}=\frac{r^2-y^2}{r^3}, \frac{\partial^2 r}{\partial z^2}=\frac{r^2-z^2}{r^3}$,

所以 $\frac{\partial^2 r}{\partial x^2}+\frac{\partial^2 r}{\partial y^2}+\frac{\partial^2 r}{\partial z^2}=\frac{3r^2-x^2-y^2-z^2}{r^3}=\frac{3r^2-r^2}{r^3}=\frac{2}{r}$.

求复合函数的高阶偏导数时要注意对变量的求导顺序,还要注意各阶偏导数还是与 f 具有相同中间变量的函数,求更高一阶的导数仍需要用连锁法则.

§3.4　参数方程与隐函数方程微分法

一、参数方程确定的函数求导

平面曲线可用参数方程表示,一般由参数方程 $\begin{cases}x=\varphi(t),\\ y=\psi(t)\end{cases}$ 确定 x 与 y 之间的函数关系,称这种函数为由参数方程确定的函数.

设 $x=\varphi(t)$ 具有单调、连续的反函数 $t=\varphi^{-1}(x)$,且与 $y=\psi(t)$ 可复合,于是参数方程所确定的函数可以看成是复合函数 $y=\psi(\varphi^{-1}(x))$. 由复合函数可导条件($\psi(t)$, $\varphi^{-1}(x)$ 可导)得 $\frac{\mathrm{d}y}{\mathrm{d}x}=\frac{\mathrm{d}y}{\mathrm{d}t}\cdot\frac{\mathrm{d}t}{\mathrm{d}x}=\frac{\psi'(t)}{\varphi'(t)}$.

若给出向量函数 $(x,y)=(\varphi(t),\psi(t))$,利用微分法则得

$$(\mathrm{d}x,\mathrm{d}y)=(\varphi'(t)\mathrm{d}t,\psi'(t)\mathrm{d}t),$$

也可推出 $\frac{\mathrm{d}y}{\mathrm{d}x}=\frac{\psi'(t)\mathrm{d}t}{\varphi'(t)\mathrm{d}t}=\frac{\psi'(t)}{\varphi'(t)}$.

对于二阶导数 $\frac{\mathrm{d}^2 y}{\mathrm{d}x^2}=\frac{\mathrm{d}\left(\frac{\mathrm{d}y}{\mathrm{d}x}\right)}{\mathrm{d}x}$, 可以对新的参数方程 $\begin{cases}x=\varphi(t),\\ \frac{\mathrm{d}y}{\mathrm{d}x}=\frac{\psi'(t)}{\varphi'(t)}\end{cases}$ 运用微分法,得

$$\frac{\mathrm{d}^2 y}{\mathrm{d}x^2}=\frac{\mathrm{d}\left(\frac{\mathrm{d}y}{\mathrm{d}x}\right)}{\mathrm{d}x}=\frac{\mathrm{d}\left[\frac{\psi'(t)}{\varphi'(t)}\right]}{\mathrm{d}x}=\frac{\left[\frac{\psi'(t)}{\varphi'(t)}\right]'}{\varphi'(t)}.$$

例 1　设 $\begin{cases}x=a\cos t,\\ y=b\sin t,\end{cases}$ 求在 $t=\frac{\pi}{4}$ 的导数 $\frac{\mathrm{d}y}{\mathrm{d}x}$.

解　$\frac{\mathrm{d}y}{\mathrm{d}x}=\frac{(b\sin t)'}{(a\cos t)'}=\frac{b\cos t}{-a\sin t}=-\frac{b}{a}\cot t$,则 $\left.\frac{\mathrm{d}y}{\mathrm{d}x}\right|_{t=\frac{\pi}{4}}=-\frac{b}{a}$.

例 2　设 $\begin{cases}x=\ln(1+t^2),\\ y=t-\arctan t,\end{cases}$ 求 $\frac{\mathrm{d}^2 y}{\mathrm{d}x^2}$.

解 $\frac{dy}{dx}=\frac{1-\frac{1}{1+t^2}}{\frac{2t}{1+t^2}}=\frac{t}{2}$, $\frac{d^2y}{dx^2}=\frac{\left(\frac{t}{2}\right)'}{\frac{2t}{1+t^2}}=\frac{1+t^2}{4t}$.

例 3 求曲线$\begin{cases}x=2e^t,\\y=e^{-t}\end{cases}$在 $t=0$ 点的切线和法线方程.

解 设所求切线的斜率为 k. 当 $t=0$ 时, $x=2$,则

$$k=y'\Big|_{x=2}=\frac{-e^{-t}}{2e^t}\Big|_{t=0}=-\frac{1}{2}.$$

由此可知法线斜率为 2,切点为(2,1).

从而切线方程为 $y-1=-\frac{1}{2}(x-2)$,即 $x+2y-4=0$.

法线方程为 $y-1=2(x-2)$,即 $2x-y-3=0$.

二、隐函数方程确定的函数求导

形如 $y=x^2$, $y=e^x$ 的函数称为显函数. 其特点是:自变量 x 在某区间取定一个值,由算式能确定其函数值.

另一类函数是由二元方程 $F(x,y)=0$ 确定的. 例如, $x+y^3-1=0$,当 $x\in(-\infty,+\infty)$时总能确定一个 y 使之满足方程. 这类函数称为由方程 $F(x,y)=0$ 确定的隐函数.

若能把 y 解出(如上例 $y=\sqrt[3]{1-x}$),则称为隐函数显化. 但有些隐函数显化有困难,甚至不可能. 例如, $x^2+2xy^2+y^5=2$, $xy=e^{x+y}$.

隐函数不显化求导的方法实际上采用了复合函数求导的方法.

例 4 设方程 $x^2y-e^x+e^y=0$ 确定了 $y=y(x)$,求$\frac{dy}{dx}$.

解 方程两边对 x 求导,并注意 y 是 x 的函数,有

$$2xy+x^2y'-e^x+e^yy'=0,$$

解出 y'得

$$y'=\frac{e^x-2xy}{x^2+e^y}.$$

例 5 设曲线 C 的方程为 $x^3+y^3=3xy$,求过曲线 C 上点$\left(\frac{3}{2},\frac{3}{2}\right)$的切线的方程,并证明曲线 C 在该点的法线通过原点.

解 方程两边对 x 求导,得

$$3x^2+3y^2y'=3y+3xy',$$

把切点坐标代入得 $y'=-1$,故法线方程斜率为 1.

从而切线方程为 $y-\frac{3}{2}=-\left(x-\frac{3}{2}\right)$，即 $x+y=3$.

法线方程为 $y-\frac{3}{2}=x-\frac{3}{2}$，即 $y=x$（通过原点）.

例 6 设方程 $y=1+xe^y$ 确定了 $y=y(x)$，求$\frac{d^2y}{dx^2}$.

解 方程两边对 x 求导，有

$$y'=e^y+xe^y y',$$

再次求导，有

$$y''=e^y y'+e^y y'+xe^y y'^2+xe^y y'',$$

整理得

$$y''=\frac{2e^y y'+xe^y y'^2}{1-xe^y}.$$

将 $y'=\frac{e^y}{1-xe^y}$代入上式得

$$\frac{d^2y}{dx^2}=y''=\frac{e^{2y}(2-xe^y)}{(1-xe^y)^3}.$$

例 7 证明：由方程 $y=\ln(xy)$确定的隐函数 $y=y(x)$满足方程

$$x(y-1)y''+xy'^2+yy'-2y'=0.$$

证 两边对 x 求导，有

$$y'=\frac{1}{x}+\frac{1}{y}y'，\text{即 } xyy'=y+xy'.$$

再对 x 求导，有

$$yy'+xy'^2+xyy''=y'+y'+xy'',$$

即

$$x(y-1)y''+xy'^2+yy'-2y'=0.$$

下面利用偏导数求隐函数方程确定的函数的求导公式，主要考虑一个方程的情形. 例如，对由方程 $F(x,y)=0$ 确定的一元函数或由 $F(x,y,z)=0$ 确定的二元函数，有下列隐函数存在定理：

定理 1（隐函数存在定理） 设函数 $F(x,y)$在 $P_0(x_0,y_0)$的某邻域内具有连续的偏导数，且$F_y(x_0,y_0)\neq 0$，$F(x_0,y_0)=0$，则方程 $F(x,y)=0$ 在 P_0 的某邻域内恒能确定一个单值、连续且有连续的导数的函数 $y=f(x)$，它满足 $y_0=f(x_0)$，并且有

$$\frac{dy}{dx}=-\frac{F_x}{F_y}.$$

例 8 验证方程 $y-\frac{1}{2}\sin y-x=0$ 确定了 y 是 x 的函数，并求$\frac{dy}{dx}$.

解 设 $F(x,y)=y-\frac{1}{2}\sin y-x$，则

$$F_x(x,y)=-1,F_y(x,y)=1-\frac{1}{2}\cos y\neq 0.$$

从而方程确定的隐函数存在，且

$$\frac{\mathrm{d}y}{\mathrm{d}x}=-\frac{F_x}{F_y}=\frac{1}{1-\frac{1}{2}\cos y}=\frac{2}{2-\cos y}.$$

例 9 设 $z=\mathrm{e}^{x+y}$，其中 y 是由方程 $y-\frac{1}{2}\sin y-x=0$ 确定的隐函数，求 $\frac{\mathrm{d}z}{\mathrm{d}x}$.

解 由上例，$\frac{\mathrm{d}y}{\mathrm{d}x}=\frac{2}{2-\cos y}$.

由 $z=\mathrm{e}^{x+y}$，得 $\mathrm{d}z=\mathrm{e}^{x+y}\mathrm{d}(x+y)=\mathrm{e}^{x+y}(\mathrm{d}x+\mathrm{d}y)$.

从而
$$\frac{\mathrm{d}z}{\mathrm{d}x}=\frac{\mathrm{e}^{x+y}(\mathrm{d}x+\mathrm{d}y)}{\mathrm{d}x}=\mathrm{e}^{x+y}\left(1+\frac{\mathrm{d}y}{\mathrm{d}x}\right)$$
$$=\mathrm{e}^{x+y}\left(\frac{2}{2-\cos y}+1\right)=\frac{\mathrm{e}^{x+y}(4-\cos y)}{2-\cos y}.$$

下面的定理给出了求隐函数偏导数的方法.

定理 2 设函数 $F(x,y,z)$ 在点 $P_0(x_0,y_0,z_0)$ 的某邻域内具有连续的偏导数，且 $F_z(x_0,y_0,z_0)\neq 0$，$F(x_0,y_0,z_0)=0$，则方程 $F(x,y,z)=0$ 在 P_0 的某邻域内恒能唯一确定一个单值、连续且有连续的偏导数的函数 $z=f(x,y)$，它满足 $z_0=f(x_0,y_0)$，并且有

$$\frac{\partial z}{\partial x}=-\frac{F_x}{F_z},\frac{\partial z}{\partial y}=-\frac{F_y}{F_z}.$$

例 10 设方程 $x^3+y^3+z^3-3xyz=0$，求 $\frac{\partial z}{\partial x},\frac{\partial z}{\partial y}$.

解 令 $F(x,y,z)=x^3+y^3+z^3-3xyz$，则

$$F_x(x,y,z)=3x^2-3yz,F_y(x,y,z)=3y^2-3xz,F_z(x,y,z)=3z^2-3xy,$$

从而
$$\frac{\partial z}{\partial x}=-\frac{F_x}{F_z}=-\frac{x^2-yz}{z^2-xy},\frac{\partial z}{\partial y}=-\frac{F_y}{F_z}=-\frac{y^2-xz}{z^2-xy}.$$

隐函数的偏导数还是隐函数形式，在求高阶偏导数时要注意.

例 11 设方程 $x^2+2y^2+3z^2+xy-z-9=0$，求 $\frac{\partial z}{\partial x},\frac{\partial^2 z}{\partial x^2},\frac{\partial^2 z}{\partial x\partial y}$.

解 令 $F(x,y,z)=x^2+2y^2+3z^2+xy-z-9$，则

$$F_x(x,y,z)=2x+y,F_y(x,y,z)=4y+x,F_z(x,y,z)=6z-1,$$

从而
$$\frac{\partial z}{\partial x}=-\frac{F_x}{F_z}=-\frac{2x+y}{6z-1},\quad \frac{\partial z}{\partial y}=-\frac{F_y}{F_z}=-\frac{4y+x}{6z-1},$$

$$\frac{\partial^2 z}{\partial x^2}=\frac{\partial\left(-\frac{2x+y}{6z-1}\right)}{\partial x}=-\frac{2(6z-1)-(2x+y)\frac{\partial(6z-1)}{\partial x}}{(6z-1)^2}=-\frac{2(6z-1)-6(2x+y)\frac{\partial z}{\partial x}}{(6z-1)^2}$$

$$=-\frac{2(6z-1)-6(2x+y)\left(-\frac{2x+y}{6z-1}\right)}{(6z-1)^2}=-\frac{2(6z-1)^2+6(2x+y)^2}{(6z-1)^3},$$

$$\frac{\partial^2 z}{\partial x\partial y}=\frac{\partial\left(-\frac{2x+y}{6z-1}\right)}{\partial y}=-\frac{(6z-1)-(2x+y)\frac{\partial(6z-1)}{\partial y}}{(6z-1)^2}=-\frac{(6z-1)-6(2x+y)\frac{\partial z}{\partial y}}{(6z-1)^2}$$

$$=-\frac{(6z-1)-6(2x+y)\left(-\frac{4y+x}{6z-1}\right)}{(6z-1)^2}=-\frac{(6z-1)^2+6(2x+y)(x+4y)}{(6z-1)^3}.$$

下面用一例来说明如何求方程组$\begin{cases}F(x,y,z)=0,\\G(x,y,z)=0\end{cases}$确定的函数的导数.

例 12　设由方程组$\begin{cases}x^2+y^2+z^2=6,\\x+y+z=0\end{cases}$确定函数 $y=y(x)$，$z=z(x)$，求 $\frac{\mathrm{d}y}{\mathrm{d}x},\frac{\mathrm{d}z}{\mathrm{d}x}$.

分析　问题对应的几何意义为两曲面之交线为空间曲线，确定向量函数$\boldsymbol{\alpha}=\{x,y,z\}$，$x,y,z$ 为某个参数的一元函数. 这里由题意，视 y,z 为 x 的函数.

解　方程组两边对 x 求导并移项得

$$\begin{cases}2y\frac{\mathrm{d}y}{\mathrm{d}x}+2z\frac{\mathrm{d}z}{\mathrm{d}x}=-2x,\\\frac{\mathrm{d}y}{\mathrm{d}x}+\frac{\mathrm{d}z}{\mathrm{d}x}=-1,\end{cases}$$

解得

$$\frac{\mathrm{d}y}{\mathrm{d}x}=\frac{z-x}{y-z},\ \frac{\mathrm{d}z}{\mathrm{d}x}=\frac{y-x}{z-y}.$$

习　题　三

1. 求极限并得出 $y=\sqrt{x}$，$y=\mathrm{e}^x$ 的导数公式：

(1) $\lim\limits_{h\to 0}\frac{\sqrt{x+h}-\sqrt{x}}{h}(x>0)$；　　(2) $\lim\limits_{\Delta x\to 0}\frac{\mathrm{e}^{x+\Delta x}-\mathrm{e}^x}{\Delta x}$.

2. 讨论下列函数在 $x=0$ 处的连续性和可导性：

(1) $y=|\sin x|$；　　(2) $y=x^{\frac{2}{3}}$；

(3) $f(x)=\begin{cases} x^2\sin\dfrac{1}{x}, & x\neq 0, \\ 0, & x=0. \end{cases}$

3. 求下列函数的导数：

(1) $y=\sqrt{x}(x^3-\sqrt[3]{x}+1)$；

(2) $s(t)=2(\sqrt[3]{t})-\dfrac{1}{t}+\sqrt[4]{3}$；

(3) $y=x\tan x-\sec x$；

(4) $y=\dfrac{1-x^2}{1-x^3}$；

(5) $y=\dfrac{x^5+\sqrt{x}+1}{x^3}$；

(6) $y=\dfrac{1-\ln x}{1+\ln x}$；

(7) $\varphi(t)=\dfrac{t}{2}\sin t-\sqrt{2}$；

(8) $y=x(\sin x)\ln x$.

4. 求下列函数的导数：

(1) $y=\sqrt{3+4x}$；

(2) $f(t)=(t^3-t^{-2}+3)^4$；

(3) $y=\sqrt{1+\cos x}$；

(4) $y=\dfrac{x}{2}\sqrt{a^2-x^2}$；

(5) $y=\sin(\sin(\ln x))$；

(6) $y=\sqrt{1+\ln^2 x}$；

(7) $y=x^2\mathrm{e}^{-x}$；

(8) $y=\sin x\cos x\cos 2x$；

(9) $y=\sqrt{\dfrac{1-\sin 2x}{1+\sin 2x}}$；

(10) $y=\arcsin\dfrac{x-1}{x+1}$.

5. 求下列函数的导数：

(1) $y=x^x$；

(2) $y=(\cos x)^{\sin x}$；

(3) $y=x^{\mathrm{e}}+\mathrm{e}^{3x}+x^{2x}$；

(4) $y=\ln(x+\sqrt{x^2+a^2})$；

(5) $y=\ln\tan x$；

(6) $y=\sin 3x+\tan x^2+\arcsin\dfrac{1}{4}$.

6. 确定 a 的值，使 $y=ax$ 为曲线 $y=\ln x$ 的切线.

7. 求下列多元函数的偏导数：

(1) $z=x^2+y^2\sin(xy)$，求 $\left.\dfrac{\partial z}{\partial x}\right|_{\substack{x=\pi\\y=1}}$，$\left.\dfrac{\partial z}{\partial y}\right|_{\substack{x=\pi\\y=1}}$；

(2) $z=\mathrm{e}^{2x}\cos y$，求 $\dfrac{\partial z}{\partial x}$，$\dfrac{\partial z}{\partial y}$；

(3) $z=x\arcsin\dfrac{y}{x}$，求 $\dfrac{\partial z}{\partial x}$，$\dfrac{\partial z}{\partial y}$；

(4) $u=x^{y^z}$，求 $\dfrac{\partial u}{\partial x}$，$\dfrac{\partial u}{\partial y}$，$\dfrac{\partial u}{\partial z}$.

8. 设 $f(x,y)=\begin{cases}\dfrac{xy}{\sqrt{x^2+y^2}}, & x^2+y^2\neq 0,\\ 0, & x^2+y^2=0,\end{cases}$ 求 $f_x(x,y), f_y(x,y)$.

9. 证明下列各题：

(1) 若 $z=\sqrt{x}\sin\dfrac{y}{x}$，则 $x\dfrac{\partial z}{\partial x}+y\dfrac{\partial z}{\partial y}=\dfrac{z}{2}$；

(2) 若 $u=x+\dfrac{x-y}{y-z}$，则$\dfrac{\partial u}{\partial x}+\dfrac{\partial u}{\partial y}+\dfrac{\partial u}{\partial z}=1$.

10. 求下列函数的微分：

(1) $y=\sqrt{1+x^2}$；　　(2) $y=x^2\mathrm{e}^{2x}$；

(3) $y=\tan(x+y)$；　　(4) $x+\sqrt{xy+y}=4$.

11. 填入合适的函数使得下列等式成立：

(1) $\mathrm{d}(\quad)=\sin x\mathrm{d}x$；　　(2) $\mathrm{d}(\quad)=\dfrac{1}{\sqrt{x^2+1}}\mathrm{d}x$；

(3) $\mathrm{d}(\quad)=\dfrac{1}{x^2+1}\mathrm{d}x$.

12. 已知 $f(x)$可微，记 $f'=f'(x)$，求 $y=\sqrt{f^2(x)+\mathrm{e}^{f(x)}}$的微分表达式.

13. 求下列函数的全微分：

(1) $z=\arcsin\dfrac{x}{y}$；　　(2) $u=\mathrm{e}^{x(x^2+y^2+z^2)}$.

14. 设 $z=\arctan\dfrac{x}{1+y^2}$，求 $\mathrm{d}z\Big|_{(1,1)}$.

15. 求由下列方程 $xyz+\sqrt{x^2+y^2+z^2}=\sqrt{2}$所确定的函数 $z=z(x,y)$在点$(1,0,-1)$处的全微分 $\mathrm{d}z$.

16. 利用微分法求下列函数的全导数：

(1) $z=\dfrac{1}{2}\ln\dfrac{x+y}{x-y}$, $x=\sec t$, $y=2\sin t$，求$\dfrac{\mathrm{d}z}{\mathrm{d}t}\Big|_{t=\pi}$；

(2) $u=\dfrac{\mathrm{e}^{ax}(y-z)}{a^2+1}$, $y=a\sin x$, $z=\cos x$，求$\dfrac{\mathrm{d}u}{\mathrm{d}x}$.

17. 设函数 $f(x,y)=\begin{cases}(x^2+y^2)\sin\dfrac{1}{x^2+y^2}, & x^2+y^2\neq 0,\\ 0, & x^2+y^2=0.\end{cases}$ 问在$(0,0)$处

(1) 偏导数是否存在？(2) 偏导数是否连续？(3) $f(x,y)$是否可微？

18. 求下列函数的二阶导数$\dfrac{\mathrm{d}^2y}{\mathrm{d}x^2}$：

(1) $y=\frac{1-x^2}{1-x^3}$；

(2) $y=\frac{e^x}{x}$；

(3) $y=xe^{-x^2}$；

(4) $y=|x^2-1|$；

(5) $y=\sin(x+y)$；

(6) $\begin{cases}x=\ln(1+t^2),\\y=t-\arctan t.\end{cases}$

19. 对下列函数求 $y^{(n)}$：

(1) $y=x\ln x$；

(2) $y=(x^2+2x+2)e^{-x}$；

(3) $y=\frac{1-x}{1+x}$；

(4) $f(x)=\frac{3x}{x^2-x-2}$.

20. 已知 $y=\frac{1}{1-x^2}$，求 $y^{(n)}(0)$.

21. 求下列函数的二阶偏导数：

(1) $f(x,y)=\arctan\frac{y}{x}$；

(2) $f(x,y)=x\ln(xy)$.

22. 若 $z=e^x(\cos y+x\sin y)$，验证$\frac{\partial^2 z}{\partial x\partial y}=\frac{\partial^2 z}{\partial y\partial x}$.

23. 计算下列参数方程确定的函数的导数：

(1) $\begin{cases}x=t-1,\\y=t^2+1;\end{cases}$

(2) $\begin{cases}x=a(\theta-\sin\theta),\\y=a(1-\sin\theta);\end{cases}$

(3) $\begin{cases}x=a\cos^3\theta,\\y=a\sin^3\theta.\end{cases}$

24. 求由下列方程确定的隐函数 y 的导数$\frac{dy}{dx}$：

(1) $x=\tan y$；

(2) $x=\ln(y+\sqrt{y^2+1})$；

(3) $x=\frac{e^y-e^{-y}}{2}$；

(4) $xy=e^{x+y}$；

(5) $x^y=y^x$；

(6) $y=1+x\sin y$；

(7) $y\sin x-\cos(x-y)=0$；

(8) $\ln\sqrt{x^2+y^2}-\arctan\frac{y}{x}=0$.

25. 求由 $xy-e^x+y^2=0$ 确定的隐函数 y 在 $x=0$ 处的导数.

26. 证明抛物线$\sqrt{x}+\sqrt{y}=\sqrt{a}$上任意一点的切线所截两坐标轴的截距之和为常数.

27. 由 $e^y+xy=e$，求$\left.\frac{dy}{dx}\right|_{x=0}$，$\left.\frac{d^2y}{dx^2}\right|_{x=0}$.

28. 设 $z^3-3xy=a^3$，求$\frac{\partial z}{\partial x}$，$\frac{\partial z}{\partial y}$.

29. 设 $z=f(x, y)$是由方程 $x^2+y^2+z=e^z$ 所确定，求$\frac{\partial^2 z}{\partial x^2}$，$\frac{\partial^2 z}{\partial x\partial y}$.

30. 证明：由方程 $F\left(x+\frac{z}{y}, y+\frac{z}{x}\right)=0$（$F$ 为任意可微函数）所定义的函数 $z=z(x,y)$满足关系式 $x\frac{\partial z}{\partial x}+y\frac{\partial z}{\partial y}=z-xy$.

习题课

内容小结

（1）一元函数的导数与微分及高阶导数的概念，导数与微分的几何意义.

（2）基本初等函数的导数公式，导数与微分的运算法则（复合函数、反函数、隐函数、参数式、对数求导法等），高阶导数的求导法则与基本公式.

（3）多元函数微分学的基本定理、微分法则与计算公式.

（4）隐函数存在定理及其微分法.

典型例题

例 1 设 $f(x)=\begin{cases}\frac{1}{x}\sin^2 x, & x\neq 0,\\ 0, & x=0,\end{cases}$ 求 $f'\left(\frac{\pi}{2}\right)$及 $f'(0)$.

分析 当 $x\neq 0$ 时，$f(x)$可导，可利用求导公式及求导法则求出，故求 $f'\left(\frac{\pi}{2}\right)$应用“先求 $f'(x)$，后求 $f'(x)$在 $x=\frac{\pi}{2}$处函数值”的方法. 而 $x=0$ 是分段函数的分段点，因而应用导数定义求 $f'(0)$.

解 当 $x\neq 0$ 时，$f'(x)=\left(\frac{\sin^2 x}{x}\right)'=\frac{x\sin 2x-\sin^2 x}{x^2}$，则 $f'\left(\frac{\pi}{2}\right)=-\frac{4}{\pi^2}$；

当 $x=0$ 时，$\lim\limits_{x\to 0}\frac{f(x)-f(0)}{x}=\lim\limits_{x\to 0}\frac{\frac{1}{x}\sin^2 x-0}{x}=1$，则 $f'(0)=1$.

例 2 设 $f(x)=x(x+1)(x+2)\cdots(x+100)$，求 $f'(0)$.

解 方法一：$f(x)$是 **R** 上的可导函数，但由于乘积因子过多，直接应用乘积函数求导法则或对数求导法则很麻烦. 此时可利用导数定义.

$$f'(0)=\lim_{x\to 0}\frac{f(x)-f(0)}{x}=\lim_{x\to 0}\frac{x(x+1)(x+2)\cdots(x+100)}{x}$$

$$=\lim_{x\to 0}(x+1)(x+2)\cdots(x+100)=100!.$$

方法二：根据函数的表达式特点及求导点为 $x=0$，令 $f(x)=xg(x)$，其中

$$g(x)=(x+1)(x+2)\cdots(x+100),$$

则 $f'(x)=g(x)+x\,g'(x)$，故 $f'(0)=g(0)=100!$.

例 3 已知 $f(x)=\begin{cases}\sin x, & x<0,\\ 2x, & x\geqslant 0,\end{cases}$ 求 $f'(x)$.

解 当 $x<0$ 时，$f'(x)=(\sin x)'=\cos x$；

当 $x>0$ 时，$f'(x)=(2x)'=2$；

当 $x=0$ 时，$f'_+(0)=\lim\limits_{x\to 0^+}\dfrac{f(x)-f(0)}{x}=\lim\limits_{x\to 0^+}\dfrac{2x}{x}=2$，

$$f'_-(0)=\lim_{x\to 0^-}\frac{f(x)-f(0)}{x}=\lim_{x\to 0^-}\frac{\sin x}{x}=1,$$

因为 $f'_+(0)\neq f'_-(0)$，故 $f(x)$ 在 $x=0$ 处不可导.

综上，$f'(x)=\begin{cases}\cos x, & x<0,\\ 2, & x>0.\end{cases}$

例 4 设 $f(x)=\begin{cases}ax^2+1, & x\geqslant 1,\\ -x^2+bx, & x<1,\end{cases}$ 试求常数 a，b 使 $f(x)$ 在 $x=1$ 处可导.

分析 此题要求两个待定常数. 通常需要寻找两个只以 a，b 为未知量的方程. 由 $f(x)$ 在分段点 $x=1$ 处可导，得一个方程 $f'_+(1)=f'_-(1)$；又由函数在一点可导的必要条件：$f(x)$ 在 $x=1$ 处连续，得第二个方程 $f(1^+)=f(1^-)$. 解此联立方程组，可求出 a，b.

解 由 $f(x)$ 在分段点 $x=1$ 处可导、连续，得方程组 $\begin{cases}f'_+(1)=f'_-(1),\\ f(1^+)=f(1^-),\end{cases}$ 即

$$\begin{cases}\lim\limits_{x\to 1^+}\dfrac{ax^2+1-a-1}{x-1}=\lim\limits_{x\to 1^-}\dfrac{-x^2+bx-a-1}{x-1},\\ \lim\limits_{x\to 1^+}(ax^2+1)=\lim\limits_{x\to 1^-}(-x^2+bx).\end{cases}$$

由第二式得 $a+1=-1+b$，即 $b=a+2$，代入第一式，有

$$2a=\lim_{x\to 1^-}\frac{-(x-1)^2+a(x-1)}{x-1},$$

即 $2a=a$，$a=0$，从而 $b=2$.

请思考如下的解答是否正确：

由 $f(x)$ 在分段点 $x=1$ 处可导则连续，得 $f(1^+)=f(1^-)$，即 $a+1=-1+b$.

又 $f'(x)=\begin{cases}2ax, & x>1, \\ -2x+b, & x<1\end{cases}$ 在分段点 $x=1$ 处连续,得 $f'(1^-)=f'(1^+)$,即 $-2+b=2a$,得 $b=2(a+1)$,解得 $a=0,b=2$.

其实这里需要用到结论:若 $f(x)$ 在分段点 $x=x_0$ 处连续,在 $x=x_0$ 的某去心邻域内可导,则 $f'(x_0^-)=f'_-(x_0)$,$f'(x_0^+)=f'_+(x_0)$.

例 5 求下列函数的导数:

(1) $y=\arctan\dfrac{1+x}{1-x}$;　　(2) $y=\ln(e^x+\sqrt{1+e^{2x}})$;

(3) $y=e^{\arctan\sqrt{x}}$;　　(4) $y=\ln\tan\dfrac{x}{2}$.

解 (1) $y'=\dfrac{1}{1+\left(\dfrac{1+x}{1-x}\right)^2}\cdot\left(\dfrac{1+x}{1-x}\right)'=\dfrac{(1-x)^2}{2(1+x^2)}\cdot\dfrac{(1-x)-(1+x)\cdot(-1)}{(1-x)^2}=\dfrac{1}{1+x^2}$.

(2) $$y'=\frac{1}{e^x+\sqrt{1+e^{2x}}}\cdot(e^x+\sqrt{1+e^{2x}})'=\frac{1}{e^x+\sqrt{1+e^{2x}}}\cdot[e^x+(\sqrt{1+e^{2x}})']$$
$$=\frac{1}{e^x+\sqrt{1+e^{2x}}}\cdot\left(e^x+\frac{1}{\sqrt{1+e^{2x}}}\cdot e^{2x}\right)=\frac{e^x}{\sqrt{1+e^{2x}}}.$$

(3) $y'=(e^{\arctan\sqrt{x}})'=e^{\arctan\sqrt{x}}(\arctan\sqrt{x})'=e^{\arctan\sqrt{x}}\dfrac{1}{1+x}(\sqrt{x})'=\dfrac{e^{\arctan\sqrt{x}}}{2\sqrt{x}(1+x)}$.

(4) $y'=\left(\ln\tan\dfrac{x}{2}\right)'=\dfrac{1}{\tan\dfrac{x}{2}}\cdot\left(\tan\dfrac{x}{2}\right)'=\dfrac{1}{\tan\dfrac{x}{2}}\cdot\sec^2\dfrac{x}{2}\cdot\left(\dfrac{x}{2}\right)'=\dfrac{1}{\sin x}$.

例 6 设 $f(x)$ 可导,求下列函数的导数:

(1) $y=f(\sin^2x)$;　　(2) $y=\sin f(x^2)$.

分析 此类求导函数的特点:它们是具体函数与抽象函数或抽象函数与抽象函数复合而成的复合函数.因此,应按复合函数求导法则求导.

解 (1) $y'=f'(\sin^2x)(\sin^2x)'=f'(\sin^2x)\cdot2\sin x\cdot(\sin x)'=\sin2x\cdot f'(\sin^2x)$.

(2) $y'=[\cos f(x^2)][f(x^2)]'=[\cos f(x^2)]f'(x^2)(x^2)'=2xf'(x^2)\cos f(x^2)$.

例 7 设 $z=f(xy+\varphi(y))$,其中 f,φ 均可微,求 $\dfrac{\partial z}{\partial x},\dfrac{\partial z}{\partial y}$.

解 $$dz=f'\cdot d[xy+\varphi(y)]=f'\cdot[d(xy)+d\varphi(y)]=f'\cdot(ydx+xdy+\varphi'\cdot dy)$$
$$=f'\cdot ydx+f'\cdot(x+\varphi')dy,$$

则 $\dfrac{\partial z}{\partial x}=yf'$,$\dfrac{\partial z}{\partial y}=f'(x+\varphi')$,这里 $f'=f'(u)\big|_{u=xy+\varphi(y)}$.

例 8 设 $u=f(x,y,z)$,而 $y=\varphi(x)$,$z=\ln(x^2+y^2)$,其中 f,φ 均可微,求 $\dfrac{du}{dx}$.

解 记 $f_1'=\frac{\partial u}{\partial x}, f_2'=\frac{\partial u}{\partial y}, f_3'=\frac{\partial u}{\partial z}$,则

$$\begin{aligned}du&=f_1'dx+f_2'dy+f_3'dz=f_1'dx+f_2'dy+f_3'd[\ln(x^2+y^2)]\\&=f_1'dx+f_2'dy+f_3'\frac{1}{x^2+y^2}(2xdx+2ydy)\\&=\left(f_1'+f_3'\frac{2x}{x^2+y^2}\right)dx+\left(f_2'+f_3'\frac{2y}{x^2+y^2}\right)dy\\&=\left[\left(f_1'+f_3'\frac{2x}{x^2+y^2}\right)+\left(f_2'+f_3'\frac{2y}{x^2+y^2}\right)\varphi'\right]dx,\end{aligned}$$

从而 $$\frac{du}{dx}=f_1'+f_3'\frac{2x}{x^2+y^2}+\left(f_2'+f_3'\frac{2y}{x^2+y^2}\right)\varphi'.$$

例 9 利用全微分形式的不变性求 $u=f(xy,yz,zx)$ 的全微分和偏导数.

解 记 $t=xy, v=yz, w=zx, f_1'=\frac{\partial u}{\partial t}, f_2'=\frac{\partial u}{\partial v}, f_3'=\frac{\partial u}{\partial w}$,则

$$\begin{aligned}du&=f_1'dt+f_2'dv+f_3'dw=f_1'd(xy)+f_2'd(yz)+f_3'd(zx)\\&=f_1'(ydx+xdy)+f_2'(zdy+ydz)+f_3'(xdz+zdx)\\&=(yf_1'+zf_3')dx+(xf_1'+zf_2')dy+(xf_3'+yf_2')dz,\end{aligned}$$

从而 $$\frac{\partial u}{\partial x}=yf_1'+zf_3',\ \frac{\partial u}{\partial y}=xf_1'+zf_2',\ \frac{\partial u}{\partial z}=xf_3'+yf_2'.$$

例 10 设 $y=\ln(x+\sqrt{x^2+1})$,求 $y''(1)$.

解 因为
$$\begin{aligned}y'&=\frac{1}{x+\sqrt{x^2+1}}(x+\sqrt{x^2+1})'\\&=\frac{1}{x+\sqrt{x^2+1}}\left(1+\frac{x}{\sqrt{x^2+1}}\right)=\frac{1}{\sqrt{x^2+1}},\end{aligned}$$

$$y''=[(x^2+1)^{-\frac{1}{2}}]'=-\frac{x}{(1+x^2)^{\frac{3}{2}}},$$

所以 $y''(1)=-\frac{1}{2\sqrt{2}}$.

例 11 若 $y=\sin 2x+\cos\frac{x}{2}$,求 $y^{(100)}(0)$.

分析 先分别求出 $\sin 2x, \cos\frac{x}{2}$ 的高阶导数公式.

解 $$y^{(n)}(x)=(\sin 2x)^{(n)}+\left(\cos\frac{x}{2}\right)^{(n)},$$

而 $(\sin 2x)'=2\cos 2x=2\sin\left(2x+\frac{\pi}{2}\right)$,

$$(\sin 2x)''=\left[2\sin\left(2x+\frac{\pi}{2}\right)\right]'=2^2\sin\left(2x+2\cdot\frac{\pi}{2}\right),$$

$$(\sin 2x)'''=\left[2^2\sin\left(2x+2\cdot\frac{\pi}{2}\right)\right]'=2^3\sin\left(2x+3\cdot\frac{\pi}{2}\right),$$

由数学归纳法得

$$(\sin 2x)^{(n)}=2^n\sin\left(2x+n\cdot\frac{\pi}{2}\right),n=1,2,3,\cdots.$$

类似地可得

$$\left(\cos\frac{x}{2}\right)^{(n)}=\frac{1}{2^n}\cos\left(\frac{x}{2}+n\cdot\frac{\pi}{2}\right),n=1,2,3,\cdots.$$

所以 $y^{(n)}(x)=2^n\sin\left(2x+n\cdot\frac{\pi}{2}\right)+\frac{1}{2^n}\cos\left(\frac{x}{2}+n\cdot\frac{\pi}{2}\right),n=1,2,3,\cdots.$

从而 $y^{(100)}(0)=\frac{1}{2^{100}}.$

例 12 (1) 设 $y=y(x)$是由方程 $y\sin x-\cos(x-y)=0$ 确定的隐函数,求 y';(2) 设 $y=y(x)$是由方程 $x^3+y^3-\sin 3x+6y=0$ 所确定,求 $y'(0)$.

解 (1) 方程两边对 x 求导(注意 $y=y(x)$)得

$$y'\sin x+y\cos x+(1-y')\sin(x-y)=0,$$

从以上方程中解出 $y'=\frac{y\cos x+\sin(x-y)}{\sin(x-y)-\sin x}.$

(2) 方程两边对 x 求导得

$$3x^2+3y^2y'-3\cos 3x+6y'=0.$$

将 $x=0$ 代入以上方程,得

$$3y^2(0)\,y'(0)-3+6y'(0)=0. \qquad (*)$$

将 $x=0$ 代入方程 $x^3+y^3-\sin 3x+6y=0$,得 $y(0)=0$,代入(*)式得 $y'(0)=\frac{1}{2}.$

例 13 (1) 已知函数 $y=y(x)$由方程 $\mathrm{e}^y+6xy+x^2-1=0$ 确定,求 y'';(2) 设 $y=y(x)$是由方程 $\mathrm{e}^{x+y}-xy=1$ 所确定的隐函数,求 $y''(0)$.

解 (1) 方程两边对 x 求导得

$$\mathrm{e}^y y'+6y+6xy'+2x=0,$$

从中解出 $y'=-\frac{6y+2x}{\mathrm{e}^y+6x}$,所以

$$y''=\frac{\mathrm{d}}{\mathrm{d}x}\left(-\frac{6y+2x}{\mathrm{e}^y+6x}\right)=-\frac{(6y'+2)(\mathrm{e}^y+6x)-(6y+2x)(\mathrm{e}^y y'+6)}{(\mathrm{e}^y+6x)^2}$$

$$=-\frac{\left(6\cdot\frac{6y+2x}{\mathrm{e}^y+6x}+2\right)(\mathrm{e}^y+6x)-(6y+2x)\left(\mathrm{e}^y\cdot\frac{6y+2x}{\mathrm{e}^y+6x}+6\right)}{(\mathrm{e}^y+6x)^2}$$

$$=\frac{-2(e^y+6x)^2+(6y+2x)^2e^y}{(e^y+6x)^3}.$$

(2) 方程两边对 x 求导得

$$e^{x+y}(1+y')-y-xy'=0, \qquad (*)$$

上方程两边再对 x 求导得

$$e^{x+y}(1+y')^2+e^{x+y}y''-2y'-xy''=0. \qquad (**)$$

将 $x=0$ 代入原方程得 $y(0)=0$. 再将 $x=0$, $y(0)=0$ 代入(*)式得 $y'(0)=-1$.

最后将 $x=0$, $y(0)=0$, $y'(0)=-1$ 代入(**)式得 $y''(0)=-2$.

例 14 设 $y=(\sin x)^{\cos x}$,求 y'.

分析 y 是幂指函数,应用对数求导法或化指数方法.

解 方法一:应用对数求导法.

函数两边取对数得

$$\ln y=\cos x\ln\sin x,$$

方程两边对 x 求导得

$$\frac{y'}{y}=-\sin x\cdot\ln\sin x+\cos x\frac{\cos x}{\sin x},$$

所以 $y'=(\sin x)^{\cos x}(-\sin x\cdot\ln\sin x+\cos x\cdot\cot x)$.

方法二:应用化指数求导法.

将 $y=(\sin x)^{\cos x}$ 化成指数函数 $y=e^{\cos x\cdot\ln\sin x}$,则

$y'=e^{\cos x\cdot\ln\sin x}(\cos x\cdot\ln\sin x)'=(\sin x)^{\cos x}(-\sin x\cdot\ln\sin x+\cos x\cdot\cot x)$.

例 15 设 $\begin{cases}x=a(\cos t+t\sin t),\\ y=a(\sin t-t\cos t),\end{cases}$ 求 $\frac{dy}{dx}$ 及 $\frac{d^2y}{dx^2}$.

解 利用参数方程求导方法,有

$$\frac{dy}{dx}=\frac{y'(t)}{x'(t)}=\frac{t\sin t}{t\cos t}=\tan t,$$

从而 $\frac{d^2y}{dx^2}=\frac{d}{dx}\left(\frac{dy}{dx}\right)=\frac{d}{dx}(\tan t)=\frac{d}{dt}(\tan t)\cdot\frac{1}{x'(t)}=\sec^2 t\cdot\frac{1}{at\cos t}=\frac{1}{at}\sec^3 t$.

例 16 设曲线方程 $e^{xy}-2x-y=3$,求此曲线上纵坐标 $y=0$ 处的切线方程.

解 (1) 求切点坐标.

将 $y=0$ 代入方程得 $x=-1$,得切点坐标 $(-1, 0)$.

(2) 求曲线在切点处的切线的斜率(即求 $y'(-1)$).

方程两端对 x 求导得

$$e^{xy}(y+xy')-2-y'=0,$$

将 $x=-1$, $y=0$ 代入上式得 $y'(-1)=-1$.

综上，所求的切线方程为 $y=-(x+1)$.

例 17 已知曲线的极坐标方程是 $\rho=1-\cos\theta$，求该曲线上对应于 $\theta=\frac{\pi}{6}$ 处的切线与法线的直角坐标方程.

解 将曲线的极坐标方程转换为参数方程

$$\begin{cases} x=(1-\cos\theta)\cos\theta, \\ y=(1-\cos\theta)\sin\theta, \end{cases}$$

即

$$\begin{cases} x=\cos\theta-\dfrac{1+\cos 2\theta}{2}, \\ y=\sin\theta-\dfrac{\sin 2\theta}{2}, \end{cases}$$

则 $\theta=\frac{\pi}{6}$ 对应的切点的直角坐标为 $\left(\frac{\sqrt{3}}{2}-\frac{3}{4},\ \frac{1}{2}-\frac{\sqrt{3}}{4}\right)$，切线斜率为

$$\left.\frac{\mathrm{d}y}{\mathrm{d}x}\right|_{\theta=\frac{\pi}{6}}=\left.\frac{\frac{\mathrm{d}y}{\mathrm{d}\theta}}{\frac{\mathrm{d}x}{\mathrm{d}\theta}}\right|_{\theta=\frac{\pi}{6}}=\left.\frac{\cos\theta-\cos 2\theta}{-\sin\theta+\sin 2\theta}\right|_{\theta=\frac{\pi}{6}}=1,$$

所以切线方程为 $y-\frac{1}{2}+\frac{\sqrt{3}}{4}=x-\frac{\sqrt{3}}{2}+\frac{3}{4}$，即 $x-y-\frac{3}{4}\sqrt{3}+\frac{5}{4}=0$.

法线方程为 $y-\frac{1}{2}+\frac{\sqrt{3}}{4}=-\left(x-\frac{\sqrt{3}}{2}+\frac{3}{4}\right)$，即 $x+y-\frac{\sqrt{3}}{4}+\frac{1}{4}=0$.

例 18 填空：

(1) 设 $f(x)$ 是可导函数，Δx 是自变量在 x 处的增量，则有

$\lim\limits_{\Delta x\to 0}\frac{f^2(x+\Delta x)-f^2(x)}{\Delta x}=$__________.

(2) 设 $y=\arcsin\sqrt{1-x^2}$，则 $\mathrm{d}y=$__________ $\mathrm{d}(1-x^2)$.

解 (1) 方法一：利用导数的定义.

$$\begin{aligned}\lim_{\Delta x\to 0}\frac{f^2(x+\Delta x)-f^2(x)}{\Delta x}&=\lim_{\Delta x\to 0}\frac{f(x+\Delta x)-f(x)}{\Delta x}\cdot[f(x+\Delta x)+f(x)]\\&=2f(x)f'(x).\end{aligned}$$

（由于 $f(x)$ 在 x 处可导，故 $f(x)$ 在 x 处连续，由此推出 $\lim\limits_{\Delta x\to 0}f(x+\Delta x)=f(x)$）

方法二：设 $F(x)=f^2(x)$，则

$$\begin{aligned}\lim_{\Delta x\to 0}\frac{f^2(x+\Delta x)-f^2(x)}{\Delta x}&=\lim_{\Delta x\to 0}\frac{F(x+\Delta x)-F(x)}{\Delta x}\\&=F'(x)=(f^2(x))'=2f(x)f'(x).\end{aligned}$$

答　$2f(x)f'(x)$.

(2) 方法一：利用函数的一阶微分形式不变性.

$$\mathrm{d}y=\mathrm{d}(\arcsin\sqrt{1-x^2})=\frac{1}{\sqrt{1-(1-x^2)}}\mathrm{d}\sqrt{1-x^2}=\frac{1}{|x|}\ \frac{1}{2\sqrt{1-x^2}}\mathrm{d}(1-x^2)$$

$$=\frac{1}{2|x|\sqrt{1-x^2}}\mathrm{d}(1-x^2).$$

方法二：$\mathrm{d}y=y'\mathrm{d}x=y'\frac{1}{(1-x^2)'}\mathrm{d}(1-x^2)=\frac{1}{\sqrt{1-(1-x^2)}}\cdot\frac{x}{\sqrt{1-x^2}}\cdot\frac{1}{2x}\mathrm{d}(1-x^2)$

$$=\frac{1}{2|x|\sqrt{1-x^2}}\mathrm{d}(1-x^2).$$

答　$\dfrac{1}{2|x|\sqrt{1-x^2}}$.

复习题三

1. 讨论 $f(x)=\begin{cases}x^2\sin\dfrac{1}{x}, & x>0,\\ x^3, & x\leqslant 0\end{cases}$ 的导函数 $f'(x)$ 在 $x=0$ 处的连续性.

2. 讨论 $y=x|\mathrm{e}^x-1|$ 在 $x=0$ 处的连续性和可导性，并求 y 的导函数.

3. 验证 $y=\left(\dfrac{x}{2}+1\right)^4$ 满足关系式 $y''=3\sqrt{y}$.

4. 分别对 $y=\ln(x+\sqrt{x^2-a^2})$，$y=\ln(x+\sqrt{a^2-x^2})$ 求导数.

5. 设 $y=\dfrac{1}{a^x}-\arctan x+\csc x+\sqrt{x}\,(a>0)$，求 y'.

6. 求下列函数的偏导数、全微分或全导数：

(1) $f(x,y)=x+y-\sqrt{x^2+y^2}$，$f_x(3,4)$，$f_y(3,4)$；

(2) $u=\arctan(x-y)^z$，求 $\dfrac{\partial u}{\partial x},\dfrac{\partial u}{\partial y},\dfrac{\partial u}{\partial z}$；

(3) 设 $x+2y+z-2\sqrt{xyz}=0$，求 $\dfrac{\partial z}{\partial x},\dfrac{\partial z}{\partial y}$，再试求 $\dfrac{\partial x}{\partial y}$；

(4) 设 $\begin{cases}z=x^2+y^2,\\ x^2+2y^2+3z^2=20,\end{cases}$ 求 $\dfrac{\mathrm{d}y}{\mathrm{d}x},\dfrac{\mathrm{d}z}{\mathrm{d}x}$.

7. 求下列函数的高阶导数或偏导数：

(1) 设 $y=(x+3)(2x+5)^2(3x+7)^3$，求 $y^{(6)}(0)$；

(2) 设 $y=\dfrac{x^5-x^4+2x^2-3x}{x-1}$,求 $y^{(5)}$;

(3) 设 $y=\dfrac{x}{x^2-3x+2}$,求 $y^{(n)}$;

(4) 设 $y=\sin^4 x-\cos^4 x$,求 $y^{(n)}$;

(5) $f(x,y)=\tan\dfrac{x^2}{y}$,求$\dfrac{\partial^2 z}{\partial x\partial y}$,$\dfrac{\partial^2 z}{\partial y\partial x}$.

8. 设 $z=y\cdot f(x+y,x^2y)$,f 具有二阶连续偏导数,求$\dfrac{\partial z}{\partial x}$,$\dfrac{\partial z}{\partial y}$,$\dfrac{\partial^2 z}{\partial x\partial y}$.

9. 设 $u=f(x,y)$具有二阶连续偏导数,把下列表达式转化为极坐标系中的表达式:

(1) $\left(\dfrac{\partial u}{\partial x}\right)^2+\left(\dfrac{\partial u}{\partial y}\right)^2$;　　　(2) $\dfrac{\partial^2 u}{\partial x^2}+\dfrac{\partial^2 u}{\partial y^2}$.

10. 证明:若 $u=\dfrac{1}{\sqrt{x^2+y^2+z^2}}$,则$\dfrac{\partial^2 u}{\partial x^2}+\dfrac{\partial^2 u}{\partial y^2}+\dfrac{\partial^2 u}{\partial z^2}=0$.

11. 已知$\begin{cases}x=f'(t),\\y=tf'(t)-f(t),\end{cases}$ $f''(t)$存在且不为零,求 y 对 x 的微分.

12. 设 $y=y(x)$由方程 $y^2f(x)+xf(y)=x^2$ 所确定,其中 $f(x)$是 x 的可微函数,试求 $\mathrm{d}y$ 和 y'.

第4章 中值定理与导数的应用

本章介绍了微分中值定理、洛必达法则在极限方法中的运用；利用导数工具，讨论了一元函数的单调性、凹凸性，研究了一元和多元函数的极值概念和求法. 作为微分或导数在几何上的应用，分别介绍了平面曲线图形学方法、空间曲线的切线和法平面与空间曲面的法线和切平面概念.

§4.1 微分中值定理与洛必达法则

一、微分中值定理

若 $f'(x_0)=0$，则称 x_0 为 $y=f(x)$ 的驻点.

费马引理 设 $y=f(x)$ 在 $U(x_0,\delta)$ 内有定义，且 $f(x)$ 在点 x_0 处可导，若对 $\forall x\in \mathring{U}(x_0,\delta)$，有 $f(x)<f(x_0)$（或 $f(x)>f(x_0)$），则有 $f'(x_0)=0$.

证 当 $x\in \mathring{U}(x_0,\delta)$ 时，不妨设 $f(x)<f(x_0)$. 则当 $\forall x\in(x_0,\ x_0+\delta)$ 时，

$$\frac{f(x)-f(x_0)}{x-x_0}<0,$$

故由极限的性质，$\lim\limits_{x\to x_0^+}\frac{f(x)-f(x_0)}{x-x_0}\leqslant 0$，故 $f'_+(x_0)\leqslant 0$.

当 $\forall x\in(x_0-\delta,x_0)$ 时，

$$\frac{f(x)-f(x_0)}{x-x_0}>0,$$

故由极限的性质，$\lim\limits_{x\to x_0^-}\frac{f(x)-f(x_0)}{x-x_0}\geqslant 0$，故 $f'_-(x_0)\geqslant 0$.

已知 $f(x)$ 在 x_0 处可导，则 $f(x)$ 在 x_0 处的左、右极限都存在且相等，即 $f'_+(x_0)=f'_-(x_0)$，故

$$f'(x_0)=0.$$

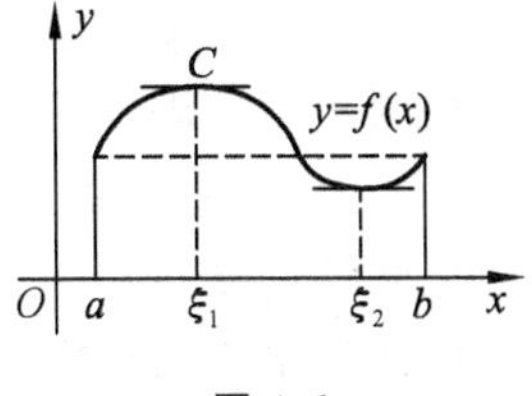

图 4-1

罗尔定理 设 $f(x)$ 在闭区间 $[a,b]$ 上连续，在开区间 (a,b) 内可导，且 $f(a)=f(b)$，则在 (a,b) 内至少存在一点 ξ，使 $f'(\xi)=0$（图 4-1）.

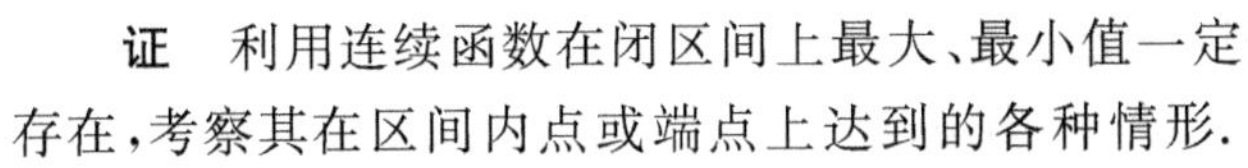

证 利用连续函数在闭区间上最大、最小值一定存在，考察其在区间内点或端点上达到的各种情形.若都在端点上达到最大、最小值，由条件 $f(a)=f(b)$，函数恒为常数，结论自然成立；

若函数不是常值函数，则必有一点在开区间 (a,b) 内达到最大值或最小值，就可由费马引理得出结论.

罗尔定理还指出了这样的一个事实：

设 $f(x)$ 可导，则方程 $f(x)=0$ 的任何两个实根之间，至少有方程 $f'(x)=0$ 的一个实根.

例如，$f(x)=x(x-2)$，方程 $f(x)=0$ 有两个实根 $x=0$，$x=2$，有 $x=1\in(0,2)$ 是方程 $f'(x)=0$ 即方程 $2x-2=0$ 的根.

例 1 证明：方程 $x^3+x-1=0$ 只有一个正根.

分析 令 $f(x)=x^3+x-1$，讨论 $f(x)$ 在 $[0,\ 1]$ 上的连续性，利用介值定理，知正根存在性.还要讨论唯一性，想想如何再利用罗尔定理?

例 2 设 $f(x)$ 在 $[a,b]$ 上可导，且 $f'(x)\neq 1$，又 $f(a)>a$，$f(b)<b$，证明存在唯一的一点 $\xi\in(a,b)$，使 $f(\xi)=\xi$.

证 令 $F(x)=f(x)-x$，$F'(x)=f'(x)-1\neq 0$，又 $F(a)=f(a)-a>0$，$F(b)=f(b)-b<0$，由 $f(x)$ 在 $[a,b]$ 上可导，则 $f(x)$ 在 $[a,b]$ 上连续，从而 $F(x)$ 在 $[a,b]$ 上连续.

根据介值定理，至少存在一点 ξ 在 (a,b)，使得 $F(\xi)=0$，即 $f(\xi)=\xi$.

假设还有不同的另一点 η，使得 $F(\eta)=0$，应用罗尔定理，在 (a,b) 内，必有 ζ 使 $F'(\zeta)=f'(\zeta)-1=0$，与已知矛盾.

所以使 $f(\xi)=\xi$ 的点 ξ 的唯一性得证.

例 3 设 $f(x)$，$F(x)$ 满足：(1) 在闭区间 $[a,b]$ 上连续；(2) 在开区间 (a,b) 内可导，则在 (a,b) 内至少存在一点 $\xi(\xi\in(a,b))$，使

$$[f(b)-f(a)]\ F'(\xi)=[F(b)-F(a)]\ f'(\xi).$$

证 令 $\Phi(x)=[f(b)-f(a)]\ F(x)-[F(b)-F(a)]\ f(x)$，则有

$$\Phi(b)=\Phi(a)=f(b)F(a)-F(b)f(a).$$

由条件知，$\Phi(x)$ 在闭区间 $[a,b]$ 上连续，在开区间 (a,b) 内可导，且

$$\Phi'(x)=[f(b)-f(a)]F'(x)-[F(b)-F(a)]f'(x).$$

根据罗尔定理，至少存在一点 $\xi\in(a,b)$，使 $\Phi'(\xi)=0$，即

$$[f(b)-f(a)]F'(\xi)-[F(b)-F(a)]\ f'(\xi)=0.$$

从而结论成立.

由此例结论，容易得到以下的定理：

柯西中值定理 设 $f(x)$，$F(x)$满足：

(1) 在闭区间$[a,b]$上连续，

(2) 在开区间(a,b)内可导且 $F'(x)\neq 0$，

则在(a,b)内至少存在一点 ξ $(\xi\in(a,b))$，使

$$\frac{f(b)-f(a)}{F(b)-F(a)}=\frac{f'(\xi)}{F'(\xi)}.$$

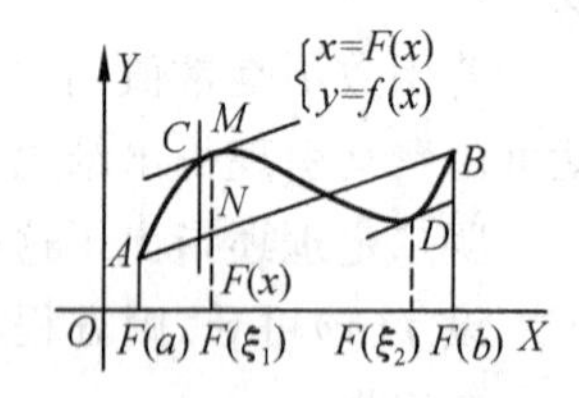

图 4-2

几何意义如下：

如图 4-2 所示，参数曲线弧$\overset{\frown}{AB}$：$\begin{cases}X=F(x),\\Y=f(x)\end{cases}$ $(x\in[a,b])$. 若连续曲线弧$\overset{\frown}{AB}$上除端点外处处具有不垂直于 X 轴的切线，则弧$\overset{\frown}{AB}$上至少存在一点$(F(\xi),f(\xi))$，此处切线的斜率为

$$\left.\frac{\mathrm{d}Y}{\mathrm{d}X}\right|_{x=\xi}=\frac{f'(\xi)}{F'(\xi)}=\frac{f(b)-f(a)}{F(b)-F(a)},$$

即此切线平行于 AB 连线.

说明：(1) 定理中 $F'(x)\neq 0$ 保证了 $F(b)-F(a)\neq 0$.

(2) 当 $F(x)=x$ 时，结论即为下面的拉格朗日中值定理.

拉格朗日中值定理 设 $f(x)$满足：

(1) 在闭区间$[a,b]$上连续，

(2) 在开区间(a,b)内可导，

则在(a,b)内至少存在一点 ξ，使

$$f(b)-f(a)=f'(\xi)(b-a)\ (\xi\in(a,b)).$$

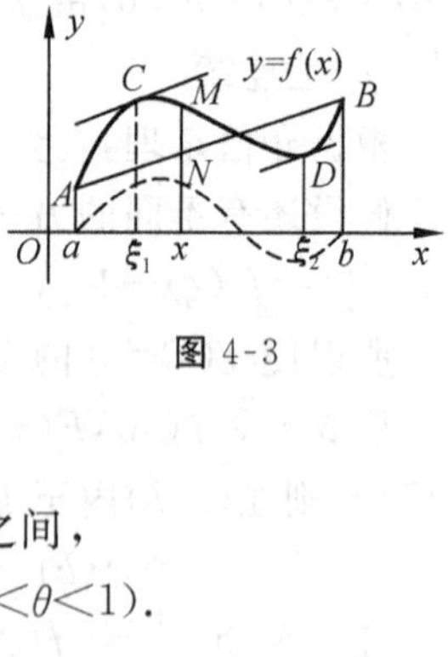

图 4-3

几何意义如图 4-3 所示.

若记 $x=a$，$x+\Delta x=b$，则拉格朗日中值定理的结论可写为

$$f(x+\Delta x)-f(x)=f'(\xi)\Delta x,\ \xi\text{ 位于 } x \text{ 与 } x+\Delta x \text{ 之间},$$

或
$$\Delta y=f'(x+\theta\Delta x)\Delta x(\text{记 }\xi=x+\theta\Delta x,0<\theta<1).$$

上式对 Δx 为有限式都成立.

例 4 讨论 $f(x)=x+\sin x$ 在$[-\pi,\pi]$上是否满足拉格朗日中值定理的条

件和结论.

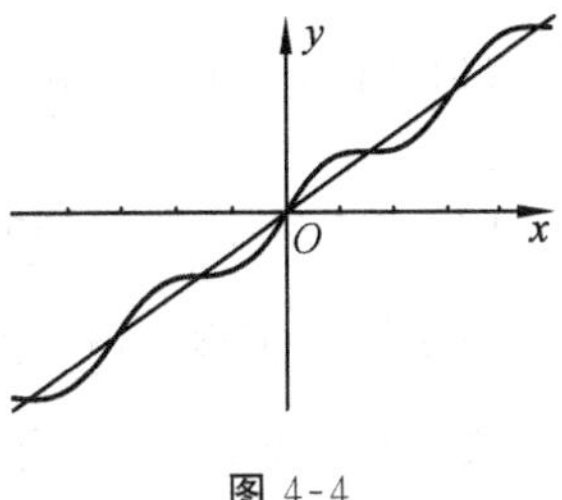

图 4-4

解 $f(x)$在$[-\pi,\pi]$上连续,$f'(x)=1+\cos x$,$x\in(-\pi,\pi)$,故 $f(x)$ 在$[-\pi,\pi]$上满足拉格朗日中值定理的条件.

由 $f(\pi)=\pi,f(-\pi)=-\pi,f'(x)=1+\cos x=\frac{\pi-(-\pi)}{\pi-(-\pi)}=1$,得 $x=\pm\frac{\pi}{2}$,即存在 $\xi=\pm\frac{\pi}{2}$,使得 $f(\pi)-f(-\pi)=f'(\xi)(2\pi)$,拉格朗日中值定理的结论成立(图 4-4).

拉格朗日中值定理是证明不等式的常用方法.

例 5 证明:当 $x>0$ 时,$\frac{x}{1+x}<\ln(1+x)<x$.

证 $f(x)=\ln(1+x),f'(x)=\frac{1}{1+x}$, $\exists\xi\in(0,x),f(x)-f(0)=f'(\xi)x$,

即 $\ln(1+x)=\frac{1}{1+\xi}\cdot x$,而$\frac{1}{1+x}<\frac{1}{1+\xi}<1$, 故有$\frac{x}{1+x}<\ln(1+x)<x$.

拉格朗日中值定理有两个推论(C 为某个常数):

推论 1 设 $f(x)$在(a,b)内可导且 $f'(x)=0$,则 $f(x)\equiv C$.

推论 2 设 $f(x),g(x)$在(a,b)内可导且 $f'(x)=g'(x)$,则 $f(x)=g(x)+C$.

例 6 证明:$\arcsin x+\arccos x=\frac{\pi}{2}$, $x\in[-1,1]$.

证 记 $f(x)=\arcsin x+\arccos x$,则 $f(x)$在$[-1,1]$上连续.因为

$$f'(x)=\frac{1}{\sqrt{1-x^2}}+\left(-\frac{1}{\sqrt{1-x^2}}\right)\equiv 0,\ x\in(-1,1),$$

所以 $f(x)=C$.又 $f(0)=\arcsin 0+\arccos 0=0+\frac{\pi}{2}=\frac{\pi}{2}$,则 $f(x)=\frac{\pi}{2},x\in(-1,1)$.

又易知 $f(-1)=f(1)=\frac{\pi}{2}$,故 $f(x)=\frac{\pi}{2},x\in[-1,1]$.

习惯上常用 $f(x)\in C[a,b]$表示 $f(x)$在闭区间$[a,b]$上连续,用 $f(x)\in C^1[a,b]$表示 $f(x)$在闭区间$[a,b]$上可导.在端点上只考虑左(右)连续、左(右)导数即可.

二、洛必达法则

由微分中值定理可推出一个非常有用的求极限方法,即洛必达法则.

对极限式$\lim\limits_{x\to x_0}\frac{f(x)}{g(x)}$,若有

(1) $\lim\limits_{x \to x_0} f(x)=0, \lim\limits_{x \to x_0} g(x)=0$,则称之为$\frac{0}{0}$型未定式;

(2) $\lim\limits_{x \to x_0} f(x)=\infty, \lim\limits_{x \to x_0} g(x)=\infty$,则称之为$\frac{\infty}{\infty}$型未定式.

对于以下情形:$\lim\limits_{x \to x_0}[f(x) \cdot g(x)]$,$\lim\limits_{x \to x_0}[f(x)-g(x)]$,$\lim\limits_{x \to x_0}[f(x)]^{g(x)}$可类似定义$0 \cdot \infty$型、$\infty-\infty$型、$1^{\infty}$型、$0^0$型、$\infty^0$型未定式.

上述极限过程中$x \to x_0$可考虑为$x \to x_0^-$,$x \to x_0^+$,$x \to +\infty$,$x \to -\infty$,$x \to \infty$等其他过程,下面各极限法则中结论亦同样成立.

1. $\frac{0}{0}$型、$\frac{\infty}{\infty}$型未定式求极限

洛必达法则Ⅰ($\frac{0}{0}$型未定式) 设$f(x)$,$g(x)$满足:

(1) $\lim\limits_{x \to x_0} f(x)=0, \lim\limits_{x \to x_0} g(x)=0$,

(2) 在$\mathring{U}(x_0, \delta)$内可导且$g'(x) \neq 0$,

(3) $\lim\limits_{x \to x_0} \frac{f'(x)}{g'(x)}$存在或为$\infty$,

则有 $\lim\limits_{x \to x_0} \frac{f(x)}{g(x)}=\lim\limits_{x \to x_0} \frac{f'(x)}{g'(x)}$.

此结论的证明可利用柯西中值定理.

洛必达法则Ⅰ′ 设$f(x)$,$g(x)$满足:

(1) $\lim\limits_{x \to \infty} f(x)=0, \lim\limits_{x \to \infty} g(x)=0$,

(2) 在$|x|>X$时$f(x)$,$g(x)$可导,且$g'(x) \neq 0$,

(3) $\lim\limits_{x \to \infty} \frac{f'(x)}{g'(x)}$存在或为$\infty$,

则 $\lim\limits_{x \to \infty} \frac{f(x)}{g(x)}=\lim\limits_{x \to \infty} \frac{f'(x)}{g'(x)}$.

例7 求下列极限:

(1) $\lim\limits_{x \to \frac{\pi}{2}} \frac{\cos x}{x-\frac{\pi}{2}}$;　　(2) $\lim\limits_{x \to a} \frac{x^n-a^n}{x-a}$;

(3) $\lim\limits_{x \to 0} \frac{x-\sin x}{x^3}$;　　(4) $\lim\limits_{x \to 0} \frac{x^2}{\sqrt{1+x\sin x}-\sqrt{\cos x}}$.

解 (1) 方法一:$\lim\limits_{x \to \frac{\pi}{2}} \frac{\cos x}{x-\frac{\pi}{2}}=\lim\limits_{x \to \frac{\pi}{2}} \frac{-\sin x}{1}=-1$.

方法二：原式$\xlongequal{t=x-\frac{\pi}{2}}\lim\limits_{t\to 0}\dfrac{\cos\left(t+\dfrac{\pi}{2}\right)}{t}=\lim\limits_{t\to 0}\dfrac{-\sin t}{t}=-1$.

(2) $\lim\limits_{x\to a}\dfrac{x^n-a^n}{x-a}=\lim\limits_{x\to a}\dfrac{nx^{n-1}}{1}=na^{n-1}$.

(3) $\lim\limits_{x\to 0}\dfrac{x-\sin x}{x^3}=\lim\limits_{x\to 0}\dfrac{1-\cos x}{3x^2}=\lim\limits_{x\to 0}\dfrac{\sin x}{6x}=\dfrac{1}{6}\lim\limits_{x\to 0}\dfrac{\cos x}{1}=\dfrac{1}{6}$.

(4) $\lim\limits_{x\to 0}\dfrac{x^2}{\sqrt{1+x\sin x}-\sqrt{\cos x}}=\lim\limits_{x\to 0}\dfrac{x^2}{1+x\sin x-\cos x}(\sqrt{1+x\sin x}+\sqrt{\cos x})$

$=\lim\limits_{x\to 0}\dfrac{x^2}{1+x\sin x-\cos x}\cdot\lim\limits_{x\to 0}(\sqrt{1+x\sin x}+\sqrt{\cos x})$

$=\lim\limits_{x\to 0}\dfrac{2x}{x\cos x+2\sin x}\cdot 2$

$=\lim\limits_{x\to 0}\dfrac{2}{\cos x+2\cdot\dfrac{\sin x}{x}}\cdot 2=\dfrac{4}{3}$.

从最后一题解的过程可见要灵活应用洛必达法则.

例 8 求极限$\lim\limits_{x\to\infty}\dfrac{\ln\left(1+\dfrac{1}{x}\right)}{\arctan\dfrac{1}{x}}$.

解 令 $t=\dfrac{1}{x}$,则

原式$=\lim\limits_{t\to 0}\dfrac{\ln(1+t)}{\arctan t}=\lim\limits_{t\to 0}\dfrac{\dfrac{1}{1+t}}{\dfrac{1}{1+t^2}}=1$.

洛必达法则Ⅱ($\dfrac{\infty}{\infty}$型未定式) 设 $f(x),g(x)$满足:

(1) $\lim\limits_{x\to x_0}f(x)=\infty,\lim\limits_{x\to x_0}g(x)=\infty$,

(2) 在 $\mathring{U}(x_0,\delta)$内可导且 $g'(x)\neq 0$,

(3) $\lim\limits_{x\to x_0}\dfrac{f'(x)}{g'(x)}$存在或为$\infty$,

则 $\lim\limits_{x\to x_0}\dfrac{f(x)}{g(x)}=\lim\limits_{x\to x_0}\dfrac{f'(x)}{g'(x)}$.

例 9 求下列极限：

(1) $\lim\limits_{x\to 0^+}\dfrac{\ln x}{\csc x}$；　(2) $\lim\limits_{x\to +\infty}\dfrac{\ln x}{x^n}$；　(3) $\lim\limits_{x\to +\infty}\dfrac{x^n}{e^x}$.

解 (1) $\lim\limits_{x\to 0^+}\dfrac{\ln x}{\csc x}=\lim\limits_{x\to 0^+}\dfrac{\frac{1}{x}}{-\cot x\csc x}=\lim\limits_{x\to 0^+}\dfrac{\sin^2 x}{-x\cos x}=0.$

(2) $\lim\limits_{x\to +\infty}\dfrac{\ln x}{x^n}=\lim\limits_{x\to +\infty}\dfrac{\frac{1}{x}}{nx^{n-1}}=\lim\limits_{x\to +\infty}\dfrac{1}{nx^n}=0.$

(3) $\lim\limits_{x\to +\infty}\dfrac{x^n}{e^x}=\lim\limits_{x\to +\infty}\dfrac{nx^{n-1}}{e^x}=\lim\limits_{x\to +\infty}\dfrac{n(n-1)x^{n-2}}{e^x}=\cdots=\lim\limits_{x\to +\infty}\dfrac{n!}{e^x}=0.$

应用洛必达法则求极限时要注意：

(1) 只有$\dfrac{0}{0}$型、$\dfrac{\infty}{\infty}$型未定式才可用洛必达法则求极限，其他未定式要先通过恒等变形化为$\dfrac{0}{0}$型或$\dfrac{\infty}{\infty}$型后才能用洛必达法则.

(2) 洛必达法则的条件是充分的，但非必要. 即$\lim\limits_{x\to x_0}\dfrac{f'(x)}{g'(x)}$存在一定可推出$\lim\limits_{x\to x_0}\dfrac{f(x)}{g(x)}$存在，但当$\lim\limits_{x\to x_0}\dfrac{f'(x)}{g'(x)}$不存在时，并不能推出$\lim\limits_{x\to x_0}\dfrac{f(x)}{g(x)}$不存在.

例如，$\lim\limits_{x\to\infty}\dfrac{(x+\sin x)'}{x'}=\lim\limits_{x\to\infty}\dfrac{1+\cos x}{1}$不存在，而$\lim\limits_{x\to\infty}\dfrac{x+\sin x}{x}=\lim\limits_{x\to\infty}\left(1+\dfrac{1}{x}\sin x\right)=1$存在.

(3) 洛必达法则可多次连用，但要逐步检查(是否为$\dfrac{0}{0}$型或$\dfrac{\infty}{\infty}$型)，逐步化简(如约去公因子，提出有确定非零极限的因子，用其他求极限方法如无穷小量等价代换等).

例如，求$\lim\limits_{x\to +\infty}\dfrac{e^x+e^{-3x}}{e^x-e^{-2x}}$，$\lim\limits_{x\to 0}\dfrac{\cos x-\sqrt{1+x^2}}{x^2}$就不能或不便直接用洛必达法则.

2. 其他未定式求极限

$0\cdot\infty$型、$\infty-\infty$型未定式通常通过代数变换化为$\dfrac{0}{0}$型或$\dfrac{\infty}{\infty}$型未定式.

例 10 求下列极限：

(1) $\lim\limits_{x\to 0^+}\ln x\cdot\ln(1-x)$；(2) $\lim\limits_{x\to 0}\left(\dfrac{1}{x}-\dfrac{1}{e^x-1}\right)$；(3) $\lim\limits_{x\to 0}\left(\dfrac{1}{x\tan x}-\dfrac{1}{x^2}\right)$.

解 (1) $$\lim_{x\to0^+}\ln x\cdot\ln(1-x)=\lim_{x\to0^+}\frac{\ln(1-x)}{\frac{1}{\ln x}}=\lim_{x\to0^+}\frac{\frac{1}{1-x}(-1)}{-\frac{1}{(\ln x)^2}\frac{1}{x}}=\lim_{x\to0^+}\frac{(\ln x)^2}{\frac{1}{x}}\cdot\frac{1}{1-x}$$

$$=\lim_{x\to0^+}\frac{(\ln x)^2}{\frac{1}{x}}=\lim_{x\to0^+}\frac{2\ln x\cdot\frac{1}{x}}{-\frac{1}{x^2}}=\lim_{x\to0^+}\frac{2\ln x}{-\frac{1}{x}}$$

$$=\lim_{x\to0^+}\frac{\frac{2}{x}}{\frac{1}{x^2}}=\lim_{x\to0^+}2x=0.$$

(2) $$\lim_{x\to0}\left(\frac{1}{x}-\frac{1}{e^x-1}\right)=\lim_{x\to0}\frac{e^x-1-x}{x(e^x-1)}=\lim_{x\to0}\frac{e^x-1-x}{x\cdot x}=\lim_{x\to0}\frac{e^x-1}{2x}=\frac{1}{2}.$$

这里,用到 $e^x-1\sim x\ (x\to0)$.

(3) $$\lim_{x\to0}\left(\frac{1}{x\tan x}-\frac{1}{x^2}\right)=\lim_{x\to0}\frac{x-\tan x}{x^2\tan x}=\lim_{x\to0}\frac{x-\tan x}{x^2\cdot x}=\lim_{x\to0}\frac{1-\sec^2x}{3x^2}$$

$$=\lim_{x\to0}\frac{\cos^2x-1}{3x^2}\sec^2x=\lim_{x\to0}\frac{-\sin^2x}{3x^2}=-\frac{1}{3}.$$

这里用到 $\tan x\sim\sin x\sim x\ (x\to0)$.

0^0、1^∞、∞^0 型未定式通过幂指函数,即 $\lim\limits_{x\to x_0}[f(x)]^{g(x)}=e^{\lim\limits_{x\to x_0}g(x)\ln f(x)}$,都可化为 $0\cdot\infty$型未定式.

例 11 求下列极限:

(1) $\lim\limits_{x\to0^+}x^{\tan x}$;

(2) $\lim\limits_{x\to\frac{\pi}{2}^-}(\tan x)^{2x-\pi}$;

(3) $\lim\limits_{n\to\infty}\sqrt[n]{n}$;

(4) $\lim\limits_{n\to\infty}\left(n\tan\frac{1}{n}\right)^{n^2}$.

解 (1) $$\lim_{x\to0^+}x^{\tan x}=e^{\lim\limits_{x\to0^+}\tan x\ln x}=e^{\lim\limits_{x\to0^+}\frac{\ln x}{\cot x}}=e^{\lim\limits_{x\to0^+}\frac{\frac{1}{x}}{-\csc^2x}}=e^{\lim\limits_{x\to0^+}\frac{-\sin^2x}{x}}=e^0=1.$$

(2) $$\lim_{x\to\frac{\pi}{2}^-}(\tan x)^{2x-\pi}=e^{\lim\limits_{x\to\frac{\pi}{2}^-}(2x-\pi)\ln\tan x}=e^{\lim\limits_{x\to\frac{\pi}{2}^-}\frac{\ln\tan x}{(2x-\pi)^{-1}}}=e^{\lim\limits_{x\to\frac{\pi}{2}^-}\frac{\frac{\sec^2x}{\tan x}}{-\frac{2}{(2x-\pi)^2}}}$$

$$=e^{\lim\limits_{x\to\frac{\pi}{2}^-}\frac{2(2x-\pi^2)\cos^3x}{-2\sin x}}=e^0=1.$$

(3) $$\lim_{n\to\infty}\sqrt[n]{n}=\lim_{x\to+\infty}x^{\frac{1}{x}}=e^{\lim\limits_{x\to+\infty}\frac{1}{x}\ln x}=e^{\lim\limits_{x\to+\infty}\frac{\frac{1}{x}}{1}}=e^0=1.$$

(4) $\lim\limits_{n\to\infty}\left(n\tan\frac{1}{n}\right)^{n^2}=\lim\limits_{x\to+\infty}\left(x\tan\frac{1}{x}\right)^{x^2}=\lim\limits_{t\to0^+}\left(\frac{\tan t}{t}\right)^{\frac{1}{t^2}}=e^{\lim\limits_{t\to0^+}\frac{\ln\frac{\tan t}{t}}{t^2}}$

$=e^{\lim\limits_{t\to0^+}\frac{\frac{\tan t}{t}-1}{t^2}}$（当 $t\to0^+$ 时，$\ln\frac{\tan t}{t}=\ln\left(\frac{\tan t}{t}-1+1\right)\sim\frac{\tan t}{t}-1$）

$=e^{\lim\limits_{t\to0^+}\frac{\tan t-t}{t^3}}=e^{\lim\limits_{t\to0^+}\frac{\sec^2t-1}{3t^2}}=e^{\lim\limits_{t\to0^+}\frac{1-\cos^2t}{3t^2}\frac{1}{\cos^2t}}=e^{\frac{1}{3}}$.

§4.2 函数的单调性与凹凸性

这里我们讨论一元函数，而且主要为显式 $y=f(x)$.

一、函数单调性的判别法

设函数 $f(x)$在$[a,b]$上单调增加，则对$\forall x_1,x_2\in[a,b]$，$x_1>x_2$，有 $f(x_1)>f(x_2)$，则

$$\frac{f(x_2)-f(x_1)}{x_2-x_1}>0.$$

可以联系到利用中值定理来研究单调性.

定理 1 设 $f(x)\in C[a,b]$，并且 $f(x)\in C^1(a,b)$.

(1) 若对$\forall x\in(a,b)$，有 $f'(x)>0$，则 $f(x)$在$[a,b]$上单调增加；

(2) 若对$\forall x\in(a,b)$，有 $f'(x)<0$，则 $f(x)$在$[a,b]$上单调减少.

例 1 (1) 判别 $y=a^x$ 的单调性；(2) 讨论 $y=x^2$ 的单调性.

解 (1) 对 $y=a^x$，$x\in\mathbf{R}$，$y'=a^x\ln a$.

当 $\ln a>0$，即 $a>1$ 时，$y=a^x$ 单调增加；当 $\ln a<0$，即 $a<1$ 时，$y=a^x$ 单调减少.

(2) 对 $y=x^2$，$y'=2x$. 当 $x>0$ 时，$y=x^2$ 单调增加；当 $x<0$ 时，$y=x^2$ 单调减少.

若 $f(x)$在$[a,b]$上单调增加(减少)，则称 $[a,b]$为 $f(x)$的单调增(减)区间，这时也称 $f(x)$是 $[a,b]$上的单调增(减)函数.

有些函数在所讨论的区间上并不是单调函数，但在所讨论区间的部分区间内是单调的，需要把这些区间分为各部分区间，使函数在各部分区间上是单调的.

定义区间上函数单调性改变的点是导数不存在的点或导数为 0 的点(即驻点).

例 2 求 $f(x)=2x^3+3x^2-12x+3$ 的单调区间.

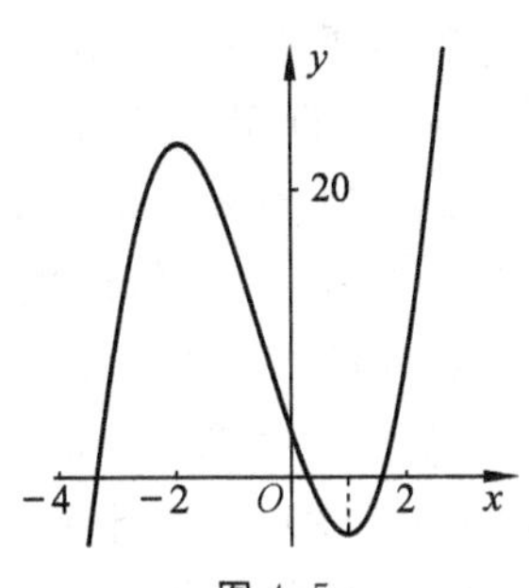

图 4-5

解 $f'(x)=6x^2+6x-12=6(x-1)(x+2)$.

当 $x\in(-2,1)$时，$f'(x)<0$，$f(x)$单调减少；

当 $x\in(-\infty,-2)$和 $x\in(1,+\infty)$时，$f'(x)>0$，$f(x)$分别单调增加.

故$[-2,1]$为 $f(x)$的单调减少区间，$(-\infty,-2]$和$[1,+\infty)$都为 $f(x)$的单调增加区间(图 4-5).

例 3 求 $f(x)=\sqrt[3]{x^3+x^2}$的单调区间.

解 $f'(x)=\dfrac{1}{3}(x^3+x^2)^{-\frac{2}{3}}(3x^2+2x)=(x^3+x^2)^{-\frac{2}{3}}\left(x+\dfrac{2}{3}\right)x$.

$f(x)$在 $x=0$，$x=-1$ 连续不可导，$x=-\dfrac{2}{3}$为其驻点.

当 $x\in\left(-\dfrac{2}{3},0\right)$时，$f'(x)<0$，$f(x)$单调减少；

当 $x\in(-\infty,-1)\cup\left(-1,-\dfrac{2}{3}\right)$，$(0,+\infty)$时，$f'(x)>0$，$f(x)$单调增加.

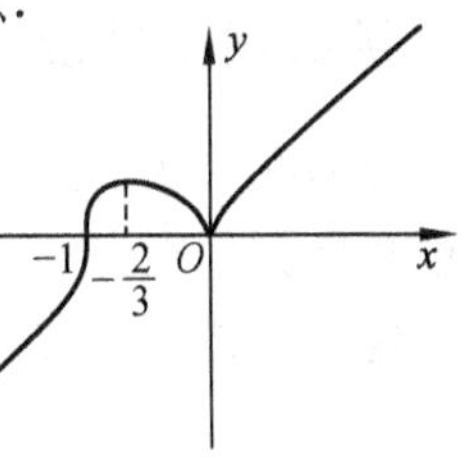

图 4-6

故$\left[-\dfrac{2}{3},0\right]$为 $f(x)$ 的单调减少区间，$\left(-\infty,-\dfrac{2}{3}\right]$和$[0,+\infty)$为 $f(x)$的单调增加区间(图 4-6).

注意：函数的驻点可以是可数多个，如 $f(x)=\sin x+x$ (图 4-4).

利用单调性也可以证明不等式，见下面的例子.

例 4 证明：当 $x>0$ 时，$1+x\ln(x+\sqrt{1+x^2})>\sqrt{1+x^2}$.

证 令 $F(x)=1+x\ln(x+\sqrt{1+x^2})-\sqrt{1+x^2}$，则 $F(0)=0$.

因为
$$F'(x)=0+\ln(x+\sqrt{1+x^2})+x\frac{1}{\sqrt{1+x^2}}-\frac{2x}{2\sqrt{1+x^2}}$$
$$=\ln(x+\sqrt{1+x^2})>0(\text{当 } x>0 \text{ 时}),$$

所以当 $x>0$ 时，$F(x)$单调增加. 故有
$$F(x)>F(0),$$
即
$$1+x\ln(x+\sqrt{1+x^2})>\sqrt{1+x^2}.$$

一般地，待证明的不等式 $f(x)>g(x)$可化为 $f(x)-g(x)>0$，设 $F(x)=f(x)-g(x)$，利用证明 $F'(x)>0$，则有 $x>a$ 时，$F(x)>F(a)$，只要 $F(a)$非

负即得所要证的不等式.

例 5 证明 $x^3+3x-1=0$ 只有一个正根.

证 记 $f(x)=x^3+3x-1$,则 $f(x)$ 在 $[0,1]$ 上连续,且 $f(0)=-1<0$, $f(1)=3>0$. 由介值定理得存在 $\xi>0$,使得 $f(\xi)=0$,即 ξ 是方程 $x^3+3x-1=0$ 的一个正根.

又 $f'(x)=3x^2+3>0$, $f(x)$ 单调增加. 当 $x>\xi$ 时, $f(x)>f(\xi)=0$;当 $x<\xi$ 时, $f(x)<f(\xi)=0$. 故 $f(x)=0$ 有唯一的正根 ξ(这里用单调性证明唯一性).

最后给出 $f(x)=x^{\frac{4}{3}}+\sin 3x$ 的图形(图 4-7),观察其单调性. 说明用导数研究单调性这一方法并不是对所有函数都适用.

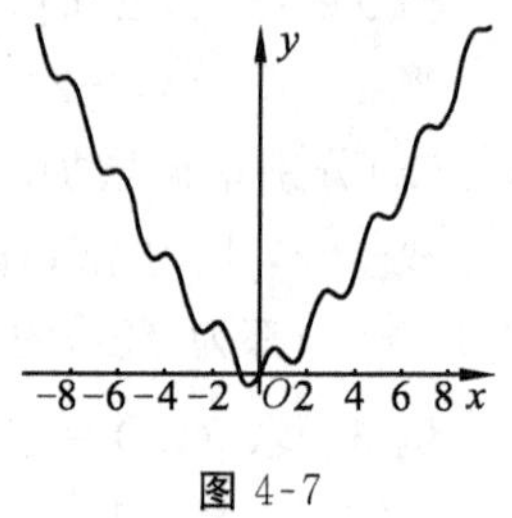

图 4-7

二、函数凹凸性及其判别方法

设曲线形状如图 4-8 所示,其弯曲的方向不同. 那如何用数量方法来刻画曲线的弯曲方向呢?

定义 设 $f(x)$ 在区间 I 内有定义,对 $\forall x_1,x_2\in I(x_1\neq x_2)$,若有

$$f\left(\frac{x_1+x_2}{2}\right)<\frac{f(x_1)+f(x_2)}{2},$$

则称函数在 I 内是凹的(图 4-8(a));若有

$$f\left(\frac{x_1+x_2}{2}\right)>\frac{f(x_1)+f(x_2)}{2},$$

则称函数在 I 内为凸的(图 4-8(b)).

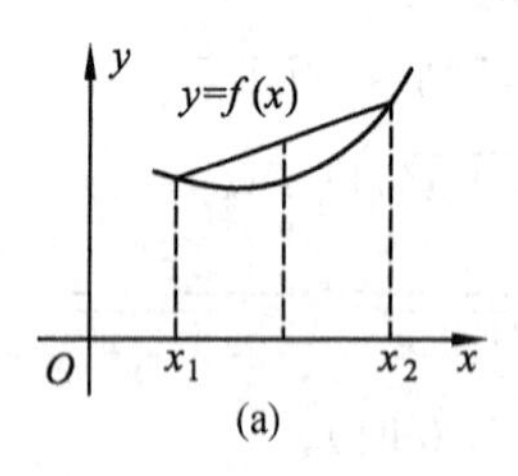

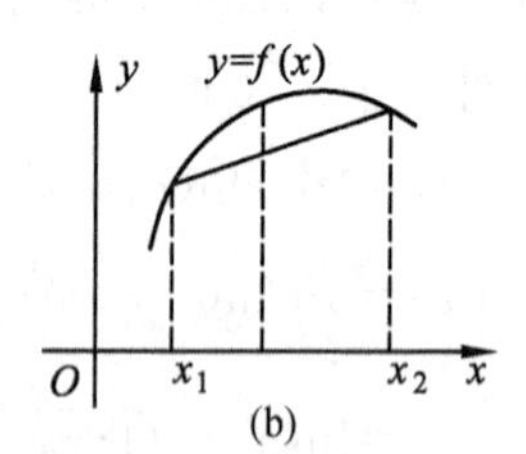

图 4-8

若 $f(x)$ 在定义的某区间内是凹(凸)的,则称 $f(x)$ 在该区间内是凹函数(凸函数),这时曲线称为凹曲线(凸曲线). 对应区间称为凹(凸)区间.

连续曲线上的凹弧段与凸弧段的分界点称为曲线的拐点.

函数凹凸性的判别法:

设 $f(x)$在$[a,b]$上连续,在(a,b)内二阶可导.

(1) 若对 $\forall x\in(a,b)$,有 $f''(x)>0$,则函数 $y=f(x)$是凹的;

(2) 若对 $\forall x\in(a,b)$,有 $f''(x)<0$,则函数 $y=f(x)$是凸的.

具体情况如图 4-9 所示.

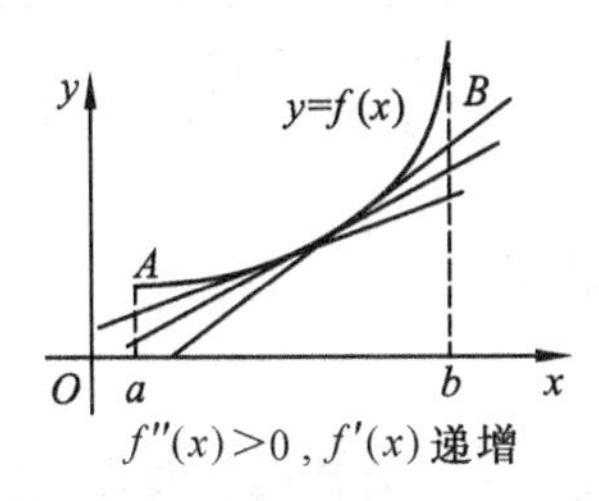

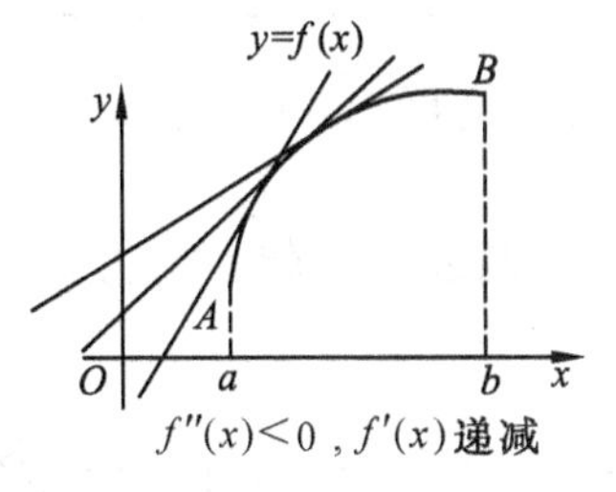

图 4-9

容易判断:(1) $y=\ln x$ 是凸函数;(2) $y=a^x$ 是凹函数;(3) $y=x^3$ 在$(-\infty,0)$上是凸函数,在$(0,+\infty)$上是凹函数,$(0,0)$是拐点.

与函数单调性类似,有些函数在所讨论的区间的各部分区间内具有不同的凹凸性,可以求函数的凹凸区间.函数二阶导数为 0 和二阶导数不存在的点是这些不同凹(凸)区间的可能分界点,进一步讨论各部分区间内二阶导数的符号,从而确定函数的凹凸区间.

例 6 讨论函数 $f(x)=x-\ln(1+x)$的凹凸性.

解 函数 $f(x)=x-\ln(1+x)$的定义域为$(-1,+\infty)$.

$$f'(x)=1-\frac{1}{1+x},f''(x)=\frac{1}{(1+x)^2}>0.$$

由判别法,可知函数 $f(x)$在$(-1,+\infty)$内是凹的.

例 7 讨论函数 $f(x)=\dfrac{1}{1+x^2}$的凹凸性及其曲线拐点.

解 函数 $f(x)$的定义域为$(-\infty,+\infty)$.

$$f'(x)=-\frac{2x}{(1+x^2)^2},f''(x)=\frac{2(3x^2-1)}{(1+x^2)^3}.$$

令 $f''(x)=0$,得 $x=\pm\dfrac{\sqrt{3}}{3}$,它们把定义域$(-\infty,+\infty)$分成三个部分区间$\left(-\infty,-\dfrac{\sqrt{3}}{3}\right],\left[-\dfrac{\sqrt{3}}{3},\dfrac{\sqrt{3}}{3}\right],\left[\dfrac{\sqrt{3}}{3},+\infty\right)$.列表讨论如下:

x	$\left(-\infty,-\frac{\sqrt{3}}{3}\right)$	$\left(-\frac{\sqrt{3}}{3},\frac{\sqrt{3}}{3}\right)$	$\left(\frac{\sqrt{3}}{3},+\infty\right)$
$f''(x)$	+	−	+
曲线 $f(x)$	⌣	⌢	⌣

由上面的讨论可知，函数 $f(x)$ 在 $\left(-\infty,-\frac{\sqrt{3}}{3}\right]$ 及 $\left[\frac{\sqrt{3}}{3},+\infty\right)$ 上是凹的，在 $\left[-\frac{\sqrt{3}}{3},\frac{\sqrt{3}}{3}\right]$ 上是凸的，$\left(\pm\frac{\sqrt{3}}{3},\frac{3}{4}\right)$ 为曲线的拐点.

§4.3　函数的极值　拉格朗日乘数法

一、一元函数的极值与最大、最小值

1. 极值及其求法

定义 1　设 $f(x)$ 在 $U(x_0,\delta)$ 内有定义，若对任意 $x\in\mathring{U}(x_0,\delta)$，恒有 $f(x)<f(x_0)$($f(x)>f(x_0)$)，则称 $f(x_0)$ 是 $f(x)$ 的一个极大值(极小值)，点 x_0 称为 $f(x)$ 的一个极大值点(极小值点).

函数的极大值和极小值统称为极值，极大值点和极小值点统称为极值点.

极值的必要条件：设 $f(x)$ 在 x_0 点可导，且 $f(x_0)$ 为极值，则 $f'(x_0)=0$.

换言之：在可导点达到极值的必要条件是 $f'(x_0)=0$，即 x_0 点为 $f(x)$ 的驻点.

但 $f(x)$ 在不可导点也可能取得极值. 例如，$y=|x|$ 在 $x=0$ 取得极小值，但在 $x=0$ 处不可导.

驻点和不可导点称为极值的可疑点.

下面的两个定理给出了函数 $f(x)$ 取得极值的充分条件：

定理 1(极值的第一充分条件)　设 $f(x)$ 在 $U(x_0,\delta)$ 内连续，在 $(x_0-\delta,\ x_0)\cup(x_0,\ x_0+\delta)$ 内可导.

(1) 若 $x\in(x_0-\delta,\ x_0)$ 时，$f'(x)>0$，而 $x\in(x_0,x_0+\delta)$ 时，$f'(x)<0$，则 $f(x_0)$ 为 $f(x)$ 的极大值；

(2) 若 $x\in(x_0-\delta,\ x_0)$ 时，$f'(x)<0$，而 $x\in(x_0,x_0+\delta)$ 时，$f'(x)>0$，则 $f(x_0)$ 为 $f(x)$ 的极小值；

(3) 若 $x\in(x_0-\delta,\ x_0)\cup(x_0,\ x_0+\delta)$ 时，$f'(x)$ 的符号不变，则 $f(x_0)$ 不

是极值.

例 1 求 $y=(x+2)^2(x-1)^3$ 的极值点.

解 $y'=2(x+2)(x-1)^3+3(x+2)^2(x-1)^2$

$$=(x+2)(x-1)^2[2(x-1)+3(x+2)]=(x+2)(5x+4)(x-1)^2,$$

驻点为 $-2,-\frac{4}{5},1$，函数处处可导，只有驻点可能是极值点.

当 $x\in(-\infty,-2)$ 时，$f'(x)>0$，当 $x\in\left(-2,-\frac{4}{5}\right)$ 时，$f'(x)<0$，则 -2 为 $f(x)$ 的极大值点；

当 $x\in\left(-\frac{4}{5},1\right)$ 时，$f'(x)>0$，则 $-\frac{4}{5}$ 为 $f(x)$ 的极小值点；

当 $x\in(1,+\infty)$ 时，$f'(x)>0$，即当 $x\in\left(-\frac{4}{5},1\right)\cup(1,+\infty)$ 时，$f'(x)$ 的符号不变，则 1 不是极值点.

例 2 求 $y=2x+3\sqrt[3]{x^2}$ 的极值.

解 $y'=2x+2x^{-\frac{1}{3}}=2x^{-\frac{1}{3}}(x^{\frac{4}{3}}+1)$，$y$ 在 $x=0$ 处导数不存在.

当 $x<0$ 时，$f'(x)<0$，当 $x>0$ 时，$f'(x)>0$，则 $f(0)$ 为 $f(x)$ 的极小值.

定理 2(极值的第二充分条件) 设 $f(x)$ 在 x_0 处具有二阶导数，且 $f'(x_0)=0$，

(1) 若 $f''(x_0)<0$，则 $f(x_0)$ 为 $f(x)$ 的极大值；

(2) 若 $f''(x_0)>0$，则 $f(x_0)$ 为 $f(x)$ 的极小值；

(3) 若 $f''(x_0)=0$，则 $f(x_0)$ 可能是，也可能不是极值.

例 3 求 $f(x)=\cos x+\frac{1}{2}\cos 2x$ 的极值.

解 $f'(x)=-\sin x-\sin 2x=-\sin x(1+2\cos x)$，易知驻点为 $k\pi,2k\pi\pm\frac{2\pi}{3},k\in\mathbf{Z}$.

又 $f''(x)=-\cos x-2\cos 2x$，

$f''(k\pi)=-\cos k\pi-2=(-1)^{k+1}-2<0$，

$$f''\left(2k\pi\pm\frac{2\pi}{3}\right)=-\cos\left(2k\pi\pm\frac{2\pi}{3}\right)-\cos 2\left(2k\pi\pm\frac{2\pi}{3}\right)$$

$$=-\cos\left(\pm\frac{2\pi}{3}\right)-\cos\left(\pm\frac{4\pi}{3}\right)=\frac{1}{2}-\left(-\frac{1}{2}\right)=1>0,$$

则 $f(x)$ 在 $x=k\pi$ 处达到极大值，在 $x=2k\pi\pm\frac{2\pi}{3}$ 处达到极小值.

2. 最大值和最小值

设 $f(x)$ 在闭区间 $[a,b]$ 上连续，则 $f(x)$ 在 $[a,b]$ 上的最值一定存在.

$f(x)$的最值可以在$[a,b]$的内部取得,也可在区间端点取得.

设$f(x)$在$[a,b]$上连续,在(a,b)内除了个别点外可导,且导数为0的点是有限个,则求最值的方法如下:

(1) 求$f'(x)$;

(2) 求导数为0的点和导数不存在的点:$x_1,x_2,\cdots,x_n$;

(3) 计算$f(x_i)(1\leqslant i\leqslant n),f(a),f(b)$;

(4) 比较这些函数值,最大者为最大值,最小者为最小值.

例 4 求$f(x)=\sin^3 x+\cos^3 x$在$\left[-\frac{\pi}{4},\frac{3\pi}{4}\right]$上的最值.

解
$$f'(x)=3\sin^2 x\cos x+3\cos^2 x(-\sin x)=3\sin x\cos x(\sin x-\cos x).$$

令$f'(x)=0$,得驻点$0,\frac{\pi}{4},\frac{\pi}{2}$,而

$$f\left(-\frac{\pi}{4}\right)=0,f(0)=1,f\left(\frac{\pi}{4}\right)=\frac{\sqrt{2}}{2},$$

$$f\left(\frac{\pi}{2}\right)=1,f\left(\frac{3\pi}{4}\right)=0,$$

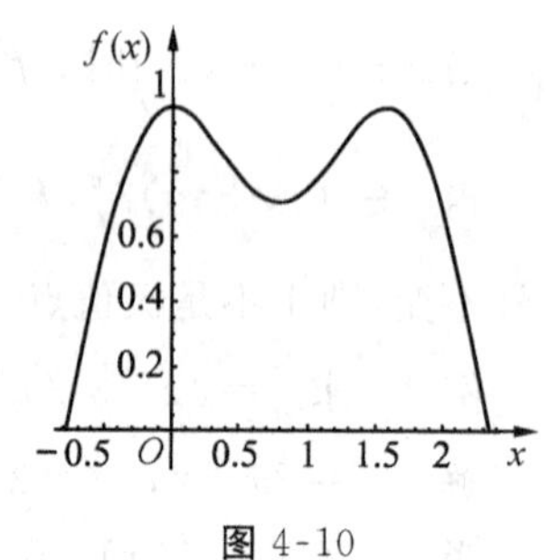

图 4-10

比较得$f(x)$在$-\frac{\pi}{4},\frac{3\pi}{4}$达到最小值0,在$0,\frac{\pi}{2}$达到最大值1(图4-10).

最大、最小值的特殊情形:

(1) 设$f(x)$在$[a,b]$上连续,在(a,b)内可导,且$f'(x)>0$,则$f(a)$为最小值,$f(b)$为最大值.对$f'(x)<0$的情形有类似的结论.

(2) $f(x)$在开区间内定义,这时最值不一定存在,但有些实际应用问题根据问题的实际意义可确定问题一定有解.

设$f(x)$在开区间内有定义且可导,$f(x)$在开区间有唯一驻点x_0,若$f(x_0)$是$f(x)$的极小值(极大值),则$f(x_0)$是$f(x)$的最小值(最大值).

如果是应用问题,由问题的实际意义可判别其最大或最小值.

例 5 由直线$y=0,x=8$及抛物线$y=x^2$围成一个曲边三角形(图4-11),在曲边$y=x^2$上求一点,使曲线在该点处的切线与直线$y=0$及$x=8$所围成的三角形面积最大.

解 设所求切点为$P(x,y)$,切线PT交x轴于点A,交直线$x=8$于点B(图4-11).切线PT的方程为$Y-y=2x(X-x)$,又P点在曲线$y=x^2$上,因此$y=x^2$.令$Y=0$,得A点的坐标为$A\left(\frac{1}{2}x,0\right)$;令$X=8$,得$B$点的坐标为$(8,16x-x^2)$.

于是所围三角形的面积为

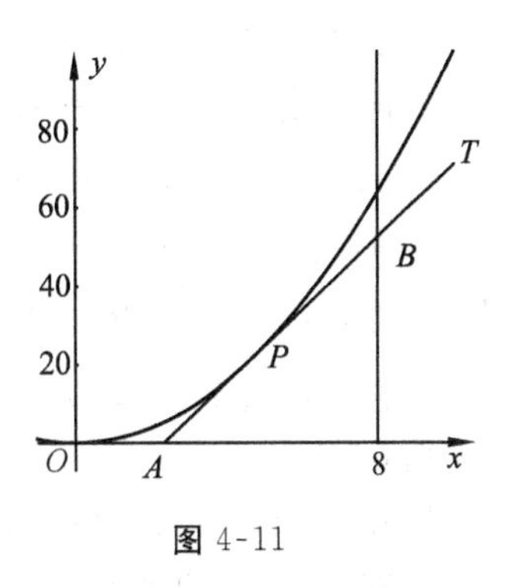

图 4-11

$$S=\frac{1}{2}\left(8-\frac{1}{2}x\right)(16x-x^2)(0\leqslant x\leqslant 8).$$

由 $S'=\frac{1}{4}(3x^2-64x+16^2)=0$ 得 $x=\frac{16}{3}$.

又因$S''\left(\frac{16}{3}\right)=-8<0$,所以 $S\left(\frac{16}{3}\right)=\frac{4096}{27}$为极大值.即曲线在点$\left(\frac{16}{3},\frac{256}{9}\right)$处的切线与直线 $y=0$ 及 $x=8$ 所围成的三角形面积最大.

二、多元函数的极值　拉格朗日乘数法

定义 2　若 $z=f(x,y)$在点 $P_0(x_0,y_0)$的某邻域 D 内有定义,且存在 $P_0(x_0,y_0)$的某邻域$U(P_0,\delta)\subset D$,使对任意 $P(x,y)\in\mathring{U}(P_0,\delta)$,恒有 $f(x,y)<f(x_0,y_0)$($f(x,y)<f(x_0,y_0)$),则称 $f(x_0,y_0)$为$f(x,y)$的一个极大值(极小值),使$z=f(x,y)$取得极值的点叫做极值点.

使 $f_x(x_0,y_0)=0,f_y(x_0,y_0)=0$ 同时成立的点(x_0,y_0)称为 $z=f(x,y)$的驻点.

类似可定义 n 元函数的极值与驻点的概念.

下面介绍函数 $f(x,y)$取得极值的必要条件与充分条件.

定理 3(极值的必要条件)　设 $z=f(x,y)$在点 $P_0(x_0,y_0)$具有偏导数,且在 P_0 处取得极值,则它在该点的偏导数必为零,即

$$f_x(x_0,y_0)=0,f_y(x_0,y_0)=0.$$

几何上若 $z=f(x,y)$在点 $P_0(x_0,y_0)$处有切平面且 $f(x_0,y_0)$为极值,则切平面一定平行于 xOy 面.本定理说明有偏导数的函数的极值点必为驻点,但反之不成立.例如,$z=xy$ 在$(0,0)$处不取极值.

定理 4(极值的充分条件)　设 $z=f(x,y)$在点 $P_0(x_0,y_0)$的邻域内具有连续的一阶、二阶偏导数,又 $f_x(x_0,y_0)=0,f_y(x_0,y_0)=0,A=f_{xx}(x_0,y_0),B=f_{xy}(x_0,y_0),C=f_{yy}(x_0,y_0)$,则:

(1) 当 $B^2-AC<0$ 时,$f(x_0,y_0)$为极值,且当 $A<0$ 时 $f(x_0,y_0)$为极大值,当 $A>0$ 时 $f(x_0,y_0)$为极小值;

(2) 当 $B^2-AC>0$ 时,$f(x_0,y_0)$不是极值;

(3) 当 $B^2-AC=0$ 时,$f(x_0,y_0)$可能是极值,也可能不是极值.

例 6 求 $f(x,y)=x^3+3xy^2-15x-12y$ 的极值.

解 由 $f_x(x,y)=3x^2+3y^2-15=0$, $f_y(x,y)=6xy-12y=0$,得 $x=2$, $y=\pm1$ 或 $x=\pm\sqrt{5}$, $y=0$,且

$A=f_{xx}(x,y)=6x, B=f_{xy}(x,y)=6y,\ C=f_{yy}(x,y)=6x-12.$

在点$(\sqrt{5},\ 0)$, $B^2-AC=0-6\sqrt{5}(6\sqrt{5}-12)<0, A>0$,函数达到极小值;

在点$(-\sqrt{5},\ 0)$, $B^2-AC=0+6\sqrt{5}(-6\sqrt{5}-12)<0, A<0$,函数达到极大值;

在点$(2,\pm1)$, $B^2-AC=36-0>0$, $f(2,\pm1)$不是极值.

图 4-12 给出的是 $f(x,y)=x^3+3xy^2-15x-12y$ 在 $\begin{cases}-5<x<5,\\ -10<y<10\end{cases}$ 的部分,可知需要用上述分析方法得出其极值情形.

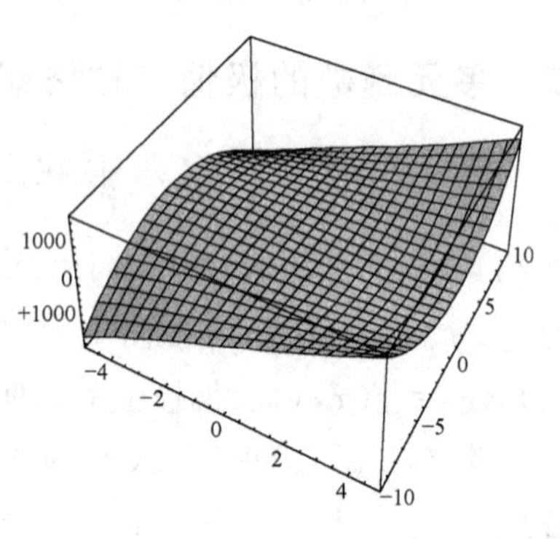

图 4-12

与一元函数类似,多元函数也有最大值、最小值问题.

设 $z=f(x,y)$ 在闭区域 D 上连续,则在 D 上必有最大值和最小值. $z=f(x,y)$ 的最值既可在 D 的内部取,也可以在 D 的边界上取得.

假设 $z=f(x,y)$ 在闭区域 D 上连续、可微,且只有有限个极值点,若最值在 D 内取得,则最值点必是极值点.

求最值的一般方法:求出函数在 D 内驻点处的函数值和 D 的边界上的最值,这些值中最大者为最大值,最小者为最小值.

实际问题中,由问题的实际意义可知 $f(x,y)$ 有最值,且在 D 内 $f(x,y)$ 只有唯一的驻点,该驻点的函数值就是所求的最大值或最小值.

上面讨论的极值除了限定在函数的定义域内讨论外,并无其他的附加条件,这种极值叫做无条件极值. 但在实际问题中,除了限定自变量在定义域内变化外还有附加条件,这种极值叫做条件极值.

例如,把正数 a 分为三个正数之和,使之乘积最大.

分析 把正数 a 分为三个正数之和使之乘积最大,即求 $f(x,y,z)=xyz$ 在 $x+y+z=a$ 条件下的最大值. 解决这类问题的方法:从条件 $x+y+z=a$ 中解出 $z=a-x-y$,代入 $f(x,y,z)$ 化为 $f=xy(a-x-y)$,这样化为无条件极值.

但对有些问题化条件极值为无条件极值有困难,能否给出求 $z=f(x,y)$ 在条件 $\varphi(x,y)=0$ 下的极值的方法?

下面介绍用拉格朗日乘数法求 $z=f(x,y)$ 在条件 $\varphi(x,y)=0$ 下的极值.

假设 $f(x,y)$，$\varphi(x,y)$ 都有连续的偏导数，且 $\varphi_y(x_0,y_0)\neq 0$，$\varphi(x_0,y_0)=0$，由隐函数存在定理知，$\varphi(x,y)=0$ 确定了 $y=y(x)$，代入得 $z=f(x,y(x))$.

设 $z=f(x,y)$ 在 (x_0,y_0) 处取得极值，相当于 $z=f(x,y(x))$ 在 x_0 处取得极值，由必要条件 $\left.\dfrac{\mathrm{d}z}{\mathrm{d}x}\right|_{x_0}=0$，得 $\left.\left(f_x+f_y\dfrac{\mathrm{d}y}{\mathrm{d}x}\right)\right|_{x=x_0}=0$，而 $\left.\dfrac{\mathrm{d}y}{\mathrm{d}x}\right|_{x_0}=-\dfrac{\varphi_x(x_0,y_0)}{\varphi_y(x_0,y_0)}$，令 $\lambda=-\dfrac{f_y(x_0,y_0)}{\varphi_y(x_0,y_0)}$，变形后可得求 $z=f(x,y)$ 在条件 $\varphi(x,y)=0$ 下的极值的必要条件：

$$\begin{cases} f_x(x_0,y_0)+\lambda\varphi_x(x_0,y_0)=0, \\ f_y(x_0,y_0)+\lambda\varphi_y(x_0,y_0)=0, \\ \varphi(x_0,y_0)=0. \end{cases}$$

这个条件也看成是三元函数 $F(x,y,\lambda)=f(x,y)+\lambda\varphi(x,y)$ 取极值的必要条件.

这种方法称为拉格朗日乘数法. 它还可推广到多元函数或多个附加条件的情况. 例如，求 $u=f(x,y,z)$ 在条件 $\varphi(x,y,z)=0$ 下的条件极值. 先构造函数 $F(x,y,z,\lambda)=f(x,y,z)+\lambda\varphi(x,y,z)$，$\lambda$ 为待定系数. 再对 $F(x,y,z,\lambda)$ 求极值，即求 F 关于 x,y,z,λ 的偏导数，并令其为 0，得

$$\begin{cases} f_x(x,y,z)+\lambda\varphi_x(x,y,z)=0, \\ f_y(x,y,z)+\lambda\varphi_y(x,y,z)=0, \\ f_z(x,y,z)+\lambda\varphi_z(x,y,z)=0, \\ \varphi(x,y,z)=0. \end{cases}$$

解出 x,y,z 即为问题的解.

例 7 在椭球面 $\dfrac{x^2}{a^2}+\dfrac{y^2}{b^2}+\dfrac{z^2}{c^2}=1$ 的内接长方体中求体积最大的长方体.

解 设内接长方体在第Ⅰ卦限的顶点为 (x,y,z)，则它在第Ⅰ卦限内的体积为 $f(x,y,z)=xyz$，且 x,y,z 满足

$$\varphi(x,y,z)=\frac{x^2}{a^2}+\frac{y^2}{b^2}+\frac{z^2}{c^2}-1.$$

构造函数

$$\begin{aligned} F(x,y,z,\lambda) &= f(x,y,z)+\lambda\varphi(x,y,z) \\ &= xyz+\lambda\left(\frac{x^2}{a^2}+\frac{y^2}{b^2}+\frac{z^2}{c^2}-1\right), \end{aligned}$$

由 $\begin{cases} f_x(x,y,z)+\lambda\varphi_x(x,y,z)=yz+\lambda\left(\dfrac{2x}{a^2}\right)=0, \\ f_y(x,y,z)+\lambda\varphi_y(x,y,z)=xz+\lambda\left(\dfrac{2y}{b^2}\right)=0, \\ f_z(x,y,z)+\lambda\varphi_z(x,y,z)=xy+\lambda\left(\dfrac{2z}{c^2}\right)=0, \\ \dfrac{x^2}{a^2}+\dfrac{y^2}{b^2}+\dfrac{z^2}{c^2}-1=0, \end{cases}$

求得唯一可能的极值点 $x=\dfrac{\sqrt{3}}{3}a$，$y=\dfrac{\sqrt{3}}{3}b$，$z=\dfrac{\sqrt{3}}{3}c$.

此即为满足题意的长方体.

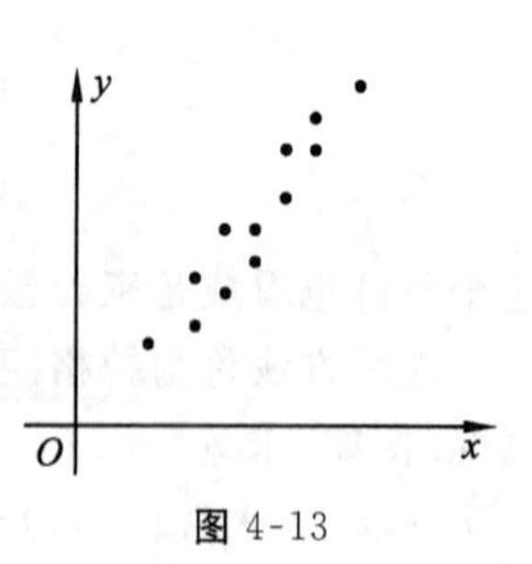

图 4-13

例 8(最小二乘法原理)　科学实验中由记录数据可得到一列对应数据组(x_k, y_k)，$k=1,2,\cdots,n$. 特别地，当数据点分布近似一条直线时，如图 4-13 所示. 以直线 $y=ax+b$ 模拟两个变量(x,y)之间函数关系时，如何选取 a,b 的值，使得拟合的偏差平方和最小？

解　问题为确定 a，b 使得 $y=ax+b$ 的公式计算数据与实验数据之间的误差平方和最小，即求 $M(a,b)=\sum\limits_{k=1}^{n}(y_k-ax_k-b)^2$ 的最小值.

令 $\dfrac{\partial M}{\partial a}=-2\sum\limits_{k=1}^{n}(y_k-ax_k-b)x_k=0$，$\dfrac{\partial M}{\partial b}=-2\sum\limits_{k=1}^{n}(y_k-ax_k-b)=0$，

即
$$\left(\sum_{k=1}^{n}x_k^2\right)a+\left(\sum_{k=1}^{n}x_k\right)b=\sum_{k=1}^{n}x_ky_k,\ \left(\sum_{k=1}^{n}x_k\right)a+nb=\sum_{k=1}^{n}y_k.$$

解此二元一次线性方程组即得

$$\begin{cases} a=\dfrac{n\sum\limits_{k=1}^{n}x_ky_k-\sum\limits_{k=1}^{n}x_k\sum\limits_{k=1}^{n}y_k}{n\sum\limits_{k=1}^{n}x_k{}^2-\left(\sum\limits_{k=1}^{n}x_k\right)^2}, \\ b=\dfrac{1}{n}\sum\limits_{k=1}^{n}y_k-\dfrac{a}{n}\sum\limits_{k=1}^{n}x_k. \end{cases}$$

§4.4 微分在几何上的应用

一、平面曲线图形

1. 曲线的性状及其条件

利用导数可以判断函数的单调性与凹凸形状,见下图所示(图 4-14).

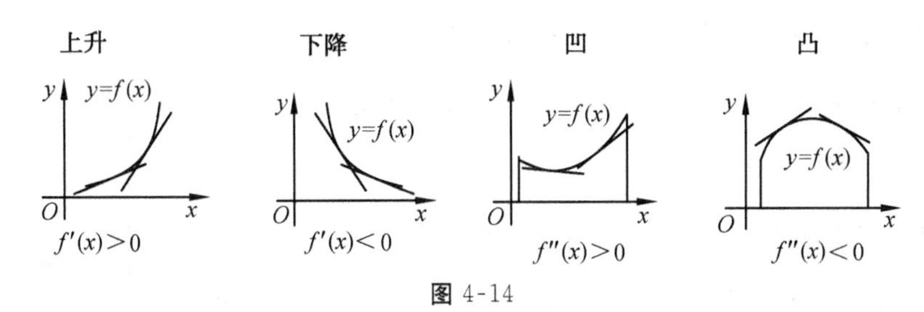

图 4-14

如果曲线由参数方程 $x=x(t)$, $y=y(t)$表示,那么当 $x'(t_0)=0$,$y'(t_0)=0$时,由参数 t_0 确定的点($x(t_0)$, $y(t_0)$)是曲线的奇点.

如果曲线由极坐标方程 $\rho=\rho(\theta)$表示,可证当 $\rho(\theta_0)=\rho'(\theta_0)=0$ 时,点($\rho(\theta_0)$,θ_0)是曲线的奇点.

例如,双曲螺线 $\rho=\dfrac{a}{\theta}$,当 $\theta\to\infty$时,$\rho(\theta)$,$\rho'(\theta)$都趋于0,认为极点是奇点.当极角θ增大到无穷时,曲线上的点无限逼近于极点,但又不能达到(图 4-15),所以这种奇点又称为渐近点.

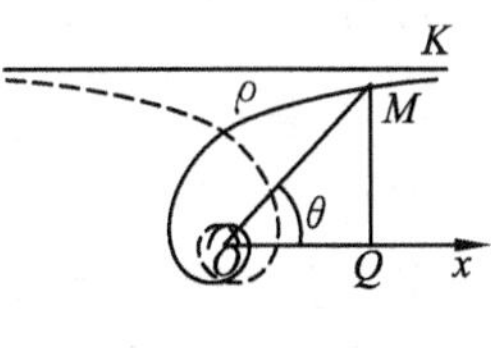

图 4-15

2. 曲线的渐近线

若$\lim\limits_{x\to\infty}f(x)=a$,则称 $y=a$ 为水平渐近线(平行于 x 轴的渐近线);

若$\lim\limits_{x\to x_0}f(x)=\infty$,则称 $x=x_0$ 为垂直渐近线或铅直渐近线(垂直于 x 轴的渐近线).

函数的渐近线可能没有,也可能有多条.可只考虑 $x\to+\infty$,$x\to-\infty$,$x\to x_0^+$,$x\to x_0^-$ 的单边情形.

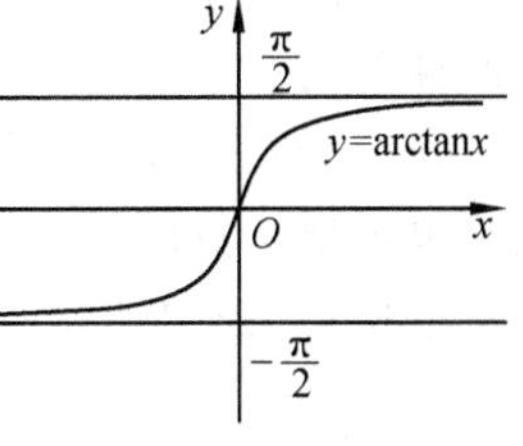

图 4-16

例如,$y=\arctan x$ 有两条水平渐近线:$x=\dfrac{\pi}{2}$,$x=-\dfrac{\pi}{2}$(图 4-16);$y=\dfrac{1}{x-1}$有一条铅直渐近线:

$x=1$(图 4-17).

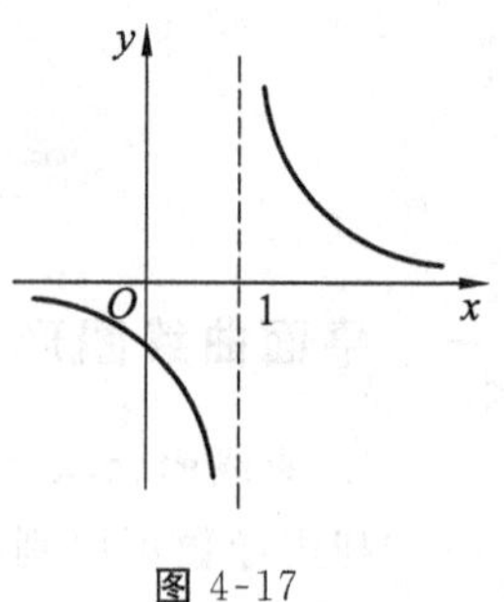

图 4-17

若对 $y=f(x)$ 存在直线 $y=ax+b(a\neq 0)$，使得 $\lim\limits_{x\to\infty}[(ax+b)-f(x)]=0$，表示曲线在 $x\to\infty$ 时趋近于直线，则称直线 $y=ax+b$ 为 $y=f(x)$ 的斜渐近线.

容易验证若有斜渐近线存在，a,b 可计算如下：

$$a=\lim_{x\to\infty}\frac{f(x)}{x},b=\lim_{x\to\infty}[f(x)-ax].$$

当 $\lim\limits_{x\to\infty}\frac{f(x)}{x}$ 不存在或 $\lim\limits_{x\to\infty}\frac{f(x)}{x}$ 存在但 $\lim\limits_{x\to\infty}[f(x)-ax]$ 不存在时，都可以断定 $y=f(x)$ 不存在斜渐近线.

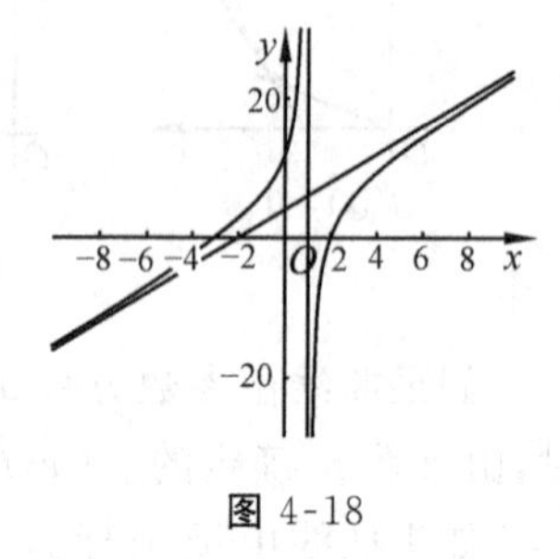

图 4-18

例 1 求 $y=\frac{2(x-2)(x+3)}{x-1}$ 的渐近线.

解 由 $\lim\limits_{x\to 1}y=\infty$，则 $x=1$ 为铅直渐近线；

由 $\lim\limits_{x\to\infty}\frac{y}{x}=\lim\limits_{x\to\infty}\frac{2(x-2)(x+3)}{x(x-1)}=2$，

$\lim\limits_{x\to\infty}(y-2x)=\lim\limits_{x\to\infty}\left[\frac{2(x-2)(x+3)}{x-1}-2x\right]=4$，

则 $y=2x+4$ 为斜渐近线(图 4-18).

思考 两坐标轴 $x=0$，$y=0$ 是否都是曲线 $y=\frac{\sin x}{x}$ 的渐近线？

3. 函数图形的描绘

综合运用函数性态的研究，运用导数工具，对函数图形的描绘步骤如下：

第一步：确定函数 $y=f(x)$ 的定义域，对函数进行奇偶性、周期性、曲线与坐标轴交点等性态的讨论；确定函数图形的水平、铅直渐近线、斜渐近线以及其他变化趋势.

第二步：求函数的一阶导数 $f'(x)$，二阶导数 $f''(x)$，求出驻点、二阶导数为零的点、函数间断点或导数不存在的点将函数定义域分成几个部分区间；确定各分界点区间内 $f'(x)$ 和 $f''(x)$ 的符号，并由此确定函数的单调性与极值及曲线的凹凸性与拐点.

第三步：描出在这些分界点对应曲线上的点，有时考虑一些补充点，综合讨论结果画出函数的图形.

这里“上升、凸”“下降、凸”“下降、凹”“上升、凹”依次用下面的四种箭形记号表示.

例 2 画出函数 $y=x^3-x^2-x+1$ 的图形.

解 (1) 所给函数 $y=f(x)$ 的定义域为 $(-\infty,+\infty)$.

当 $x\to\infty$ 时，$y\to\infty$，$\frac{y}{x}\to\infty$，容易知道函数的图形没有渐近线.

(2) $f'(x)=3x^2-2x-1=3\left(x+\frac{1}{3}\right)(x-1)$，$f''(x)=6x-2=6\left(x-\frac{1}{3}\right)$.

令 $f'(x)=0$，得 $x=-\frac{1}{3}$，$x=1$；令 $f''(x)=0$，得 $x=\frac{1}{3}$.

把定义域 $(-\infty,+\infty)$ 分成以下四个部分：$\left(-\infty,-\frac{1}{3}\right)$，$\left(-\frac{1}{3},\frac{1}{3}\right)$，$\left(\frac{1}{3},1\right)$，$(1,+\infty)$.

列表讨论确定 $f'(x)$ 和 $f''(x)$ 的符号，并确定曲线的升降和凹凸、极值点和拐点：

x	$\left(-\infty,-\frac{1}{3}\right)$	$-\frac{1}{3}$	$\left(-\frac{1}{3},\frac{1}{3}\right)$	$\frac{1}{3}$	$\left(\frac{1}{3},1\right)$	1	$(1,+\infty)$
$f'(x)$	+	0	−	−	−	0	+
$f''(x)$	−	−	−	0	+	+	+
$f(x)$	↗ (凸)	极大值 $\frac{32}{27}$	↘ (凸)	拐点 $\left(\frac{1}{3},\frac{16}{27}\right)$	↘ (凹)	极小值 0	↗ (凹)

(3) 除表中列出的三个点外，再补充若干点. 例如，$f(-1)=0$，$f(0)=1$，$f\left(\frac{3}{2}\right)=\frac{5}{8}$，即补充点 $(-1,0)$，$(0,1)$ 和 $\left(\frac{3}{2},\frac{5}{8}\right)$，可画出函数 $y=x^3-x^2-x+1$ 的图形. 图形如图 4-19 所示.

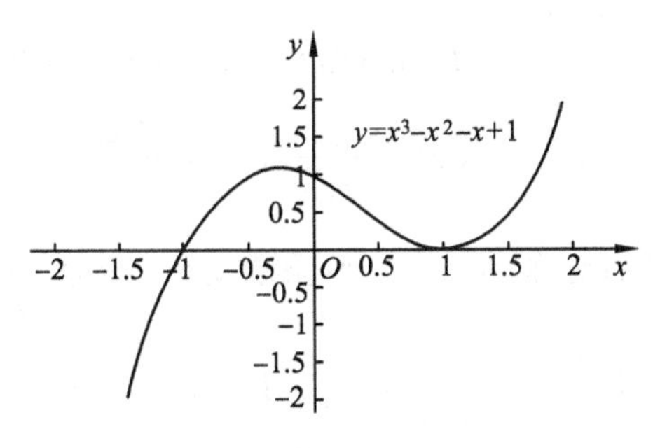

图 4-19

例 3 设函数 $y=\frac{(x-1)^3}{x^2}$，试讨论函数的性态及其图形.

解 对所给函数 $y=f(x)$，有 $f'(x)=\frac{(x-1)^2(x+2)}{x^3}$，$f''(x)=\frac{6(x-1)}{x^4}$.

令 $f'(x)=0$，得 $x=1,x=-2$；令 $f''(x)=0$，得 $x=1$.

$f(x)$的性态列表如下：

x	$(-\infty,-2)$	-2	$(-2,0)$	0	$(0,1)$	1	$(1,+\infty)$
y'	$+$	0	$-$	间断无定义	$+$	0	$+$
y''	$-$	$-$	$-$		$-$	0	$+$
y	↗(凸)	极大值$-\frac{27}{4}$	↘(凸)		↗(凸)	拐点 $(1,0)$	↗(凹)

又$\lim\limits_{x\to\infty}\frac{f(x)}{x}=1$，$\lim\limits_{x\to\infty}[f(x)-x]=-3$，所以 $y=x-3$ 为斜渐近线.

图形如图 4-20 所示.

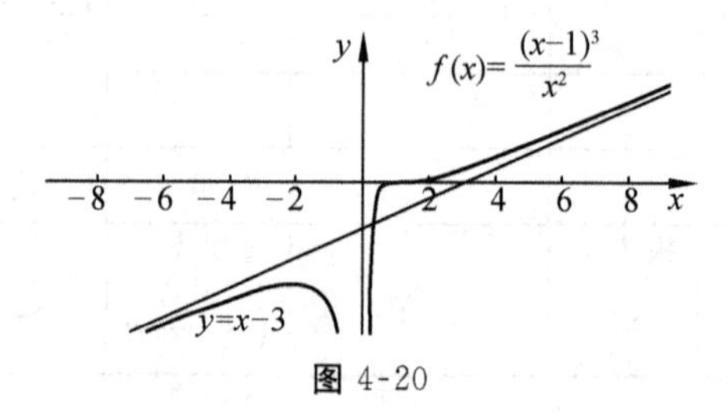

图 4-20

如果所讨论的函数是奇函数或偶函数，那么描绘函数图形时，可以利用函数图形的对称性.

例 4 作函数 $y=\frac{1}{\sqrt{2\pi}}e^{-\frac{x^2}{2}}$ 的图形.

解 对所给函数 $y=f(x)$，有$\lim\limits_{x\to\infty}f(x)=0$，故 $y=0$ 为水平渐近线.

$f'(x)=\frac{1}{\sqrt{2\pi}}(-x)e^{-\frac{x^2}{2}}$，$f''(x)=\frac{1}{\sqrt{2\pi}}(x^2-1)e^{-\frac{x^2}{2}}$.

函数为偶函数，图形左右对称；在 $x=0$ 处，函数达到极大值$\frac{1}{\sqrt{2\pi}}$；在 $x=-1,x=1$ 点左右，$f''(x)$改变符号，$\left(\pm1,\frac{1}{\sqrt{2\pi}}e^{-\frac{1}{2}}\right)$为拐点.

图形如图 4-21 所示.

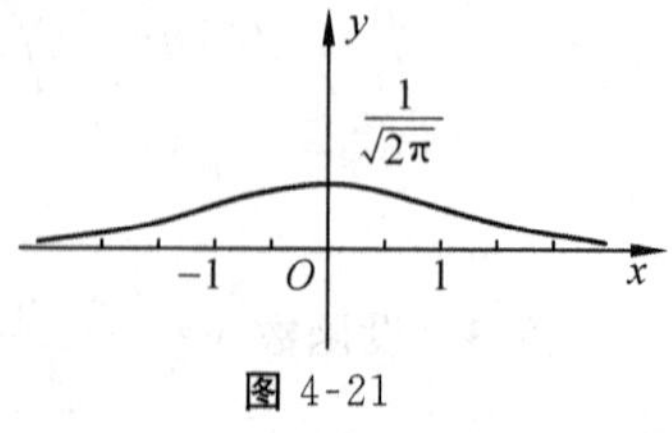

图 4-21

例 5 讨论下列函数的性质与图形：

(1) $y=\frac{\ln x}{x}$；(2) $y=\frac{x}{e^x}$；(3) $y=xe^{\frac{1}{x}}$.

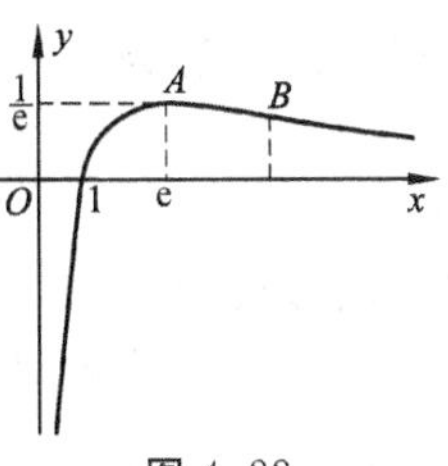

图 4-22

解 (1) 由 $y'=\frac{1-\ln x}{x^2}$，$y''=\frac{2\ln x-3}{x^3}$求得在 $x=e$ 达到极大值$\frac{1}{e}$，拐点$B\left(e^{\frac{3}{2}},\frac{3}{2}e^{-\frac{3}{2}}\right)$，渐近线 $y=0$和 $x=0$(图 4-22)；

(2) 曲线 $y=\frac{x}{e^x}$与 y 轴的交点 $O(0,0)$，该点切线斜率为 1；由 $y'=\frac{1-x}{e^x}$，$y''=\frac{x-2}{e^x}$可得在 $x=1$ 达到极大值$\frac{1}{e}$，拐点 $B(2,2e^{-2})$；由极限 $\lim\limits_{x\to+\infty}\frac{x}{e^x}=0$，$\lim\limits_{x\to-\infty}\frac{x}{e^x}=-\infty$确定渐近线 $y=0$(图 4-23).

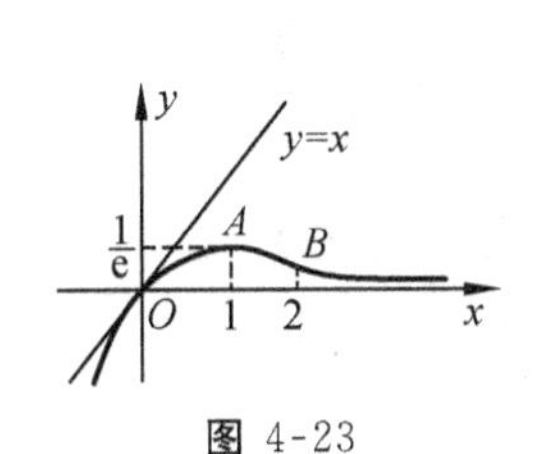

图 4-23

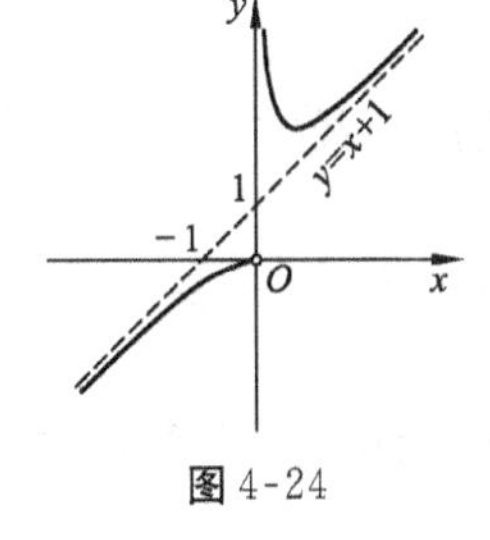

图 4-24

注：$\lim\limits_{x\to+\infty}\frac{x^n}{e^x}=0$，$\lim\limits_{x\to+\infty}\frac{\ln x}{x^n}=0$ $(n>0)$.

(3) 曲线由两支组成，不连续点 $x=0$，由极限 $\lim\limits_{x\to0^+}xe^{\frac{1}{x}}=+\infty$，$\lim\limits_{x\to0^-}xe^{\frac{1}{x}}=0$，$\lim\limits_{x\to\pm\infty}xe^{\frac{1}{x}}=\pm\infty$可得斜渐近线 $y=x+1$，铅直渐近线 $x=0(x\to0^+)$(图 4-24).

*二、空间曲线的切线与法平面

空间曲线的切线与平面曲线的切线类似，定义为曲线割线的极限位置，而过切点且垂直于切线的平面叫做曲线的法平面.

设空间曲线 Γ 由参数方程给出：$\begin{cases}x=x(t),\\y=y(t),\\z=z(t)\end{cases}$ $(\alpha<t<\beta)$，曲线上对应 $t=t_0$ 的点 $M_0(x_0,y_0,z_0)$，设 $x(t)$，$y(t)$，$z(t)$可导且 $x'(t)$，$y'(t)$，$z'(t)$不全为零.

在曲线 Γ 上任取一点 $M(x_0+\Delta x,y_0+\Delta y,z_0+\Delta z)$，对应的参数为 $t=t_0+\Delta t$，过 M_0，M 两点的直线方程为$\frac{x-x_0}{\Delta x}=\frac{y-y_0}{\Delta y}=\frac{z-z_0}{\Delta z}$，分母同除以 Δt 再取极

限得切线方程为

$$\frac{x-x_0}{x'(t_0)}=\frac{y-y_0}{y'(t_0)}=\frac{z-z_0}{z'(t_0)}.$$

法平面方程为

$$x'(t_0)(x-x_0)+y'(t_0)(y-y_0)+z'(t_0)(z-z_0)=0.$$

例 6 求空间曲线 $x=t-\sin t, y=1-\cos t, z=4\sin\frac{t}{2}$ 在点 $\left(\frac{\pi}{2}-1,1,2\sqrt{2}\right)$ 处的切线方程与法平面方程.

解 $\boldsymbol{r}=\left\{t-\sin t,\ 1-\cos t,\ 4\sin\frac{t}{2}\right\}$，$\boldsymbol{r}'=\left\{1-\cos t,\ \sin t,\ 2\cos\frac{t}{2}\right\}$.

点 $\left(\frac{\pi}{2}-1,1,\ 2\sqrt{2}\right)$ 对应 $t=\frac{\pi}{2}$，$\boldsymbol{r}'\left(\frac{\pi}{2}\right)=\{1,\ 1,\ \sqrt{2}\}$.

从而曲线的切线方程为 $\dfrac{x-\frac{\pi}{2}+1}{1}=\dfrac{y-1}{1}=\dfrac{z-2\sqrt{2}}{\sqrt{2}}$.

法平面方程为 $\left(x-\frac{\pi}{2}+1\right)+(y-1)+\sqrt{2}(z-2\sqrt{2})=0$.

*三、空间曲面的切平面与法线

切平面：设点 M_0 是曲面 Σ 上的一点，若过 M_0 且在 Σ 上的所有光滑曲线的全体切线能组成一张平面，则称该平面为曲面在 M_0 的切平面.

法线：过 M_0 且垂直于切平面的直线叫做曲面在 M_0 的法线.

设曲面 Σ 的方程为 $F(x,y,z)=0$，$M_0(x_0,y_0,z_0)$ 为曲面上的一点，假设 F 在 M_0 处具有连续的偏导数，F_x,F_y,F_z 不同时为零，可以证明曲面 $F(x,y,z)=0$ 在 M_0 点的切平面存在.

事实上，设 Σ 上过 M_0 的任一曲线用参数方程表示：$\begin{cases}x=x(t),\\ y=y(t),\\ z=z(t),\end{cases}$ 则有

$$F(x(t),y(t),z(t))=0.$$

上式左边是以 t 为自变量的复合函数，两边对 t 求导：

$$F_x\cdot\frac{\mathrm{d}x}{\mathrm{d}t}+F_y\cdot\frac{\mathrm{d}y}{\mathrm{d}t}+F_z\cdot\frac{\mathrm{d}z}{\mathrm{d}t}=0.$$

又 $\{x'(t_0),y'(t_0),z'(t_0)\}$ 是曲线的切向量，上式表明 Σ 上过点 M_0 的所有曲线在 M_0 的切线垂直于一定向量 $\{F_x(x_0,y_0,z_0),F_y(x_0,y_0,z_0),F_z(x_0,y_0,z_0)\}$，故 Σ 上过 M_0 的所有曲线的切线可以组成一张平面，这张平面的法向量为 $\boldsymbol{n}=$

$\{F_x(x_0,y_0,z_0),F_y(x_0,y_0,z_0),F_z(x_0,y_0,z_0)\}$，所以切平面方程为

$$F_x(x_0,y_0,z_0)(x-x_0)+F_y(x_0,y_0,z_0)(y-y_0)+F_z(x_0,y_0,z_0)(z-z_0)=0,$$

法线方程为

$$\frac{x-x_0}{F_x(x_0,y_0,z_0)}=\frac{y-y_0}{F_y(x_0,y_0,z_0)}=\frac{z-z_0}{F_z(x_0,y_0,z_0)}.$$

这时$\{F_x(x_0,y_0,z_0),F_y(x_0,y_0,z_0),F_z(x_0,y_0,z_0)\}$也叫做曲面的法向量.

例 7 求曲面 $e^z-z+xy=3$ 在点(2,1,0)处的切平面与法线方程.

解 记 $F(x,y,z)=e^z-z+xy-3$，则 $F_x=y,F_y=x,F_z=e^z-1$.

在点(2,1,0)处，$\boldsymbol{n}=\{1,2,0\}$.

切平面方程为$(x-2)+2(y-1)+0(z-0)=0$，即 $x+2y=4$.

法线方程为$\frac{x-2}{1}=\frac{y-1}{2}=\frac{z-0}{0}$，即$\begin{cases}\frac{x-2}{1}=\frac{y-1}{2},\\ z=0.\end{cases}$

若曲面 Σ 的方程为 $z=f(x,y)$，令 $F(x,y,z)=z-f(x,y)$，则曲面方程为$F(x,y,z)=0$，于是

$$F_x(x_0,y_0,z_0)=-f_x(x_0,y_0),$$
$$F_y(x_0,y_0,z_0)=-f_y(x_0,y_0),$$
$$F_z(x_0,y_0,z_0)=1,$$

则切平面方程为

$$-f_x(x_0,y_0)(x-x_0)-f_y(x_0,y_0)(y-y_0)+(z-z_0)=0,$$

法线方程为

$$\frac{x-x_0}{f_x(x_0,y_0)}=\frac{y-y_0}{f_y(x_0,y_0)}=\frac{z-z_0}{-1}.$$

习 题 四

1. 试对函数 $f(x)=\ln x(x\in[2,8])$ 验证满足中值定理的条件和结论，并求曲线上一点使在此点的切线平行于曲线的两个端点的连线.

2. 若 $f(x)$在$[a,b]$上连续，在区间(a,b)上有二阶导数，且 $f(a)=f(b)=0$，$f(c)<0(a<c<b)$，则至少存在一点 $\xi\in(a,b)$，使得 $f''(\xi)>0$.

3. 证明恒等式：

(1) $\arctan x+\arctan\frac{1}{x}=\frac{\pi}{2}(x>0)$；

(2) $3\arccos x-\arccos(3x-4x^3)=\pi(|x|\leqslant\frac{1}{2})$.

4. 对 $f(x)=(x-1)(x-2)(x-3)(x-4)$ 不求导数,问 $f'(x)=0$ 有几个实根? 指出其所在区间.

5. 判断下列极限是否能用或有必要用洛必达法则求,并求下列极限:

(1) $\lim\limits_{x\to0}\frac{x-\sin x}{x^3}$; (2) $\lim\limits_{x\to0}\frac{\tan x-\sin x}{(\sin x^3)}$; (3) $\lim\limits_{x\to0}\frac{x-\arctan x}{x-\arcsin x}$;

(4) $\lim\limits_{x\to0}\frac{\tan x-x}{x-\sin x}$; (5) $\lim\limits_{x\to0}\left(\frac{1}{x}-\frac{1}{\sin x}\right)$; (6) $\lim\limits_{x\to0}\frac{(1+x)^{\frac{1}{x}}-\mathrm{e}}{x}$;

(7) $\lim\limits_{x\to0}\frac{\cos(\sin x)-1}{3x^2}$; (8) $\lim\limits_{x\to+\infty}\frac{\mathrm{e}^x-2\mathrm{e}^{-x}}{\mathrm{e}^x+3\mathrm{e}^{-x}}$; (9) $\lim\limits_{x\to0^+}x^{\sin x}$;

(10) $\lim\limits_{x\to0}\frac{x}{x+\sin x}$; (11) $\lim\limits_{x\to0}\frac{x^2\sin\frac{1}{x}}{\sin x}$; (12) $\lim\limits_{x\to-\infty}(3^x+9^x)^{\frac{1}{x}}$.

6. 求极限:

(1) $\lim\limits_{x\to0}\frac{(\mathrm{e}^x-1-x)^2}{\tan x\cdot\sin^3x}$; (2) $\lim\limits_{x\to0}\frac{(1+2x)^{\sin x}-\cos x}{x^2}$.

7. 若 $\lim\limits_{x\to-\infty}(\sqrt{x^2-3x+2}-ax-b)=0$,求常数 a,b.

8. 判断函数的单调性,并确定其单调区间:

(1) $y=x^4-2x^2-5$; (2) $f(x)=x-\sin2x(0\leqslant x\leqslant2\pi)$;

(3) $y=\frac{x^2-2x+2}{x-1}$.

9. 填空题:

(1) 函数 $f(x)=\mathrm{e}^{-x^2}$ 在区间____________内是单调增的;

(2) $f(x)=\arcsin x-x$ 的单调区间是____________;

(3) 函数 $f(x)=(x^2-1)^3+1$ 的驻点是________,极值点是________.

10. 若 $x>0$,证明下列不等式:

(1) $x>\ln(1+x)$;

(2) $x^2+\ln(1+x)^2>2x$;

(3) $1+2\ln x\leqslant x^2$.

11. (1) 研究例子 $y=x+\sin x$,说明单调函数的导数是否一定是单调函数.

(2) 试问若 $x\in(a,b)$ 有 $f'(x)<g'(x)$ 成立,是否有 $f(x)<g(x)$ 恒成立?

12. 判断下列曲线的凹凸性,指出其凹凸区间,并求拐点:

(1) $y=x^3+3x^2-1$; (2) $y=(x-2)^{\frac{5}{3}}$; (3) $y=\frac{x^2-2x+2}{x-1}$.

13. 求下列函数的极值：

(1) $f(x)=x-\frac{1}{x}$；　　(2) $y=x^{\frac{2}{3}}(1-x)^{\frac{1}{3}}$；

(3) $y=x-\sin x$；　　(4) $y=x^{\frac{1}{x}}$.

14. 问 a,b,c,d 为何值时，函数 $f(x)=ax^3+bx^2+cx+d$ 在 $x=0$ 处有极大值 1，在 $x=2$ 处有极小值 0？

15. 求下列函数在指定区间上的最大值和最小值：

(1) $y=x^4-8x^2+2$，$-1\leqslant x\leqslant 3$；　　(2) $y=x+\sqrt{1-x}$，$-5\leqslant x\leqslant 1$.

16. 求下列函数的极值：

(1) $f(x,y)=x^3-y^3+3x^2+3y^2-9$；(2) $f(x,y)=(1+e^y)\cos x-ye^y$.

17. 求在 xOy 平面上到三条直线 $x=0$，$y=0$ 及 $x+2y-16=0$ 的距离平方和为最小的点.

18. 抛物面 $z=x^2+y^2$ 被平面 $x+y+z=1$ 截成一椭圆，求原点到此椭圆的最长与最短距离.

19. 求下列曲线的斜渐近线：(1) $y=\frac{x^2}{1+x}$；(2) $y=xe^{\frac{1}{x^2}}$.

20. 试画出下列函数的图形：

(1) $y=x^4-2x^2$；　　(2) $y=\frac{1}{x}+x^2$；

(3) $y=\frac{x}{1+x^2}$；　　(4) $y=x-\ln x$.

21. 问方程 $e^x=ax^2$ 有几个实数根？

22. 在空间曲线 $x=t$，$y=-t^2$，$z=t^3$ 的所有切线中，与平面 $x+2y+z=4$ 平行的有几条？并写出切线方程.

23. 求曲线 $\begin{cases}x^2+y^2+z^2=14,\\x+y^2+z^3=8\end{cases}$ 在点(3，2，1)处的切线及法平面方程.

24. 在曲面 $z=xy$ 上求一点，使这点处的法线垂直于平面 $x+3y+z+9=0$，并写出该法线的方程.

25. 求曲线 $\begin{cases}3x^2+2y^2=12,\\z=0\end{cases}$ 绕 y 轴旋转一周得到的旋转曲面在点$(0,\sqrt{3},\sqrt{2})$的指向外侧的单位法向量及其在此点的切平面.

习 题 课

内容小结

(1) 一元函数中的中值定理(罗尔定理、柯西中值定理、拉格朗日中值定理),利用洛必达法则求一元函数未定式的极限.

(2) 利用微分中值定理,讨论一元函数的单调性、极值、最大值与最小值,求曲线的凹凸区间与拐点,一元函数作图,研究方程的根,证明不等式等问题.

(3) 利用多元函数微分学,讨论多元函数极值和最值问题以及几何应用.

典型例题

例 1 填空题:

(1) 函数 $f(x)=\ln\sin x$ 在区间 $\left[\frac{\pi}{6},\frac{5\pi}{6}\right]$ 上满足罗尔定理的 $\xi=$______.

(2) 函数 $g(x)=2x^2-x-3$ 在区间 $[0,1]$ 上满足拉格朗日中值定理的 $\xi=$______.

解 (1) 因为 $f(x)=\ln\sin x$ 在 $\left[\frac{\pi}{6},\frac{5\pi}{6}\right]$ 上连续,在 $\left(\frac{\pi}{6},\frac{5\pi}{6}\right)$ 内可导,且 $f\left(\frac{\pi}{6}\right)=f\left(\frac{5\pi}{6}\right)=-\ln 2$,由罗尔定理知,至少存在一点 $\xi\in\left(\frac{\pi}{6},\frac{5\pi}{6}\right)$,使 $f'(\xi)=\cot\xi=0$.

事实上,解 $f'(x)=\cot x=0$ 得 $x=n\pi+\frac{\pi}{2}(n=0,\pm1,\pm2,\cdots)$.

取 $n=0,x=\frac{\pi}{2}$. 显然 $x=\frac{\pi}{2}\in\left(\frac{\pi}{6},\frac{5\pi}{6}\right)$,从而求得 $\xi=\frac{\pi}{2}$.

(2) 因 $g(x)=2x^2-x-3$ 在$[0,1]$上可导,由拉格朗日中值定理知,至少存在一点 $\xi\in(0,1)$,使 $g(1)-g(0)=g'(\xi)\cdot(1-0)$,即 $1=(4\xi-1)\cdot(1-0)$.

事实上,解 $1=(4\xi-1)\cdot(1-0)$得 $x=\frac{1}{2}$. 显然$\frac{1}{2}\in(0,1)$,从而求得 $\xi=\frac{1}{2}$.

例 2 若方程 $a_0x^n+a_1x^{n-1}+\cdots+a_{n-1}x=0$ 有一个正根 $x=x_0$,证明方程 $a_0nx^{n-1}+a_1(n-1)x^{n-2}+\cdots+a_{n-1}=0$ 必有一个小于 x_0 的正根.

分析 这类题目可考虑利用罗尔定理证明. 构造一个函数 $F(x)$,使 $F'(x)=f(x)$,其中 $f(x)$是欲证方程 $f(x)=0$ 的左端函数,$F(x)$在题设的相应区间上满足罗尔定理的三个条件.

证 设 $F(x)=a_0x^n+a_1x^{n-1}+\cdots+a_{n-1}x$,易知多项式函数 $F(x)$在$[0,x_0]$

上连续且可导，由题设 $F(x_0)=0=F(0)$. 由罗尔定理，存在 $\xi\in(0,x_0)$，使 $F'(\xi)=0$，即 $a_0n\xi^{n-1}+a_1(n-1)\xi^{n-2}+\cdots+a_{n-1}=0$，这说明 ξ 就是方程 $a_0nx^{n-1}+a_1(n-1)x^{n-2}+\cdots+a_{n-1}=0$ 的一个小于 x_0 的正根.

例 3 设 $f(x)$在$[0,a]$上连续，在$(0,a)$内可导，且 $f(a)=0$. 证明存在一点 $\xi\in(0,a)$，使 $\xi f'(\xi)+f(\xi)=0$.

分析 从条件和结论看是一个罗尔定理的证明题(因结论是关于 ξ, $f(\xi)$, $f'(\xi)$的代数和的形式). 关键找 $F(x)$，使 $F(x)$在$[0,a]$上满足罗尔定理的条件，且从 $F'(\xi)=0$ 中能得出 $\xi f'(\xi)+f(\xi)=0$. 由于结论是两项和，故 $F(x)$为两个函数乘积的形式. 将 ξ 换为 x：$xf'(x)+f(x)=[xf(x)]'$. 可见，若令 $F(x)=xf(x)$，则结论为 $F'(\xi)$.

证 令 $F(x)=xf(x)$，由已知条件知，$F(x)$在$[0,a]$上连续，在$(0,a)$内可导，且 $F(0)=0=F(a)$，故由罗尔定理知，存在 $\xi\in(0,a)$，使 $F'(\xi)=0$，即 $\xi f'(\xi)+f(\xi)=0$.

例 4 证明：对 $x\in\left[\frac{1}{2},1\right]$，$\arctan x-\ln(1+x^2)>\frac{\pi}{4}-\ln 2$.

证 设 $f(x)=\arctan x-\ln(1+x^2)$，则 $f'(x)=\frac{1}{1+x^2}-\frac{2x}{1+x^2}=\frac{1-2x}{1+x^2}$.

当 $x\in\left[\frac{1}{2},1\right]$时，只有 $x=\frac{1}{2}$，使 $f'(x)=0$. 当 $x\in\left(\frac{1}{2},1\right]$时，$f'(x)<0$，$f(x)$单调递减，所以 $f(x)>f(1)=\frac{\pi}{4}-\ln 2$，即 $\arctan x-\ln(1+x^2)>\frac{\pi}{4}-\ln 2$.

例 5 设 $0<a<b$，函数 $f(x)$在$[a,b]$上连续，在(a,b)内可导，试证在(a,b)内至少存在一点 ξ，使 $f(b)-f(a)=\xi f'(\xi)\ln\frac{b}{a}$成立.

分析 将所证等式变形为

$$\frac{f(b)-f(a)}{\ln b-\ln a}=\frac{f'(\xi)}{\frac{1}{\xi}}\text{或}\frac{f(b)-f(a)}{\ln b-\ln a}=\left.\frac{f'(x)}{[\ln x]'}\right|_{x=\xi},$$

可见，应对 $f(x)$与 $\ln x$ 在$[a,b]$上应用柯西中值定理.

证 设 $g(x)=\ln x$，由题设知，$f(x)$与 $g(x)$在$[a,b]$上满足柯西中值定理的条件. 从而在(a,b)内至少存在一点 ξ，使$\frac{f(b)-f(a)}{g(b)-g(a)}=\frac{f'(\xi)}{g'(\xi)}$，即 $\frac{f(b)-f(a)}{\ln b-\ln a}=\frac{f'(\xi)}{\frac{1}{\xi}}$，亦即 $f(b)-f(a)=\xi f'(\xi)\ln\frac{b}{a}$.

例 6 设 $a>b>0,n>1$. 证明：$nb^{n-1}(a-b)<a^n-b^n<na^{n-1}(a-b)$.

分析 将所证不等式变形为 $nb^{n-1}<\dfrac{a^n-b^n}{a-b}<na^{n-1}$，可见，只要对 $f(x)=x^n$ 在 $[b,a]$ 上应用拉格朗日中值定理即可.

证 对函数 $f(x)=x^n$ 在 $[b,a]$ 上应用拉格朗日中值定理，得 $\dfrac{f(a)-f(b)}{a-b}=f'(\xi)$，即 $\dfrac{a^n-b^n}{a-b}=n\xi^{n-1}\ (a<\xi<b)$. 显然有 $nb^{n-1}<n\xi^{n-1}<na^{n-1}$，故 $nb^{n-1}<\dfrac{a^n-b^n}{a-b}<na^{n-1}$ 或 $nb^{n-1}(a-b)<a^n-b^n<na^{n-1}(a-b)$.

例 7 利用洛必达法则求下列极限：

(1) $\lim\limits_{x\to0}\dfrac{\arctan x-x}{\ln(1+2x^3)}$； (2) $\lim\limits_{x\to0}\left(\dfrac{1}{x^2}-\dfrac{1}{x\tan x}\right)$； (3) $\lim\limits_{x\to0}\dfrac{a^x-a^{\sin x}}{x\sin^2 x}$；

(4) $\lim\limits_{x\to0}\dfrac{\sqrt{1+\tan x}-\sqrt{1+\sin x}}{x\ln(1+x)-x^2}$； (5) $\lim\limits_{x\to\frac{\pi}{2}}\dfrac{\ln\sin x}{(\pi-2x)^2}$； (6) $\lim\limits_{x\to+\infty}\dfrac{\ln\left(1+\dfrac{1}{x}\right)}{\operatorname{arccot}x}$；

(7) $\lim\limits_{x\to0^+}\left(\dfrac{1}{x}\right)^{\tan x}$； (8) $\lim\limits_{x\to\infty}\left[\dfrac{(a_1^{\frac{1}{x}}+a_2^{\frac{1}{x}}+\cdots+a_n^{\frac{1}{x}})}{n}\right]^{nx}$（其中 $a_1,a_2,\cdots,a_n>0$）.

解 (1) 原式 $=\lim\limits_{x\to0}\dfrac{\arctan x-x}{2x^3}\left(\dfrac{0}{0}\text{型}\right)=\lim\limits_{x\to0}\dfrac{\dfrac{1}{1+x^2}-1}{6x^2}=-\lim\limits_{x\to0}\dfrac{1}{6(1+x^2)}=-\dfrac{1}{6}$.

(2) 原式 $=\lim\limits_{x\to0}\dfrac{\tan x-x}{x^2\tan x}=\lim\limits_{x\to0}\dfrac{\tan x-x}{x^3}\left(\dfrac{0}{0}\text{型}\right)$

$$=\lim_{x\to0}\frac{\sec^2 x-1}{3x^2}\left(\frac{0}{0}\text{型}\right)=\lim_{x\to0}\frac{2\sec x\cdot\sec x\tan x}{6x}=\frac{1}{3}.$$

(3) 原式 $=\lim\limits_{x\to0}\left(\dfrac{a^{x-\sin x}-1}{x^3}\cdot a^{\sin x}\right)=\lim\limits_{x\to0}\dfrac{(x-\sin x)\ln a}{x^3}\cdot\lim\limits_{x\to0}a^{\sin x}$

$$=\ln a\cdot\lim_{x\to0}\frac{1-\cos x}{3x^2}=\ln a\cdot\lim_{x\to0}\frac{\sin x}{6x}=\frac{1}{6}\ln a.$$

(4) 原式 $=\lim\limits_{x\to0}\left\{\dfrac{\tan x-\sin x}{x[\ln(1+x)-x]}\cdot\dfrac{1}{\sqrt{1+\tan x}+\sqrt{1+\sin x}}\right\}$

$$=\frac{1}{2}\lim_{x\to0}\frac{1-\cos x}{\ln(1+x)-x}\left(\frac{0}{0}\text{型}\right)=\frac{1}{2}\lim_{x\to0}\frac{\sin x}{-\dfrac{x}{1+x}}=-\frac{1}{2}.$$

(5) 原式 $\left(\dfrac{0}{0}\text{型}\right)=\lim\limits_{x\to\frac{\pi}{2}}\dfrac{\cos x}{\sin x\cdot[-4(\pi-2x)]}$

$$=-\frac{1}{4}\lim_{x\to\frac{\pi}{2}}\frac{\cos x}{\pi-2x}=-\frac{1}{4}\lim_{x\to\frac{\pi}{2}}\frac{-\sin x}{-2}=-\frac{1}{8}.$$

(6) 原式$\left(\frac{0}{0}型\right)=\lim\limits_{x\to+\infty}\dfrac{-\frac{1}{x^2}}{\left(1+\frac{1}{x}\right)\left(-\frac{1}{1+x^2}\right)}=\lim\limits_{x\to+\infty}\dfrac{1+x^2}{x+x^2}=\lim\limits_{x\to+\infty}\dfrac{\frac{1}{x^2}+1}{\frac{1}{x}+1}=1.$

(7) 原式(∞^0 型)$=\lim\limits_{x\to0^+}\mathrm{e}^{\tan x\cdot\ln\frac{1}{x}}=\mathrm{e}^{\lim\limits_{x\to0^+}\frac{-\ln x}{\cot x}\left(\frac{\infty}{\infty}型\right)}$

$$=\mathrm{e}^{\lim\limits_{x\to0^+}\frac{-\frac{1}{x}}{-\csc^2x}}=\mathrm{e}^{\lim\limits_{x\to0^+}\left(\frac{\sin x}{x}\cdot\sin x\right)}=\mathrm{e}^0=1.$$

(8) 令 $y=\left(\dfrac{a_1^{\frac{1}{x}}+a_2^{\frac{1}{x}}+\cdots+a_n^{\frac{1}{x}}}{n}\right)^{nx}$,则

$$\ln y=nx[\ln(a_1^{\frac{1}{x}}+a_2^{\frac{1}{x}}+\cdots+a_n^{\frac{1}{x}})-\ln n],$$

$$\lim_{x\to\infty}\ln y=\lim_{x\to\infty}nx[\ln(a_1^{\frac{1}{x}}+a_2^{\frac{1}{x}}+\cdots+a_n^{\frac{1}{x}})-\ln n]$$

$$=n\lim_{x\to\infty}\frac{\ln(a_1^{\frac{1}{x}}+a_2^{\frac{1}{x}}+\cdots+a_n^{\frac{1}{x}})-\ln n}{\frac{1}{x}}$$

$$=n\lim_{x\to\infty}\frac{\frac{1}{a_1^{\frac{1}{x}}+a_2^{\frac{1}{x}}+\cdots+a_n^{\frac{1}{x}}}(a_1^{\frac{1}{x}}\ln a_1+a_2^{\frac{1}{x}}\ln a_2+\cdots+a_n^{\frac{1}{x}}\ln a_n)\cdot\frac{-1}{x^2}}{-\frac{1}{x^2}}$$

$$=n\frac{\ln a_1+\ln a_2+\cdots+\ln a_n}{n}=\ln(a_1a_2\cdots a_n),$$

故 $\lim\limits_{x\to\infty}\left[\dfrac{(a_1^{\frac{1}{x}}+a_2^{\frac{1}{x}}+\cdots+a_n^{\frac{1}{x}})}{n}\right]^{nx}=\mathrm{e}^{\ln(a_1a_2\cdots a_n)}=a_1a_2\cdots a_n.$

例 8 讨论函数 $f(x)=\begin{cases}\left[\dfrac{(1+x)^{\frac{1}{x}}}{\mathrm{e}}\right]^{\frac{1}{x}}, & x>0,\\ \mathrm{e}^{-\frac{1}{2}}, & x\leqslant0\end{cases}$ 在点 $x=0$ 处的连续性.

解 由题设知 $f(0)=\mathrm{e}^{-\frac{1}{2}}$,而 $f(0^-)=\lim\limits_{x\to0^-}f(x)=\lim\limits_{x\to0^-}\mathrm{e}^{-\frac{1}{2}}=\mathrm{e}^{-\frac{1}{2}}=f(0)$,因此,$f(x)$在 $x=0$ 处左连续. 下面求 $f(x)$在 $x=0$ 处的右极限.

令 $y=\left[\dfrac{(1+x)^{\frac{1}{x}}}{\mathrm{e}}\right]^{\frac{1}{x}}$,则有

$$\ln y=\frac{1}{x}\left[\frac{1}{x}\ln(1+x)-1\right]=\frac{\ln(1+x)-x}{x^2},$$

而 $\lim\limits_{x\to0^+}\ln y=\lim\limits_{x\to0^+}\dfrac{\ln(1+x)-x}{x^2}=\lim\limits_{x\to0^+}\dfrac{\dfrac{1}{1+x}-1}{2x}=\dfrac{1}{2}\lim\limits_{x\to0^+}\left[-\dfrac{1}{(1+x)^2}\right]=-\dfrac{1}{2}$,

因此 $f(0^+)=\lim\limits_{x\to0^+}y=\lim\limits_{x\to0^+}\left[\dfrac{(1+x)^{\frac{1}{x}}}{\mathrm{e}}\right]^{\frac{1}{x}}=\mathrm{e}^{-\frac{1}{2}}=f(0)$,

从而 $f(0^+)=f(0^-)=f(0)$. 故 $f(x)$在点 $x=0$ 处是连续的.

例 9 设可微函数 $y=f(x)$由方程 $3x^3+y^3-4x+y=0$ 所确定,试确定此函数 $y=f(x)$的单调区间.

解 在方程两边对 x 求导,得 $9x^2+3y^2y'-4+y'=0$,即 $y'=\dfrac{4-9x^2}{3y^2+1}$.

令 $y'=0$,得 $x_1=-\dfrac{2}{3}$,$x_2=\dfrac{2}{3}$. 从而有

当 $x\in\left(-\infty,-\dfrac{2}{3}\right)$时,$y'<0$,函数 y 在$\left(-\infty,-\dfrac{2}{3}\right]$上单调减少;

当 $x\in\left(-\dfrac{2}{3},\dfrac{2}{3}\right)$时,$y'>0$,函数 y 在$\left[-\dfrac{2}{3},\dfrac{2}{3}\right]$上单调增加;

当 $x\in\left(\dfrac{2}{3},+\infty\right)$时,$y'<0$,函数 y 在$\left[\dfrac{2}{3},+\infty\right)$上单调减少.

例 10 试确定函数 $y=x^3+ax^2+bx+4$ 中的 a,b,使得 $x=-1$ 为函数的驻点,点$(1,y(1))$为函数的拐点,并求出拐点.

解 $y'=3x^2+2ax+b$,$y''=6x+2a$.

由于点$(1,y(1))$为拐点,必有 $y''(1)=0$,即 $6+2a=0$,$a=-3$.

又 $x=-1$ 为驻点,必有 $y'(-1)=0$,即 $3+6+b=0$,$b=-9$.

从而函数为 $y=x^3-3x^2-9x+4$.

注意到当 $x<1$ 时,$y''=6x-6<0$,图形是凸的;当 $x>1$ 时,$y''=6x-6>0$,图形是凹的;$y(1)=-7$. 故曲线 $y=x^3-3x^2-9x+4$ 的拐点为$(1,-7)$.

例 11 已知 $f(x)$在 $x=0$ 的某个邻域内连续,且 $f(0)=0$,$\lim\limits_{x\to0}\dfrac{f(x)}{1-\cos x}=2$,问 $f(x)$在点 $x=0$ 处是否可导?是否取得极值?

解
$$f'(0)=\lim_{x\to0}\frac{f(x)-f(0)}{x-0}=\lim_{x\to0}\frac{f(x)}{x}=\lim_{x\to0}\left[\frac{f(x)}{1-\cos x}\cdot\frac{1-\cos x}{x}\right]$$
$$=2\lim_{x\to0}\frac{1-\cos x}{x}=2\lim_{x\to0}\sin x=0,$$

则 $f(x)$在点 $x=0$ 处可导.

由 $f(0)=0$,$f'(0)=0$ 知,$f(0)$可能为极值.

而由$\lim\limits_{x\to 0}\dfrac{f(x)}{1-\cos x}=2>0$的保号性以及$1-\cos x>0$便知在$x=0$的某去心邻域内$f(x)>0=f(0)$，可见$f(x)$在$x=0$处取得极小值.

例 12 求函数$y=\dfrac{3x^2+4x+4}{x^2+x+1}$的极值.

解 易知$x^2+x+1>0$，因此函数的定义域为$(-\infty,+\infty)$.

$$y'=\frac{(6x+4)(x^2+x+1)-(2x+1)(3x^2+4x+4)}{(x^2+x+1)^2}=-\frac{x(x+2)}{(x^2+x+1)^2}.$$

令$y'=0$，得驻点$x_1=-2,x_2=0$.

当$x<-2$时，$y'<0$；当$-2<x<0$时，$y'>0$；当$x>0$时，$y'<0$.

由此可知函数y在$x_1=-2$处取得极小值$y(-2)=\dfrac{8}{3}$，而在$x_2=0$处取得极大值$y(0)=4$.

例 13 设$f(x)$在$(-\infty,+\infty)$内可微，证明：当$\Phi(x)=\dfrac{f(x)}{x}$在$x=a(a\neq 0)$处有极值时，曲线$y=f(x)$在$x=a$的切线必过原点.

证 因为$\Phi'(x)=\dfrac{xf'(x)-f(x)}{x^2}$，由$\Phi(x)$在$x=a(a\neq 0)$处可微，且取极值可知$\Phi'(a)=0$，即$af'(a)-f(a)=0$，所以$f'(a)=\dfrac{f(a)}{a}$. 于是，曲线在点$x=a$的切线方程为$y-f(a)=\dfrac{f(a)}{a}(x-a)$，即$y=\dfrac{f(a)}{a}x$. 可见切线通过原点.

例 14 证明下列不等式：

(1) 证明：当$x>0$时，有不等式$e^x-1>(1+x)\ln(1+x)$；

(2) 当$x<1$时，有$e^x\leqslant\dfrac{1}{1-x}$；

(3) 证明：对任意$x,y(x\neq y)$，有$\dfrac{1}{2}(a^x+a^y)>a^{\frac{x+y}{2}}$.

证 (1) 设$f(x)=e^x-1-(1+x)\ln(1+x)$，则$f(0)=0$.

$f'(x)=e^x-1-\ln(1+x)$，$f'(0)=0$，$f''(x)=e^x-\dfrac{1}{1+x}$，$f''(0)=0$，

$f'''(x)=e^x+\dfrac{1}{(1+x)^2}>0$.

所以$f''(x)$在$(0,+\infty)$内单调增加，有$f''(x)>f''(0)=0$.

则$f'(x)$在$[0,+\infty)$内单调增加，即有$f'(x)>f'(0)=0$.

从而$f(x)$在$[0,+\infty)$内单调增加，于是有$f(x)>f(0)=0$.

即 $e^x-1-(1+x)\ln(1+x)>0$，亦即 $e^x-1>(1+x)\ln(1+x)$.

(2) 设 $f(x)=(1-x)e^x$，则 $f'(x)=-xe^x$，$f(0)=1$.

令 $f'(x)=0$ 得 $x=0$ 为唯一驻点. 当 $x<0$ 时，$f'(x)>0$；当 $x>0$ 时，$f'(x)<0$. 则 $f(x)$在 $x=0$ 达到极大值，从而为最大值，即

$$f(x)\leqslant f(0)=1, x\in(-\infty,1).$$

所以$(1-x)e^x\leqslant 1, x\in(-\infty,1)$. 即 $e^x\leqslant\dfrac{1}{1-x}$, $x\in(-\infty,1)$.

(3) 令 $f(x)=a^x$，则 $f''(x)=a^x(\ln a)^2>0$，可知 $f(x)$为凹函数，所以对 $x\neq y$，有 $f\left(\dfrac{x+y}{2}\right)<\dfrac{f(x)+f(y)}{2}$, 即 $a^{\frac{x+y}{2}}<\dfrac{a^x+a^y}{2}$.

例 15 在抛物线 $y=4-x^2$ 上的第一象限部分求一点 P，过 P 点作切线，使该切线与坐标轴所围成的三角形面积最小.

解 设切点为 $P(x,y)$，切线方程为

$$Y-(4-x^2)=-2x(X-x),$$

即

$$\frac{X}{\frac{x^2+4}{2x}}+\frac{Y}{x^2+4}=1,$$

则三角形的面积 $S(x)=\dfrac{1}{2}\cdot\dfrac{(x^2+4)^2}{2x}=\dfrac{1}{4}\left(x^3+8x+\dfrac{16}{x}\right), 0<x<2$.

$S'(x)=\dfrac{1}{4}\left(3x^2+8-\dfrac{16}{x^2}\right)$，令 $S'(x)=0$，得 $x=\dfrac{2}{\sqrt{3}}$为唯一驻点.

又 $S''\left(\dfrac{2}{\sqrt{3}}\right)>0$，所以当 $x=\dfrac{2}{\sqrt{3}}$ 时，$S=\dfrac{32}{9}\sqrt{3}$ 为最小值，故所求点 P 为$\left(\dfrac{2}{\sqrt{3}},\dfrac{8}{3}\right)$.

例 16 讨论方程 $\ln x=ax$(其中 $a>0$)有几个实根.

分析 令 $f(x)=\ln x-ax(x>0)$. 问题相当于求函数 $f(x)$的零点的个数. 考察 $f(x)$的图形与 x 轴交点的个数.

解 设 $f(x)=\ln x-ax$，则易见 $f(x)$在$(0,+\infty)$内连续，且 $f'(x)=\dfrac{1}{x}-a$.

令 $f'(x)=0$，得 $x=\dfrac{1}{a}$. 当 $0<x<\dfrac{1}{a}$时，$f'(x)=\dfrac{1-ax}{x}>0$，即 $f(x)$单调增加；当$\dfrac{1}{a}<x<+\infty$时，$f'(x)=\dfrac{1-ax}{x}<0$，即 $f(x)$单调减少.

于是 $f\left(\dfrac{1}{a}\right)=\ln\dfrac{1}{a}-1=-\ln(ae)$为 $f(x)$在$(0,+\infty)$内唯一的极大值，亦

是最大值.

又因 $\lim\limits_{x\to0^+}f(x)=\lim\limits_{x\to0^+}(\ln x-ax)=-\infty$,

$$\lim_{x\to+\infty}f(x)=\lim_{x\to+\infty}\left[x\left(\frac{\ln x}{x}-a\right)\right]=-\infty(\text{因}\lim_{x\to+\infty}\frac{\ln x}{x}=0),$$

从而(1) 当 $f\left(\frac{1}{a}\right)=0$,即 $\ln a=-1$,亦即 $a=\frac{1}{e}$时,$f(x)$的图形与 x 轴只有一个交点,此时方程 $\ln x=ax$ 有唯一实根 $x=e$.

(2) 当 $f\left(\frac{1}{a}\right)>0$,即 $\ln(ae)<0$,亦即 $0<a<\frac{1}{e}$时,$f(x)$的图形与 x 轴有两个交点,此时方程 $\ln x=ax$ 恰有两个实根.

(3) 当 $f\left(\frac{1}{a}\right)<0$,即 $a>\frac{1}{e}$时,$f(x)$的图形在 x 轴下方,故此时方程 $\ln x=ax$ 没有实根.

例 17 证明函数 $f(x,y)=(1+e^y)\cos x-ye^y$ 有无穷多个极大值点,但无极小值点.

证 令 $f_x(x,y)=-(1+e^y)\sin x=0$,得 $x=k\pi,k\in\mathbf{Z}$.

令 $f_y(x,y)=e^y\cos x-e^y-ye^y=(\cos x-1-y)e^y=0$,得 $y=(-1)^k-1$.

$A=f_{xx}(x,y)=-(1+e^y)\cos x,B=f_{xy}(x,y)=-e^y\sin x$,

$C=f_{yy}(x,y)=e^y\cos x-2e^y-ye^y$.

在$(2k\pi,0)$处,$B^2-AC<0,A<0$,函数取得极大值,且有无穷多个极大值点.

在$(2k\pi+\pi,-2)$处,$B^2-AC>0$,不是极值.

故函数有无穷多个极大值点,但无极小值点.

例 18 在已知周长为 $2p$ 的一切三角形中,求出面积最大的三角形.

解 设三角形的三个边长分别是 x,y,z,面积是 S.由海伦公式,有

$$S=\sqrt{p(p-x)(p-y)(p-z)}.$$

方法一:已知 $x+y+z=2p$,代入上式,得

$$S=\sqrt{p(p-x)(p-y)(x+y-p)}.$$

因为三角形的每边长是正数而且小于半周长 p,为计算简便,求

$$\varphi=\frac{S^2}{p}=(p-x)(p-y)(x+y-p)\ (0<x,y<\frac{p}{2})$$

的最大值.

$$\text{由}\begin{cases}\varphi_x(x,y)=-(p-y)(x+y-p)+(p-x)(p-y)=(p-y)(2p-2x-y)=0,\\ \varphi_y(x,y)=-(p-x)(x+y-p)+(p-x)(p-y)=(p-x)(2p-2y-x)=0,\end{cases}$$

得 φ 在区域 D 内的唯一驻点 $\left(\frac{2p}{3},\frac{2p}{3}\right)$，再求二阶偏导数.

$$\varphi_{xx}(x,y)=-2(p-y),\varphi_{xy}(x,y)=2(x+y)-3p,\ \varphi_{yy}(x,y)=-2(p-x),$$
$$\Delta=[\varphi_{xy}(x,y)]^2-\varphi_{xx}(x,y)\varphi_{yy}(x,y)=4x^2+4xy+4y^2-8px-8py+5p^2.$$

在驻点 $\left(\frac{2p}{3},\frac{2p}{3}\right)$，$\Delta=-\frac{p^2}{3}<0$，$A=-\frac{2}{3}p<0$，从而 $\left(\frac{2p}{3},\frac{2p}{3}\right)$ 是函数 φ 的极大值点. 当 $x=\frac{2p}{3}$，$y=\frac{2p}{3}$ 时，$z=2p-x-y=\frac{2p}{3}$，即三角形三边长的和为定数时，等边三角形的面积最大.

方法二：用拉格朗日乘数法. 令

$$L(x,y,z)=(p-x)(p-y)(p-z)+\lambda(x+y+z-2p).$$

由 $\begin{cases}L_x=-(p-y)(p-z)-\lambda=0,\\L_y=-(p-x)(p-y)-\lambda=0,\\L_z=-(p-x)(p-y)-\lambda=0,\\x+y+z-2p=0,\end{cases}$ 解得 $x=y=z=\frac{2p}{3}$.

由实际意义，可知在唯一驻点处，即边长都是 $\frac{2p}{3}$ 的三角形面积最大.

例 19 在曲线 $x=t,y=-t^2,z=t^3$ 的所有切线中，与平面 $x+2y+z=4$ 平行的切线有几条？

解 曲线的所有切线的方向向量为 $\boldsymbol{s}=\{x',y',z'\}=\{1,-2t,3t^2\}$，平面的法向量为 $\boldsymbol{n}=\{1,2,1\}$，由切线与平面平行，则 $\boldsymbol{s}$ 与 $\boldsymbol{n}$ 垂直，有

$$\boldsymbol{s}\cdot\boldsymbol{n}=1+2(-2t)+3t^2=(3t-1)(t-1)=0,$$

即 $t=\frac{1}{3}$，$t=1$，曲线上对应两点 $\left(\frac{1}{3},-\frac{1}{9},\frac{1}{27}\right)$，$(1,-1,1)$ 处的切线与平面平行，共有两条.

例 20 在椭球面 $2x^2+y^2+z^2=1$ 上，问到平面 $2x+y-z=6$ 的最近距离和最远距离分别为多少？在何处达到？

解 方法一：设所求点为 (x,y,z)，到平面的距离为 $d=\frac{|2x+y-z-6|}{\sqrt{2^2+1^2+1^2}}$.

为计算方便，考虑令 $F(x,y,z)=(2x+y-z-6)^2+\lambda(2x^2+y^2+z^2-1)$，用拉格朗日乘数法.

解方程组 $\begin{cases}F_x=4(2x+y-z-6)+4\lambda x=0,\\F_y=2(2x+y-z-6)+2\lambda y=0,\\F_z=-2(2x+y-z-6)+2\lambda z=0,\\2x^2+y^2+z^2=1,\end{cases}$ 可得 $x=y=-z=\pm\frac{1}{2}$.

所以在点$\left(\frac{1}{2},\frac{1}{2},-\frac{1}{2}\right)$,$\left(-\frac{1}{2},-\frac{1}{2},\frac{1}{2}\right)$分别达到最近距离$\frac{2\sqrt{6}}{3}$和最远距离$\frac{4\sqrt{6}}{3}$.

方法二：设所求点为(x,y,z),曲面上的切平面与所给平面平行,它们的法向量平行.

由椭球$2x^2+y^2+z^2=1$,令$F(x,y,z)=2x^2+y^2+z^2-1$,所以

$F_x=4x,F_y=2y,F_z=2z$,即$\{4x,2y,2z\}//\{2,1,-1\}$.

可得出$x=y=-z$,再代入$2x^2+y^2+z^2=1$,求得切点为$\left(\frac{1}{2},\frac{1}{2},-\frac{1}{2}\right)$,$\left(-\frac{1}{2},-\frac{1}{2},\frac{1}{2}\right)$,即为最近点和最远点.

复 习 题 四

1. 填空题：

(1) 函数$f(x)=4+8x^3-3x^4$的极大值是________.

(2) 曲线$y=x^4-6x^2+3x$在区间________上是凸的.

(3) 曲线$y=xe^{-3x}$的拐点坐标是________.

(4) 若函数$f(x)$在含x_0的区间(a,b)(其中$a<b$)内恒有二阶负的导数,且________,则$f(x_0)$是$f(x)$在(a,b)上的最大值.

(5) $y=x^3+2x+1$在$(-\infty,+\infty)$内有________个零点.

2. 选择题：

(1) 函数$f(x)$有连续二阶导数且$f(0)=0,f'(0)=1,f''(0)=-2$,则$\lim\limits_{x\to 0}\frac{f(x)-x}{x^2}=$ (　　)

A. 不存在　　B. 0　　C. -1　　D. -2

(2) 设$f'(x)=(x-1)(2x+1),x\in(-\infty,+\infty)$,则在$\left(\frac{1}{2},1\right)$内曲线$f(x)$ (　　)

A. 单调增,凹的　　B. 单调减,凹的

C. 单调增,凸的　　D. 单调减,凸的

(3) $f(x)$在(a,b)内连续,$x_0\in(a,b)$,$f'(x_0)=f''(x_0)=0$,则$f(x)$在$x=0$处 (　　)

A. 取得极大值　　　　B. 取得极小值

C. 一定有拐点$(x_0, f(x_0))$　　　　D. 可能取得极值,也可能有拐点

(4) 设 $f(x)$在$[a,b]$上连续,在(a,b)内可导,则Ⅰ:在(a,b)内 $f'(x)\equiv 0$,Ⅱ:在(a,b)上 $f(x)\equiv f(a)$之间的关系是　　(　　)

A. Ⅰ是Ⅱ的充分但非必要条件

B. Ⅰ是Ⅱ的必要但非充分条件

C. Ⅰ是Ⅱ的充分必要条件

D. Ⅰ不是Ⅱ的充分条件,也不是Ⅱ的必要条件

(5) 设 $f(x)$,$g(x)$在$[a,b]$上连续、可导,$f(x)g(x)\neq 0$,且 $f'(x)g(x)<f(x)g'(x)$,则当 $a<x<b$ 时,有　　(　　)

A. $f(x)g(x)<f(a)g(a)$　　　　B. $f(x)g(x)<f(b)g(b)$

C. $\dfrac{f(x)}{g(x)}<\dfrac{f(a)}{g(a)}$　　　　D. $\dfrac{f(x)}{g(x)}>\dfrac{f(a)}{g(a)}$

(6) 方程 $x^3-3x+1=0$ 在区间$(-\infty,+\infty)$内　　(　　)

A. 无实根　　　　B. 有唯一实根

C. 有两个实根　　　　D. 有三个实根

3. 求下列极限:

(1) $\lim\limits_{x\to -1^+}\dfrac{\sqrt{\pi}-\sqrt{\arccos x}}{\sqrt{x+1}}$;　　　　(2) $\lim\limits_{x\to 0}\dfrac{e^x-e^{\sin x}}{x^2\ln(1+x)}$;

(3) $\lim\limits_{x\to 0}\dfrac{(e^x-1-x)^2}{\tan x\cdot\sin^3 x}$;　　　　(4) $\lim\limits_{x\to 0}\left[\dfrac{1}{x}+\dfrac{1}{x^2}\ln(1-x)\right]$;

(5) $\lim\limits_{x\to 0}\left(\dfrac{a^x+b^x}{2}\right)^{\frac{1}{x}}$;　　　　(6) $\lim\limits_{x\to 0}\dfrac{(1+2x)^{\sin x}-\cos x}{x^2}$;

(7) $\lim\limits_{x\to 0}(\sin x)^x$;　　　　(8) $\lim\limits_{x\to +\infty}(x+e^x)^{\frac{1}{x}}$.

4. 证明下列不等式:

(1) 设 $b>a>e$,证明 $a^b>b^a$;

(2) 当 $0<x<\dfrac{\pi}{2}$时,证明不等式 $\tan x+2\sin x>3x$.

5. 试确定常数 a 与 n 的一组数,使得当 $x\to 0$ 时,ax^n 与 $\ln(1-x^3)+x^3$ 为等价无穷小.

6. 设函数 $f(x)$和 $g(x)$在闭区间$[a,b]$上连续,在开区间(a,b)内可导,且 $f(a)=f(b)=0$. 证明:至少存在一点 $c\in(a,b)$,使 $f'(c)+f(c)\cdot g'(c)=0$.

7. 求下列函数的单调性与凹凸性、极值和拐点,并作出函数的图形:

(1) $y=x-\sin x$； (2) $y=x^{\frac{1}{x}}$； (3) $y=\frac{\ln x}{x}$； (4) $y=\frac{e^x}{x^e}$.

8. 作一个辅助函数利用导数来比较 e^π 与 π^e 的大小,并说明理由.

9. 求下列函数的极值：

(1) $f(x,y)=e^{2x}(x+y^2+2y)$； (2) $f(x,y)=x^2y+y^3-y$.

10. 求下列函数在所给闭区域内的最大值和最小值：

(1) $f(x,y)=x^3+y^3-3xy$ 在 $0\leqslant x\leqslant 2,-1\leqslant y\leqslant 2$ 上；

(2) $F(x,y,z)=x^2y^3z^4$ 在 $x\geqslant 0,y\geqslant 0,z\geqslant 0,x+y+z\leqslant a$ 上.

11. 讨论函数 $f(x,y)=xy(a-x-y)$的极值.

12. 求：(1) 函数 $z=x^2+y^2+1$ 的极值;(2) 函数 $z=x^2+y^2+1$ 在条件 $x+y+3=0$下的极值,并说明其几何意义.

13. 已知实数 x,y,z 满足 $e^x+y^2+|z|=3$,证明 $e^xy^2|z|\leqslant 1$.

14. 求曲面 $z=\arctan\frac{y}{x}$在点 $M_0\left(1,1,\frac{\pi}{4}\right)$处的切平面与法线方程.

15. 求过直线$\begin{cases}x+2y+z-1=0,\\x-y-2z+3=0\end{cases}$的平面,使之平行于曲线$\begin{cases}x^2+y^2=\frac{z^2}{2},\\x+y+2z=4\end{cases}$在点(1,−1,2)的切线.

第5章 定积分与不定积分

先由实际意义引入定积分的概念与性质，直接介绍原函数、不定积分的概念和微积分基本原理.然后给出各种积分方法计算定积分和不定积分，对有理函数的积分和广义积分作了必要的介绍.最后讲授定积分的应用，也为后一章节的二重积分提供了几何背景.

§5.1 定积分的概念与基本性质

一、引例

1. 曲边梯形的面积

设函数 $y=f(x)$ 在区间 $[a,b]$ 上非负连续，由直线 $x=a,x=b,y=0$ 及曲线 $y=f(x)$ 所围成的图形称为曲边梯形（图 5-1），其中曲线弧称为曲边.

为求曲边梯形的面积，首先将区间 $[a,b]$ 任意分成 n 个小区间，相应地把曲边梯形分割成 n 个小曲边梯形. $y=f(x)$ 是在 $[a,b]$ 上连续变化的，由于小区间的长度很小，这时 $f(x)$ 在每个小区间上的变化也很小，可以近似看作不变.从而每个小曲边梯形的面积可以用相应的小矩形面积近似代替，我们就以所有这些小矩形面积之和作为曲边梯形面积的近似值，并把区间 $[a,b]$ 无限细分下去，也就是使每个小区间的长度都趋于零，这时所有矩形面积之和的极限就可定义为曲边梯形的面积.

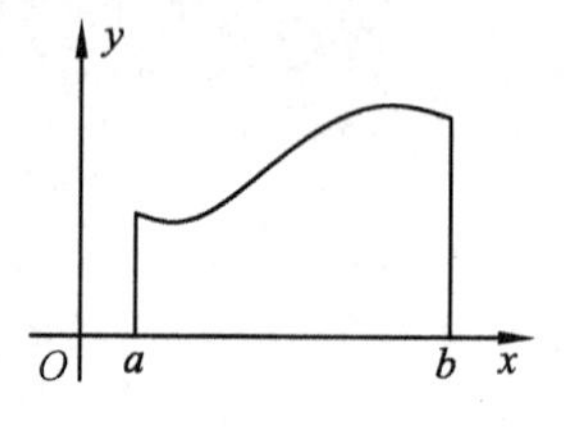

图 5-1

这个过程同时也给出了计算曲边梯形面积的方法，可归结为如下四步：

(1) 分割.如图 5-2 所示，把曲边梯形分割为 n 个小的曲边梯形.在 $[a,b]$ 中任意插入若干个分点：

$$a=x_0<x_1<x_2<\cdots<x_{n-1}<x_n=b,$$

这些分点把区间$[a,b]$分成 n 个小区间：

$$[x_0,x_1],[x_1,x_2],\cdots,[x_{n-1},x_n],$$

各个小区间的长度依次为

$$\Delta x_1=x_1-x_0,\Delta x_2=x_2-x_1,\cdots,\Delta x_n=x_n-x_{n-1}.$$

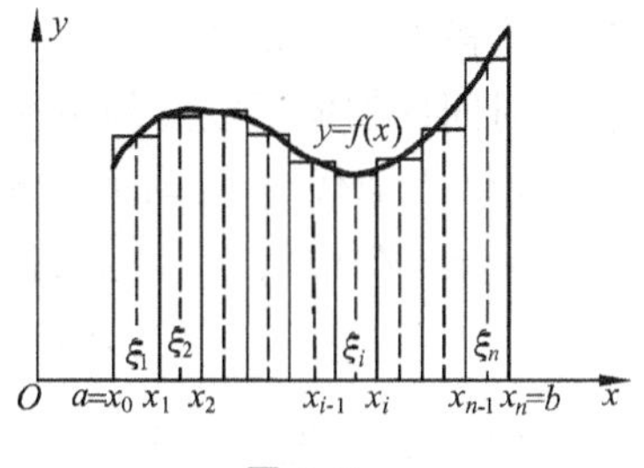

图 5-2

(2) 近似代替. 用小矩形的面积近似代替小曲边梯形的面积. 为此在每个小区间$[x_{i-1},x_i]$上任取一点 $\xi_i\in[x_{i-1},x_i]$，以函数值 $f(\xi_i)$ 为高，相应的小区间长度 Δx_i 为底作小矩形，用小矩形的面积 $f(\xi_i)\Delta x_i(i=1,2,\cdots,n)$ 近似代替相应的小曲边梯形的面积 ΔA_i，即

$$\Delta A_i\approx f(\xi_i)\Delta x_i(i=1,2,\cdots,n).$$

(3) 求和. 把每个小矩形的面积加起来，得到和式 $\sum\limits_{i=1}^{n}f(\xi_i)\Delta x_i$. 这就是曲边梯形面积的近似值，即

$$A=\sum_{i=1}^{n}\Delta A_i\approx\sum_{i=1}^{n}f(\xi_i)\Delta x_i.$$

(4) 取极限. 令小区间长度的最大值 $\lambda=\max\{\Delta x_1,\Delta x_2,\cdots,\Delta x_n\}$. 当 $\lambda\to 0$ 时，分点个数 n 无限增加，上述和式的极限就是曲边梯形的面积，即

$$A=\lim_{\lambda\to 0}\sum_{i=1}^{n}f(\xi_i)\Delta x_i.$$

2. 变速直线运动的路程

设物体做直线运动，已知速度 $v=v(t)$ 是时间间隔$[T_1,T_2]$上 t 的连续函数，且 $v(t)\geqslant 0$，计算在这段时间内物体所经过的路程 s.

为求物体所经过的路程 s，首先将区间$[T_1,T_2]$任意分成 n 个小区间. 由于小区间的长度很小，这时 $v(t)$在每个小区间上变化也很小，可以近似看作不变. 从而在每个小区间内可以等速运动代替变速运动，我们就可以算出每个小区间上路程的近似值. 再求和，得到整个路程的近似值. 最后，把时间间隔无限细分下去，这时所有小区间上路程的近似值之和的极限，就是所求变速直线运动的路程. 这一过程可归结为如下四步：

(1) 分割. 在时间间隔$[T_1,T_2]$内任意插入若干个分点：

$$T_1=t_0<t_1<t_2<\cdots<t_{n-1}<t_n=T_2,$$

这些分点把时间间隔$[T_1,T_2]$分成 n 个小段：

$$[t_0,t_1],[t_1,t_2],\cdots,[t_{n-1},t_n].$$

各个小段的长度依次为 $\Delta t_1=t_1-t_0,\Delta t_2=t_2-t_1,\cdots,\Delta t_n=t_n-t_{n-1}$. 相应地，在各段时间内物体所经过的路程依次为 $\Delta s_1,\Delta s_2,\cdots,\Delta s_n$.

(2) 近似代替. 在时间间隔 $[t_{i-1},t_i]$ 上任取一个时刻 $\tau_i\in[t_{i-1},t_i]$，以 τ_i 时的速度 $v(\tau_i)$ 来代替 $[t_{i-1},t_i]$ 上各个时刻的速度，得到小区间上路程的近似值，即

$$\Delta s_i\approx v(\tau_i)\Delta t_i(i=1,2,\cdots,n).$$

(3) 求和. 把每一小段路程加起来，得到和式 $\sum\limits_{i=1}^{n}v(\tau_i)\Delta t_i$. 这就是变速直线运动的路程 s 的近似值，即

$$s=\sum_{i=1}^{n}\Delta s_i\approx\sum_{i=1}^{n}v(\tau_i)\Delta t_i.$$

(4) 取极限. 令小区间长度的最大值 $\lambda=\max\{\Delta t_1,\Delta t_2,\cdots,\Delta t_n\}$. 当 $\lambda\to0$ 时，上述和式的极限就是变速直线运动的路程 s，即

$$s=\lim_{\lambda\to0}\sum_{i=1}^{n}v(\tau_i)\Delta t_i.$$

从上面两个例子可以看到：所要计算的量经过分割、近似代替、求和、取极限这四个步骤将其归结为特殊和式的极限. 如果抛开这些问题的具体意义，抓住它们在数量关系上共同的本质与特性，我们可以抽象出定积分的定义.

二、定积分的定义

定义 设函数 $f(x)$ 在 $[a,b]$ 上有界，在 $[a,b]$ 中任意插入若干个分点：

$$a=x_0<x_1<x_2<\cdots<x_{n-1}<x_n=b,$$

把区间 $[a,b]$ 分成 n 个小区间：

$$[x_0,x_1],[x_1,x_2],\cdots,[x_{n-1},x_n],$$

各个小区间的长度依次为 $\Delta x_1=x_1-x_0,\Delta x_2=x_2-x_1,\cdots,\Delta x_n=x_n-x_{n-1}$. 在每个小区间 $[x_{i-1},x_i]$ 上任取一点 $\xi_i\in[x_{i-1},x_i]$，作函数值 $f(\xi_i)$ 与小区间长度 Δx_i 的乘积 $f(\xi_i)\Delta x_i(i=1,2,\cdots,n)$，并作出和 $S=\sum\limits_{i=1}^{n}f(\xi_i)\Delta x_i$. 记 $\lambda=\max\{\Delta x_1,\Delta x_2,\cdots,\Delta x_n\}$. 如果不论对 $[a,b]$ 怎样分法，也不论在小区间 $[x_{i-1},x_i]$ 上点 ξ_i 怎样取法，只要当 $\lambda\to0$ 时，和 S 总趋于确定的极限 I，这时我们称这个极限 I 为函数 $f(x)$ 在区间 $[a,b]$ 上的定积分(简称积分)，记作 $\int_a^b f(x)\mathrm{d}x$，即

$$\int_a^b f(x)\mathrm{d}x=I=\lim_{\lambda\to0}\sum_{i=1}^{n}f(\xi_i)\Delta x_i,$$

其中 $f(x)$ 称为被积函数，$f(x)\mathrm{d}x$ 称为被积表达式，x 称为积分变量，数 a,b 分别称

为积分上、下限，$[a,b]$ 称为积分区间.

根据定积分的定义知，前面讨论的曲边梯形面积 A 与变速直线运动的路程 s 分别表示为 $A=\int_a^b f(x)\mathrm{d}x$，$s=\int_{T_1}^{T_2} v(t)\mathrm{d}t$.

下面我们对定积分的定义作几点说明：

(1) 定积分 $\int_a^b f(x)\mathrm{d}x$ 是一个数，它由积分区间、被积函数唯一确定，而不依赖于积分变量的选取，也就是定积分的值只与被积函数及积分区间有关，而与积分变量的记法无关，即

$$\int_a^b f(x)\mathrm{d}x=\int_a^b f(t)\mathrm{d}t=\int_a^b f(u)\mathrm{d}u.$$

(2) 在定积分的定义中，我们事实上规定了定积分 $\int_a^b f(x)\mathrm{d}x$ 的积分下限 a 总是小于积分上限 b. 为了应用方便起见，规定：当 $a=b$ 时，$\int_a^b f(x)\mathrm{d}x=0$；当 $a>b$ 时，$\int_a^b f(x)\mathrm{d}x=-\int_b^a f(x)\mathrm{d}x$.

(3) 在 $[a,b]$ 上 $f(x)\geqslant 0$ 时，我们已经知道，定积分 $\int_a^b f(x)\mathrm{d}x$ 在几何上表示曲线 $y=f(x)$、两条直线 $x=a$，$x=b$ 与 x 轴所围成的曲边梯形的面积. 我们规定：对于曲线 $y=f(x)$、两条直线 $x=a$，$x=b$ 与 x 轴所围成的曲边梯形，在 x 轴上方图形的面积为正，在 x 轴下方图形的面积为负，则 $f(x)$ 在 $[a,b]$ 上的定积分 $\int_a^b f(x)\mathrm{d}x$ 就是这些带符号的面积的代数和(图 5-3).

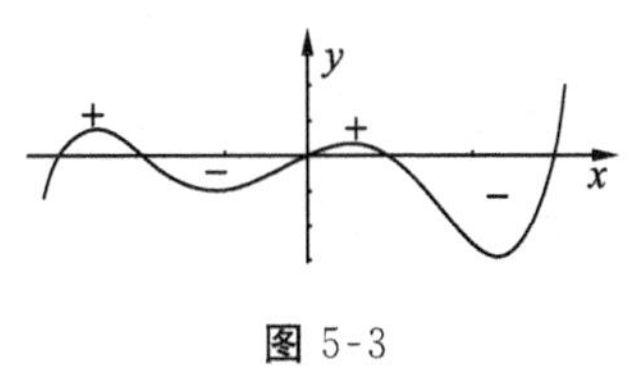

图 5-3

一个重要问题是：函数 $f(x)$ 在 $[a,b]$ 上满足怎样的条件，定积分一定存在? 这个问题我们不作深入讨论，而只给出以下两个充分条件.

定理 1 设 $f(x)$ 在 $[a,b]$ 上连续，则 $f(x)$ 在 $[a,b]$ 上可积.

定理 2 设 $f(x)$ 在 $[a,b]$ 上有界，且只有有限个间断点，则 $f(x)$ 在 $[a,b]$ 上可积.

三、定积分的基本性质

根据定积分的定义以及极限运算法则，容易得到定积分的下列基本性质. 下列各性质中积分上、下限的大小，如不特别指明，均不加限制，并假定各性质中所

列出的定积分都是存在的.

性质 1 $\int_a^b [f(x) \pm g(x)] \mathrm{d}x = \int_a^b f(x) \mathrm{d}x \pm \int_a^b g(x) \mathrm{d}x$.

性质 2 $\int_a^b kf(x) \mathrm{d}x = k\int_a^b f(x) \mathrm{d}x$($k$ 是常数).

性质 1、性质 2 也称为定积分的线性性质.

性质 3 设 $a<c<b$,则 $\int_a^b f(x) \mathrm{d}x = \int_a^c f(x) \mathrm{d}x + \int_c^b f(x) \mathrm{d}x$.

事实上,不论 a,b,c 的相对位置如何,总有等式 $\int_a^b f(x) \mathrm{d}x = \int_a^c f(x) \mathrm{d}x + \int_c^b f(x) \mathrm{d}x$. 这个性质表明定积分对于区间具有可加性.

性质 4 若在区间 $[a,b]$ 上 $f(x) \equiv 1$,则 $\int_a^b f(x) \mathrm{d}x = \int_a^b \mathrm{d}x = b-a$.

性质 5 若在区间 $[a,b]$ 上 $f(x) \geqslant 0$,则 $\int_a^b f(x) \mathrm{d}x \geqslant 0$.

推论 1 若在区间 $[a,b]$ 上 $f(x) \leqslant g(x)$,则 $\int_a^b f(x) \mathrm{d}x \leqslant \int_a^b g(x) \mathrm{d}x$.

推论 2 $\left|\int_a^b f(x) \mathrm{d}x\right| \leqslant \int_a^b |f(x)| \mathrm{d}x$.

性质 6 设 M 及 m 分别是函数 $f(x)$ 在区间 $[a,b]$ 上的最大值及最小值,则

$$m(b-a) \leqslant \int_a^b f(x) \mathrm{d}x \leqslant M(b-a).$$

性质 7(定积分中值定理) 若函数 $f(x)$ 在闭区间 $[a,b]$ 上连续,则在积分区间 $[a,b]$ 上至少存在一点 ξ,使下式成立:

$$\int_a^b f(x) \mathrm{d}x = f(\xi)(b-a)(\xi \in [a,b]).$$

这个公式称为积分中值公式.

在 $f(x) \geqslant 0$ 时,积分中值定理的几何意义是:在区间 $[a,b]$ 上至少存在一点 ξ,使得以区间 $[a,b]$ 为底边、曲线 $y=f(x)$ 为曲边的曲边梯形的面积等于同一底边而高为 $f(\xi)$ 的一个矩形的面积(图 5-4).

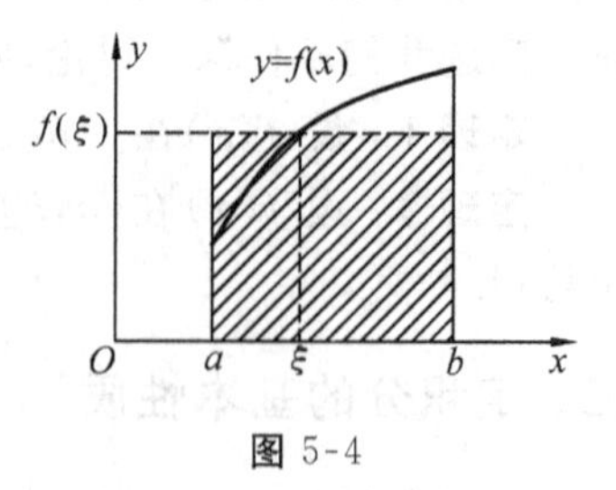

图 5-4

由积分中值公式得

$$f(\xi) = \frac{1}{b-a}\int_a^b f(x) \mathrm{d}x,$$

称为函数 $f(x)$ 在区间$[a,b]$上的平均值.

例 1 判断下列各题中定积分的大小：

(1) $\int_0^{\frac{\pi}{2}}\sin^3 x\mathrm{d}x$ 与$\int_0^{\frac{\pi}{2}}\sin^5 x\mathrm{d}x$； (2) $\int_0^{\frac{\pi}{2}}\sin^3 x\mathrm{d}x$ 与$\int_0^{\frac{\pi}{2}}x^3\mathrm{d}x$.

解 (1) 因为当 $x\in\left[0,\frac{\pi}{2}\right]$时，$0\leqslant\sin x\leqslant 1$，则 $\sin^3 x\geqslant\sin^5 x$，所以

$$\int_0^{\frac{\pi}{2}}\sin^3 x\mathrm{d}x\geqslant\int_0^{\frac{\pi}{2}}\sin^5 x\mathrm{d}x.$$

(2) 因为当 $x\in\left[0,\frac{\pi}{2}\right]$时，$0\leqslant\sin x\leqslant x$，则 $\sin^3 x\leqslant x^3$，所以

$$\int_0^{\frac{\pi}{2}}\sin^3 x\mathrm{d}x\leqslant\int_0^{\frac{\pi}{2}}x^3\mathrm{d}x.$$

例 2 证明：$\frac{2}{3}\leqslant\int_0^1\frac{\mathrm{d}x}{\sqrt{2+x-x^2}}\leqslant\frac{1}{\sqrt{2}}$.

证 因为 $$2+x-x^2=\frac{9}{4}-\left(x-\frac{1}{2}\right)^2,$$

所以 $$\sqrt{2}\leqslant\sqrt{2+x-x^2}\leqslant\frac{3}{2},x\in[0,1].$$

再由性质 6 可得 $$\frac{2}{3}\leqslant\int_0^1\frac{\mathrm{d}x}{\sqrt{2+x-x^2}}\leqslant\frac{1}{\sqrt{2}}.$$

§5.2 原函数与微积分基本定理

前面我们讨论了定积分的概念及性质，但即使对于在$[a,b]$上连续的一些基本初等函数，采用特殊的划分、指定的选点并通过求和式极限来计算积分也往往是十分困难的.

一、积分上限的函数及其导数

如果函数 $f(x)$在闭区间$[a,b]$上连续，那么对于任意的 $x\in[a,b]$，函数$f(t)$在$[a,x]$上也连续，积分$\int_a^x f(t)\mathrm{d}t$ 是一个确定的值. 这样我们得到了一个积分上限 x 的函数$\Phi(x)=\int_a^x f(t)\mathrm{d}t$，这个函数称为积分上限的函数.

定理 1 设 $f(x)$ 在$[a,b]$上连续，则积分上限的函数$\Phi(x)=\int_a^x f(t)\mathrm{d}t$ 在$[a,$

$b]$上可导，且 $\Phi'(x)=\dfrac{\mathrm{d}}{\mathrm{d}x}\int_a^x f(t)\mathrm{d}t=f(x)$.

证 对于任意的 x 及 $x+\Delta x\in[a,b]$，

$$\Delta\Phi=\Phi(x+\Delta x)-\Phi(x)=\int_a^{x+\Delta x}f(t)\mathrm{d}t-\int_a^x f(t)\mathrm{d}t=\int_x^{x+\Delta x}f(t)\mathrm{d}t.$$

应用积分中值定理得

$$\Delta\Phi=f(\xi)\cdot\Delta x(\xi\text{ 介于 }x\text{ 与 }x+\Delta x\text{ 之间}).$$

由于 $\Delta x\to0$ 时 $\xi\to x$，由 $f(x)$ 的连续性，可得

$$\Phi'(x)=\lim_{\Delta x\to0}\frac{\Delta\Phi}{\Delta x}=\lim_{\Delta x\to0}f(\xi)=\lim_{\xi\to x}f(\xi)=f(x).$$

上述定理通过变限积分揭示了导数与积分之间的关系.

例 1 计算下列函数的导数：

(1) $\int_0^x t^3\cos t\mathrm{d}t$； (2) $\int_{\frac{1}{2}}^{\sqrt{x}}\dfrac{\sin t^2}{t}\mathrm{d}t$；

(3) $\int_{2x}^0\ln(1+t^2)\mathrm{d}t$； (4) $\int_{x^3}^{\sin x}\mathrm{e}^{-t^2}\mathrm{d}t$.

解 (1) $\dfrac{\mathrm{d}}{\mathrm{d}x}\int_0^x t^3\cos t\mathrm{d}t=x^3\cos x$.

(2) 设 $\Phi(u)=\int_{\frac{1}{2}}^u\dfrac{\sin t^2}{t}\mathrm{d}t$，则$\int_{\frac{1}{2}}^{\sqrt{x}}\dfrac{\sin t^2}{t}\mathrm{d}t$ 可看作由 $u=\sqrt{x}$ 和 $\Phi(u)$ 复合而成，由复合函数求导法则与定理 1 得

$$\frac{\mathrm{d}}{\mathrm{d}x}\int_{\frac{1}{2}}^{\sqrt{x}}\frac{\sin t^2}{t}\mathrm{d}t=\frac{\mathrm{d}}{\mathrm{d}u}\int_{\frac{1}{2}}^{u}\frac{\sin t^2}{t}\mathrm{d}t\cdot\frac{\mathrm{d}u}{\mathrm{d}x}=\frac{\sin u^2}{u}\cdot\frac{1}{2\sqrt{x}}=\frac{\sin x}{2x}.$$

(3) $$\frac{\mathrm{d}}{\mathrm{d}x}\int_{2x}^0\ln(1+t^2)\mathrm{d}t=\frac{\mathrm{d}}{\mathrm{d}x}\left[-\int_0^{2x}\ln(1+t^2)\mathrm{d}t\right]=-\frac{\mathrm{d}}{\mathrm{d}x}\int_0^{2x}\ln(1+t^2)\mathrm{d}t$$
$$=-\ln(1+4x^2)\cdot2=-2\ln(1+4x^2).$$

(4) 由于$\int_{x^3}^{\sin x}\mathrm{e}^{-t^2}\mathrm{d}t=\int_{x^3}^0\mathrm{e}^{-t^2}\mathrm{d}t+\int_0^{\sin x}\mathrm{e}^{-t^2}\mathrm{d}t=\int_0^{\sin x}\mathrm{e}^{-t^2}\mathrm{d}t-\int_0^{x^3}\mathrm{e}^{-t^2}\mathrm{d}t$，则

$$\frac{\mathrm{d}}{\mathrm{d}x}\int_{x^3}^{\sin x}\mathrm{e}^{-t^2}\mathrm{d}t=\frac{\mathrm{d}}{\mathrm{d}x}\left(\int_0^{\sin x}\mathrm{e}^{-t^2}\mathrm{d}t-\int_0^{x^3}\mathrm{e}^{-t^2}\mathrm{d}t\right)=\frac{\mathrm{d}}{\mathrm{d}x}\int_0^{\sin x}\mathrm{e}^{-t^2}\mathrm{d}t-\frac{\mathrm{d}}{\mathrm{d}x}\int_0^{x^3}\mathrm{e}^{-t^2}\mathrm{d}t$$
$$=\mathrm{e}^{-\sin^2x}\cdot\cos x-\mathrm{e}^{-x^6}\cdot3x^2=\cos x\mathrm{e}^{-\sin^2x}-3x^2\mathrm{e}^{-x^6}.$$

例 2 设 $\Phi(x)=\int_1^x f(t)\mathrm{d}t$，其中 $f(t)=\int_1^{t^2}\dfrac{\sqrt{1+u^4}}{u}\mathrm{d}u$，求 $\Phi''(2)$.

解 由于

$$\Phi'(x)=f(x),$$

$$\Phi''(x)=f'(x)=\frac{\sqrt{1+x^8}}{x^2}\cdot 2x=\frac{2\sqrt{1+x^8}}{x}\ (x\neq 0),$$

从而 $\quad \Phi''(2)=\sqrt{257}.$

例 3 计算$\lim\limits_{x\to 0}\dfrac{\int_0^{x^3}\tan\sqrt[3]{t}\,\mathrm{d}t}{\ln(1+3x^4)}$.

解 利用等价无穷小的替换、洛必达法则及定理 1,可得

$$\lim_{x\to 0}\frac{\int_0^{x^3}\tan\sqrt[3]{t}\,\mathrm{d}t}{\ln(1+3x^4)}=\lim_{x\to 0}\frac{\int_0^{x^3}\tan\sqrt[3]{t}\,\mathrm{d}t}{3x^4}=\lim_{x\to 0}\frac{\tan x\cdot 3x^2}{12x^3}=\frac{1}{4}.$$

二、原函数与不定积分

定义 1 若在某区间上可导函数 $F(x)$的导函数为 $f(x)$,即对该区间上的每一点 x,都有 $F'(x)=f(x)$或 $\mathrm{d}[F(x)]=f(x)\mathrm{d}x$,则 $F(x)$就称为 $f(x)$在该区间上的原函数.

例如,因$(\sin x)'=\cos x$,故 $\sin x$ 是 $\cos x$ 原函数. 又如,当 $x\in(0,+\infty)$时,$(\ln x)'=\dfrac{1}{x}$,故 $\ln x$ 是$\dfrac{1}{x}$在区间$(0,+\infty)$内的原函数.

关于原函数,我们首先要问:一个函数具备什么条件,其原函数一定存在?定理 1 实际上已经回答了这个问题:若 $f(x)$在$[a,b]$上连续,则在$[a,b]$上一定存在原函数 $\int_a^x f(t)\mathrm{d}t$. 简单地说就是:连续函数必有原函数. 初等函数在定义区间上连续,从而初等函数在定义区间上存在原函数.

关于原函数还要说明以下两点.

第一,若 $f(x)$在区间 I 上有原函数 $F(x)$,则从原函数的定义可得:对任何常数 C,$F(x)+C$ 也是 $f(x)$的原函数. 这说明,若 $f(x)$有一个原函数,则 $f(x)$就有无限多个原函数.

第二,若 $f(x)$在区间 I 上有原函数 $F(x)$,$G(x)$,即 $F'(x)=G'(x)$,则 $G(x)=F(x)+C_0$(C_0 是某个常数). 这说明,若函数 $f(x)$有原函数 $F(x)$,则有无穷多个原函数,且全部原函数可以表示为 $F(x)+C$(C 为任意常数).

由以上两点说明,我们引入下述定义.

定义 2 在区间 I 上,函数 $f(x)$的带有任意常数项的原函数称为 $f(x)$在区间 I 上的不定积分,记作$\int f(x)\mathrm{d}x$. 其中记号$\int$称为积分号,$f(x)$称为被积函数,$f(x)\mathrm{d}x$ 称为积分表达式,x 称为积分变量.

例 4 求$\int x^2 \mathrm{d}x$.

解 由于$\left(\frac{x^3}{3}\right)'=x^2$,所以$\frac{x^3}{3}$是 x^2 的一个原函数,因此$\int x^2 \mathrm{d}x=\frac{x^3}{3}+C$.

例 5 求$\int \frac{1}{x}\mathrm{d}x$.

解 当 $x>0$ 时,由于$(\ln x)'=\frac{1}{x}$,所以 $\ln x$ 是$\frac{1}{x}$在$(0,+\infty)$内的一个原函数.因此,在$(0,+\infty)$内,$\int \frac{1}{x}\mathrm{d}x=\ln x+C$.

当 $x<0$ 时,由于$[\ln(-x)]'=\frac{1}{-x}(-1)=\frac{1}{x}$,所以 $\ln(-x)$是$\frac{1}{x}$在$(-\infty,0)$内的一个原函数.因此,在$(-\infty,0)$内,$\int \frac{1}{x}\mathrm{d}x=\ln(-x)+C$.

综上所述,$\int \frac{1}{x}\mathrm{d}x=\ln|x|+C$.

通常我们把 $f(x)$在 I 上的原函数的图形称为 $f(x)$的积分曲线,于是在几何上$\int f(x)\mathrm{d}x$ 表示 $f(x)$的某一积分曲线沿纵轴方向任意平移所得一切积分曲线组成的曲线族,称为积分曲线族.

利用不定积分的定义不难得出如下性质:

性质 1 若 $f(x)$在区间 I 上存在原函数,则

$$\left[\int f(x)\mathrm{d}x\right]'=f(x) \text{ 或 } \mathrm{d}\left[\int f(x)\mathrm{d}x\right]=f(x)\mathrm{d}x.$$

性质 2 若 $F(x)$的导函数在区间 I 上可积,则

$$\int F'(x)\mathrm{d}x=F(x)+C, \text{或} \int \mathrm{d}[F(x)]=F(x)+C.$$

以上两条性质说明了不定积分与微分两种运算的互逆性.即当积分号“$\int$”与微分号“d”连在一起时,或者相互抵消,或者抵消后相差一个常数.

性质 3 设函数 $f(x)$及 $g(x)$的原函数存在,则

$$\int [f(x)+g(x)]\mathrm{d}x=\int f(x)\mathrm{d}x+\int g(x)\mathrm{d}x.$$

性质 4 设函数 $f(x)$的原函数存在,则

$$\int kf(x)\mathrm{d}x=k\int f(x)\mathrm{d}x (k \text{ 是非零常数}).$$

三、微积分基本定理

由定义 2 及前面的说明可知，如果 $F(x)$是 $f(x)$在区间 I 上的一个原函数，那么就有$\int f(x)\mathrm{d}x = F(x) + C$，特别地有$\int f(x)\mathrm{d}x = \int_a^x f(t)\mathrm{d}t + C$，其中 a 是 I 内任意取定的一点，自变量 $x \in I$. 由此我们来证明一个重要定理，它给出了用原函数计算定积分的公式.

定理 2 若函数 $F(x)$是连续函数 $f(x)$在区间$[a,b]$上的一个原函数，则

$$\int_a^b f(x)\mathrm{d}x = F(b) - F(a).$$

证 已知函数 $F(x)$是连续函数 $f(x)$的一个原函数，又根据定理 1 知积分上限的函数 $\Phi(x) = \int_a^x f(t)\mathrm{d}t$ 也是连续函数 $f(x)$ 的一个原函数，于是 $F(x) - \Phi(x)$ 在 $[a,b]$ 上必定是某一个常数 C，即

$$F(x) - \Phi(x) = C(x \in [a,b]).$$

在上式中令 $x=a$，得 $F(a)-\Phi(a)=C$，又 $\Phi(a)=0$，从而 $C=F(a)$. 因此

$$\int_a^x f(x)\mathrm{d}x = F(x) - F(a).$$

在上式中令 $x=b$，可得

$$\int_a^b f(x)\mathrm{d}x = F(b) - F(a).$$

上面的公式就是著名的牛顿-莱布尼茨公式，它也常写为如下的形式：

$$\int_a^b f(x)\mathrm{d}x = F(x)\Big|_a^b = F(b) - F(a).$$

牛顿-莱布尼茨公式建立了定积分与原函数（或不定积分）之间的联系，它表明：一个连续函数在区间$[a,b]$上的定积分等于它的任何一个原函数在区间$[a,b]$上的增量，从而将定积分的计算归结为求原函数.

例 6 计算 $\int_0^1 x^2\mathrm{d}x$.

解 由于$\frac{x^3}{3}$是 x^2 的一个原函数，所以根据牛顿-莱布尼茨公式，有

$$\int_0^1 x^2\mathrm{d}x = \frac{x^3}{3}\Big|_0^1 = \frac{1}{3}.$$

例 7 计算 $\int_1^{\mathrm{e}} \frac{1}{x}\mathrm{d}x$.

解 由于 $\ln|x|$ 是$\frac{1}{x}$的一个原函数，则有

$$\int_1^e \frac{1}{x}dx = \ln|x|\Big|_1^e = 1.$$

§5.3 积 分 法

根据牛顿-莱布尼茨公式，为了求得连续函数 $f(x)$ 在某个区间上的定积分，只要设法求得 $f(x)$ 在该区间上的原函数或不定积分就可以了.

一、基本积分表

由于积分运算是微分运算的逆运算，所以很自然地从导数公式得到相应的积分公式，我们把一些基本的积分公式列成基本积分表.

基本积分表：

(1) $\int k dx = kx + C$（k 是常数）；

(2) $\int x^\mu dx = \frac{1}{\mu+1}x^{\mu+1} + C$（$\mu$ 是常数且 $\mu \neq -1$）；

(3) $\int \frac{1}{x}dx = \ln|x| + C$；

(4) $\int a^x dx = \frac{a^x}{\ln a} + C(a > 0, a \neq 1)$，特别地，$\int e^x dx = e^x + C$；

(5) $\int \sin x dx = -\cos x + C$；

(6) $\int \cos x dx = \sin x + C$；

(7) $\int \frac{1}{\cos^2 x}dx = \int \sec^2 x dx = \tan x + C$；

(8) $\int \frac{1}{\sin^2 x}dx = \int \csc^2 x dx = -\cot x + C$；

(9) $\int \sec x \tan x dx = \sec x + C$；

(10) $\int \csc x \cot x dx = -\csc x + C$；

(11) $\int \frac{1}{\sqrt{1-x^2}}dx = \arcsin x + C$；

(12) $\int \frac{1}{1+x^2}dx = \arctan x + C$.

以上 12 个基本积分公式是求不定积分的基础，必须熟记. 公式中若用 u 代替 x 仍成立，其中 u 可以是 x 的函数.

下面我们利用不定积分的线性性质和基本积分表来计算一些简单的不定积分.

例 1 求 $\int \frac{\mathrm{d}x}{x^2\sqrt{x}}$.

解 $\int \frac{\mathrm{d}x}{x^2\sqrt{x}}=\int x^{-\frac{5}{2}}\mathrm{d}x=\frac{1}{1+\left(-\frac{5}{2}\right)}x^{1+\left(-\frac{5}{2}\right)}+C=-\frac{2}{3}x^{-\frac{3}{2}}+C.$

例 2 求 $\int 3^x\mathrm{e}^x\mathrm{d}x$.

解 $\int 3^x\mathrm{e}^x\mathrm{d}x=\int(3\mathrm{e})^x\mathrm{d}x=\frac{(3\mathrm{e})^x}{\ln(3\mathrm{e})}+C=\frac{(3\mathrm{e})^x}{1+\ln 3}+C.$

例 3 计算 $\int_{\frac{\pi}{4}}^{\frac{\pi}{2}}\frac{\cos 2x}{\cos x-\sin x}\mathrm{d}x$.

解

$$\int_{\frac{\pi}{4}}^{\frac{\pi}{2}}\frac{\cos 2x}{\cos x-\sin x}\mathrm{d}x=\int_{\frac{\pi}{4}}^{\frac{\pi}{2}}\frac{\cos^2 x-\sin^2 x}{\cos x-\sin x}\mathrm{d}x=\int_{\frac{\pi}{4}}^{\frac{\pi}{2}}(\cos x+\sin x)\mathrm{d}x$$

$$=(\sin x-\cos x)\Big|_{\frac{\pi}{4}}^{\frac{\pi}{2}}=1.$$

例 4 计算 $\int_{-1}^{0}\frac{3x^4+3x^2+1}{x^2+1}\mathrm{d}x$.

解

$$\int_{-1}^{0}\frac{3x^4+3x^2+1}{x^2+1}\mathrm{d}x=\int_{-1}^{0}\left(3x^2+\frac{1}{1+x^2}\right)\mathrm{d}x$$

$$=(x^3+\arctan x)\Big|_{-1}^{0}=1+\frac{\pi}{4}.$$

例 5 计算 $\int_0^{2\pi}|\sin x|\mathrm{d}x$.

解 利用积分区间的可加性和牛顿-莱布尼茨公式，得

$$\int_0^{2\pi}|\sin x|\mathrm{d}x=\int_0^{\pi}|\sin x|\mathrm{d}x+\int_{\pi}^{2\pi}|\sin x|\mathrm{d}x$$

$$=\int_0^{\pi}\sin x\mathrm{d}x+\int_{\pi}^{2\pi}(-\sin x)\mathrm{d}x$$

$$=-\cos x\Big|_0^{\pi}+\cos x\Big|_{\pi}^{2\pi}=2+2=4.$$

例 6 求 $\int_0^2 f(x)\mathrm{d}x$，其中 $f(x)=\begin{cases}x+1, & x\leqslant 1,\\ \frac{1}{2}x^2, & x>1.\end{cases}$

解 $\int_0^2 f(x)\mathrm{d}x=\int_0^1 f(x)\mathrm{d}x+\int_1^2 f(x)\mathrm{d}x=\int_0^1 (x+1)\mathrm{d}x+\int_1^2 \frac{1}{2}x^2\mathrm{d}x$

$$=\left(\frac{1}{2}x^2+x\right)\Big|_0^1+\frac{1}{6}x^3\Big|_1^2=\frac{8}{3}.$$

例 7 已知 $f(x)=x+\frac{1}{2x}\int_1^{\mathrm{e}} f(x)\mathrm{d}x$,求 $\int_1^{\mathrm{e}} f(x)\mathrm{d}x$,$f(x)$.

解 设 $\int_1^{\mathrm{e}} f(x)\mathrm{d}x=a$,则 $f(x)=x+\frac{a}{2x}$. 于是

$$a=\int_1^{\mathrm{e}} f(x)\mathrm{d}x=\int_1^{\mathrm{e}}\left(x+\frac{a}{2x}\right)\mathrm{d}x=\left(\frac{1}{2}x^2+\frac{a}{2}\ln|x|\right)\Big|_1^{\mathrm{e}}$$

$$=\frac{1}{2}(\mathrm{e}^2-1)+\frac{a}{2},$$

解得 $a=\mathrm{e}^2-1$. 所以 $\int_1^{\mathrm{e}} f(x)\mathrm{d}x=\mathrm{e}^2-1$,$f(x)=x+\frac{\mathrm{e}^2-1}{2x}$.

例 8 设 $f(x)=\begin{cases}\frac{1}{2}\sin x, & x\in[0,\pi],\\ 0, & x\in(-\infty,0)\cup(\pi,+\infty).\end{cases}$

求 $\Phi(x)=\int_0^x f(t)\mathrm{d}t$ 在 $(-\infty,+\infty)$ 内的表达式,并计算 $\int_{-\pi}^{\pi}\Phi(x)\mathrm{d}x$.

解 当 $x<0$ 时,$\Phi(x)=\int_0^x f(t)\mathrm{d}t=\int_0^x 0\mathrm{d}t=0$;

当 $0\leqslant x\leqslant\pi$ 时,$\Phi(x)=\int_0^x f(t)\mathrm{d}t=\int_0^x \frac{1}{2}\sin t\mathrm{d}t=\frac{1}{2}(1-\cos x)$;

当 $x>\pi$ 时,$\Phi(x)=\int_0^x f(t)\mathrm{d}t=\int_0^{\pi} f(t)\mathrm{d}t+\int_{\pi}^x f(t)\mathrm{d}t=\int_0^{\pi}\frac{1}{2}\sin t\mathrm{d}t+\int_{\pi}^x 0\mathrm{d}t=1$.

所以 $\Phi(x)=\begin{cases}0, & x<0,\\ \frac{1}{2}(1-\cos x), & 0\leqslant x\leqslant\pi,\\ 1, & x>\pi.\end{cases}$

于是 $\int_{-\pi}^{\pi}\Phi(x)\mathrm{d}x=\int_{-\pi}^{0}\Phi(x)\mathrm{d}x+\int_0^{\pi}\Phi(x)\mathrm{d}x=0+\int_0^{\pi}\frac{1}{2}(1-\cos x)\mathrm{d}x=\frac{\pi}{2}$.

二、第一类换元法

设 $f(u)$ 具有原函数 $F(u)$,即 $F'(u)=f(u)$,$\int f(u)\mathrm{d}u=F(u)+C$. 如果 u 是另一个变量 x 的函数 $u=\varphi(x)$,且设 $\varphi(x)$ 可微,则由复合函数微分法,有

$$\mathrm{d}F(\varphi(x))=f(\varphi(x))\varphi'(x)\mathrm{d}x,$$

从而根据不定积分的定义就得公式

$$\int f(\varphi(x))\varphi'(x)\mathrm{d}x = F(\varphi(x)) + C = \left[\int f(u)\mathrm{d}u\right]_{u=\varphi(x)}.$$

于是有下面的定理:

定理 1 设 $f(u)$ 具有原函数 $F(u)$, $u=\varphi(x)$ 可导,则有换元公式

$$\int f(\varphi(x))\varphi'(x)\mathrm{d}x = \left[\int f(u)\mathrm{d}u\right]_{u=\varphi(x)} = F(u) + C = F(\varphi(x)) + C.$$

上述定理的意义在于:当积分 $\int f(\varphi(x))\varphi'(x)\mathrm{d}x$ 不容易计算而 $f(u)$ 的原函数容易求得时,我们可作变量代换 $u=\varphi(x)$,将 $\int f(\varphi(x))\varphi'(x)\mathrm{d}x$ 转换为 $\int f(u)\mathrm{d}u$,在求出原函数 $F(u)$ 后再将 $u=\varphi(x)$ 回代得到 $F(\varphi(x))+C$. 由于我们这里作了变量代换 $u=\varphi(x)$,所以这一方法称为第一类换元法(或称凑微分法).

例 9 求 $\int\left(\frac{x-3}{4}\right)^{100}\mathrm{d}x$.

解 设 $u=\frac{x-3}{4}$,则有 $\mathrm{d}u=\frac{\mathrm{d}x}{4}$. 于是

$$\int\left(\frac{x-3}{4}\right)^{100}\mathrm{d}x = \int u^{100}\cdot 4\mathrm{d}u = \frac{4}{101}u^{101} + C = \frac{4}{101}\left(\frac{x-3}{4}\right)^{101} + C.$$

如果将被积函数展开,利用积分的线性运算性质以及幂函数的积分公式来解上题是相当烦琐的,从中可体会出进行积分换元的好处.

例 10 求 $\int x\mathrm{e}^{1-\frac{x^2}{2}}\mathrm{d}x$.

解 设 $u=1-\frac{x^2}{2}$,则有 $\mathrm{d}u=-x\mathrm{d}x$. 于是

$$\int x\mathrm{e}^{1-\frac{x^2}{2}}\mathrm{d}x = -\int \mathrm{e}^u\mathrm{d}u = -\mathrm{e}^u + C = -\mathrm{e}^{1-\frac{x^2}{2}} + C.$$

在对变量代换比较熟练以后,就不一定写出中间变量 u,而直接采用凑微分法.

例 11 求 $\int\frac{\mathrm{d}x}{x(1+3\ln x)}$.

解 $\int\frac{\mathrm{d}x}{x(1+3\ln x)} = \int\frac{\mathrm{d}(\ln x)}{1+3\ln x} = \frac{1}{3}\int\frac{\mathrm{d}(1+3\ln x)}{1+3\ln x} = \frac{1}{3}\ln|1+3\ln x| + C.$

例 12 求 $\int\tan x\mathrm{d}x$.

解 $\int\tan x\mathrm{d}x = \int\frac{\sin x}{\cos x}\mathrm{d}x = \int\frac{-\mathrm{d}(\cos x)}{\cos x} = -\ln|\cos x| + C.$

同理　$\int \cot x \mathrm{d}x = \ln|\sin x| + C.$

一般地，当被积函数是由三角函数构成的一些简单表达式时，可同时利用三角恒等变形及凑微分法进行积分.

例 13　计算 $\int_{\frac{1}{2}}^{1} \frac{\mathrm{d}x}{\sqrt{2x-x^2}}$.

解　由于 $\int \frac{\mathrm{d}x}{\sqrt{2x-x^2}} = \int \frac{\mathrm{d}(x-1)}{\sqrt{1-(x-1)^2}} = \arcsin(x-1) + C,$

所以 $\int_{\frac{1}{2}}^{1} \frac{\mathrm{d}x}{\sqrt{2x-x^2}} = \arcsin(x-1)\Big|_{\frac{1}{2}}^{1} = \frac{\pi}{6}.$

上例计算定积分的方法是先用第一类换元法计算出关于变量 x 的原函数，然后再用牛顿-莱布尼茨公式在原函数中代入 x 的上下限，算出定积分的值.

下面的定理 2 指出：利用第一类换元法求定积分时，在引入新积分变量 $u=\varphi(x)$之后，通过同时变换积分上下限可直接把关于积分变量 x 的定积分转变为对新变量 u 的定积分，从而省掉了不定积分中积分变量回代这一步骤.

定理 2　设 $u=\varphi(x)$，如果 $\varphi'(x)$在$[a,b]$上连续，$f(u)$在 $\varphi(x)$的值域区间上连续，那么 $\int_a^b f(\varphi(x))\varphi'(x)\mathrm{d}x = \int_a^b f(\varphi(x))\mathrm{d}[\varphi(x)] = \int_{\varphi(a)}^{\varphi(b)} f(u)\mathrm{d}u.$

证　设 $F'(u)=f(u)$，则 $F(\varphi(x))$是 $f(\varphi(x))\varphi'(x)$在(a,b)上的原函数，于是

$$\int_a^b f(\varphi(x))\varphi'(x)\mathrm{d}x = F(\varphi(x))\Big|_a^b = F(\varphi(b)) - F(\varphi(a)).$$

又
$$\int_{\varphi(a)}^{\varphi(b)} f(u)\mathrm{d}u = F(u)\Big|_{\varphi(a)}^{\varphi(b)} = F(\varphi(b)) - F(\varphi(a)),$$

所以 $\int_a^b f(\varphi(x))\varphi'(x)\mathrm{d}x = \int_a^b f(\varphi(x))\mathrm{d}[\varphi(x)] = \int_{\varphi(a)}^{\varphi(b)} f(u)\mathrm{d}u.$

例 14　计算 $\int_{-\ln 2}^{-\frac{1}{2}\ln 2} \frac{\mathrm{e}^x}{\sqrt{1-\mathrm{e}^{2x}}}\mathrm{d}x$.

解　先将积分变形：$\int_{-\ln 2}^{-\frac{1}{2}\ln 2} \frac{\mathrm{e}^x}{\sqrt{1-\mathrm{e}^{2x}}}\mathrm{d}x = \int_{-\ln 2}^{-\frac{1}{2}\ln 2} \frac{\mathrm{d}(\mathrm{e}^x)}{\sqrt{1-(\mathrm{e}^x)^2}}$.

设 $u=\mathrm{e}^x$，则当 $x=-\ln 2$ 时，$u=\frac{1}{2}$；当 $x=-\frac{1}{2}\ln 2$ 时，$u=\frac{\sqrt{2}}{2}$.

所以 $\int_{-\ln 2}^{-\frac{1}{2}\ln 2} \frac{\mathrm{e}^x}{\sqrt{1-\mathrm{e}^{2x}}}\mathrm{d}x = \int_{\frac{1}{2}}^{\frac{\sqrt{2}}{2}} \frac{\mathrm{d}u}{\sqrt{1-u^2}} = \arcsin u\Big|_{\frac{1}{2}}^{\frac{\sqrt{2}}{2}} = \frac{\pi}{4} - \frac{\pi}{6} = \frac{\pi}{12}.$

例 15　求 $\int \frac{1}{x^2+a^2}\mathrm{d}x$.

解 $\int \frac{1}{x^2+a^2}dx = \int \frac{1}{a^2} \cdot \frac{1}{1+\left(\frac{x}{a}\right)^2}dx = \frac{1}{a}\int \frac{1}{1+\left(\frac{x}{a}\right)^2}d\left(\frac{x}{a}\right)$

$= \frac{1}{a}\arctan\frac{x}{a} + C.$

例 16 求 $\int \frac{1}{\sqrt{a^2-x^2}}dx(a>0)$.

解 $\int \frac{1}{\sqrt{a^2-x^2}}dx = \int \frac{1}{a} \cdot \frac{dx}{\sqrt{1-\left(\frac{x}{a}\right)^2}} = \int \frac{d\left(\frac{x}{a}\right)}{\sqrt{1-\left(\frac{x}{a}\right)^2}} = \arcsin\frac{x}{a} + C.$

例 17 求 $\int \frac{1}{x^2-a^2}dx$.

解 由于 $\frac{1}{x^2-a^2} = \frac{1}{2a}\left(\frac{1}{x-a} - \frac{1}{x+a}\right)$，所以

$\int \frac{1}{x^2-a^2}dx = \frac{1}{2a}\int\left(\frac{1}{x-a} - \frac{1}{x+a}\right)dx = \frac{1}{2a}\left(\int \frac{1}{x-a}dx - \int \frac{1}{x+a}dx\right)$

$= \frac{1}{2a}\left[\int \frac{1}{x-a}d(x-a) - \int \frac{1}{x+a}d(x+a)\right] = \frac{1}{2a}\ln\left|\frac{x-a}{x+a}\right| + C.$

例 18 求 $\int \sec x dx$.

解 $\int \sec x dx = \int \frac{1}{\cos x}dx = \int \frac{\cos x}{\cos^2 x}dx = \int \frac{d(\sin x)}{1-\sin^2 x} = \frac{1}{2}\ln\left|\frac{1+\sin x}{1-\sin x}\right| + C$

$= \frac{1}{2}\ln\left|\frac{(1+\sin x)^2}{1-\sin^2 x}\right| + C = \frac{1}{2}\ln\left|\frac{(1+\sin x)^2}{\cos^2 x}\right| + C$

$= \ln|\sec x + \tan x| + C.$

例 19 求 $\int \csc x dx$.

解 $\int \csc x dx = \int \frac{\csc x(\csc x - \cot x)}{\csc x - \cot x}dx = \int \frac{d(-\cot x + \csc x)}{\csc x - \cot x}$

$= \ln|\csc x - \cot x| + C.$

例 20 求 $\int \sin^5 x dx$.

解 $\int \sin^5 x dx = -\int \sin^4 x d(\cos x) = -\int (1-\cos^2 x)^2 d(\cos x)$

$= -\int (1 - 2\cos^2 x + \cos^4 x) d(\cos x)$

$$=-\cos x+\frac{2}{3}\cos^3 x-\frac{1}{5}\cos^5 x+C.$$

一般地,被积函数为 $\sin^{2n+1}x,\cos^{2n+1}x$ 或乘积 $\cos^{2n}x\sin^{2k+1}x,\sin^{2n}x\cos^{2k+1}x$ 时都可用类似的方法解决.

例 21 求 $\int\cos^4 x\mathrm{d}x$.

解 利用半角公式 $\cos^2 x=\dfrac{1+\cos 2x}{2}$,有

$$\cos^4 x=\left(\frac{1+\cos 2x}{2}\right)^2=\frac{1}{4}+\frac{1}{2}\cos 2x+\frac{1}{4}\cos^2 2x$$
$$=\frac{1}{4}+\frac{1}{2}\cos 2x+\frac{1}{4}\cdot\frac{1+\cos 4x}{2}=\frac{3}{8}+\frac{1}{2}\cos 2x+\frac{1}{8}\cos 4x,$$

从而 $\int\cos^4 x\mathrm{d}x=\int\left(\frac{3}{8}+\frac{1}{2}\cos 2x+\frac{1}{8}\cos 4x\right)\mathrm{d}x=\frac{3}{8}x+\frac{1}{4}\sin 2x+\frac{1}{32}\sin 4x+C.$

一般地,对于被积函数为 $\sin^{2n}x$ 或 $\cos^{2n}x$ 的不定积分问题,都可以通过反复使用半角公式得以解决.

例 22 求 $\int\sec^4 x\tan^2 x\mathrm{d}x$.

解 $\int\sec^4 x\tan^2 x\mathrm{d}x=\int\sec^2 x\tan^2 x\mathrm{d}(\tan x)=\int(1+\tan^2 x)\tan^2 x\mathrm{d}(\tan x)$

$$=\frac{1}{5}\tan^5 x+\frac{1}{3}\tan^3 x+C.$$

例 23 求 $\int\cos 3x\cos 2x\mathrm{d}x$.

解 利用三角函数的积化和差公式,有 $\cos 3x\cos 2x=\dfrac{1}{2}(\cos x+\cos 5x)$,于是

$$\int\cos 3x\cdot\cos 2x\mathrm{d}x=\frac{1}{2}\int(\cos x+\cos 5x)\mathrm{d}x=\frac{1}{2}\left(\int\cos x\mathrm{d}x+\frac{1}{5}\int\cos 5x\mathrm{d}5x\right)$$
$$=\frac{1}{2}\sin x+\frac{1}{10}\sin 5x+C.$$

一般地,对于被积函数为 $\cos\alpha x\cos\beta x,\cos\alpha x\sin\beta x,\sin\alpha x\sin\beta x$ 的不定积分都可类似处理.

三、第二类换元法

在公式 $\int f(\varphi(x))\varphi'(x)\mathrm{d}x=\left[\int f(u)\mathrm{d}u\right]_{u=\varphi(x)}$ 中,当 $\int f(u)\mathrm{d}u$ 易求而

$\int f(\varphi(x))\varphi'(x)\mathrm{d}x$ 难求时，我们通过第一类换元法公式求得 $\int f(\varphi(x))\varphi'(x)\mathrm{d}x$；反之，在 $\int f(u)\mathrm{d}u$ 难求而 $\int f(\varphi(x))\varphi'(x)\mathrm{d}x$ 易求时，我们是否可以通过公式

$$\int f(x)\mathrm{d}x = \int f(\varphi(t))\varphi'(t)\mathrm{d}t (\text{令 } x = \varphi(t))$$

来求 $\int f(x)\mathrm{d}x$？

下面的定理说明这个想法的确是可行的．由于这种求积分的方法也需要通过换元才能进行，我们称它为第二类换元法．第二类换元法与第一类换元法的区别在于：第一类换元法是将新的变量设为原来的积分变量的函数，而第二类换元法将原来的积分变量设为新的变量的函数．

定理 3 设 $x=\varphi(t)$ 是单调、可导的函数，并且 $\varphi'(t)\neq 0$．又设 $f(\varphi(t))\varphi'(t)$ 具有原函数 $F(t)$，则有换元公式

$$\int f(x)\mathrm{d}x = \int f(\varphi(t))\varphi'(t)\mathrm{d}t = F(t) + C = F(\varphi^{-1}(x)) + C.$$

其中 $\varphi^{-1}(x)$ 是 $x=\varphi(t)$ 的反函数．

证 由于 $f(\varphi(t))\varphi'(t)$ 具有原函数 $F(t)$．利用复合函数、反函数的求导法则，有

$$[F(\varphi^{-1}(x))+C]' = \frac{\mathrm{d}}{\mathrm{d}t}[F(t)] \cdot \frac{\mathrm{d}t}{\mathrm{d}x} = F'(t)\frac{1}{\frac{\mathrm{d}x}{\mathrm{d}t}}$$

$$= f(\varphi(t))\varphi'(t)\frac{1}{\varphi'(t)} = f(\varphi(t)) = f(x).$$

则 $F(\varphi^{-1}(x))+C$ 是 $f(x)$ 的原函数，所以有

$$\int f(x)\mathrm{d}x = F(\varphi^{-1}(x)) + C.$$

例 24 求 $\int \sqrt{a^2 - x^2}\mathrm{d}x (a > 0)$．

解 积分的难点在于被积函数中有根式 $\sqrt{a^2-x^2}$．

为了去掉根号，令 $x=a\sin t$，$t\in\left[-\frac{\pi}{2},\frac{\pi}{2}\right]$，则 $\sqrt{a^2-x^2}=a\cos t$，$\mathrm{d}x=a\cos t$．

这里应注意，限制 $t\in\left[-\frac{\pi}{2},\frac{\pi}{2}\right]$ 是为了保证其反函数存在，对于三角代换，最自然的应限制 t 于反三角函数的主值范围之内．于是

$$\int \sqrt{a^2-x^2}\,\mathrm{d}x=\int a^2\cos^2 t\,\mathrm{d}t=a^2\int \frac{1+\cos 2t}{2}\mathrm{d}t$$

$$=a^2\left(\frac{t}{2}+\frac{\sin 2t}{4}\right)+C=\frac{a^2}{2}t+\frac{a^2}{2}\sin t\cos t+C.$$

下面进行变量回代. 由 $\sin t=\dfrac{x}{a}$ 及图 5-5 知

$$\cos t=\frac{\sqrt{a^2-x^2}}{a},\ t=\arcsin\frac{x}{a}.$$

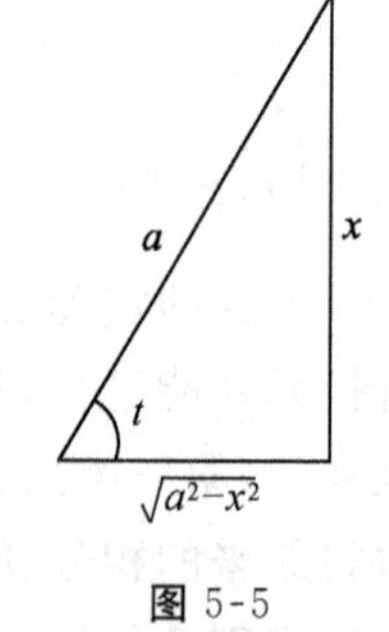

图 5-5

故有 $$\int \sqrt{a^2-x^2}\,\mathrm{d}x=\frac{a^2}{2}t+\frac{a^2}{2}\sin t\cos t+C.$$

$$=\frac{a^2}{2}\arcsin\frac{x}{a}+\frac{1}{2}x\sqrt{a^2-x^2}+C.$$

例 25 求 $\displaystyle\int \frac{\mathrm{d}x}{\sqrt{x^2+a^2}}(a>0)$.

解 和上例类似,为了去掉根号,令 $x=a\tan t,t\in\left(-\dfrac{\pi}{2},\dfrac{\pi}{2}\right)$,则

$$\sqrt{a^2+x^2}=a\sec t,\ \mathrm{d}x=a\sec^2 t\,\mathrm{d}t,$$

于是 $$\int \frac{\mathrm{d}x}{\sqrt{x^2+a^2}}=\int \frac{a\sec^2 t}{a\sec t}\mathrm{d}t=\int \sec t\,\mathrm{d}t$$

$$=\ln|\sec t+\tan t|+C_1.$$

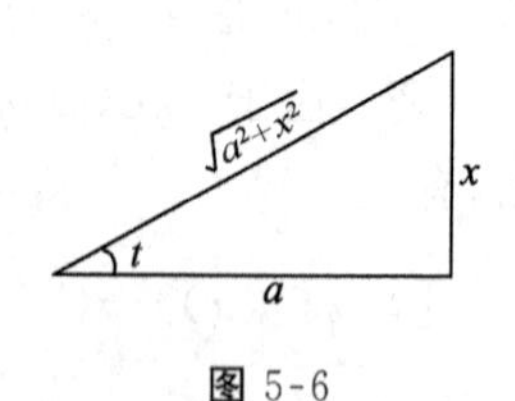

图 5-6

下面进行变量回代. 由 $\tan t=\dfrac{x}{a}$ 及图 5-6 知

$$\sec t=\frac{\sqrt{x^2+a^2}}{a} \text{ 且 } \sec t+\tan t>0.$$

因此 $$\int \frac{\mathrm{d}x}{\sqrt{x^2+a^2}}=\ln|\sec t+\tan t|+C_1=\ln\left(\frac{\sqrt{x^2+a^2}+x}{a}\right)+C_1$$

$$=\ln(x+\sqrt{x^2+a^2})+C.$$

其中 $C=C_1-\ln a$.

例 26 求 $\displaystyle\int \frac{\mathrm{d}x}{\sqrt{x^2-a^2}}(a>0)$.

解 类似上两例,为去掉根号,注意到被积函数的定义域是 $x>a$ 或 $x<-a$.

当 $x>a$ 时,令 $x=a\sec t,t\in\left(0,\dfrac{\pi}{2}\right)$,则 $\sqrt{x^2-a^2}=a\tan t,\mathrm{d}x=a\sec t\tan t\,\mathrm{d}t$.

于是 $$\int \frac{\mathrm{d}x}{\sqrt{x^2-a^2}}=\int \frac{a\sec t\tan t}{a\tan t}\mathrm{d}t=\int \sec t\,\mathrm{d}t=\ln|\sec t+\tan t|+C.$$

下面进行变量回代. 由 $\sec t=\frac{x}{a}$ 及图 5-7 知

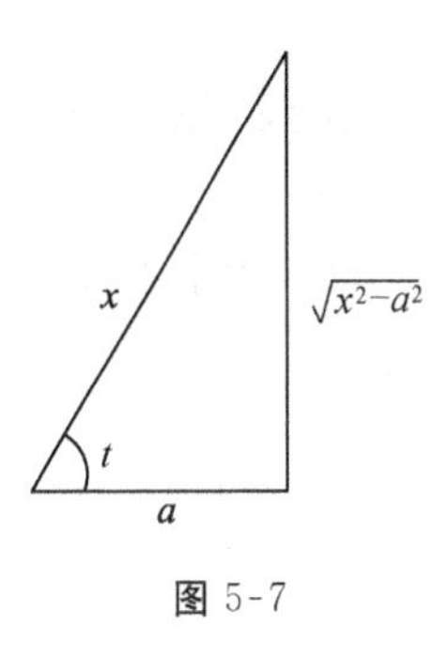

图 5-7

$\tan t=\frac{\sqrt{x^2-a^2}}{a}$ 且 $\sec t+\tan t>0$.

因此

$$\int\frac{\mathrm{d}x}{\sqrt{x^2-a^2}}=\ln|\sec t+\tan t|+C_1$$
$$=\ln\left(\frac{\sqrt{x^2-a^2}+x}{a}\right)+C_1$$
$$=\ln(x+\sqrt{x^2-a^2})+C.$$

其中 $C=C_1-\ln a$.

当 $x<-a$ 时, 令 $x=-u$, 则 $u>a$, 由上段结果, 有

$$\int\frac{\mathrm{d}x}{\sqrt{x^2-a^2}}=-\int\frac{\mathrm{d}u}{\sqrt{u^2-a^2}}=-\ln(u+\sqrt{u^2-a^2})+C_1$$
$$=-\ln(-x+\sqrt{x^2-a^2})+C_1=\ln\frac{-x-\sqrt{x^2-a^2}}{a^2}+C_1$$
$$=\ln(-x-\sqrt{x^2-a^2})+C.$$

其中 $C=C_1-2\ln a$.

综上所述, $\int\frac{\mathrm{d}x}{\sqrt{x^2-a^2}}=\ln|x+\sqrt{x^2-a^2}|+C$.

从上面的三个例子可以看出: 如果被积函数含有 $\sqrt{a^2-x^2}$, 可以作代换 $x=a\sin t$ 化去根式; 如果被积函数含有 $\sqrt{x^2+a^2}$, 可以作代换 $x=a\tan t$ 化去根式; 如果被积函数含有 $\sqrt{x^2-a^2}$, 可以作代换 $x=\pm a\sec t$ 化去根式. 但具体解题时要分析被积函数的具体情况, 选取尽可能简捷的代换.

在有些问题中, 也可直接令根式等于变量 t 来消除难点.

例 27 求 $\int\frac{\mathrm{d}x}{1+\sqrt[3]{x+2}}$.

解 为了去掉根号, 令 $\sqrt[3]{x+2}=t$, 则 $x=t^3-2$, $\mathrm{d}x=3t^2\mathrm{d}t$. 于是

$$\int\frac{\mathrm{d}x}{1+\sqrt[3]{x+2}}=\int\frac{3t^2}{1+t}\mathrm{d}t=\int\frac{t^2-1+1}{1+t}\mathrm{d}t=3\int\left(t-1+\frac{1}{1+t}\right)\mathrm{d}t$$
$$=\frac{3}{2}t^2-3t+3\ln|1+t|+C$$
$$=\frac{3}{2}\sqrt[3]{(x+2)^2}-3\sqrt[3]{x+2}+3\ln|1+\sqrt[3]{x+2}|+C.$$

例 28 求$\int \frac{1}{x}\sqrt{\frac{1+x}{x}}\mathrm{d}x$.

解 为了去掉根号,令$\sqrt{\frac{1+x}{x}}=t$,则$\frac{1+x}{x}=t^2$,$x=\frac{1}{t^2-1}$,$\mathrm{d}x=-\frac{2t\mathrm{d}t}{(t^2-1)^2}$.于是

$$\begin{aligned}\int \frac{1}{x}\sqrt{\frac{1+x}{x}}\mathrm{d}x &= \int (t^2-1)t\frac{-2t}{(t^2-1)^2}\mathrm{d}t = -2\int \frac{t^2}{t^2-1}\mathrm{d}t \\ &= -2\int\left(1+\frac{1}{t^2-1}\right)\mathrm{d}t = -2t-\ln\left|\frac{t-1}{t+1}\right|+C \\ &= -2t-\ln\left|\frac{t^2-1}{(t+1)^2}\right|+C \\ &= -2t+2\ln(t+1)-\ln|t^2-1|+C \\ &= -2\sqrt{\frac{1+x}{x}}+2\ln\left(\sqrt{\frac{1+x}{x}}+1\right)+\ln|x|+C.\end{aligned}$$

例 29 求$\int \frac{\mathrm{d}x}{\sqrt{x}+\sqrt[4]{x}}$.

解 令$\sqrt[4]{x}=t$,则$\sqrt{x}=t^2$,$x=t^4$,$\mathrm{d}x=4t^3\mathrm{d}t$.于是

$$\begin{aligned}\int \frac{\mathrm{d}x}{\sqrt{x}+\sqrt[4]{x}} &= \int \frac{4t^3\mathrm{d}t}{t^2+t} = 4\int \frac{t^2}{t+1}\mathrm{d}t = 4\int\left(t-1+\frac{1}{t+1}\right)\mathrm{d}t \\ &= 2t^2-4t+4\ln(t+1)+C \\ &= 2\sqrt{x}-4\sqrt[4]{x}+4\ln(\sqrt[4]{x}+1)+C.\end{aligned}$$

在变量代换中,倒代换$x=\frac{1}{t}$也是常用的代换之一.

例 30 求$\int \frac{\mathrm{d}x}{x(x^7+2)}$.

解 令$x=\frac{1}{t}$,则$\mathrm{d}x=-\frac{1}{t^2}\mathrm{d}t$.于是

$$\begin{aligned}\int \frac{\mathrm{d}x}{x(x^7+2)} &= \int \frac{t}{\left(\frac{1}{t}\right)^7+2}\left(-\frac{1}{t^2}\right)\mathrm{d}t = -\int \frac{t^6}{1+2t^7}\mathrm{d}t \\ &= -\frac{1}{14}\int \frac{\mathrm{d}(1+2t^7)}{1+2t^7} = -\frac{1}{14}\ln|1+2t^7|+C \\ &= -\frac{1}{14}\ln|2+x^7|+\frac{1}{2}\ln|x|+C.\end{aligned}$$

在上面的例题中，有几个积分是以后经常会遇到的，所以它们通常也被当作公式使用. 这样，常用的积分公式，除了基本积分表中的 12 个以外，再加下面几个(其中常数 $a>0$)：

(13) $\int \tan x \mathrm{d}x = -\ln|\cos x| + C$；

(14) $\int \cot x \mathrm{d}x = \ln|\sin x| + C$；

(15) $\int \sec x \mathrm{d}x = \ln|\sec x + \tan x| + C$；

(16) $\int \csc x \mathrm{d}x = \ln|\csc x - \cot x| + C$；

(17) $\int \frac{\mathrm{d}x}{a^2 + x^2} = \frac{1}{a}\arctan\frac{x}{a} + C$；

(18) $\int \frac{\mathrm{d}x}{x^2 - a^2} = \frac{1}{2a}\ln\left|\frac{x-a}{x+a}\right| + C$；

(19) $\int \frac{\mathrm{d}x}{\sqrt{a^2 - x^2}} = \arcsin\frac{x}{a} + C$；

(20) $\int \frac{\mathrm{d}x}{\sqrt{x^2 \pm a^2}} = \ln|x + \sqrt{x^2 \pm a^2}| + C$.

对于定积分也有相应的第二类换元法，这里我们只给出定理的叙述而略去它的证明过程.

定理 4 设函数 $f(x)$ 在区间 $[a,b]$ 上连续，若代换 $x=\varphi(t)$ 满足：

(1) $\varphi(t)$ 在区间 $[\alpha,\beta]$(或 $[\beta,\alpha]$)上有连续导数 $\varphi'(t)$，

(2) 当 $t\in[\alpha,\beta]$(或 $[\beta,\alpha]$)时，必有 $a\leqslant\varphi(t)\leqslant b$，

(3) $\varphi(\alpha)=a$，$\varphi(\beta)=b$，

则

$$\int_a^b f(x)\mathrm{d}x = \int_\alpha^\beta f(\varphi(t))\varphi'(t)\mathrm{d}t.$$

例 31 计算 $\int_0^a \sqrt{a^2-x^2}\mathrm{d}x (a>0)$.

解 设 $x=a\sin t$，$t\in\left[-\frac{\pi}{2},\frac{\pi}{2}\right]$，则 $\mathrm{d}x=a\cos t$，且当 $x=0$ 时，$t=0$；当 $x=a$ 时，$t=\frac{\pi}{2}$. 于是

$$\int_0^a \sqrt{a^2-x^2}\mathrm{d}x = \int_0^{\frac{\pi}{2}} a|\cos t| a\cos t\mathrm{d}t = a^2\int_0^{\frac{\pi}{2}}\cos^2 t\mathrm{d}t$$

$$= \frac{a^2}{2}\int_0^{\frac{\pi}{2}}(1+\cos 2t)\mathrm{d}t = \frac{a^2}{2}\left(t+\frac{\sin 2t}{2}\right)\Big|_0^{\frac{\pi}{2}} = \frac{\pi a^2}{4}.$$

例 32 设 $f(x)$ 在闭区间$[-a,a]$上连续,求证:

$$\int_{-a}^{a} f(x)\mathrm{d}x=\int_{0}^{a}[f(x)+f(-x)]\mathrm{d}x.$$

解 因为 $\int_{-a}^{a} f(x)\mathrm{d}x=\int_{-a}^{0} f(x)\mathrm{d}x+\int_{0}^{a} f(x)\mathrm{d}x$,

对积分$\int_{-a}^{0} f(x)\mathrm{d}x$ 作变量代换 $t=-x$,则

$$\int_{-a}^{0} f(x)\mathrm{d}x=-\int_{a}^{0} f(-t)\mathrm{d}t=\int_{0}^{a} f(-t)\mathrm{d}t=\int_{0}^{a} f(-x)\mathrm{d}x,$$

所以 $$\int_{-a}^{a} f(x)\mathrm{d}x=\int_{-a}^{0} f(x)\mathrm{d}x+\int_{0}^{a} f(x)\mathrm{d}x=\int_{0}^{a} f(-x)\mathrm{d}x+\int_{0}^{a} f(x)\mathrm{d}x$$
$$=\int_{0}^{a}[f(x)+f(-x)]\mathrm{d}x.$$

上例说明:$\int_{-a}^{a} f(x)\mathrm{d}x=\begin{cases}2\int_{0}^{a} f(x)\mathrm{d}x, & f(x)\text{ 是偶函数},\\ 0, & f(x)\text{ 是奇函数}.\end{cases}$

例 33 计算$\int_{-1}^{1}(2x+|x|+1)^2\mathrm{d}x$.

解 $$\int_{-1}^{1}(2x+|x|+1)^2\mathrm{d}x=\int_{-1}^{1}(4x^2+x^2+1+4x\,|x|+4x+2\,|x|)\mathrm{d}x$$
$$=2\int_{0}^{1}(5x^2+2x+1)\mathrm{d}x+0$$
$$=2\left(\frac{5}{3}x^3+x^2+x\right)\Big|_{0}^{1}=\frac{22}{3}.$$

例 34 计算 $\int_{-1}^{1}\frac{x^2}{1+\mathrm{e}^x}\mathrm{d}x$.

解 由例 32 知

$$\int_{-1}^{1}\frac{x^2}{1+\mathrm{e}^x}\mathrm{d}x=\int_{0}^{1}\left[\frac{x^2}{1+\mathrm{e}^x}+\frac{(-x)^2}{1+\mathrm{e}^{-x}}\right]\mathrm{d}x=\int_{0}^{1}\left(\frac{x^2}{1+\mathrm{e}^x}+\frac{\mathrm{e}^x\cdot x^2}{1+\mathrm{e}^x}\right)\mathrm{d}x$$
$$=\int_{0}^{1}x^2\mathrm{d}x=\frac{1}{3}.$$

例 35 设定义在$(-\infty,+\infty)$上的连续函数 $f(x)$以 T 为周期,证明:对任意实数 a,有

$$\int_{a}^{a+T} f(x)\mathrm{d}x=\int_{0}^{T} f(x)\mathrm{d}x.$$

证 利用定积分对区间的可加性有

$$\int_{a}^{a+T} f(x)\mathrm{d}x=\int_{a}^{0} f(x)\mathrm{d}x+\int_{0}^{T} f(x)\mathrm{d}x+\int_{T}^{a+T} f(x)\mathrm{d}x.$$

对积分 $\int_{T}^{a+T} f(x)\mathrm{d}x$ 作变量代换 $t=x-T$，则

$$\int_{T}^{a+T} f(x)\mathrm{d}x=\int_{0}^{a} f(t+T)\mathrm{d}t=\int_{0}^{a} f(t)\mathrm{d}t=\int_{0}^{a} f(x)\mathrm{d}x.$$

从而有 $\int_{a}^{a+T} f(x)\mathrm{d}x=\int_{0}^{T} f(x)\mathrm{d}x$.

例 36 设 n 为一个正整数，计算 $\int_{0}^{n\pi} |\cos x|\,\mathrm{d}x$.

解 由于 $|\cos x|$ 是周期为 π 的周期函数，所以利用定积分对区间的可加性及例 35，得

$$\begin{aligned}\int_{0}^{n\pi} |\cos x| &= \int_{0}^{\pi} |\cos x|\mathrm{d}x+\int_{\pi}^{2\pi} |\cos x|\mathrm{d}x+\cdots+\int_{(n-1)\pi}^{n\pi} |\cos x|\mathrm{d}x \\ &= n\int_{0}^{\pi} |\cos x|\,\mathrm{d}x=n\left[\int_{0}^{\frac{\pi}{2}} \cos x\mathrm{d}x+\int_{\frac{\pi}{2}}^{\pi} (-\cos x)\mathrm{d}x\right]=2n.\end{aligned}$$

四、分部积分法

设 $u(x)$ 和 $v(x)$ 是 $[a,b]$ 上的可导函数，则有

$$\mathrm{d}[u(x)v(x)]=u(x)\mathrm{d}v(x)+v(x)\mathrm{d}u(x).$$

对上式两边分别进行不定积分和定积分得

$$\int[u(x)\mathrm{d}v(x)+v(x)\mathrm{d}u(x)]=u(x)v(x),$$

$$\int_{a}^{b}[u(x)\mathrm{d}v(x)+v(x)\mathrm{d}u(x)]=u(x)v(x)\Big|_{a}^{b}.$$

即

$$\int u\mathrm{d}v=uv-\int v\mathrm{d}u,$$

$$\int_{a}^{b} u\mathrm{d}v=uv\Big|_{a}^{b}-\int_{a}^{b} v\mathrm{d}u.$$

上面两个公式分别称为不定积分和定积分的分部积分公式. 如果求 $\int u\mathrm{d}v$ 有困难，而求 $\int v\mathrm{d}u$ 比较容易，就可以利用不定积分的分部积分公式将求 $\int u\mathrm{d}v$ 化为求 $\int v\mathrm{d}u$.

例 37 求：(1) $\int x\sin x\mathrm{d}x$； (2) $\int x^{2}\mathrm{e}^{x}\mathrm{d}x$.

解 (1) 设 $u=x$，$\mathrm{d}v=\sin x\mathrm{d}x$，则 $\mathrm{d}u=\mathrm{d}x$，$v=-\cos x$. 于是

$$\int x\sin x\mathrm{d}x=-\int x\mathrm{d}(\cos x)=-\left(x\cos x-\int\cos x\mathrm{d}x\right)=-x\cos x+\sin x+C.$$

(2) 设 $u=x^2$, $dv=e^x dx$, 则 $du=2xdx$, $v=e^x$. 于是

$$\int x^2 e^x dx = \int x^2 d(e^x) = x^2 e^x - \int 2xe^x dx = x^2 e^x - 2\int x d(e^x)$$

$$= x^2 e^x - 2\left(xe^x - \int e^x dx\right) = (x^2 - 2x + 2)e^x + C.$$

在应用分部积分法时,恰当选取 u 和 dv 是一个关键.选取 u 和 dv 一般要考虑下面两点:(1) v 要容易求得;(2) $\int v du$ 要比 $\int u dv$ 容易积出.

例 38 求:(1) $\int x\arctan x dx$; (2) $\int x\ln x dx$.

解 (1) 设 $u=\arctan x$, $dv=xdx$, 则 $du=\frac{1}{1+x^2}dx$, $v=\frac{1}{2}x^2$. 于是

$$\int x\arctan x dx = \int \arctan x d\left(\frac{x^2}{2}\right) = \frac{1}{2}x^2\arctan x - \frac{1}{2}\int x^2 \cdot \frac{1}{1+x^2}dx$$

$$= \frac{1}{2}x^2\arctan x - \frac{1}{2}\int\left(1-\frac{1}{1+x^2}\right)dx$$

$$= \frac{1}{2}x^2\arctan x - \frac{1}{2}x + \frac{1}{2}\arctan x + C$$

$$= \frac{1}{2}(x^2+1)\arctan x - \frac{1}{2}x + C.$$

(2) 设 $u=\ln x$, $dv=xdx$, 则 $du=\frac{1}{x}dx$, $v=\frac{1}{2}x^2$. 于是

$$\int x\ln x dx = \int \ln x d\left(\frac{x^2}{2}\right) = \frac{1}{2}x^2\ln x - \frac{1}{2}\int x^2 \cdot \frac{1}{x}dx = \frac{1}{2}x^2\ln x - \frac{1}{4}x^2 + C.$$

下面例子所用方法也是比较典型的.

例 39 求 $\int e^x\cos x dx$.

解 $$\int e^x\cos x dx = \int \cos x d(e^x) = e^x(\cos x) - \int e^x d(\cos x)$$

$$= e^x\cos x + \int e^x\sin x dx.$$

等式右端的积分与等式左边的积分是同一类型的.对右端的积分再用一次分部积分法,得

$$\int e^x\cos x dx = e^x\cos x + \int \sin x d(e^x) = e^x\cos x + e^x\sin x - \int e^x\cos x dx,$$

由于上式右端的第三项就是所求的积分 $\int e^x\cos x dx$,把它移到等号左端去,再两

端同除以 2,便得

$$\int e^x \cos x \mathrm{d}x = \frac{1}{2}e^x(\sin x + \cos x) + C.$$

因上式右端不含有积分项,所以必须加上任意常数 C.

同理可得 $\int e^x \sin x \mathrm{d}x = \frac{1}{2}e^x(\sin x - \cos x) + C.$

例 40 计算 $\int_{-2}^{2}(x+|x|)e^{-|x|}\mathrm{d}x.$

解 由于 $|x|e^{-|x|}$ 为偶函数,$xe^{-|x|}$ 为奇函数,所以

$$\int_{-2}^{2}(x+|x|)e^{-|x|}\mathrm{d}x = 2\int_{0}^{2}|x|\ e^{-|x|}\mathrm{d}x = 2\int_{0}^{2}xe^{-x}\mathrm{d}x = -2\int_{0}^{2}x\mathrm{d}(e^{-x})$$

$$= 2\left(-xe^{-x}\Big|_{0}^{2} + \int_{0}^{2}e^{-x}\mathrm{d}x\right) = 2 - \frac{6}{e^2}.$$

例 41 已知 $\frac{\sin x}{x}$ 是函数 $f(x)$ 的一个原函数,求 $\int x^3 f'(x)\mathrm{d}x.$

解 由分部积分法,得

$$\int x^3 f'(x)\mathrm{d}x = \int x^3 \mathrm{d}[f(x)] = x^3 f(x) - 3\int x^2 f(x)\mathrm{d}x.$$

又由题设有 $f(x) = \left(\frac{\sin x}{x}\right)' = \frac{x\cos x - \sin x}{x^2}$,

于是 $\int x^3 f'(x)\mathrm{d}x = x^3 \cdot \frac{x\cos x - \sin x}{x^2} - 3\int x^2 \cdot \frac{x\cos x - \sin x}{x^2}\mathrm{d}x$

$$= x^2\cos x - x\sin x - 3\int(x\cos x - \sin x)\mathrm{d}x$$

$$= x^2\cos x - x\sin x - 3\int x\mathrm{d}\sin x + 3\int \sin x\mathrm{d}x$$

$$= x^2\cos x - x\sin x - 3\left(x\sin x - \int \sin x\mathrm{d}x\right) + 3\int \sin x\mathrm{d}x$$

$$= x^2\cos x - 4x\sin x - 6\cos x + C.$$

§5.4 有理函数的积分

一、有理函数积分举例

有理函数是指由两个多项式的商所表示的函数,即具有如下形式的函数:

$$\frac{P_n(x)}{Q_n(x)} = \frac{a_0x^n + a_1x^{n-1} + \cdots + a_{n-1}x + a_n}{b_0x^m + b_1x^{m-1} + \cdots + b_{m-1}x + a_m}.$$

其中m,n都是非负整数，$a_0,a_1,a_2,\cdots,a_n$及$b_0,b_1,b_2,\cdots,b_m$都是实数，并且$a_0b_0\neq 0$，$P_n(x)$和$Q_n(x)$互质（即$P_n(x)$和$Q_n(x)$没有公因式）. 当$n<m$时，$\dfrac{P_n(x)}{Q_n(x)}$是真分式；当$n\geqslant m$时，$\dfrac{P_n(x)}{Q_n(x)}$是假分式. 假分式通过多项式除法总可以化为一个多项式和一个真分式之和，而多项式积分是易求的，因此仅需讨论真分式的积分即可. 为此，我们先给出下列四种积分：

(1) $\displaystyle\int \frac{1}{x-a}\mathrm{d}x=\ln|x-a|+C$；

(2) $\displaystyle\int \frac{1}{(x-a)^n}\mathrm{d}x=\frac{1}{1-n}\cdot\frac{1}{(x-a)^{n-1}}+C(n\neq 1)$；

(3) $\displaystyle\int \frac{1}{x^2+a^2}\mathrm{d}x=\frac{1}{a}\arctan\frac{x}{a}+C$；

(4) $\displaystyle I_n=\int \frac{1}{(x^2+a^2)^n}\mathrm{d}x=\frac{1}{2(n-1)a^2}\cdot\frac{x}{(x^2+a^2)^{n-1}}+\frac{2n-3}{2(n-1)a^2}I_{n-1}$.

每个真分式总可以通过待定系数法化为上述四种分式的代数和，由于这四种分式都能积出，且原函数都是初等函数，所以有理函数的原函数都是初等函数.

例1 求下列有理函数的积分：

(1) $\displaystyle\int \frac{x+1}{x^2+4x+13}\mathrm{d}x$；　　(2) $\displaystyle\int \frac{1}{(x^2+1)(x+1)^2}\mathrm{d}x$；

(3) $\displaystyle\int \frac{2x^2-3x-3}{(x-1)(x^2-2x+5)}\mathrm{d}x$.

解 (1) 因为 $\displaystyle\frac{x+1}{x^2+4x+13}=\frac{(x+2)-1}{(x+2)^2+3^2}=\frac{x+2}{(x+2)^2+3^2}-\frac{1}{(x+2)^2+3^2}$，

所以
$$\begin{aligned}\int \frac{x+1}{x^2+4x+13}\mathrm{d}x&=\int \frac{x+2}{(x+2)^2+3^2}\mathrm{d}x-\int \frac{1}{(x+2)^2+3^2}\mathrm{d}x\\&=\frac{1}{2}\int \frac{1}{(x+2)^2+3^2}\mathrm{d}[(x+2)^2]-\int \frac{1}{(x+2)^2+3^2}\mathrm{d}(x+2)\\&=\frac{1}{2}\ln(x^2+4x+13)-\frac{1}{3}\arctan\frac{x+2}{3}+C.\end{aligned}$$

(2) 设 $\displaystyle\frac{1}{(x^2+1)(x+1)^2}=\frac{Ax+B}{x^2+1}+\frac{C}{x+1}+\frac{D}{(x+1)^2}$，

利用待定系数法，求得$A=-\dfrac{1}{2},B=0,C=\dfrac{1}{2},D=\dfrac{1}{2}$.

所以 $\int \frac{1}{(x^2+1)(x+1)^2}\mathrm{d}x = \int\left[\frac{-\frac{1}{2}x}{x^2+1}+\frac{\frac{1}{2}}{x+1}+\frac{\frac{1}{2}}{(x+1)^2}\right]\mathrm{d}x$

$$= -\frac{1}{4}\ln(x^2+1)+\frac{1}{2}\ln|x+1|-\frac{1}{2(1+x)}+C.$$

(3) 因为 $\frac{2x^2-3x-3}{(x-1)(x^2-2x+5)}=\frac{-1}{x-1}+\frac{3x-2}{x^2-2x+5}$,

所以 $\int \frac{2x^2-3x-3}{(x-1)(x^2-2x+5)}\mathrm{d}x = \int\left(\frac{-1}{x-1}+\frac{3x-2}{x^2-2x+5}\right)\mathrm{d}x$

$$= -\int\frac{1}{x-1}\mathrm{d}x+\int\frac{3x-2}{x^2-2x+5}\mathrm{d}x$$

$$= -\int\frac{1}{x-1}\mathrm{d}x+3\int\frac{x-1}{x^2-2x+5}\mathrm{d}x+\int\frac{1}{x^2-2x+5}\mathrm{d}x$$

$$= -\ln|x-1|+\frac{3}{2}\int\frac{\mathrm{d}(x^2-2x+5)}{x^2-2x+5}+\int\frac{\mathrm{d}(x-1)}{(x-1)^2+2^2}$$

$$= -\ln|x-1|+\frac{3}{2}\ln(x^2-2x+5)+\frac{1}{2}\arctan\frac{x-1}{2}+C.$$

二、三角函数有理式的积分举例

由变量 u,v 与实数经过有限次四则运算所得到的式子记为 $R(u,v)$，称为 u,v 的有理式. $R(\sin x,\cos x)$ 称为三角函数有理式. 求 $\int R(\sin x,\cos x)\mathrm{d}x$ 的基本方法是利用三角函数中的万能公式进行变量代换 $u=\tan\frac{x}{2}$，将三角函数有理式的积分转化为有理函数的积分，从而三角函数有理式的原函数是初等函数.

例 2 求 $\int\frac{1+\sin x}{\sin x(1+\cos x)}\mathrm{d}x$.

解 令 $u=\tan\frac{x}{2}(-\pi<x<\pi)$，则 $x=2\arctan u$. 由三角函数知道 $\sin x$ 与 $\cos x$ 都可以用 $\tan\frac{x}{2}$ 的有理式表示：$\sin x=\frac{2u}{1+u^2}$，$\cos x=\frac{1-u^2}{1+u^2}$，$\mathrm{d}x=\frac{2}{1+u^2}\mathrm{d}u$.

于是 $\int\frac{1+\sin x}{\sin x(1+\cos x)}\mathrm{d}x = \int\frac{\left(1+\frac{2u}{1+u^2}\right)\frac{2\mathrm{d}u}{1+u^2}}{\frac{2u}{1+u^2}\left(1+\frac{1-u^2}{1+u^2}\right)}=\frac{1}{2}\int\left(u+2+\frac{1}{u}\right)\mathrm{d}u$

$$=\frac{1}{4}u^2+u+\frac{1}{2}\ln|u|+C$$

$$= \frac{1}{4}\tan^2\frac{x}{2} + \tan\frac{x}{2} + \frac{1}{2}\ln\left|\tan\frac{x}{2}\right| + C.$$

万能代换对三角函数有理式的积分原则上是可行的，但很多情况下很复杂，对某些特殊情形作其他的三角替换更为简便.

例 3 求下列三角函数有理式的积分：

(1) $\int \frac{1}{1+\sin x+\cos x}\mathrm{d}x$； (2) $\int \frac{1}{\sin 2x+2\sin x}\mathrm{d}x$； (3) $\int \frac{1+\tan x}{\sin 2x}\mathrm{d}x$.

解 (1)
$$\int \frac{1}{1+\sin x+\cos x}\mathrm{d}x = \int \frac{1}{2\cos^2\frac{x}{2} + 2\sin\frac{x}{2}\cos\frac{x}{2}}\mathrm{d}x$$
$$= \int \frac{1}{2\cos^2\frac{x}{2}\left(1+\tan\frac{x}{2}\right)}\mathrm{d}x$$
$$= \int \frac{1}{1+\tan\frac{x}{2}}\mathrm{d}\left(1+\tan\frac{x}{2}\right)$$
$$= \ln\left|1+\tan\frac{x}{2}\right| + C.$$

(2)
$$\int \frac{1}{\sin 2x+2\sin x}\mathrm{d}x = \int \frac{1}{2\sin x(1+\cos x)}\mathrm{d}x = \frac{1}{8}\int \frac{\cos^2\frac{x}{2}+\sin^2\frac{x}{2}}{\sin\frac{x}{2}\cos^3\frac{x}{2}}\mathrm{d}x$$
$$= \frac{1}{8}\int \frac{1}{\sin\frac{x}{2}\cos\frac{x}{2}}\mathrm{d}x + \frac{1}{8}\int \frac{\sin\frac{x}{2}}{\cos^3\frac{x}{2}}\mathrm{d}x$$
$$= \frac{1}{4}\int \frac{1}{\sin x}\mathrm{d}x - \frac{1}{4}\int \frac{\mathrm{d}\left(\cos\frac{x}{2}\right)}{\cos^3\frac{x}{2}}$$
$$= \frac{1}{4}\ln|\csc x-\cot x| + \frac{1}{8\cos^2\frac{x}{2}} + C.$$

(3)
$$\int \frac{1+\tan x}{\sin 2x}\mathrm{d}x = \int \frac{1+\tan x}{2\sin x\cos x}\mathrm{d}x = \frac{1}{2}\int \frac{1+\tan x}{\cos^2 x\tan x}\mathrm{d}x = \frac{1}{2}\int \frac{1+\tan x}{\tan x}\mathrm{d}(\tan x)$$
$$= \frac{1}{2}\ln|\tan x| + \frac{1}{2}\tan x + C.$$

需要指出的是，同一积分，求解的方法往往不止一种，善于根据问题合理地选择求解途径会大大减少运算量，希望下面的这个例子能对读者有所启发.

例 4 求 $\int_0^{\frac{\pi}{2}} \frac{\sin x}{\sin x+\cos x}\mathrm{d}x$.

解 方法一：这是一个三角函数有理式的积分，选择万能代换.

令 $u=\tan\frac{x}{2}$，则 $\mathrm{d}x=\frac{2}{1+u^2}\mathrm{d}u$，$\sin x=\frac{2u}{1+u^2}$，$\cos x=\frac{1-u^2}{1+u^2}$. 于是

$$\begin{aligned}
\int_0^{\frac{\pi}{2}} \frac{\sin x}{\sin x+\cos x}\mathrm{d}x &= \int_0^1 \frac{\frac{2u}{1+u^2}}{\frac{2u}{1+u^2}+\frac{1-u^2}{1+u^2}}\cdot\frac{2}{1+u^2}\mathrm{d}u \\
&= \int_0^1 \frac{4u}{(1+u^2)(-u^2+2u+1)}\mathrm{d}u \\
&= \int_0^1 \frac{1+u}{1+u^2}\mathrm{d}u-\int_0^1 \frac{1-u}{1+2u-u^2}\mathrm{d}u \\
&= \int_0^1 \frac{\mathrm{d}u}{1+u^2}+\frac{1}{2}\int_0^1 \frac{\mathrm{d}(1+u^2)}{1+u^2}-\frac{1}{2}\int_0^1 \frac{\mathrm{d}(1+2u-u^2)}{1+2u-u^2} \\
&= \arctan u\Big|_0^1+\frac{1}{2}\ln(1+u^2)\Big|_0^1-\frac{1}{2}\ln|1+2u-u^2|\Big|_0^1 \\
&= \frac{\pi}{4}.
\end{aligned}$$

方法二：设 $\sin x=a(\sin x+\cos x)+b(\sin x+\cos x)'$，求得 $a=\frac{1}{2}$，$b=-\frac{1}{2}$，

则
$$\sin x=\frac{1}{2}[(\sin x+\cos x)-(\sin x+\cos x)'],$$

所以
$$\begin{aligned}
\int_0^{\frac{\pi}{2}} \frac{\sin x}{\sin x+\cos x}\mathrm{d}x &= \frac{1}{2}\int_0^{\frac{\pi}{2}}\mathrm{d}x-\frac{1}{2}\int_0^{\frac{\pi}{2}}\frac{\mathrm{d}(\sin x+\cos x)}{\sin x+\cos x} \\
&= \frac{1}{2}\cdot\frac{\pi}{2}-\frac{1}{2}(\sin x+\cos x)\Big|_0^{\frac{\pi}{2}}=\frac{\pi}{4}.
\end{aligned}$$

方法三：利用三角恒等式.

$$\begin{aligned}
\int_0^{\frac{\pi}{2}} \frac{\sin x}{\sin x+\cos x}\mathrm{d}x &= \int_0^{\frac{\pi}{2}} \frac{\sin\left[\left(x-\frac{\pi}{4}\right)+\frac{\pi}{4}\right]}{\sqrt{2}\cos\left(x-\frac{\pi}{4}\right)}\mathrm{d}x=\int_0^{\frac{\pi}{2}} \frac{\sin\left[\left(x-\frac{\pi}{4}\right)+\frac{\pi}{4}\right]}{\sqrt{2}\cos\left(x-\frac{\pi}{4}\right)}\mathrm{d}x \\
&= \int_{-\frac{\pi}{4}}^{\frac{\pi}{4}} \frac{\sin\left(u+\frac{\pi}{4}\right)}{\sqrt{2}\cos u}\mathrm{d}u \quad \left(令\ u=x-\frac{\pi}{4}\right)
\end{aligned}$$

$$=\int_{-\frac{\pi}{4}}^{\frac{\pi}{4}}\frac{\frac{\sqrt{2}}{2}\sin u+\frac{\sqrt{2}}{2}\cos u}{\sqrt{2}\cos u}\mathrm{d}u$$

$$=\frac{1}{2}\int_{-\frac{\pi}{4}}^{\frac{\pi}{4}}(\tan u+1)\mathrm{d}u=\frac{1}{2}\int_{-\frac{\pi}{4}}^{\frac{\pi}{4}}\mathrm{d}u=\frac{\pi}{4}.$$

（因为 $\tan x$ 是奇函数，所以 $\int_{-\frac{\pi}{4}}^{\frac{\pi}{4}}\tan u\mathrm{d}u=0$）

方法四：令 $u=\frac{\pi}{2}-x$，则

$$\int_0^{\frac{\pi}{2}}\frac{\sin x}{\sin x+\cos x}\mathrm{d}x=\int_{\frac{\pi}{2}}^{0}\frac{\sin\left(\frac{\pi}{2}-u\right)}{\sin\left(\frac{\pi}{2}-u\right)+\cos\left(\frac{\pi}{2}-u\right)}\mathrm{d}\left(\frac{\pi}{2}-u\right)$$

$$=\int_0^{\frac{\pi}{2}}\frac{\cos u}{\sin u+\cos u}\mathrm{d}u=\int_0^{\frac{\pi}{2}}\frac{\cos x}{\sin x+\cos x}\mathrm{d}x.$$

因为 $\int_0^{\frac{\pi}{2}}\frac{\sin x}{\sin x+\cos x}\mathrm{d}x+\int_0^{\frac{\pi}{2}}\frac{\cos x}{\sin x+\cos x}\mathrm{d}x=\int_0^{\frac{\pi}{2}}\mathrm{d}x=\frac{\pi}{2}$，

所以 $\int_0^{\frac{\pi}{2}}\frac{\sin x}{\sin x+\cos x}\mathrm{d}x=\frac{\pi}{4}$.

最后还要指出的是，有些初等函数的不定积分是不能用初等函数来表示的，例如，$\int\frac{\sin x}{x}\mathrm{d}x$，$\int\frac{1}{\ln x}\mathrm{d}x$，$\int\mathrm{e}^{-x^2}\mathrm{d}x$ 等，通常把它们称为“积不出”的积分.

§5.5 广义积分

在一些实际问题中，我们常遇到积分区间为无穷区间或被积函数为无界函数的积分，它们不是定积分.为此，我们对定积分作如下两种推广，从而得到广义积分的概念.

一、无穷限的广义积分

定义 1 设函数 $f(x)$ 在区间 $[a,+\infty)$ 上连续，取 $t>a$，若极限 $\lim\limits_{t\to+\infty}\int_a^t f(x)\mathrm{d}x$ 存在，则称此极限为函数 $f(x)$ 在无穷区间 $[a,+\infty)$ 上的广义积分，记作 $\int_a^{+\infty}f(x)\mathrm{d}x$，即 $\int_a^{+\infty}f(x)\mathrm{d}x=\lim\limits_{t\to+\infty}\int_a^t f(x)\mathrm{d}x$. 此时，称广义积分 $\int_a^{+\infty}f(x)\mathrm{d}x$ 收敛，否则就称广义积分 $\int_a^{+\infty}f(x)\mathrm{d}x$ 发散.

类似地，可定义$\int_{-\infty}^{b} f(x)\mathrm{d}x = \lim\limits_{t\to-\infty}\int_{t}^{b} f(x)\mathrm{d}x$.

设函数 $f(x)$ 在区间$(-\infty, +\infty)$上连续，若广义积分$\int_{0}^{+\infty} f(x)\mathrm{d}x$ 和 $\int_{-\infty}^{0} f(x)\mathrm{d}x$ 都收敛，则称上述两个广义积分的和为函数 $f(x)$ 在无穷区间$(-\infty, +\infty)$上的广义积分，记作$\int_{-\infty}^{+\infty} f(x)\mathrm{d}x$，即

$$\int_{-\infty}^{+\infty} f(x)\mathrm{d}x = \int_{-\infty}^{0} f(x)\mathrm{d}x + \int_{0}^{+\infty} f(x)\mathrm{d}x = \lim_{t\to-\infty}\int_{t}^{0} f(x)\mathrm{d}x + \lim_{t\to+\infty}\int_{0}^{t} f(x)\mathrm{d}x.$$

这时称广义积分$\int_{-\infty}^{+\infty} f(x)\mathrm{d}x$ 收敛，否则就称广义积分$\int_{-\infty}^{+\infty} f(x)\mathrm{d}x$ 发散.

上述广义积分统称为无穷限的广义积分.

由上述定义及牛顿-莱布尼茨公式，可得如下结果.

设 $F(x)$ 是 $f(x)$ 的一个原函数，记 $F(+\infty) = \lim\limits_{x\to+\infty} F(x)$，$F(-\infty) = \lim\limits_{x\to-\infty} F(x)$. 当上述极限都存在时，则无穷限的广义积分

$$\int_{a}^{+\infty} f(x)\mathrm{d}x = F(+\infty) - F(a),$$

$$\int_{-\infty}^{b} f(x)\mathrm{d}x = F(b) - F(-\infty),$$

$$\int_{-\infty}^{+\infty} f(x)\mathrm{d}x = F(+\infty) - F(-\infty).$$

例 1 计算$\int_{0}^{+\infty} \frac{\mathrm{d}x}{a^2 + x^2}(a > 0)$.

解
$$\int_{0}^{+\infty} \frac{\mathrm{d}x}{a^2 + x^2} = \lim_{t\to+\infty}\int_{0}^{t} \frac{\mathrm{d}x}{a^2 + x^2} = \lim_{t\to+\infty}\left(\frac{1}{a}\arctan\frac{x}{a}\right)\Big|_{0}^{t}$$
$$= \lim_{t\to+\infty}\frac{1}{a}\arctan\frac{t}{a} = \frac{\pi}{2a}.$$

例 2 计算$\int_{-\infty}^{0} x\mathrm{e}^{x}\mathrm{d}x$.

解
$$\int_{-\infty}^{0} x\mathrm{e}^{x}\mathrm{d}x = \lim_{t\to-\infty}\int_{t}^{0} x\mathrm{e}^{x}\mathrm{d}x = \lim_{t\to-\infty}(x\mathrm{e}^{x} - \mathrm{e}^{x})\Big|_{t}^{0} = -1.$$

例 3 证明：广义积分$\int_{a}^{+\infty} \frac{\mathrm{d}x}{x^p}(a > 0)$ 当 $p > 1$ 时收敛，当 $p \leqslant 1$ 时发散.

证 当 $p = 1$ 时，$\int_{a}^{+\infty} \frac{\mathrm{d}x}{x^p} = \int_{a}^{+\infty} \frac{\mathrm{d}x}{x} = \ln x\Big|_{a}^{+\infty} = +\infty$.

当 $p \neq 1$ 时，$\int_a^{+\infty} \frac{\mathrm{d}x}{x^p} = \frac{x^{1-p}}{1-p}\Big|_a^{+\infty} = \begin{cases} +\infty, & p<1, \\ \frac{a^{1-p}}{p-1}, & p>1. \end{cases}$

因此，广义积分 $\int_a^{+\infty} \frac{\mathrm{d}x}{x^p}(a>0)$ 当 $p>1$ 时收敛，当 $p \leqslant 1$ 时发散.

二、无界函数的广义积分

定义 2 设函数 $f(x)$ 在区间 $(a,b]$ 上连续，且 $\lim\limits_{x\to a^+} f(x)=\infty$，若极限 $\lim\limits_{t\to a^+}\int_t^b f(x)\mathrm{d}x$ 存在，则称此极限值为函数 $f(x)$ 在区间 $(a,b]$ 上的瑕积分，记为 $\int_a^b f(x)\mathrm{d}x$，即

$$\int_a^b f(x)\mathrm{d}x = \lim_{t\to a^+}\int_t^b f(x)\mathrm{d}x.$$

这时也称该瑕积分收敛，$x=a$ 称为 $f(x)$ 的瑕点. 若极限不存在，就称该瑕积分发散.

类似地，当函数 $f(x)$ 在区间 $[a,b)$ 上连续，且 $\lim\limits_{x\to b^-} f(x)=\infty$ 时，若极限 $\lim\limits_{t\to b^-}\int_a^t f(x)\mathrm{d}x$ 存在，则称此极限值为函数 $f(x)$ 在区间 $[a,b)$ 上的瑕积分，记为 $\int_a^b f(x)\mathrm{d}x$，即 $\int_a^b f(x)\mathrm{d}x = \lim\limits_{t\to b^-}\int_a^t f(x)\mathrm{d}x$. 这时也称该瑕积分收敛，$x=b$ 称为 $f(x)$ 的瑕点. 若极限不存在，就称该瑕积分发散.

若函数 $f(x)$ 在区间 $[a,b]$ 上除 $x=c(a<c<b)$ 外都连续，且 $\lim\limits_{x\to c} f(x)=\infty$，此时称 $x=c$ 为 $f(x)$ 的瑕点. 若两个瑕积分 $\int_a^c f(x)\mathrm{d}x$，$\int_c^b f(x)\mathrm{d}x$ 都收敛，则称瑕积分 $\int_a^b f(x)\mathrm{d}x$ 收敛，并定义

$$\int_a^b f(x)\mathrm{d}x = \int_a^c f(x)\mathrm{d}x + \int_c^b f(x)\mathrm{d}x = \lim_{t\to c^-}\int_a^t f(x)\mathrm{d}x + \lim_{t\to c^+}\int_t^b f(x)\mathrm{d}x.$$

否则，就称该瑕积分发散.

计算无界函数的广义积分，也可借助于牛顿-莱布尼茨公式.

设 $F(x)$ 是 $f(x)$ 的一个原函数，记 $F(a^+)=\lim\limits_{x\to a^+}F(x)$，$F(b^-)=\lim\limits_{x\to b^-}F(x)$. 当上述极限都存在时，记无穷积分

$$\int_a^b f(x)\mathrm{d}x = F(b)-F(a^+)\ (\text{其中 } x=a \text{ 为 } f(x) \text{ 的瑕点})；$$

$$\int_a^b f(x)\mathrm{d}x = F(b^-) - F(a)\ (\text{其中 } x = b \text{ 为 } f(x) \text{ 的瑕点}).$$

例 4 计算$\int_0^1 \frac{1}{\sqrt{1-x^2}}\mathrm{d}x$.

解 这是无界函数的广义积分,有瑕点 $x=1$,因此

$$\int_0^1 \frac{1}{\sqrt{1-x^2}}\mathrm{d}x = \lim_{t\to 1^-}\int_0^t \frac{1}{\sqrt{1-x^2}}\mathrm{d}x = \lim_{t\to 1^-}(\arcsin x)\Big|_0^t = \lim_{t\to 1^-}\arcsin t = \frac{\pi}{2}.$$

例 5 计算$\int_{\frac{1}{2}}^{\frac{3}{2}} \frac{1}{\sqrt{|x-x^2|}}\mathrm{d}x$.

解 这是无界函数的广义积分,有瑕点 $x=1$,$x=0\notin\left[\frac{1}{2},\frac{3}{2}\right]$.

被积函数含有绝对值,需分段计算,在$\left[\frac{1}{2},\frac{3}{2}\right]$内的分段点为 $x=1$,因此

$$\begin{aligned}\int_{\frac{1}{2}}^{\frac{3}{2}} \frac{1}{\sqrt{|x-x^2|}}\mathrm{d}x &= \int_{\frac{1}{2}}^{1} \frac{1}{\sqrt{|x-x^2|}}\mathrm{d}x + \int_{1}^{\frac{3}{2}} \frac{1}{\sqrt{|x-x^2|}}\mathrm{d}x \\ &= \int_{\frac{1}{2}}^{1} \frac{1}{\sqrt{x-x^2}}\mathrm{d}x + \int_{1}^{\frac{3}{2}} \frac{1}{\sqrt{x^2-x}}\mathrm{d}x.\end{aligned}$$

而
$$\begin{aligned}\int_{\frac{1}{2}}^{1} \frac{1}{\sqrt{x-x^2}}\mathrm{d}x &= \lim_{t\to 1^-}\int_{\frac{1}{2}}^{t} \frac{1}{\sqrt{x-x^2}}\mathrm{d}x = \lim_{t\to 1^-}\int_{\frac{1}{2}}^{t} \frac{\mathrm{d}\left(x-\frac{1}{2}\right)}{\sqrt{\left(\frac{1}{2}\right)^2-\left(x-\frac{1}{2}\right)^2}} \\ &= \lim_{t\to 1^-}[\arcsin(2x-1)]\Big|_{\frac{1}{2}}^{t} = \frac{\pi}{2},\end{aligned}$$

$$\begin{aligned}\int_{1}^{\frac{3}{2}} \frac{1}{\sqrt{x^2-x}}\mathrm{d}x &= \lim_{t\to 1^+}\int_{t}^{\frac{3}{2}} \frac{1}{\sqrt{x^2-x}}\mathrm{d}x = \lim_{t\to 1^+}\int_{t}^{\frac{3}{2}} \frac{\mathrm{d}\left(x-\frac{1}{2}\right)}{\sqrt{\left(x-\frac{1}{2}\right)^2-\left(\frac{1}{2}\right)^2}} \\ &= \lim_{t\to 1^+}\ln\left[\left(x-\frac{1}{2}\right)+\sqrt{x^2-x}\right]\Big|_{t}^{\frac{3}{2}} = \ln\left(1+\frac{\sqrt{3}}{2}\right)-\ln\frac{1}{2} \\ &= \ln(2+\sqrt{3}),\end{aligned}$$

所以 $$\int_{\frac{1}{2}}^{\frac{3}{2}} \frac{1}{\sqrt{|x-x^2|}}\mathrm{d}x = \frac{\pi}{2}+\ln(2+\sqrt{3}).$$

例 6 证明:广义积分$\int_a^b \frac{\mathrm{d}x}{(x-a)^q}$当 $q<1$ 时收敛,当 $q\geqslant 1$ 时发散.

证 当 $q=1$ 时,$\int_a^b \frac{\mathrm{d}x}{(x-a)^q} = \int_a^b \frac{\mathrm{d}x}{x-a} = \lim_{t\to a^+}\ln(x-a)\Big|_t^b = +\infty$.

当 $q \neq 1$ 时，$\int_a^b \frac{dx}{(x-a)^q} = \lim_{t \to a^+} \frac{(x-a)^{1-q}}{1-q}\Big|_t^b = \begin{cases} \frac{(b-a)^{1-q}}{1-q}, & q<1, \\ +\infty, & q>1. \end{cases}$

因此，广义积分 $\int_a^b \frac{dx}{(x-a)^q}$ 当 $q<1$ 时收敛，当 $q \geqslant 1$ 时发散.

§5.6 定积分的应用

一、微元法

我们通过求曲边梯形的面积来叙述微元法.

由定积分的几何意义，$\int_a^b f(x)dx$ 表示连续曲线 $y=f(x)(f(x)\geqslant 0)$，直线 $x=a,x=b$ 及 x 轴所围成的曲边梯形的面积(图 5-8). 我们把 $[a,b]$ 分成 n 个小区间，取一个代表性小区间记作 $[x,x+dx]$，其长度为 dx，ΔA 表示在 $[x,x+dx]$ 上小曲边梯形的面积. 因为 dx 很小，小曲边梯形几乎可以看作一个窄长的矩形，这样以 $f(x)$ 为高，dx 为底的矩形的面积 $f(x)dx$ 为小曲边梯形的面积 ΔA 的近似值，即 $\Delta A \approx f(x)dx$. 把 $f(x)dx$ 称为所求面积 A 的面积微元，记作 dA，即 $dA=f(x)dx$. 于是

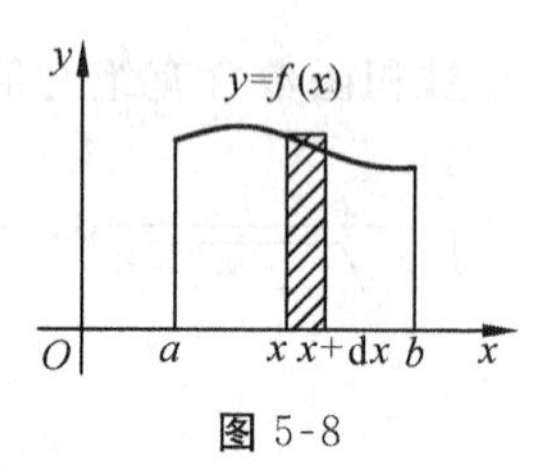

图 5-8

$$A=\sum \Delta A \approx \sum f(x)dx = \sum dA,$$

从而 $A=\lim \sum f(x)dx = \lim \sum dA = \int_a^b f(x)dx = \int_a^b dA.$

在一般情况下，实际问题中所求量 U 满足下列条件就可用微元法求解：

(1) U 是一个与变量 x 变化区间 $[a,b]$ 有关的量，并且对区间 $[a,b]$ 具有可加性，即 $U=\sum \Delta U$，ΔU 为 U 的部分量；

(2) 部分量 ΔU 的近似值可以表示为 $f(x)dx$，它们相差一个比 dx 高阶的无穷小，则在区间 $[a,b]$ 上作定积分得 $U=\int_a^b f(x)dx$.

例 1 设连续曲线 $y=f(x)(x\in[a,b],f(x)\geqslant 0)$ 与直线 $x=a,x=b(0<a<b)$ 及 x 轴围成平面图形. 该图形分别绕 x 轴、y 轴旋转一周产生旋转体，试用微元法导出它的体积公式，并计算曲线 $y=\sin x(0\leqslant x\leqslant \pi)$ 和 x 轴所围成的图形分别绕 x 轴、y 轴旋转一周所产生的旋转体的体积.

解 任取 $[x,x+dx]\subset[a,b]$ 得平面图形的一小窄条，如图 5-9 中的阴影部分，它绕 x 轴旋转一周得旋转体的一小薄片，近似看成圆柱体，其体积 $\Delta V_x \approx \pi f^2(x)\mathrm{d}x$，则

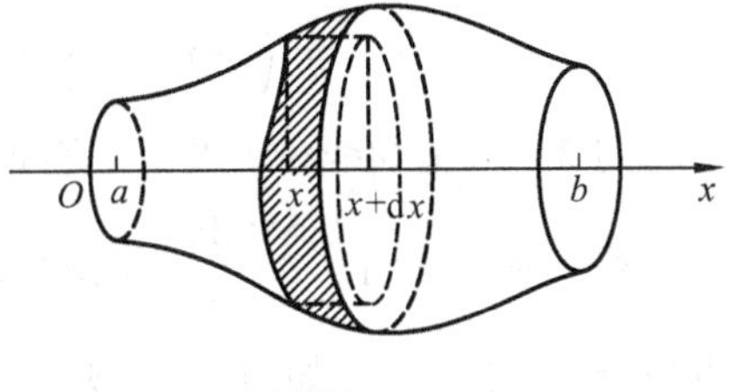

图 5-9

$$\mathrm{d}V_x = \pi f^2(x)\mathrm{d}x.$$

于是 $y=f(x)$ 绕 x 轴旋转所成的旋转体的体积为

$$V_x = \int_a^b \pi f^2(x)\mathrm{d}x = \pi\int_a^b f^2(x)\mathrm{d}x.$$

对于 $y=f(x)$ 绕 y 轴旋转所成的旋转体，其相应于 $[a,b]$ 上任一小区间 $[x,x+\mathrm{d}x]$ 的旋转体的体积

$$\Delta V_y \approx \pi f(x)[(x+\mathrm{d}x)^2-x^2]=2\pi x f(x)\mathrm{d}x+\pi f(x)(\mathrm{d}x)^2\approx 2\pi x f(x)\mathrm{d}x,$$

则

$$\mathrm{d}V=2\pi f(x)\mathrm{d}x.$$

于是 $y=f(x)$ 绕 y 轴旋转所成的旋转体的体积为

$$V_y = \int_a^b 2\pi x f(x)\mathrm{d}x = 2\pi\int_a^b x f(x)\mathrm{d}x.$$

由上面的结论可以求曲线 $y=\sin x(0\leqslant x\leqslant\pi)$ 和 x 轴所围成的图形分别绕 x 轴、y 轴旋转所成的旋转体的体积：

$$V_x = \pi\int_0^\pi \sin^2 x\mathrm{d}x = \frac{\pi}{2}\int_0^\pi(1-\cos x)\mathrm{d}x = \frac{\pi^2}{2},$$

$$V_y = 2\pi\int_0^\pi x\sin x\mathrm{d}x = 2\pi\left(-x\cos x\Big|_0^\pi + \sin x\Big|_0^\pi\right) = 2\pi^2.$$

二、平面图形的面积

下面我们利用定积分来计算平面图形的面积.

例 2 求由曲线 $y=x^2, y^2=x$ 所围成的图形的面积.

解 由方程组 $\begin{cases} y=x^2, \\ y^2=x \end{cases}$ 得到交点 $O(0,0)$，$P(1,1)$.

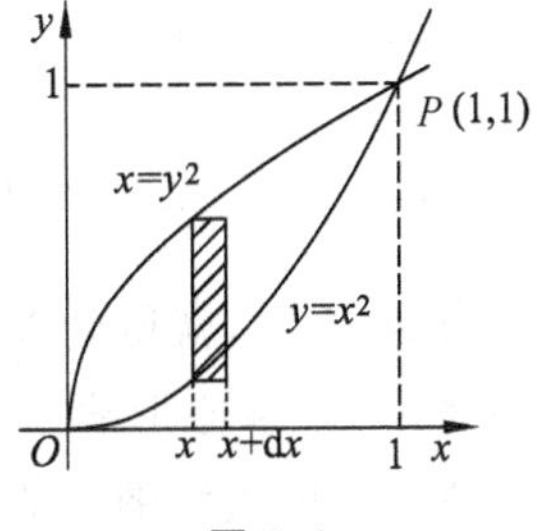

图 5-10

如图 5-10 所示，选取横坐标 x 作为积分变量，则 x 的变化范围为闭区间 $[0,1]$，从中选取一代表性小区间 $[x,x+\mathrm{d}x]$，与它相对应的面积微元为

$$\mathrm{d}A=[\sqrt{x}-x^2]\mathrm{d}x, x\in[0,1].$$

于是所求面积为 $A = \int_0^1(\sqrt{x}-x^2)\mathrm{d}x$

$$= \left(\frac{2}{3}x^{\frac{3}{2}} - \frac{1}{3}x^3\right)\Big|_0^1 = \frac{1}{3}.$$

例 3 求抛物线 $y^2=2x$ 与直线 $y=x-4$ 所围成的图形的面积.

解 解方程组 $\begin{cases} y^2=2x, \\ y=x-4 \end{cases}$ 得抛物线与直线的交点(2,−2)和(8,4). 如图 5-11 所示，选取纵坐标 y 作为积分变量，则 y 的变化范围为闭区间[−4, 2]，从中选取一代表性小区间$[y,y+\mathrm{d}y]$，与它相对应的面积微元为

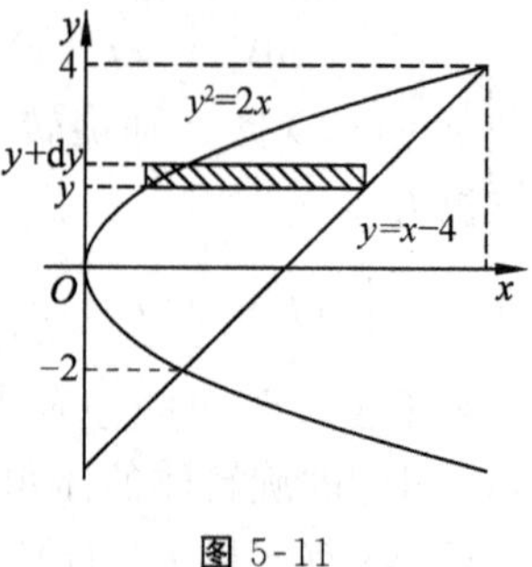

图 5-11

$$\mathrm{d}A=\left[(4+y)-\frac{y^2}{2}\right]\mathrm{d}y, y\in[-2,4].$$

于是所求面积为

$$A=\int_{-2}^{4}\left[(4+y)-\frac{y^2}{2}\right]\mathrm{d}y=\left(4y+\frac{y^2}{2}-\frac{1}{6}y^3\right)\Big|_{-2}^{4}=18.$$

例 4 求椭圆 $\frac{x^2}{a^2}+\frac{y^2}{b^2}=1$ 所围成的平面图形的面积.

解 该椭圆关于两坐标轴都对称(图 5-12)，故它所围成的图形的面积为 $A=4A_1$，A_1 为该椭圆在第一象限部分与两坐标轴所围成的图形的面积，则

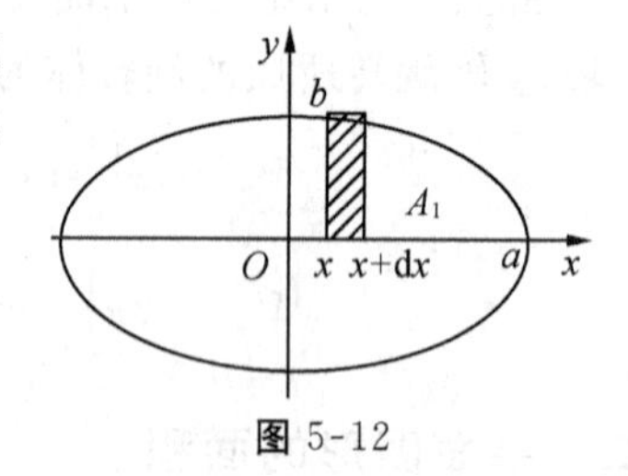

图 5-12

$$A=4A_1=4\int_0^a y\mathrm{d}x.$$

应用定积分换元法，令 $x=a\cos t$，则 $y=b\sin t$，$\mathrm{d}x=-\sin t\mathrm{d}t$.

当 x 由 0 变到 a 时，t 由 $\frac{\pi}{2}$ 变到 0，所以

$$A=4A_1=4\int_0^a y\mathrm{d}x=4\int_{\frac{\pi}{2}}^{0} b\sin t(-a\sin t)\mathrm{d}t=4ab\int_0^{\frac{\pi}{2}}\sin^2 t\mathrm{d}t$$

$$=4ab\int_0^{\frac{\pi}{2}}\frac{1-\cos 2t}{2}\mathrm{d}t=\pi ab.$$

当 $a=b$ 时，就得到大家所熟悉的圆的面积公式 $A=\pi a^2$.

例 5 计算心形线 $\rho=a(1+\cos\theta)(a>0)$ 所围成的图形的面积.

解 心形线所围成的图形如图 5-13 所示，这个图形关于极轴对称，因此所求图形的面积 A 是极轴以上部分图形面积 A_1 的两倍.

对于极轴以上部分的图形，θ 的变化区间为$[0,\pi]$，相应于$[0,\pi]$上任一小区间$[\theta,\theta+\mathrm{d}\theta]$的窄曲边扇形的面积近似等于半径为 ρ、中心角为 $\mathrm{d}\theta$ 的圆扇形的面积. 从而得到面积微元

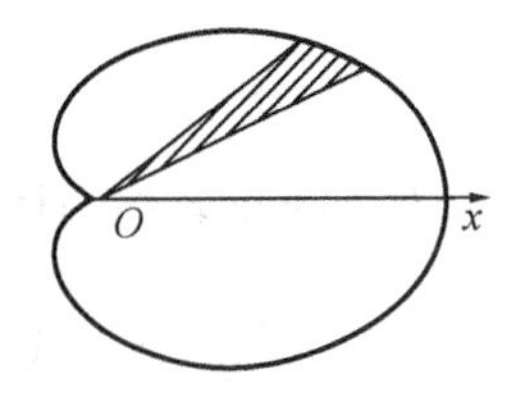

图 5-13

$$\mathrm{d}A=\frac{1}{2}\rho^2\mathrm{d}\theta.$$

于是 $A=2A_1=2\int_0^{\pi}\frac{1}{2}\rho^2\mathrm{d}\theta=\int_0^{\pi}a^2(1+\cos\theta)^2\mathrm{d}\theta=a^2\int_0^{\pi}(1+2\cos\theta+\cos^2\theta)\mathrm{d}\theta$

$$=a^2\int_0^{\pi}\left(\frac{3}{2}+2\cos\theta+\frac{1}{2}\cos2\theta\right)\mathrm{d}\theta=a^2\left(\frac{3}{2}\theta+2\sin\theta+\frac{1}{4}\sin2\theta\right)\Big|_0^{\pi}$$

$$=\frac{3\pi}{2}a^2.$$

注意：计算面积时应注意选择适当的坐标系，以便于计算. 一般情况下，曲边梯形宜用直角坐标系，而曲边扇形宜用极坐标系.

一般地，由曲线 $\rho=\rho(\theta)$（这里 $\rho=\rho(\theta)$ 在$[\alpha,\beta]$上连续，且 $\rho=\rho(\theta)\geqslant0$）及射线 $\theta=\alpha,\theta=\beta$ 围成的图形（简称为曲边扇形）的面积

$$A=\int_{\alpha}^{\beta}\frac{1}{2}\rho^2\mathrm{d}\theta=\frac{1}{2}\int_{\alpha}^{\beta}[\rho(\theta)]^2\mathrm{d}\theta.$$

其中，面积微元 $\mathrm{d}A=\frac{1}{2}\rho^2\mathrm{d}\theta$（图 5-14）.

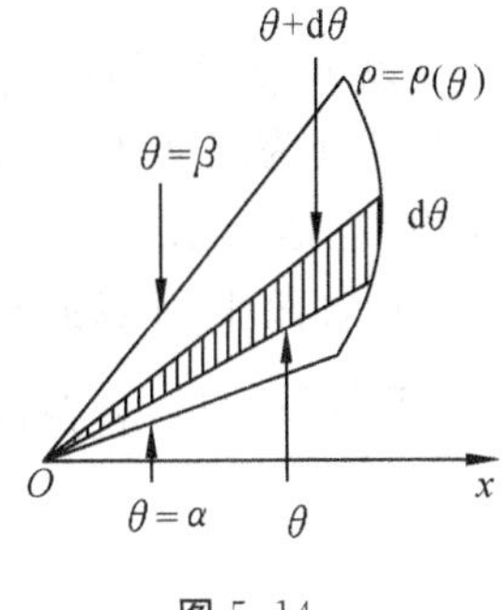

图 5-14

三、体积

1. 旋转体的体积

例 6 计算由椭圆$\frac{x^2}{a^2}+\frac{y^2}{b^2}=1$ 所围成的图形绕 x 轴旋转一周而成的旋转体的体积.

解 这个旋转体也可以看作是由曲线 $y=\frac{b}{a}\sqrt{a^2-x^2}$ 及 x 轴围成的图形绕 x 轴旋转一周而成的立体. 取 x 为积分变量，它的变化区间为$[-a,a]$. 旋转体中相应于$[-a,a]$上任一小区间$[x,x+\mathrm{d}x]$的薄片的体积，近似于底半径为$\frac{b}{a}\sqrt{a^2-x^2}$、高为 $\mathrm{d}x$ 的扁圆柱体的体积（如图 5-15），即

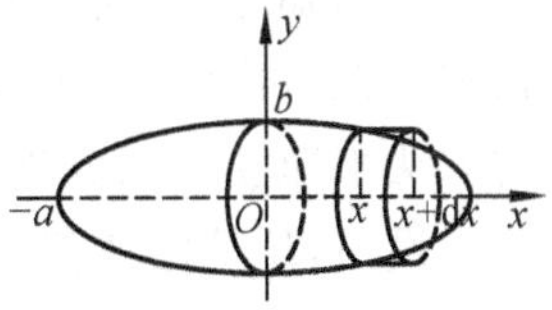

图 5-15

$$dV=\pi\left(\frac{b}{a}\sqrt{a^2-x^2}\right)^2 dx.$$

于是所求旋转体的体积为

$$V=\int_{-a}^{a}\pi\left(\frac{b}{a}\sqrt{a^2-x^2}\right)^2 dx=\frac{\pi b^2}{a^2}\int_{-a}^{a}(a^2-x^2)dx=\frac{4\pi}{3}ab^2.$$

当 $a=b$ 时，旋转体就成为半径为 a 的球体，它的体积为 $\frac{4\pi}{3}a^3$.

2. 平行截面面积为已知的立体的体积

例 7 设有一椭圆柱体，其底面的长、短轴分别为 $2a,2b$，用过此柱体底面的短轴且与底面成 α 角 $\left(0<\alpha<\frac{\pi}{2}\right)$ 的平面截此柱体，得一楔形（图 5-16），求此楔形的体积.

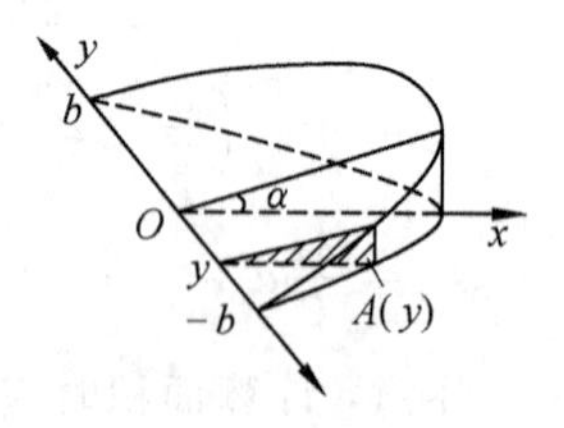

图 5-16

解 建立坐标系，底面椭圆的方程为 $\frac{x^2}{a^2}+\frac{y^2}{b^2}=1$.

以 $A(y)$ 表示过点 y 且垂直于 y 轴的截面面积. 这时，取 y 为积分变量，它的变化区间为 $[-b,b]$，立体中相应于 $[-b,b]$ 上任一小区间 $[y,y+dy]$ 的一薄片的体积，近似于底面积为 $A(y)$、高为 dy 的扁柱体的体积，即体积微元 $dV=A(y)dy$. 而平面截此楔形所得的截面为直角三角形，其一直角边长为 $x=\frac{a}{b}\sqrt{b^2-y^2}$，另一直角边长为 $\frac{a}{b}\sqrt{b^2-y^2}\cdot\tan\alpha$，故此截面的面积

$$A(y)=\frac{1}{2}\cdot\frac{a^2}{b^2}(b^2-y^2)\tan\alpha.$$

从而楔形体积

$$\begin{aligned}V&=2\int_0^b A(y)dy=2\int_0^b\frac{1}{2}\cdot\frac{a^2}{b^2}(b^2-y^2)\tan\alpha dy\\&=\frac{a^2}{b^2}\tan\alpha\int_0^b(b^2-y^2)dy=\frac{2}{3}a^2b\tan\alpha.\end{aligned}$$

四、平面曲线的弧长

我们知道，在初等几何中，求圆的周长的方法是：以圆的内接正多边形的周长来近似，再令多边形的边数无限增多取极限就求出圆的周长. 现在我们用类似的方法来建立平面的连续曲线弧长的概念，从而应用定积分来计算弧长.

设 A,B 是曲线弧上的两个端点（如图 5-17）. 在弧 $\overset{\frown}{AB}$ 上依次任取分点 $A=M_0,M_1,M_2,\cdots,M_{i-1},M_i,\cdots,M_{n-1},M_n=B$，并依次连接相邻的分点得一内接折

线. 当分点的数目无限增加且每个小段 $M_{i-1}M_i$ 都缩向一点时,如果此折线的长 $\sum_{i=1}^{n}|M_{i-1}M_i|$ 的极限存在,则称此极限为曲线弧 $\overparen{AB}$ 的弧长,并称此曲线弧 $\overparen{AB}$ 是可求长的. 如果曲线上每一点都具有切线,且切线随切点的移动而连续转动,这样的曲线称为光滑曲线. 对光滑的曲线弧,我们有如下结论:光滑曲线弧是可求长的.

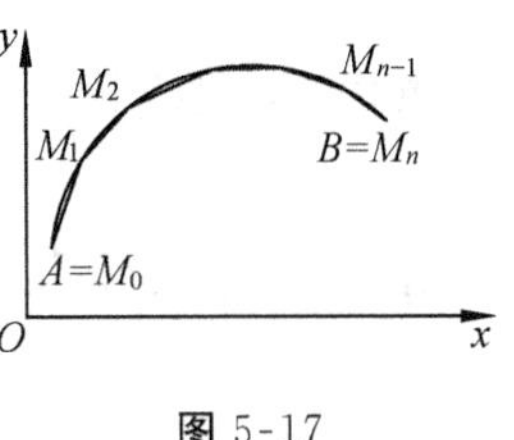

图 5-17

由于光滑曲线是可求长的,故可应用定积分来计算弧长. 下面我们用定积分的微元法来推出平面光滑曲线弧长的计算公式.

设曲线弧由参数方程 $\begin{cases}x=\varphi(t),\\ y=\psi(t)\end{cases}(\alpha\leqslant t\leqslant\beta)$ 给出,其中 $\varphi(t),\psi(t)$ 在 $[\alpha,\beta]$ 上具有连续导数. 现在来计算这段曲线弧的长度.

取参数 t 为积分变量,它的变化区间为 $[\alpha,\beta]$. 相应于 $[\alpha,\beta]$ 上任一小区间 $[t,t+\mathrm{d}t]$ 的小弧段的长度 Δs 近似等于对应的弦的长度 $\sqrt{\Delta x^2+\Delta y^2}$. 因为

$$\Delta x=\varphi(t+\mathrm{d}t)-\varphi(t)\approx\mathrm{d}x=\varphi'(t)\mathrm{d}t,\Delta y=\psi(t+\mathrm{d}t)-\psi(t)\approx\mathrm{d}y=\psi'(t)\mathrm{d}t,$$

所以
$$\Delta s\approx\sqrt{(\mathrm{d}x)^2+(\mathrm{d}y)^2}=\sqrt{\varphi'^2(t)+\psi'^2(t)}\mathrm{d}t,$$

从而
$$\mathrm{d}s=\sqrt{\varphi'^2(t)+\psi'^2(t)}\mathrm{d}t.$$

于是所求弧长为 $s=\int_\alpha^\beta\mathrm{d}s=\int_\alpha^\beta\sqrt{\varphi'^2(t)+\psi'^2(t)}\mathrm{d}t$.

若曲线弧由直角坐标方程 $y=f(x)(a\leqslant x\leqslant b)$ 给出,其中 $f(x)$ 在 $[a,b]$ 上具有一阶连续导数,则这时曲线弧有参数方程

$$\begin{cases}x=x,\\ y=f(x)\end{cases}(a\leqslant x\leqslant b),$$

从而所求弧长为 $s=\int_a^b\mathrm{d}s=\int_a^b\sqrt{1+y'^2(x)}\mathrm{d}x$.

若曲线弧由极坐标方程 $\rho=\rho(\theta)(\alpha\leqslant\theta\leqslant\beta)$ 给出,其中 $\rho(\theta)$ 在 $[\alpha,\beta]$ 上具有一阶连续导数,则由直角坐标与极坐标的关系可得

$$\begin{cases}x=\rho(\theta)\cos\theta,\\ y=\rho(\theta)\sin\theta\end{cases}(\alpha\leqslant\theta\leqslant\beta).$$

这就是以极角 θ 为参数的曲线弧的参数方程. 于是

$$\mathrm{d}s=\sqrt{x'^2(\theta)+y'^2(\theta)}\mathrm{d}\theta=\sqrt{\rho^2(\theta)+\rho'^2(\theta)}\mathrm{d}\theta.$$

故所求弧长为 $s=\int_\alpha^\beta\mathrm{d}s=\int_\alpha^\beta\sqrt{\rho^2(\theta)+\rho'^2(\theta)}\mathrm{d}\theta$.

例 8 求曲线$\begin{cases}x=\arctan t,\\ y=\dfrac{1}{2}\ln(1+t)^2\end{cases}$介于 $0\leqslant t\leqslant 1$ 之间的弧长.

解 $s=\int_0^1\sqrt{x'^2(t)+y'^2(t)}\mathrm{d}t=\int_0^1\dfrac{1}{\sqrt{1+t^2}}\mathrm{d}t$

$=\ln(t+\sqrt{1+t^2})\Big|_0^1=\ln(\sqrt{2}+1).$

例 9 求心形线 $\rho=a(1+\cos\theta)$ 的全长.

解 由对称性,得

$$s=2\int_0^{\pi}\sqrt{\rho^2+\rho'^2}\mathrm{d}\theta=2\int_0^{\pi}\sqrt{2a^2(1+\cos\theta)}\mathrm{d}\theta$$

$$=4a\int_0^{\pi}\cos\frac{\theta}{2}\mathrm{d}\theta=8a.$$

习 题 五

1. 填空:

(1) $\int_0^1 x^3\mathrm{d}x=\lim\limits_{n\to\infty}\dfrac{1}{n}\left[\sum\limits_{i=1}^{n}\left(\dfrac{i}{n}\right)^3\right]=\lim\limits_{n\to\infty}\dfrac{1+2^3+3^3+\cdots+n^3}{n^4}=$ ________;

(2) $\lim\limits_{n\to\infty}\left(\dfrac{1}{n+1}+\dfrac{1}{n+2}+\cdots+\dfrac{1}{n+n}\right)=\int_0^1$ ________ $\mathrm{d}x=$ ________.

2. 利用函数奇偶性或定积分几何性质计算下列定积分:

(1) $\int_{-1}^{1}|x|\ln(x+\sqrt{1+x^2})\mathrm{d}x$;　　(2) $\int_{-\frac{1}{2}}^{\frac{1}{2}}\dfrac{(\arcsin x)^2}{\sqrt{1-x^2}}\mathrm{d}x$;

(3) $\int_{-a}^{a}\sqrt{a^2-x^2}\mathrm{d}x$.

3. 比较下列定积分的大小:

(1) $\int_0^{\frac{\pi}{2}}\sin^{10}x\mathrm{d}x$ 与 $\int_0^{\frac{\pi}{2}}\sin^2 x\mathrm{d}x$;　　(2) $\int_0^1 x\mathrm{d}x$ 与 $\int_0^1\ln(1+x)\mathrm{d}x$.

4. 估计下列定积分的值:

(1) $\int_{\frac{\pi}{4}}^{\frac{\pi}{2}}\dfrac{\sin x}{x}\mathrm{d}x$;　　(2) $\int_{-1}^{2}\mathrm{e}^{-x^2}\mathrm{d}x$.

5. 已知曲线 $y=f(x)$ 在点 $(x,f(x))$ 处切线的斜率为 x^2+x,且曲线过点 $\left(1,\dfrac{1}{3}\right)$,求 $f(x)$.

6. 填空：

(1) $\left[\int_0^{\pi}\sin(t^2+1)\mathrm{d}t\right]'=$ ________，$\left[\int_0^{x}\sin(t^2+1)\mathrm{d}t\right]'=$ ________；

(2) 若 $F(x)=\int_0^{x^2}\dfrac{1}{\sqrt{1+t}}\mathrm{d}t$，则 $F'(x)=$ ________；

(3) $f(x)$的一个原函数是$\dfrac{\sin 2x}{2}$，则 $f'(x)=$ ________.

7. 试求函数 $y=\int_0^x \sin t\mathrm{d}t$ 在 $x=0,x=\dfrac{\pi}{4}$ 时的导数.

8. 求参数表示式 $x=\int_0^t \sin u\mathrm{d}u, y=\int_0^t \cos u\mathrm{d}u$ 给定的函数 $y=y(x)$ 对 x 的导数$\dfrac{\mathrm{d}y}{\mathrm{d}x}$.

9. 计算下列极限：

(1) $\lim\limits_{x\to 0}\dfrac{\int_{\cos x}^{1}\mathrm{e}^{-t^2}\mathrm{d}t}{x^2}$；　　(2) $\lim\limits_{x\to 0}\dfrac{\int_0^x \sin(t^2+1)\mathrm{d}t}{x}$.

10. 选择题：

(1) 若$\int f(x)\mathrm{d}x=\sin 2x+C$，则 $f(x)$ 等于 (　　)

A. $-2\cos 2x$　　B. $2\sin 2x$　　C. $2\cos 2x$　　D. $-2\sin 2x$

(2) 下列等式正确的是 (　　)

A. $\dfrac{1}{\sqrt{2x}}\mathrm{d}x=\mathrm{d}(\sqrt{2x})$　　B. $\ln x\mathrm{d}x=\mathrm{d}\left(\dfrac{1}{x}\right)$

C. $-\dfrac{1}{x}\mathrm{d}x=\mathrm{d}\left(\dfrac{1}{x^2}\right)$　　D. $\sin x\mathrm{d}x=\mathrm{d}(\cos x)$

(3) 若$\int\dfrac{f'(\ln x)}{x}\mathrm{d}x=x+C$，则 $f(x)$ 等于 (　　)

A. x　　B. e^x　　C. e^{-x}　　D. $\ln x$

11. 证明$\int\dfrac{3x-2}{3\sqrt[3]{x^3-2x^2}}\mathrm{d}x=\sqrt[3]{x(x-2)^2}+C$.

12. 利用基本积分表和不定积分的性质，求下列不定积分：

(1) $\int\sqrt{x\sqrt{x}}\mathrm{d}x$；　　(2) $\int\mathrm{e}^{3x}2^x\mathrm{d}x$；

(3) $\int\dfrac{(x^3+2)^2}{x^3}\mathrm{d}x$；　　(4) $\int(\sqrt{x}+1)(x-\sqrt{x}+1)\mathrm{d}x$；

(5) $\int \frac{\cos 2x}{\sin x+\cos x}\mathrm{d}x$；

(6) $\int \cos^2\frac{x}{2}\mathrm{d}x$；

(7) $\int\left(\sqrt{x}+\frac{1}{2\sqrt{x}}\right)\mathrm{d}x$；

(8) $\int(\mathrm{e}^x+x^\pi+\pi^\mathrm{e})\mathrm{d}x$；

(9) $\int \frac{x^4+x^2+1}{x^2+1}\mathrm{d}x$；

(10) $\int \frac{\cos 2x}{(\sin^2 x)(\cos^2 x)}\mathrm{d}x$；

(11) $\int \frac{1+\cos^2 x}{1+\cos 2x}\mathrm{d}x$；

(12) $\int\left(\cos\frac{\theta}{2}+\sin\frac{\theta}{2}\right)^2\mathrm{d}\theta$.

13. 计算下列定积分：

(1) $\int_1^2\left(x^2+\frac{1}{x^2}\right)\mathrm{d}x$；

(2) $\int_1^2\left(x+\frac{1}{x}\right)^2\mathrm{d}x$；

(3) $\int_0^{\frac{\pi}{4}}\tan^2\theta\mathrm{d}\theta$；

(4) $\int_{-1}^0\frac{\mathrm{d}x}{4x^2-9}$；

(5) $\int_1^{27}\frac{\mathrm{d}x}{\sqrt[3]{x}}$；

(6) $\int_{-\pi}^{\frac{\pi}{2}}|\sin x|\mathrm{d}x$.

14. 计算下列定积分：

(1) $\int_2^3\frac{\mathrm{d}x}{2x^2+3x-2}$；

(2) $\int_{\mathrm{sh}1}^{\mathrm{sh}2}\frac{\mathrm{d}x}{\sqrt{1+x^2}}$；

(3) $\int_0^4\frac{\mathrm{d}x}{1+\sqrt{x}}$；

(4) $\int_0^{\ln 2}\sqrt{\mathrm{e}^x-1}\mathrm{d}x$；

(5) $\int_{-\pi}^{\pi}|x|\cos nx\mathrm{d}x$；

(6) $\int_{-\pi}^{\pi}\mathrm{e}^{-|x|}\cos nx\mathrm{d}x$；

(7) $\int_0^{\frac{\pi}{2}}\sin(2x)\mathrm{d}x$；

(8) $\int_1^4\frac{1+x}{\sqrt{x}}\mathrm{d}x$；

(9) $\int_0^{\frac{\pi}{2}}\sqrt{1-\cos 2x}\mathrm{d}x$.

15. 用换元积分法求下列不定积分：

(1) $\int(x+1)^{15}\mathrm{d}x$；

(2) $\int\frac{1}{\sqrt{3-2x}}\mathrm{d}x$；

(3) $\int\tan 3x\mathrm{d}x$；

(4) $\int x\mathrm{e}^{-x^2}\mathrm{d}x$；

(5) $\int\frac{1}{\sin\theta\cos\theta}\mathrm{d}x$；

(6) $\int x^2\sqrt{1+x^3}\mathrm{d}x$；

(7) $\int\frac{2x-3}{x^2-3x+8}\mathrm{d}x$；

(8) $\int\frac{\mathrm{e}^x}{1+\mathrm{e}^x}\mathrm{d}x$；

(9) $\int \frac{1}{1+e^x}dx$；　　(10) $\int \sqrt{\frac{a+x}{a-x}}dx\ (a>0)$；

(11) $\int \frac{dx}{\sqrt{x+1}-\sqrt{x-1}}$；　　(12) $\int \left(1-\frac{1}{x^2}\right)e^{x+\frac{1}{x}}dx$.

16. 用分部积分法求下列不定积分：

(1) $\int xe^{-x}dx$；　(2) $\int x^2\arctan x dx$；　(3) $\int \ln\frac{x}{2}dx$；

(4) $\int e^x\cos 2x dx$；　(5) $\int e^x\cos^2 x dx$；　(6) $\int \cos(\ln x)dx$；

(7) $\int \sin x\ln(\tan x)dx$；(8) $\int \ln(x+\sqrt{1+x^2})dx$；　(9) $\int \sqrt{1-x^2}dx$.

17. 已知 $f(x)$ 的原函数为$\frac{\sin x}{x}$,求$\int xf'(x)dx$.

18. 计算下列定积分：

(1) $\int_0^1 xe^{x^2}dx$；　　(2) $\int_{-1}^2 e^{|x|}dx$；

(3) $\int_0^1 \frac{1}{1+\sqrt{x}}dx$；　　(4) $\int_e^{e^2} \frac{1}{x\ln x}dx$；

(5) $\int_0^1 \frac{dx}{\sqrt{x^2+5x+1}}$；　　(6) $\int_0^1 xe^{\frac{x}{2}}dx$；

(7) $\int_{\frac{1}{2}}^1 e^{\sqrt{2x-1}}dx$；　　(8) $\int_0^1 e^{-\sqrt{x}}dx$；

(9) $\int_0^{\frac{\pi}{4}} \frac{1}{1+\sin x}dx$；　　(10) $\int_1^4 \arctan\sqrt{\sqrt{x}-1}dx$.

19. 计算下列定积分：

(1) $\int_0^3 |x^2-3x+2|dx$；　　(2) $\int_0^{\frac{\pi}{2}} |\sin x-\cos x|dx$；

(3) $\int_{-\frac{1}{2}}^{\frac{1}{2}} \left[\frac{\sin x}{x^8+1}+\sqrt{\ln^2(1-x)}\right]dx$；(4) $\int_{-\frac{\pi}{2}}^{\frac{\pi}{2}} \frac{x\ln(x^2+1)+\sin^2 x\cos x}{\sin^2 x}dx$.

20. 求$\int_{-2}^2 f(x)dx$,其中 $f(x)=\begin{cases} x^2, & -1<x<1, \\ \frac{1}{|x|}, & 其他. \end{cases}$

21. 求下列有理函数的不定积分：

(1) $\int \frac{x^3}{1-x^2}dx$；　　(2) $\int \frac{x+1}{(x-1)(x-2)}dx$；

(3) $\int \frac{x^2+1}{(x+1)^2(x-1)}\mathrm{d}x$；　　(4) $\int \frac{3x+4}{x^2+2x+5}\mathrm{d}x$.

22. 求函数 $I(x)=\int_0^x \frac{3x+1}{x^2-x+1}\mathrm{d}x$ 在闭区间[0,1]上的最大值与最小值.

23. 在 a,b,c 满足什么条件时，积分 $\int \frac{ax^2+bx+c}{x^3(x-1)^2}\mathrm{d}x$ 为有理函数？

24. 计算下列广义积分：

(1) $\int_1^{+\infty} \frac{1}{x^3}\mathrm{d}x$；　　(2) $\int_0^{+\infty} x\mathrm{e}^{-ax^2}\mathrm{d}x(a>0)$；

(3) $\int_{-\infty}^{+\infty} \frac{1}{x^2+2x+2}\mathrm{d}x$；　　(4) $\int_1^2 \frac{x}{\sqrt{x-1}}\mathrm{d}x$；

(5) $\int_0^2 \frac{1}{(1-x)^2}\mathrm{d}x$；　　(6) $\int_0^1 \ln x\mathrm{d}x$.

25. 讨论 $\int_2^{+\infty} \frac{\mathrm{d}x}{x(\ln x)^k}$（$k$ 为常数）的敛散性.

26. 试问 $\int_0^{+\infty} \frac{\mathrm{d}x}{(1+x^2)(1+x^\alpha)}$ 的敛散性是否与常数 α 有关？

27. 求下列曲线和直线所围成的图形的面积：

(1) $y=x^2+1, x=0, x=3, y=0$；　　(2) $y=4-x^2, y=x+2$；

(3) $x^2-4y+x=0, x-y=0$；　　(4) $y=x^3, y=4x^2$；

(5) $y=x^2, y=x, y=2x$；

(6) $\sqrt{y}+\sqrt{x}=1$，x 轴，y 轴.

28. 求抛物线 $y^2=4ax$ 与其在 $(a,2a)$ 处的法线所围成的图形的面积.

29. 求 $y=\sin x, y=\cos x$ 在 $[0,\pi]$ 上所围图形的面积.

30. 求由下列曲线围成的图形绕指定轴线旋转所成旋转体的体积：

(1) $y=x^3, y=0, x=1, x=3$ 绕 x 轴；

(2) $y^2=4x, x=0, y=4$ 绕 y 轴；

(3) 椭圆 $4x^2+9y^2=36$ 右半部分绕 y 轴；

(4) $\sqrt{x}+\sqrt{y}=1, x=0, y=0$ 绕 x 轴.

31. 求由曲线 $y=4-x^2$ 及 $y=0$ 所围图形的面积及此图形绕直线 $x=3$ 旋转一周所得旋转体的体积.

32. 计算下列曲线弧段的长：

(1) 抛物线 $y^2=2px(p>0)$ 从原点到点 $\left(\frac{p}{2},p\right)$ 的一段；

(2) 曲线 $x=\frac{1}{4}y^2-\frac{1}{2}\ln y$ 在 $1\leqslant y\leqslant \mathrm{e}$ 的一段.

33. 求曲线 $y=\int_{-\frac{\pi}{2}}^{x}\sqrt{\cos t}\,\mathrm{d}t\left(-\frac{\pi}{2}\leqslant x\leqslant\frac{\pi}{2}\right)$的弧长 s.

习 题 课

内容小结

(1) 由分割、近似、求和、取极限建立定积分的概念,用定积分的定义可证定积分的一系列性质.

(2) 由积分上限的函数引入原函数与不定积分的概念,从而得出了微积分基本定理,由求原函数和牛顿-莱布尼茨公式计算定积分.

(3) 计算积分的方法主要有直接积分法、两个换元法、分部积分法、有理函数及可化为有理函数的积分法,广义积分作为(常义)定积分的极限推广.

(4) 运用微元法或相应公式解决定积分的应用问题.

典型例题

例 1 求极限$\lim\limits_{n\to\infty}\left(\frac{1}{\sqrt{4n^2-1}}+\frac{1}{\sqrt{4n^2-2^2}}+\cdots+\frac{1}{\sqrt{4n^2-n^2}}\right)$.

解

$$\lim_{n\to\infty}\left(\frac{1}{\sqrt{4n^2-1}}+\frac{1}{\sqrt{4n^2-2^2}}+\cdots+\frac{1}{\sqrt{4n^2-n^2}}\right)$$

$$=\lim_{n\to\infty}\frac{1}{n}\left[\frac{1}{\sqrt{4-\left(\frac{1}{n}\right)^2}}+\frac{1}{\sqrt{4-\left(\frac{2}{n}\right)^2}}+\cdots+\frac{1}{\sqrt{4-\left(\frac{n}{n}\right)^2}}\right]$$

$$=\lim_{n\to\infty}\sum_{i=1}^{n}\frac{1}{\sqrt{4-\left(\frac{i}{n}\right)^2}}\Delta x_i\left(\Delta x_i=\frac{1}{n}\right)$$

$$=\int_0^1\frac{\mathrm{d}x}{\sqrt{4-x^2}}=\arcsin\frac{x}{2}\Big|_0^1=\frac{\pi}{6}.$$

其中函数 $f(x)=\frac{1}{\sqrt{4-x^2}}$在区间[0,1]上连续,从而可积.可将区间[0,1]分为 n 等份,则 $\Delta x_i=\frac{1}{n}$,可取 $\xi_i=\frac{i}{n}$为各小区间的右端点.

例 2 计算 $\lim\limits_{x\to 0^+}\frac{\int_0^{\sqrt{x}}(1-\cos t^2)\,\mathrm{d}t}{x^{\frac{5}{2}}}$.

解 这是$\frac{0}{0}$型未定式极限，由洛必达法则，知

$$\lim_{x\to 0^+}\frac{\int_0^{\sqrt{x}}(1-\cos t^2)\mathrm{d}t}{x^{\frac{5}{2}}}=\lim_{x\to 0^+}\frac{\frac{1-\cos x}{2\sqrt{x}}}{\frac{5}{2}x^{\frac{3}{2}}}=\frac{1}{5}\lim_{x\to 0^+}\frac{1-\cos x}{x^2}=\frac{1}{10}.$$

例 3 计算$\int_{-1}^{1}\frac{x^5+x^4-x^3+x^2-2\sin^5 x}{1+x^2}\mathrm{d}x$.

解 对于对称区间，可利用奇偶性计算. 对于本题，因为

$$\frac{x^5+x^4-x^3+x^2-2\sin^5 x}{1+x^2}=\frac{x^5-x^3-2\sin^5 x}{1+x^2}+\frac{x^4+x^2}{1+x^2},$$

从而原式 $=0+2\int_0^1 x^2\mathrm{d}x=\frac{2}{3}$.

实际上，定义在对称区间上的任何函数 $f(x)$ 都能分成一个奇函数与一个偶函数之和，即

$$f(x)=\frac{f(x)+f(-x)}{2}+\frac{f(x)-f(-x)}{2}.$$

例 4 计算下列不定积分：

(1) $\int\frac{x^2-1}{x^4+x^2+1}\mathrm{d}x$；　　(2) $\int\frac{1}{x^4+1}\mathrm{d}x$；

(3) $\int\frac{4\sin x+3\cos x}{\sin x+2\cos x}\mathrm{d}x$；　　(4) $\int\frac{\arctan x}{x^2(1+x^2)}\mathrm{d}x$；

(5) $\int x\arctan x\ln(1+x^2)\mathrm{d}x$.

解 (1) $\int\frac{x^2-1}{x^4+x^2+1}\mathrm{d}x=\int\frac{1-\frac{1}{x^2}}{x^2+1+\frac{1}{x^2}}\mathrm{d}x=\int\frac{\mathrm{d}\left(x+\frac{1}{x}\right)}{\left(x+\frac{1}{x}\right)^2-1}$

$$=\frac{1}{2}\ln\left|\frac{x+\frac{1}{x}-1}{x+\frac{1}{x}+1}\right|+C=\frac{1}{2}\ln\left|\frac{x^2-x+1}{x^2+x+1}\right|+C.$$

(2) $\int\frac{1}{x^4+1}\mathrm{d}x=\frac{1}{2}\int\frac{2}{x^4+1}\mathrm{d}x=\frac{1}{2}\left(\int\frac{1+x^2}{x^4+1}\mathrm{d}x+\int\frac{1-x^2}{x^4+1}\mathrm{d}x\right)$.

而 $\int\frac{1+x^2}{x^4+1}\mathrm{d}x=\int\frac{1+\frac{1}{x^2}}{x^2+\frac{1}{x^2}}\mathrm{d}x=\int\frac{\mathrm{d}\left(x-\frac{1}{x}\right)}{\left(x-\frac{1}{x}\right)^2+2}=\frac{1}{\sqrt{2}}\arctan\frac{x-\frac{1}{x}}{\sqrt{2}}+C_1$

$$=\frac{1}{\sqrt{2}}\arctan\frac{x^2-1}{\sqrt{2}x}+C_1,$$

$$\int\frac{1-x^2}{x^4+1}dx=\int\frac{\frac{1}{x^2}-1}{x^2+\frac{1}{x^2}}dx=-\int\frac{d\left(x+\frac{1}{x}\right)}{\left(x+\frac{1}{x}\right)^2-2}=-\frac{1}{2\sqrt{2}}\ln\left|\frac{x+\frac{1}{x}-\sqrt{2}}{x+\frac{1}{x}+\sqrt{2}}\right|+C_2$$

$$=-\frac{1}{2\sqrt{2}}\ln\left|\frac{x^2-\sqrt{2}x+1}{x^2+\sqrt{2}x+1}\right|+C_2,$$

所以 $\int\frac{1}{x^4+1}dx=\frac{1}{\sqrt{2}}\arctan\frac{x^2-1}{\sqrt{2}x}-\frac{1}{2\sqrt{2}}\ln\left|\frac{x^2-\sqrt{2}x+1}{x^2+\sqrt{2}x+1}\right|+C.$

(3) $(\sin x)'=\cos x,(\cos x)'=-\sin x.$

设 $4\sin x+3\cos x=A(\sin x+2\cos x)+B(\sin x+2\cos x)',$

由 $\begin{cases}A-2B=4,\\2A+B=3,\end{cases}$ 解得 $\begin{cases}A=2,\\B=-1,\end{cases}$ 所以

$$\int\frac{4\sin x+3\cos x}{\sin x+2\cos x}dx=\int\frac{2(\sin x+2\cos x)}{\sin x+2\cos x}dx+\int\frac{-(\sin x+2\cos x)'}{\sin x+2\cos x}dx$$

$$=2x-\int\frac{d(\sin x+2\cos x)}{\sin x+2\cos x}$$

$$=2x-\ln|\sin x+2\cos x|+C.$$

(4) $\int\frac{\arctan x}{x^2(1+x^2)}dx=\int\frac{1}{x^2(1+x^2)}\arctan x dx=\int\left(\frac{1}{x^2}-\frac{1}{1+x^2}\right)\arctan x dx$

$$=-\int\arctan x d\frac{1}{x}-\int\arctan x d\arctan x$$

$$=-\frac{1}{x}\arctan x+\int\frac{1}{x}\cdot\frac{1}{1+x^2}dx-\frac{1}{2}(\arctan x)^2$$

$$=-\frac{1}{x}\arctan x+\int\frac{x}{x^2(1+x^2)}dx-\frac{1}{2}(\arctan x)^2$$

$$=-\frac{1}{x}\arctan x+\frac{1}{2}\int\left(\frac{1}{x^2}-\frac{1}{1+x^2}\right)dx^2-\frac{1}{2}(\arctan x)^2$$

$$=-\frac{1}{x}\arctan x+\frac{1}{2}\ln\frac{x^2}{1+x^2}-\frac{1}{2}(\arctan x)^2+C.$$

(5) 令 $u=\ln(1+x^2)$，则 $dv=x\arctan x dx$，从而

$$v=\int x\arctan x dx=\frac{1}{2}\int\arctan x d(x^2)=\frac{1}{2}\left(x^2\arctan x-\int\frac{x^2}{1+x^2}dx\right)$$

$$=\frac{1}{2}x^2\arctan x-\frac{1}{2}x-\frac{1}{2}\arctan x+C=\frac{1}{2}[(x^2+1)\arctan x-x]+C.$$

所以 $\int x\arctan x\ln(1+x^2)\mathrm{d}x=\int\ln(1+x^2)(x\arctan x\mathrm{d}x)$

$$=\int\ln(1+x^2)\mathrm{d}\left\{\frac{1}{2}[(x^2+1)\arctan x-x]\right\}$$

$$=\frac{1}{2}[(x^2+1)\arctan x-x]\ln(1+x^2)-$$

$$\frac{1}{2}\int[(x^2+1)\arctan x-x]\cdot\frac{2x}{1+x^2}\mathrm{d}x$$

$$=\frac{1}{2}[(x^2+1)\arctan x-x]\ln(1+x^2)-\int\left(x\arctan x-\frac{x^2}{1+x^2}\right)\mathrm{d}x$$

$$=\frac{1}{2}[(x^2+1)\arctan x-x]\ln(1+x^2)-$$

$$\frac{1}{2}[(x^2+1)\arctan x-x]+x-\arctan x+C$$

$$=\frac{1}{2}[(x^2+1)\arctan x-x][\ln(1+x^2)-1]+x-\arctan x+C.$$

例 5 求 $\int_0^1 f(x)\mathrm{d}x$,其中 $f'(x)=\arctan(x-1)^2$,$f(0)=0$.

解 $\int_0^1 f(x)\mathrm{d}x=\int_0^1 f(x)\mathrm{d}(x-1)=(x-1)f(x)\Big|_0^1-\int_0^1(x-1)f'(x)\mathrm{d}x$

$$=-\int_0^1(x-1)\arctan(x-1)^2\mathrm{d}x=\frac{1}{2}\int_0^1\arctan u\mathrm{d}u\ (\text{令 } u=(x-1)^2)$$

$$=\frac{1}{2}u\arctan u\Big|_0^1-\frac{1}{2}\int_0^1\frac{u}{1+u^2}\mathrm{d}u$$

$$=\frac{\pi}{8}-\frac{1}{4}\ln 2.$$

此题 $f'(x)=\arctan(x-1)^2$ 不方便也不必要求积分得到 $f(x)$ 表达式.

例 6 设 $f(x)=\begin{cases}\dfrac{\int_0^x\left[(t-1)\int_0^{t^2}\varphi(u)\mathrm{d}u\right]\mathrm{d}t}{\sin^2 x}, & x\neq 0,\\ 0, & x=0,\end{cases}$ 其中 φ 连续. 讨论 $f(x)$ 在 $x=0$ 处的连续性和可导性.

分析 本题涉及变限积分函数的极限问题,利用微积分基本公式和洛必达法则来处理此类问题,常常是最有效的.

解 因 $\lim\limits_{x\to 0}f(x)=\lim\limits_{x\to 0}\dfrac{\int_0^x\left[(t-1)\int_0^{t^2}\varphi(u)\mathrm{d}u\right]\mathrm{d}t}{\sin^2 x}=\lim\limits_{x\to 0}\dfrac{\int_0^x\left[(t-1)\int_0^{t^2}\varphi(u)\mathrm{d}u\right]\mathrm{d}t}{x^2}$

$$= \lim_{x\to 0}\frac{(x-1)\int_0^{x^2}\varphi(u)\mathrm{d}u}{2x} = \lim_{x\to 0}\frac{-\int_0^{x^2}\varphi(u)\mathrm{d}u}{2x}$$

$$= -\lim_{x\to 0}\frac{2x\varphi(x^2)}{2} = 0 = f(0),$$

故 $f(x)$在 $x=0$ 处连续；

$$f'(0) = \lim_{x\to 0}\frac{f(x)-f(0)}{x} = \lim_{x\to 0}\frac{\dfrac{\int_0^x\left[(t-1)\int_0^{t^2}\varphi(u)\mathrm{d}u\right]\mathrm{d}t}{\sin^2 x} - 0}{x}$$

$$= \lim_{x\to 0}\frac{\int_0^x\left[(t-1)\int_0^{t^2}\varphi(u)\mathrm{d}u\right]\mathrm{d}t}{x\sin^2 x} = \lim_{x\to 0}\frac{\int_0^x\left[(t-1)\int_0^{t^2}\varphi(u)\mathrm{d}u\right]\mathrm{d}t}{x^3}$$

$$= \lim_{x\to 0}\frac{(x-1)\int_0^{x^2}\varphi(u)\mathrm{d}u}{3x^2} = -\lim_{x\to 0}\frac{\int_0^{x^2}\varphi(u)\mathrm{d}u}{3x^2}$$

$$= -\lim_{x\to 0}\frac{2x\varphi(x^2)}{6x} = -\frac{1}{3}\varphi(0),$$

故 $f(x)$在 $x=0$ 处可导，且 $f'(0)=-\dfrac{1}{3}\varphi(0)$.

复习题五

1. 填空题：

(1) $\dfrac{\mathrm{d}}{\mathrm{d}x}\int_{x^2}^0 x\cos t^2\mathrm{d}t =$ __________；

(2) $\int_\pi^{2\pi}\left(\dfrac{\cos x}{x}\right)'\mathrm{d}x =$ __________；

(3) $\int\dfrac{\tan x}{\sqrt{\cos x}}\mathrm{d}x =$ __________；

(4) $\int_{-1}^1(x-\sqrt{1-x^2})^2\mathrm{d}x =$ __________；

(5) $\int\sqrt{\dfrac{x}{1-x}}\mathrm{d}x =$ __________.

2. 选择题：

(1) 若 $\sin x$ 是 $f(x)$的一个原函数，则 $\int xf'(x)\mathrm{d}x=$ （ ）

A. $x\cos x-\sin x+C$ B. $x\sin x+\cos x+C$

C. $x\cos x+\sin x+C$ D. $x\sin x-\cos x+C$

(2) $\int \dfrac{2\sin x+\cos x}{\sin x+\cos x}\mathrm{d}x$ 等于 ( )

A. $\dfrac{1}{2}x+\dfrac{1}{2}\ln|\sin x+\cos x|+C$ B. $\dfrac{3}{2}x-\dfrac{1}{2}\ln|\sin x+\cos x|+C$

C. $\dfrac{1}{2}x-\dfrac{1}{2}\ln|\sin x+\cos x|+C$ D. $\dfrac{3}{2}x+\dfrac{1}{2}\ln|\sin x+\cos x|+C$

(3) 已知 $\int_0^{+\infty}\dfrac{\sin x}{x}\mathrm{d}x=\dfrac{\pi}{2}$，则 $\int_0^{+\infty}\dfrac{\sin^2 x}{x^2}\mathrm{d}x$ 等于 ( )

A. π B. 2π C. $\dfrac{\pi}{2}$ D. $\pi-1$

(4) $\int_1^{+\infty}\dfrac{\mathrm{d}x}{\sqrt{x}(1+x)}$ 等于 ( )

A. $\dfrac{\pi}{2}$ B. π C. 2π D. $\dfrac{\pi}{4}$

(5) $\int_0^{2\pi}\sin x\cos 2x\sin 3x\mathrm{d}x$ 等于 ( )

A. 0 B. π C. $\dfrac{\pi}{2}$ D. 2π

3. 计算下列不定积分：

(1) $\int\dfrac{\sqrt{x}}{\sqrt{a^3-x^3}}\mathrm{d}x$； (2) $\int\dfrac{1}{\sqrt{x+x^2}}\mathrm{d}x$；

(3) $\int\dfrac{\sin 2x}{1+\sin^4 x}\mathrm{d}x$； (4) $\int\dfrac{1}{x^4\sqrt{1+x^2}}\mathrm{d}x$；

(5) $\int\dfrac{1+\sin x+\cos x}{1+\sin^2 x}\mathrm{d}x$； (6) $\int\arctan(1+\sqrt{x})\mathrm{d}x$；

(7) $\int\dfrac{x\ln x}{(1+x^2)^{\frac{3}{2}}}\mathrm{d}x$； (8) $\int\dfrac{x\mathrm{e}^x}{(\mathrm{e}^x+1)^2}\mathrm{d}x$.

4. 计算下列定积分：

(1) $\int_0^{\frac{\pi}{2}}\dfrac{x+\sin x}{1+\cos x}\mathrm{d}x$； (2) $\int_0^a\dfrac{\mathrm{d}x}{x+\sqrt{a^2-x^2}}(a>0)$；

(3) $\int_0^{\frac{\pi}{2}}\sqrt{1-\sin 2x}\mathrm{d}x$； (4) $\int_0^{\frac{\pi}{2}}\dfrac{1}{1+\cos^2 x}\mathrm{d}x$.

5. (1) 设 $f(x)=\begin{cases}1+x^2, & x<0,\\ \mathrm{e}^{-x}, & x\geqslant 0,\end{cases}$ 求 $F(x)=\int_{-1}^x f(t)\mathrm{d}t$；

(2) 已知 $f(x)$ 在 $[-1,1]$ 上连续，且满足 $f(x)=3x-\sqrt{1-x^2}\int_0^1 f^2(x)\mathrm{d}x$，求 $f(x)$；

(3) 求连续函数 $f(x)$，使 $f(x)=\pi^2+12+\int_0^{\frac{\pi}{2}} f(t)\sin(x-t)\mathrm{d}t$.

6. 设 $F(x)=\int_0^x \mathrm{e}^{-t}\cos t\mathrm{d}t$. 试求 $F(0)$，$F'(0)$，$F''(0)$ 和 $F(x)$ 在闭区间 $[0,\pi]$ 上的极值.

7. (1) 设 $f(x)$ 为连续函数. 求：① $\frac{\mathrm{d}}{\mathrm{d}x}\int_1^2 f(x+t)\mathrm{d}t$；② $\frac{\mathrm{d}}{\mathrm{d}x}\int_0^x tf(x^2-t^2)\mathrm{d}t$.

(2) 求 $\frac{\mathrm{d}}{\mathrm{d}x}\int_0^x \cos(x-t)^2\mathrm{d}t$.

8. 解答下列各题：

(1) 求 $\int_0^1 xf(x)\mathrm{d}x$，其中 $f(x)=\int_1^{x^2}\mathrm{e}^{-t^2}\mathrm{d}t$；

(2) 求 $\int_0^1 (x-1)^2 f(x)\mathrm{d}x$，其中 $f(x)=\int_0^x \mathrm{e}^{-t^2}\mathrm{d}t$；

(3) 设 $f(x)=\frac{1+x}{\ln x}$，$g(x)=x\ln x-x$，求 $\int_{\mathrm{e}}^{\mathrm{e}^2} g(x)f'(x)\mathrm{d}x$；

(4) 设 $f(x)$ 在 $(-\infty,+\infty)$ 上满足 $f(x)=f(x-\pi)+\sin x$，在 $[0,\pi]$ 上，$f(x)=x$，求 $\int_0^{3\pi} f(x)\mathrm{d}x$；

(5) 已知 $f(x)$ 二阶连续可微，$f(\pi)=1$，且 $\int_0^{\pi}[f(x)+f''(x)]\sin x\mathrm{d}x=3$，求 $f(0)$；

(6) 求 $\int_0^1 xf''(2x)\mathrm{d}x$，其中 $f''(x)$ 连续，且已知 $f(0)=1$，$f(2)=3$，$f'(2)=5$.

9. 设函数 $f(x)$ 在 $(-\infty,+\infty)$ 内连续，且 $F(x)=\int_0^x (x-2t)f(t)\mathrm{d}t$.

试证：(1) 若函数 $f(x)$ 为偶函数，则 $F(x)$ 也是偶函数；

(2) 若函数 $f(x)$ 单调不增，则 $F(x)$ 单调不减.

10. 证明定积分公式：

$$\int_0^{\frac{\pi}{2}}\sin^n x\mathrm{d}x=\int_0^{\frac{\pi}{2}}\cos^n x\mathrm{d}x=\begin{cases}\frac{(n-1)!!}{n!!}\cdot\frac{\pi}{2}, & n\text{ 为正偶数},\\ \frac{(n-1)!!}{n!!}\cdot\frac{\pi}{2}, & n\text{ 为大于 1 的正奇数},\end{cases}$$

其中 $n!!=\begin{cases}n(n-2)(n-4)\cdots 2, & n\text{ 为正偶数},\\ n(n-2)(n-4)\cdots 1, & n\text{ 为大于 1 的正奇数}.\end{cases}$

11. 设 $\varphi(x)=\begin{cases}\dfrac{\int_0^x tf(t)\mathrm{d}t}{\int_0^x f(t)\mathrm{d}t}, & x\neq 0,\\ a, & x=0,\end{cases}$ 其中 $f'(x)$ 连续且 $f(x)>0$.

(1) 确定常数 a,使 $\varphi(x)$ 在 $x=0$ 处连续；

(2) 求 $\varphi'(x)$；

(3) 讨论 $\varphi'(x)$ 在 $(-\infty,+\infty)$ 内的连续性；

(4) 证明 $\varphi(x)$ 在 $(-\infty,+\infty)$ 内单调增加.

12. 求下列广义积分：

(1) $\int_0^3 \dfrac{\mathrm{d}x}{\sqrt{x(3-x)}}$；　　(2) $\int_0^{+\infty} \dfrac{x\ln(1+x^2)}{(1+x^2)^{\frac{3}{2}}}\mathrm{d}x$.

13. 求心形线 $\rho=a(1+\cos\theta)$ 与圆 $\rho=3a\cos\theta$ 所围图形的公共部分的面积.

14. 求曲线 $\begin{cases}x=\arctan t,\\ y=\dfrac{1}{2}\ln(1+t^2)\end{cases}$ 介于 $0\leqslant t\leqslant 1$ 之间的弧长.

15. 求 $\rho=\dfrac{p}{1+\cos\theta}$ 从 $\theta=-\dfrac{\pi}{2}$ 到 $\theta=\dfrac{\pi}{2}$ 的弧长(p 为常数).

16. 求由曲线 $y=\mathrm{e}^{-x}$ 和直线 $x=1,x=2,y=0$ 围成的图形分别绕着 x 轴、y 轴旋转而成的立体的体积.

第6章 二重积分与曲线积分

二重积分作为在平面区域上的积分引入，其思想背景和计算方法反映了定积分的二次应用．本章前两节介绍二重积分的概念、性质以及计算方法与应用，后两节介绍了曲线积分，包括对弧长、对坐标的曲线积分，最后介绍格林公式，给出了平面有界闭区域上二重积分与其边界曲线对坐标的曲线积分之间的关系．

§6.1 二重积分的概念与性质

一、二重积分的概念

(一) 引例

1. 曲顶柱体的体积

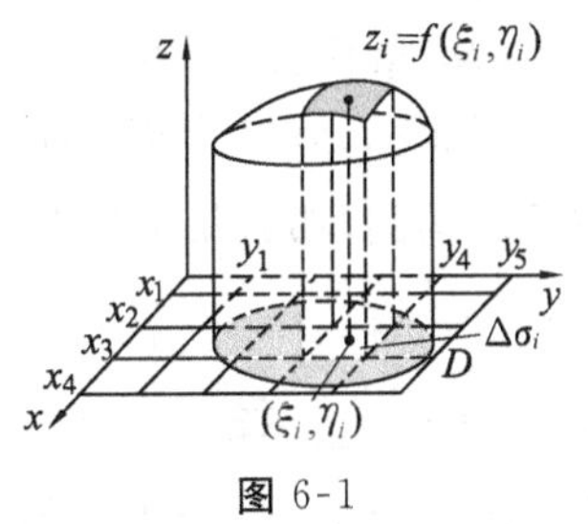

图 6-1

设有一空间立体 Ω，它的底是 xOy 面上的有界区域 D，它的侧面是以 D 的边界曲线为准线，而母线平行于 z 轴的柱面，它的顶是曲面 $z=f(x,y)$.

当 $(x,y)\in D$ 时，$f(x,y)$ 在 D 上连续且 $f(x,y)\geqslant 0$，称这种立体为曲顶柱体.

曲顶柱体的体积 V 可以这样来计算：

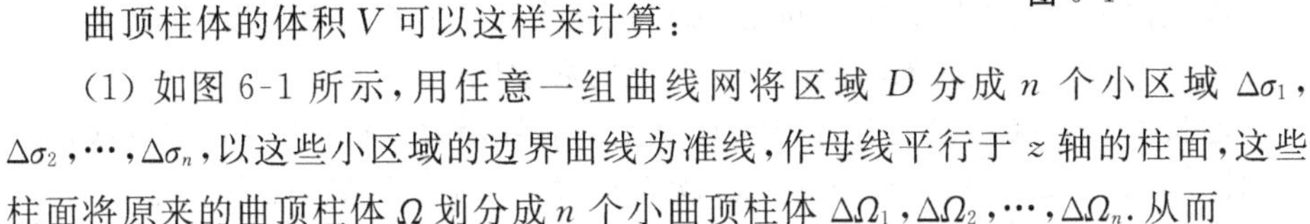

(1) 如图 6-1 所示，用任意一组曲线网将区域 D 分成 n 个小区域 $\Delta\sigma_1$，$\Delta\sigma_2$，…，$\Delta\sigma_n$，以这些小区域的边界曲线为准线，作母线平行于 z 轴的柱面，这些柱面将原来的曲顶柱体 Ω 划分成 n 个小曲顶柱体 $\Delta\Omega_1$，$\Delta\Omega_2$，…，$\Delta\Omega_n$. 从而

$$V=\sum_{i=1}^{n}\Delta\Omega_i \text{（将 }\Omega\text{ 化整为零）}.$$

（假设 $\Delta\sigma_i$ 所对应的小曲顶柱体为 $\Delta\Omega_i$，这里 $\Delta\sigma_i$ 既代表第 i 个小区域，又表示它的面积值，$\Delta\Omega_i$ 既代表第 i 个小曲顶柱体，又代表它的体积值）

(2) 由于 $f(x,y)$ 连续，对于同一个小区域来说，函数值的变化不大. 因此，可以将小曲顶柱体近似地看作小平顶柱体，于是

$$\Delta\Omega_i \approx f(\xi_i,\eta_i)\Delta\sigma_i (\forall (\xi_i,\eta_i)\in\Delta\sigma_i).$$

（以不变之高代替变高，求 $\Delta\Omega_i$ 的近似值）

(3) 整个曲顶柱体的体积近似值为

$$V \approx \sum_{i=1}^{n} f(\xi_i,\eta_i)\Delta\sigma_i.$$

(4) 为得到 V 的精确值，只需让这 n 个小区域越来越小，即让每个小区域向某点收缩. 为此，我们引入区域直径的概念：一个闭区域的直径是指区域上任意两点距离的最大者. 所谓让区域向一点收缩性地变小，意指让区域的直径趋向于零.

设 n 个小区域直径中的最大者为 λ，则

$$V = \lim_{\lambda\to 0}\sum_{i=1}^{n} f(\xi_i,\eta_i)\Delta\sigma_i.$$

2. 平面薄片的质量

设有一平面薄片占有 xOy 面上的区域 D，它在 (x,y) 处的面密度为 $\rho(x,y)$，这里 $\rho(x,y)\geqslant 0$，而且 $\rho(x,y)$ 在 D 上连续，现计算该平面薄片的质量 M.

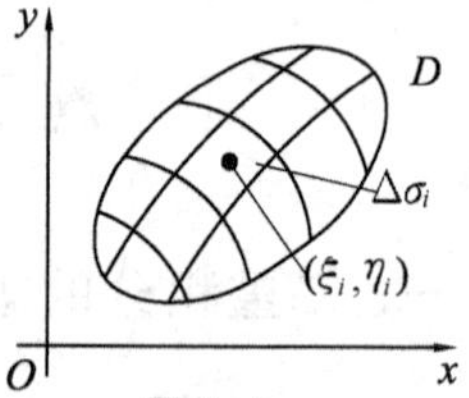

图 6-2

将 D 分成 n 个小区域 $\Delta\sigma_1,\Delta\sigma_2,\cdots,\Delta\sigma_n$，用 λ_i 记 $\Delta\sigma_i$ 的直径，$\Delta\sigma_i$ 既代表第 i 个小区域又代表它的面积(图6-2).

当 $\lambda=\max\limits_{1\leqslant i\leqslant n}\{\lambda_i\}$ 很小时，由于 $\rho(x,y)$ 连续，每小片区域的质量可近似地看作是均匀的，那么第 i 个小块的近似质量可取为

$$\rho(\xi_i,\eta_i)\Delta\sigma_i,\ \forall (\xi_i,\eta_i)\in\Delta\sigma_i,$$

于是 $M \approx \sum\limits_{i=1}^{n}\rho(\xi_i,\eta_i)\Delta\sigma_i$，即 $M = \lim\limits_{\lambda\to 0}\sum\limits_{i=1}^{n}\rho(\xi_i,\eta_i)\Delta\sigma_i$.

以上两种完全不同的实际问题，都可以化为同一形式的极限形式. 下面给出的二重积分就是一个抽象的但适用更广泛的数学概念.

定义1 设 $f(x,y)$ 是有界闭区域 D 上的有界函数，将区域 D 任意分成 n 个小闭区域：$\Delta\sigma_1,\Delta\sigma_2,\cdots,\Delta\sigma_n$，其中 $\Delta\sigma_i$ 既表示第 i 个小闭区域，也表示它的面积. 在每个 $\Delta\sigma_i$ 上任取一点 (ξ_i,η_i)，作乘积 $f(\xi_i,\eta_i)\Delta\sigma_i(i=1,2,\cdots,n)$，并考虑和式 $\sum\limits_{i=1}^{n} f(\xi_i,\eta_i)\Delta\sigma_i$. 如果各小闭区域的直径中的最大值 λ 趋于零时，此和式的极限总存在，则称此极限为函数 $f(x,y)$ 在闭区域 D 上的二重积分，记作 $\iint\limits_D f(x,y)\mathrm{d}\sigma$，即

$$\iint_D f(x,y)\mathrm{d}\sigma=\lim_{\lambda\to 0}\sum_{i=1}^{n} f(\xi_i,\eta_i)\Delta\sigma_i.$$

其中 $f(x,y)$称为被积函数，$f(x,y)\mathrm{d}\sigma$ 称为被积表达式，$\mathrm{d}\sigma$ 称为面积元素，x 与 y 称为积分变量，D 称为积分区域，$\sum_{i=1}^{n} f(\xi_i,\eta_i)\Delta\sigma_i$ 称为积分和.

$f(x,y)$在闭区域 D 上二重积分存在，也称 $f(x,y)$在 D 上可积.

关于二重积分的存在性，与定积分类似，我们指出几点：

(1) 若 $f(x,y)$在有界闭区域 D 上连续，则 $f(x,y)$在 D 上的二重积分存在；

(2) 若 $f(x,y)$在有界闭区域 D 上有界，除了有限个点或有限条曲线以外都连续，则 $f(x,y)$在 D 上的二重积分存在.

注意：(1) 若已知函数 $f(x,y)$在有界闭区域 D 上可积，则二重积分 $\iint_D f(x,y)\mathrm{d}\sigma$ 的值应与区域 D 的划分的方式无关.若用一组平行于坐标轴的直线来划分区域 D(图 6-3)，则除了靠近边界曲线的一些小区域之外，其余的小区域都是矩形. 因此，可以将 $\mathrm{d}\sigma$ 记作 $\mathrm{d}x\mathrm{d}y$(并称 $\mathrm{d}x\mathrm{d}y$ 为直角坐标系下的面积元素)，二重积分也可表示成为 $\iint_D f(x,y)\mathrm{d}x\mathrm{d}y$.

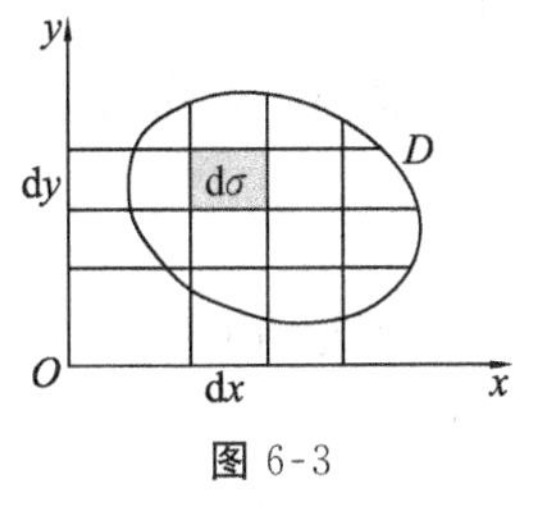

图 6-3

(2) 若已知函数 $f(x,y)$在有界闭区域 D 上可积，则二重积分 $\iint_D f(x,y)\mathrm{d}\sigma$ 的值只与被积函数 $f(x,y)$及积分区域 D 有关，而与积分变量无关，即有

$$\iint_D f(x,y)\mathrm{d}\sigma=\iint_D f(s,t)\mathrm{d}\sigma=\iint_D f(u,v)\mathrm{d}\sigma.$$

(二) 二重积分的几何意义

若 $f(x,y)\geqslant 0$，二重积分表示以 $z=f(x,y)$为顶、以 D 为底的曲顶柱体的体积. 如果 $f(x,y)\leqslant 0$，柱体就在 xOy 面的下方，二重积分的绝对值仍等于柱体的体积，但二重积分的值是负的. 如果 $f(x,y)$在 D 的若干部分区域上是正的，而在其他的部分区域上是负的，我们可以把 xOy 面上方的柱体体积取成正，xOy 面下方的柱体体积取成负，则 $f(x,y)$在 D 上的二重积分就等于这些部分区域上的柱体体积的代数和.

二、二重积分的性质

二重积分与定积分有相类似的性质.

性质 1 设 a,b 为常数,则

$$\iint_D [af(x,y)+bg(x,y)]\mathrm{d}\sigma = a\iint_D f(x,y)\mathrm{d}\sigma + b\iint_D g(x,y)\mathrm{d}\sigma.$$

性质 2 若闭区域 D 分为两个部分区域 D_1 与 D_2,则

$$\iint_D f(x,y)\mathrm{d}\sigma = \iint_{D_1} f(x,y)\mathrm{d}\sigma + \iint_{D_2} f(x,y)\mathrm{d}\sigma.$$

这个性质表明二重积分对于积分区域具有可加性.

性质 3 若在 D 上,$f(x,y)=1$,σ 为区域 D 的面积,则 $\sigma = \iint_D 1\mathrm{d}\sigma = \iint_D \mathrm{d}\sigma.$

此性质的几何意义即表示高为 1 的平顶柱体的体积在数值上等于柱体的底面积.

性质 4 若在 D 上,$f(x,y)\leqslant g(x,y)$,则有不等式

$$\iint_D f(x,y)\mathrm{d}\sigma \leqslant \iint_D g(x,y)\mathrm{d}\sigma.$$

特别地,由于 $-|f(x,y)|\leqslant f(x,y)\leqslant |f(x,y)|$,则又有

$$\left|\iint_D f(x,y)\mathrm{d}\sigma\right| \leqslant \iint_D |f(x,y)|\mathrm{d}\sigma.$$

性质 5 设 M 与 m 分别是 $f(x,y)$ 在闭区域 D 上的最大值和最小值,σ 是 D 的面积,则

$$m\sigma \leqslant \iint_D f(x,y)\mathrm{d}\sigma \leqslant M\sigma.$$

性质 6 设函数 $f(x,y)$ 在闭区域 D 上连续,σ 是 D 的面积,则在 D 上至少存在一点 (ξ,η),使得 $\iint_D f(x,y)\mathrm{d}\sigma = f(\xi,\eta)\cdot\sigma.$

例 估计二重积分 $\iint_D (x^2+4y^2+9)\mathrm{d}\sigma$ 的值,其中 D 是圆域 $x^2+y^2\leqslant 4$.

解 先求被积函数 $f(x,y)=x^2+4y^2+9$ 在区域 D 上的最值.

由 $\dfrac{\partial f}{\partial x}=2x=0$,$\dfrac{\partial f}{\partial y}=8y=0$,解得 $(0,0)$ 是 D 内的驻点,且 $f(0,0)=9$.

在边界 $x^2+y^2=4$ 上,

$$f(x,y)=x^2+4(4-x^2)+9=25-3x^2\ (-2\leqslant x\leqslant 2),$$

即 $$13\leqslant f(x,y)\leqslant 25,$$

从而在 D 上, $$f_{\max}=25,\ f_{\min}=9.$$

由性质 5 有 $$36\pi = 9\times 4\pi \leqslant \iint_D (x^2+4y^2+9)\mathrm{d}\sigma \leqslant 25\times 4\pi = 100\pi.$$

§6.2 二重积分的计算与应用

通过二重积分的定义来计算二重积分显然是不实际的,二重积分的计算是利用两个定积分(即二次积分)的计算来实现的.

一、二次积分与二重积分

下面用几何观点来讨论二重积分 $\iint\limits_D f(x,y)\mathrm{d}\sigma$ 的计算问题.

若 $f(x,y)\geqslant 0$,积分区域 D 可以用不等式 $\varphi_1(x)\leqslant y\leqslant\varphi_2(x)$, $a\leqslant x\leqslant b$ 来表示,其中函数 $\varphi_1(x)$, $\varphi_2(x)$ 在区间 $[a,b]$ 上连续.

由二重积分的几何意义,二重积分 $\iint\limits_D f(x,y)\mathrm{d}\sigma$ 的值等于以 D 为底、以曲面 $z=f(x,y)$ 为顶的曲顶柱体的体积. 应用计算"平行截面面积为已知的立体体积"的方法来计算这个曲顶柱体的体积.

先计算截面的面积. 为此,如图 6-4 所示,在区间 $[a,b]$ 上任意取一点 x_0 作平行于 yOz 的平面 $x=x_0$,这个平面截曲顶柱体所得的截面是一个以区间 $[\varphi_1(x_0),\varphi_2(x_0)]$ 为底、曲线 $z=f(x_0,y)$ 为曲边的曲边梯形,所以截面的面积为 $A(x_0)=\int_{\varphi_1(x_0)}^{\varphi_2(x_0)} f(x_0,y)\mathrm{d}y$. 一般地,过区间 $[a,b]$ 上任意一点 x 且平行于 yOz 的平面截曲顶柱体所得的截面的面积为

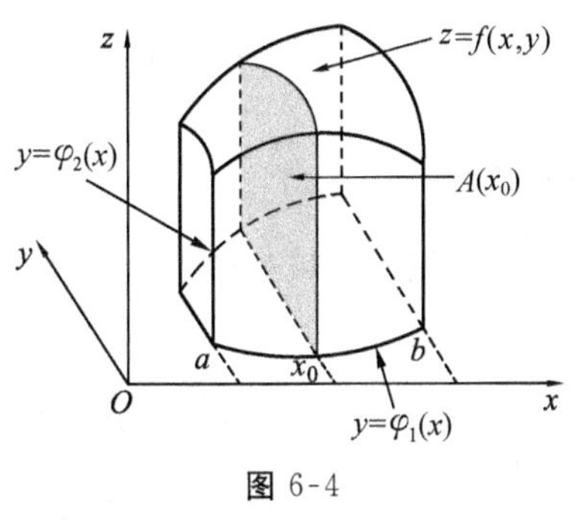

图 6-4

$$A(x)=\int_{\varphi_1(x)}^{\varphi_2(x)} f(x,y)\mathrm{d}y.$$

于是,利用计算平行截面面积为已知的立体体积的方法,得曲顶柱体的体积为

$$V=\int_a^b A(x)\mathrm{d}x=\int_a^b\left[\int_{\varphi_1(x)}^{\varphi_2(x)} f(x,y)\mathrm{d}y\right]\mathrm{d}x.$$

这个体积也就是所求二重积分的值,从而有

$$\iint\limits_D f(x,y)\mathrm{d}\sigma=\int_a^b\left[\int_{\varphi_1(x)}^{\varphi_2(x)} f(x,y)\mathrm{d}y\right]\mathrm{d}x=\int_a^b\mathrm{d}x\int_{\varphi_1(x)}^{\varphi_2(x)} f(x,y)\mathrm{d}y.$$

这就是把二重积分化为先对 y、后对 x 的二次积分公式.

类似地，如果积分区域 D 可以用不等式 $\psi_1(y)\leqslant x\leqslant\psi_2(y)$，$c\leqslant y\leqslant d$ 来表示，其中，$\psi_1(y)$，$\psi_2(y)$在区间$[c,d]$上连续，那么有

$$\iint\limits_D f(x,y)\mathrm{d}\sigma=\int_c^d\mathrm{d}y\int_{\psi_1(y)}^{\psi_2(y)}f(x,y)\mathrm{d}x.$$

在上述讨论中，我们假设 $f(x,y)\geqslant 0$，但实际上上述公式的成立并不受此条件限制. 上述积分称为累次积分或二次积分. 二重积分的累次积分有两种次序，在实际计算时应选择较容易的积分次序来计算.

若积分区域 D 可以用不等式 $\varphi_1(x)\leqslant y\leqslant\varphi_2(x)$，$a\leqslant x\leqslant b$ 来表示，则积分区域为 X-型区域. X-型区域的特点：穿过区域且平行于 y 轴的直线与区域边界相交有不多于两个交点. 若积分区域 D 可以用不等式 $\psi_1(y)\leqslant x\leqslant\psi_2(y)$，$c\leqslant y\leqslant d$，则积分区域为 Y-型区域. Y-型区域的特点：穿过区域且平行于 x 轴的直线与区域边界相交有不多于两个交点. 若积分区域既不是 X-型区域，又不是 Y-型区域，则可把 D 分成几部分，使每个部分是 X-型区域或是 Y-型区域，每部分上的二重积分求得后，根据二重积分对于积分区域具有可加性，它们的和就是在 D 上的二重积分.

例 1 计算二重积分 $\iint\limits_D\frac{y^2}{x^2}\mathrm{d}x\mathrm{d}y$，其中 D 是由直线 $x=2$，$y=x$ 及曲线 $y=\frac{1}{x}$ 所围成的区域.

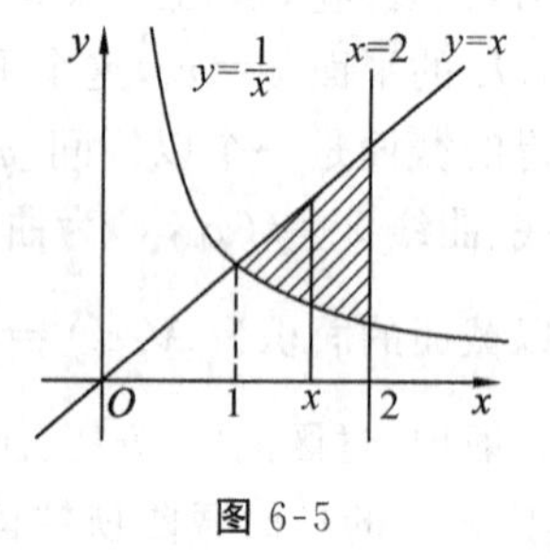

图 6-5

解 积分区域如图 6-5 所示. 先对 y 积分，再对 x 积分，得到

$$\iint\limits_D\frac{y^2}{x^2}\mathrm{d}x\mathrm{d}y=\int_1^2\mathrm{d}x\int_{\frac{1}{x}}^{x}\frac{y^2}{x^2}\mathrm{d}y=\int_1^2\left(\frac{y^3}{3x^2}\bigg|_{y=\frac{1}{x}}^{y=x}\right)\mathrm{d}x$$

$$=\int_1^2\left(\frac{x}{3}-\frac{1}{3x^5}\right)\mathrm{d}x=\frac{27}{64}.$$

例 2 计算$\iint\limits_D y\sin(xy)\mathrm{d}\sigma$，其中 D：$0\leqslant x\leqslant 1$，$0\leqslant y\leqslant\frac{\pi}{2}$.

解 先对 x 积分，再对 y 积分，得到

$$\iint\limits_D y\sin(xy)\mathrm{d}\sigma=\int_0^{\frac{\pi}{2}}\mathrm{d}y\int_0^1 y\sin(xy)\mathrm{d}x=\int_0^{\frac{\pi}{2}}[-\cos(xy)]\bigg|_{x=0}^{x=1}\mathrm{d}y$$

$$=\int_0^{\frac{\pi}{2}}(1-\cos y)\mathrm{d}y=\frac{\pi}{2}-1.$$

若先对 y 积分，再对 x 积分，得到

$$\iint_D y\sin(xy)\mathrm{d}\sigma=\int_0^1\mathrm{d}x\int_0^{\frac{\pi}{2}}y\sin(xy)\mathrm{d}y=\int_0^1\left[-\frac{y}{x}\cos(xy)+\frac{1}{x^2}\sin(xy)\right]\Bigg|_{y=0}^{y=\frac{\pi}{2}}\mathrm{d}x$$

$$=\int_0^1\left[-\frac{\pi}{2x}\cos\left(\frac{\pi x}{2}\right)+\frac{1}{x^2}\sin\left(\frac{\pi x}{2}\right)\right]\mathrm{d}x=\lim_{t\to0^+}\left[-\frac{1}{x}\sin\left(\frac{\pi x}{2}\right)\right]\Bigg|_t^1$$

$$=\frac{\pi}{2}-1.$$

例 3 改变下列积分的次序：

(1) $\int_0^1\mathrm{d}x\int_0^{1-x}f(x,y)\mathrm{d}y$；

(2) $\int_0^1\mathrm{d}x\int_0^{\sqrt{2x-x^2}}f(x,y)\mathrm{d}y+\int_1^2\mathrm{d}x\int_0^{2-x}f(x,y)\mathrm{d}y$.

解 (1) 由图 6-6 所示的积分区域可知

$$\int_0^1\mathrm{d}x\int_0^{1-x}f(x,y)\mathrm{d}y=\int_0^1\mathrm{d}y\int_0^{1-y}f(x,y)\mathrm{d}x.$$

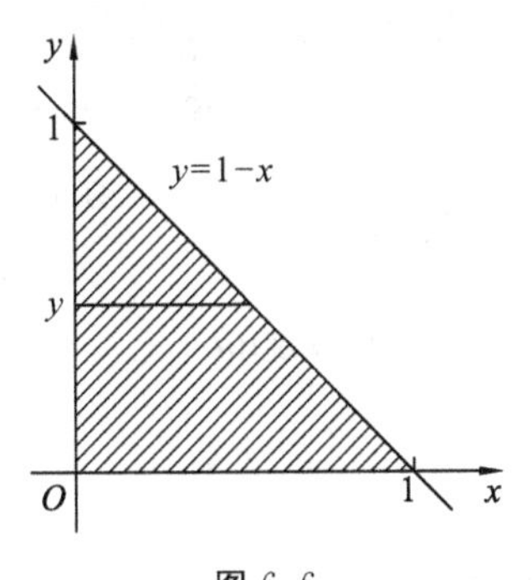

图 6-6

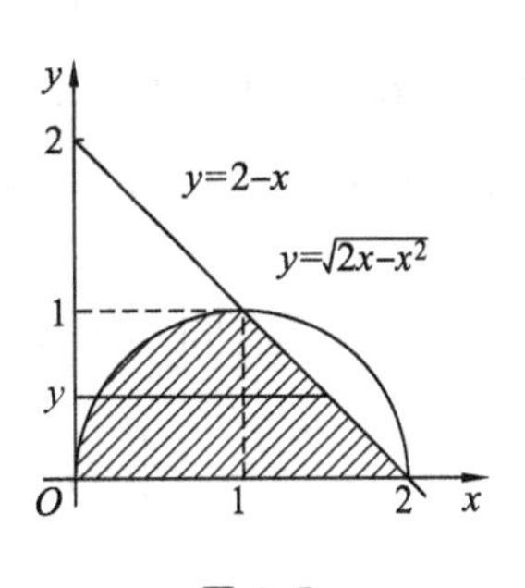

图 6-7

(2) 由图 6-7 所示的积分区域可知

$$\int_0^1\mathrm{d}x\int_0^{\sqrt{2x-x^2}}f(x,y)\mathrm{d}y+\int_1^2\mathrm{d}x\int_0^{2-x}f(x,y)\mathrm{d}y=\int_0^1\mathrm{d}y\int_{1-\sqrt{1-y^2}}^{2-y}f(x,y)\mathrm{d}x.$$

例 4 计算 $\iint_D xy\mathrm{d}\sigma$，其中 D 是由抛物线 $y^2=x$ 及直线 $y=x-2$ 所围成的区域.

解 方法一：先对 y 积分，再对 x 积分. 取

D_1：$0\leqslant x\leqslant1,-\sqrt{x}\leqslant y\leqslant\sqrt{x}$，

D_2：$1\leqslant x\leqslant4,\ x-2\leqslant y\leqslant\sqrt{x}$.

则 $D=D_1+D_2$，从而

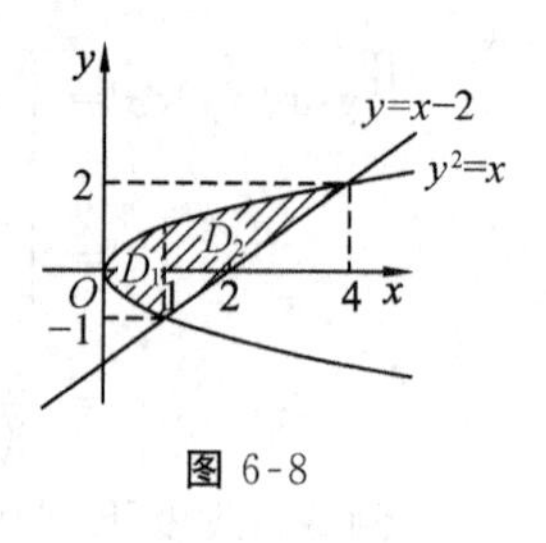

图 6-8

$$\iint_D xy\,\mathrm{d}\sigma=\iint_{D_1}xy\,\mathrm{d}\sigma+\iint_{D_2}xy\,\mathrm{d}\sigma$$
$$=\int_0^1\mathrm{d}x\int_{-\sqrt{x}}^{\sqrt{x}}xy\,\mathrm{d}y+\int_1^4\mathrm{d}x\int_{x-2}^{\sqrt{x}}xy\,\mathrm{d}y$$
$$=\frac{45}{8}.$$

方法二：先对 x 积分，再对 y 积分. 取 D：$-1\leqslant y\leqslant 2$，$y^2\leqslant x\leqslant y+2$，则

$$\iint_D xy\,\mathrm{d}\sigma=\int_{-1}^2\mathrm{d}y\int_{y^2}^{y+2}xy\,\mathrm{d}x=\frac{45}{8}.$$

例 5 求 $\iint_D x^2\mathrm{e}^{-y^2}\mathrm{d}x\mathrm{d}y$，其中 D 是以 $(0,0)$，$(1,1)$，$(0,1)$ 为顶点的三角形.

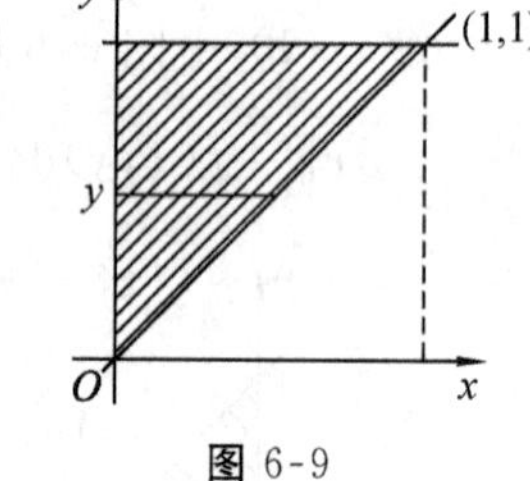

图 6-9

解 $\int\mathrm{e}^{-y^2}\mathrm{d}y$ 无法用初等函数表示，积分时必须考虑次序. 积分区域如图 6-9 所示.

$$\iint_D x^2\mathrm{e}^{-y^2}\mathrm{d}x\mathrm{d}y=\int_0^1\mathrm{d}y\int_0^y x^2\mathrm{e}^{-y^2}\mathrm{d}x=\int_0^1\mathrm{e}^{-y^2}\cdot\frac{y^3}{3}\mathrm{d}y$$
$$=\frac{1}{6}\int_0^1\mathrm{e}^{-y^2}\cdot y^2\mathrm{d}y^2\xlongequal{令\ u=-y^2}\frac{1}{6}\int_0^{-1}u\mathrm{e}^u\mathrm{d}u$$
$$=-\frac{1}{6}\int_{-1}^0u\mathrm{d}\mathrm{e}^u=\frac{1}{6}-\frac{1}{3}\mathrm{e}^{-1}.$$

二、* 二重积分的换元法、利用极坐标计算二重积分

我们先介绍二重积分的换元法，很自然地得出二重积分在极坐标情形下的计算公式.

定理 若函数 $f(x,y)$ 在有界闭区域 D 上连续，函数组 $x=x(u,v)$，$y=y(u,v)$ 存在连续偏导数，而且将 uOv 平面上区域 D' 一对一地变换为 xOy 平面上区域 D，满足

$$J(u,v)=\frac{\partial(x,y)}{\partial(u,v)}\neq 0,\ \forall\,(u,v)\in D',$$

则
$$\iint_D f(x,y)\mathrm{d}x\mathrm{d}y=\iint_{D'} f(x(u,v),y(u,v))\,|J(u,v)|\,\mathrm{d}u\mathrm{d}v.$$

这里 $J(u,v)$ 为Jacobi 行列式，即

$$J(u,v)=\frac{\partial(x,y)}{\partial(u,v)}=\begin{vmatrix}\frac{\partial x}{\partial u} & \frac{\partial x}{\partial v}\\ \frac{\partial y}{\partial u} & \frac{\partial y}{\partial v}\end{vmatrix}.$$

二重积分换元法一个最直接的例子就是二重积分计算公式从直角坐标转换为极坐标情形的应用.

设 $x=\rho\cos\theta, y=\rho\sin\theta$. 求偏导数得

$$\frac{\partial x}{\partial\rho}=\cos\theta,\frac{\partial x}{\partial\theta}=-\rho\sin\theta,\frac{\partial y}{\partial\rho}=\sin\theta,\frac{\partial y}{\partial\theta}=\rho\cos\theta,$$

则
$$J(\rho,\theta)=\frac{\partial(x,y)}{\partial(\rho,\theta)}=\rho,$$

从而有
$$\iint_D f(x,y)\mathrm{d}\sigma=\iint_D f(x,y)\mathrm{d}x\mathrm{d}y=\iint_D f(\rho\cos\theta,\rho\sin\theta)\rho\mathrm{d}\rho\mathrm{d}\theta.$$

称之为二重积分由直角坐标变量变换成极坐标变量的变换公式.

这里,可以理解记忆其中的面积元素为 $\mathrm{d}\sigma=\mathrm{d}x\mathrm{d}y=\rho\mathrm{d}\rho\mathrm{d}\theta$.

在极坐标系中,若积分区域 D 表示为 $\alpha\leqslant\theta\leqslant\beta,\varphi_1(\theta)\leqslant\rho\leqslant\varphi_2(\theta)$(图 6-10),其中函数 $\varphi_1(\theta),\varphi_2(\theta)$ 在$[\alpha,\beta]$上连续,则二重积分可以化为二次积分来计算:

$$\iint_D f(\rho\cos\theta,\rho\sin\theta)\rho\mathrm{d}\rho\mathrm{d}\theta=\int_\alpha^\beta\mathrm{d}\theta\int_{\varphi_1(\theta)}^{\varphi_2(\theta)}f(\rho\cos\theta,\rho\sin\theta)\rho\mathrm{d}\rho.$$

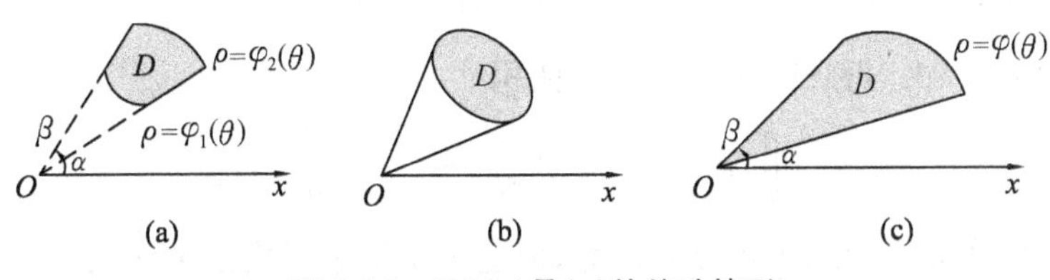

图 6-10 (b)(c)是(a)的特殊情形

以下两种情形往往利用极坐标来计算二重积分:

(1) 积分区域为圆盘、扇形、环形或边界曲线为圆弧、直线段等;

(2) 被积函数表示式用极坐标变量表示较简单,如被积函数中含有 x^2+y^2 或$\frac{y}{x}$.

例 6 计算二重积分$\iint_D(x^2+y^2)\mathrm{d}\sigma$,其中 $D=\{(x,y)\mid \sqrt{2x-x^2}\leqslant y\leqslant\sqrt{4-x^2},0\leqslant x\leqslant 2\}$.

解 积分区域如图 6-11 所示,选用极坐标来计算.

$$\iint\limits_D (x^2+y^2)\mathrm{d}\sigma = \int_0^{\frac{\pi}{2}}\mathrm{d}\theta\int_{2\cos\theta}^{2}\rho^2\cdot\rho\mathrm{d}\rho$$

$$= 4\int_0^{\frac{\pi}{2}}(1-\cos^4\theta)\mathrm{d}\theta = \frac{5\pi}{4}.$$

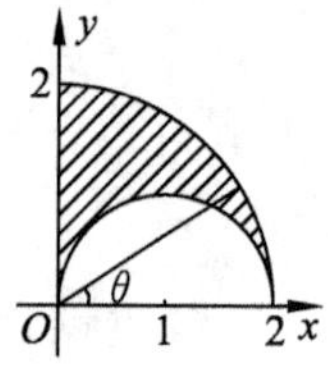

图 6-11

例 7 计算二重积分 $\iint\limits_D \arctan\frac{y}{x}\mathrm{d}\sigma$，其中 D 是由曲线 $y=\sqrt{4-x^2}$，直线 $y=x$，$y=0$ 及 $x=1$ 所围成的区域.

解 积分区域如图 6-12 所示，选用极坐标来计算.

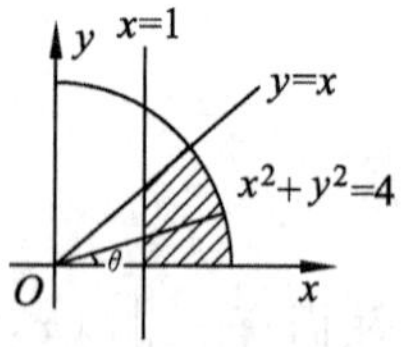

$$\iint\limits_D \arctan\frac{y}{x}\mathrm{d}\sigma = \int_0^{\frac{\pi}{4}}\mathrm{d}\theta\int_{\frac{1}{\cos\theta}}^{2}\theta\cdot\rho\mathrm{d}\rho = \int_0^{\frac{\pi}{4}}\left(2\theta-\frac{\theta}{2\cos^2\theta}\right)\mathrm{d}\theta$$

$$= \frac{\pi^2}{16}-\int_0^{\frac{\pi}{4}}\frac{\theta}{2}\mathrm{d}(\tan\theta)$$

$$= \frac{\pi^2}{16}-\frac{\theta\cdot\tan\theta}{2}\Bigg|_0^{\frac{\pi}{4}}+\int_0^{\frac{\pi}{4}}\frac{\tan\theta}{2}\mathrm{d}\theta$$

$$= \frac{\pi^2}{16}-\frac{\pi}{8}-\frac{1}{2}(\ln\cos\theta)\Bigg|_0^{\frac{\pi}{4}} = \frac{\pi^2}{16}-\frac{\pi}{8}+\frac{1}{4}\ln 2.$$

图 6-12

例 8 利用二重积分计算椭球体 $\frac{x^2}{a^2}+\frac{y^2}{b^2}+\frac{z^2}{c^2}\leqslant 1(a,b,c>0)$ 的体积.

解 考虑上半椭球面 $z=c\sqrt{1-\frac{x^2}{a^2}-\frac{y^2}{b^2}}$ 在平面区域 D：$\frac{x^2}{a^2}+\frac{y^2}{b^2}\leqslant 1, x\geqslant 0, y\geqslant 0$ 中的部分. 由对称性，所求椭球体体积

$$V = 8\iint\limits_D z\mathrm{d}x\mathrm{d}y = 8c\iint\limits_D\sqrt{1-\frac{x^2}{a^2}-\frac{y^2}{b^2}}\mathrm{d}x\mathrm{d}y.$$

这个积分可化为二次积分来计算，但这里用变量代换法来解之.

设 $x=a\rho\cos\theta$，$y=b\rho\sin\theta$. 求偏导数得

$$\frac{\partial x}{\partial\rho}=a\cos\theta,\frac{\partial x}{\partial\theta}=-a\rho\sin\theta,\frac{\partial y}{\partial\rho}=b\sin\theta,\frac{\partial y}{\partial\theta}=b\rho\cos\theta,$$

则
$$J(\rho,\theta)=\frac{\partial(x,y)}{\partial(\rho,\theta)}=ab\rho,$$

从而
$$V = 8\iint\limits_D z\mathrm{d}x\mathrm{d}y = 8c\iint\limits_D\sqrt{1-\frac{x^2}{a^2}-\frac{y^2}{b^2}}\mathrm{d}x\mathrm{d}y = 8c\iint\limits_D\sqrt{1-\rho^2}ab\rho\mathrm{d}\rho\mathrm{d}\theta$$

$$= 8abc\int_0^{\frac{\pi}{2}}\mathrm{d}\theta\int_0^1\sqrt{1-\rho^2}\rho\mathrm{d}\rho = 8abc\,\frac{\pi}{2}\left(-\frac{1}{2}\right)\frac{2}{3}(1-\rho^2)^{\frac{3}{2}}\Bigg|_0^1 = \frac{4\pi}{3}abc.$$

特别地，当 $a=b=c=R$ 时，即为球体体积 $V=\frac{4}{3}\pi R^3$.

*三、二重积分在几何和物理方面的应用

求定积分运用的微元法也可推广到二重积分，如下面介绍的面积微元、质量微元等.

1. 曲面的面积

设曲面 S 由方程 $f(x,y)-z=0$ 给出，D_{xy} 为曲面 S 在 xOy 面上的投影区域，函数 $z=f(x,y)$ 在 D_{xy} 上具有连续偏导数 $f_x(x,y)$ 和 $f_y(x,y)$，现计算曲面的面积 A.

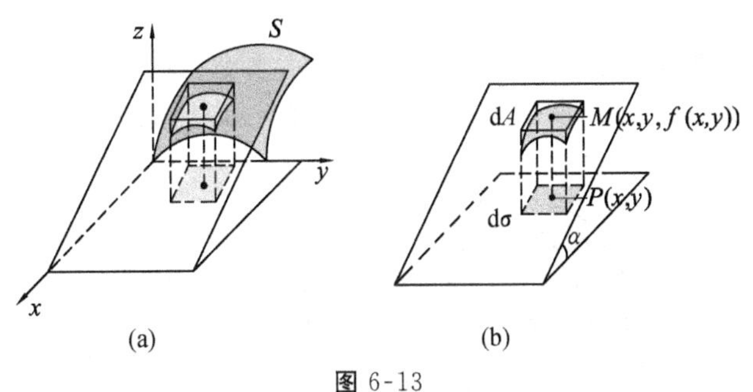

图 6-13

如图 6-13 所示，在闭区域 D_{xy} 上任取一直径很小的闭区域 $d\sigma$（它的面积也记作 $d\sigma$），在 $d\sigma$ 内取一点 $P(x,y)$，对应着曲面 S 上一点 $M(x,y,f(x,y))$，曲面 S 在点 M 处的切平面设为 T. 以小区域 $d\sigma$ 的边界为准线作母线平行于 z 轴的柱面，该柱面在曲面 S 上截下一小片曲面，在切平面 T 上截下一小片平面. 由于 $d\sigma$ 的直径很小，这一小片平面的面积近似地等于对应的一小片曲面的面积.

曲面 S 在点 M 处的法线向量（指向朝上的那个，即法线向量与 Z 轴的正向所成的角为锐角）为

$$\boldsymbol{n}=\{-f_x(x,y),-f_y(x,y),1\},$$

它与 z 轴正向所成夹角 γ 的方向余弦为

$$\cos\gamma=\frac{1}{\sqrt{1+f_x^2(x,y)+f_y^2(x,y)}}.$$

而 $dA=\dfrac{d\sigma}{\cos\gamma}$，所以

$$dA=\sqrt{1+f_x^2(x,y)+f_y^2(x,y)}\,d\sigma.$$

这就是曲面 S 的面积元素，故

$$A=\iint_{D_{xy}}\sqrt{1+f_x^2(x,y)+f_y^2(x,y)}\,d\sigma.$$

即曲面 $z=f(x,y)$ 的面积公式为

$$A=\iint\limits_{D_{xy}}\sqrt{1+\left(\frac{\partial z}{\partial x}\right)^2+\left(\frac{\partial z}{\partial y}\right)^2}\,\mathrm{d}x\mathrm{d}y,$$

其中 D_{xy} 是曲面 S 在 xOy 面上的投影区域.

若曲面的方程为 $x=g(y,z)$ 或 $y=h(z,x)$，可分别将曲面投影到 yOz 面或 zOx 面，并设所得到的投影区域分别为 D_{yz} 或 D_{zx}. 类似地有

$$A=\iint\limits_{D_{yz}}\sqrt{1+\left(\frac{\partial x}{\partial y}\right)^2+\left(\frac{\partial x}{\partial z}\right)^2}\,\mathrm{d}y\mathrm{d}z \text{ 或 } A=\iint\limits_{D_{zx}}\sqrt{1+\left(\frac{\partial y}{\partial z}\right)^2+\left(\frac{\partial y}{\partial x}\right)^2}\,\mathrm{d}z\mathrm{d}x.$$

例 9 求球面 $x^2+y^2+z^2=a^2$ 含在柱面 $x^2+y^2=ax(a>0)$ 内部的面积.

解 如图 6-14 所示，所求曲面在 xOy 面的投影区域为

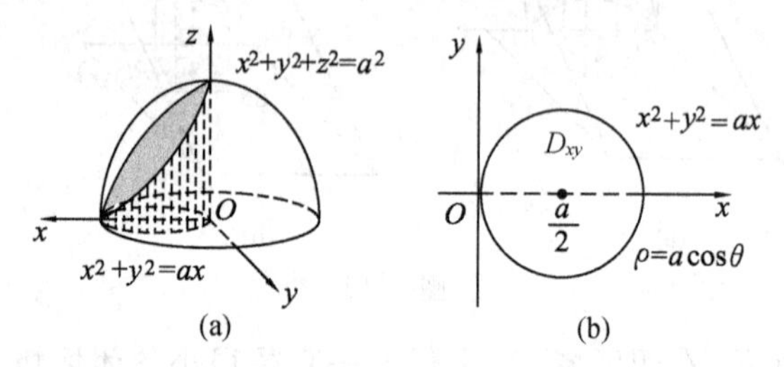

图 6-14

$$D_{xy}=\{(x,y)\mid x^2+y^2\leqslant ax\},$$

曲面方程应取为 $z=\sqrt{a^2-x^2-y^2}$，则

$$z_x=\frac{-x}{\sqrt{a^2-x^2-y^2}},\ z_y=\frac{-y}{\sqrt{a^2-x^2-y^2}},$$

$$\sqrt{1+z_x^2+z_y^2}=\frac{a}{\sqrt{a^2-x^2-y^2}}.$$

据曲面的对称性，有

$$\begin{aligned}A&=2\iint\limits_{D_{xy}}\frac{a}{\sqrt{a^2-x^2-y^2}}\mathrm{d}x\mathrm{d}y\\&=2\int_{-\frac{\pi}{2}}^{\frac{\pi}{2}}\mathrm{d}\theta\int_0^{a\cos\theta}\frac{a}{\sqrt{a^2-\rho^2}}\cdot\rho\mathrm{d}\rho=2a\int_{-\frac{\pi}{2}}^{\frac{\pi}{2}}\left(-\sqrt{a^2-\rho^2}\right)\Big|_0^{a\cos\theta}\mathrm{d}\theta\\&=2a\int_{-\frac{\pi}{2}}^{\frac{\pi}{2}}(a-a\mid\sin\theta\mid)\mathrm{d}\theta=4a\int_0^{\frac{\pi}{2}}(a-a\sin\theta)\mathrm{d}\theta=2a^2(\pi-2).\end{aligned}$$

2. 平面薄片的质心

先考虑平面上的质点系的质心问题：设在 xOy 平面上有 n 个质点，它们分

别位于点$(x_1,y_1),(x_2,y_2),\cdots,(x_n,y_n)$处，质量分别为$m_1,m_2,\cdots,m_n$. 由力学知识知道，该质点系的质点的坐标为

$$\bar{x}=\frac{M_y}{m}=\frac{\sum_{i=1}^{n}m_ix_i}{\sum_{i=1}^{n}m_i},\quad \bar{y}=\frac{M_x}{m}=\frac{\sum_{i=1}^{n}m_iy_i}{\sum_{i=1}^{n}m_i}.$$

其中m为该质点系的总质量，M_y,M_x分别为质点系对y轴和x轴的静矩.

现在研究平面薄片的质心问题：设有一平面薄片，占有xOy面上的闭区域D，在点(x,y)处的面密度为$\rho(x,y)$，假定$\rho(x,y)$在D上连续，如何确定该薄片的质心坐标$(\bar{x},\bar{y})$呢？

在闭区域D上任取一直径很小的闭区域$\mathrm{d}\sigma$，(x,y)是这小闭区域内的一点，由于$\mathrm{d}\sigma$的直径很小，且$\rho(x,y)$在D上连续，所以薄片中相应于$\mathrm{d}\sigma$的部分的质量近似等于$\rho(x,y)\mathrm{d}\sigma$，于是

$$M_x=\iint_D y\rho(x,y)\mathrm{d}\sigma,\quad M_y=\iint_D x\rho(x,y)\mathrm{d}\sigma.$$

又平面薄片的总质量为 $m=\iint_D\rho(x,y)\mathrm{d}\sigma$，

从而，薄片的质心坐标为

$$\bar{x}=\frac{M_y}{m}=\frac{\iint_D x\rho(x,y)\mathrm{d}\sigma}{\iint_D\rho(x,y)\mathrm{d}\sigma},\quad \bar{y}=\frac{M_x}{m}=\frac{\iint_D y\rho(x,y)\mathrm{d}\sigma}{\iint_D\rho(x,y)\mathrm{d}\sigma}.$$

特别地，若薄片是均匀的，即面密度为常量，则

$\bar{x}=\frac{1}{A}\iint_D x\,\mathrm{d}\sigma$，$\bar{y}=\frac{1}{A}\iint_D y\,\mathrm{d}\sigma$. 其中$A=\iint_D\mathrm{d}\sigma$为闭区域$D$的面积.

这时薄片的质心称为该平面薄片所占平面图形的形心.

例 10 设薄片所占的闭区域D为介于两个圆$\rho=a\cos\theta$，$\rho=b\cos\theta(0<a<b)$之间的闭区域，且面密度均匀，求此均匀薄片的质心(形心).

解 由D的对称性可知$\bar{y}=0$，下面求$\bar{x}$. 因为

$$M_y=\iint_D x\,\mathrm{d}\sigma=\int_{-\frac{\pi}{2}}^{\frac{\pi}{2}}\mathrm{d}\theta\int_{a\cos\theta}^{b\cos\theta}\rho^2\cos\theta\mathrm{d}\rho$$

$$=\int_{-\frac{\pi}{2}}^{\frac{\pi}{2}}\left(\frac{1}{3}\rho^3\cos\theta\Big|_{a\cos\theta}^{b\cos\theta}\right)\mathrm{d}\theta$$

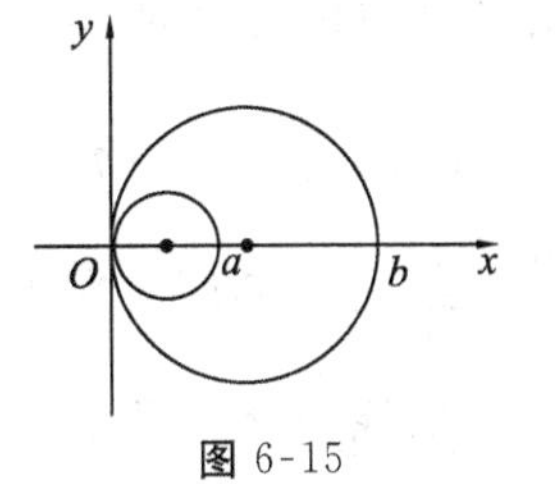

图 6-15

第6章 二重积分与曲线积分

$$=\int_{-\frac{\pi}{2}}^{\frac{\pi}{2}}\left[\frac{1}{3}(b^3-a^3)\cos^4\theta\right]\mathrm{d}\theta$$

$$=\frac{2}{3}(b^3-a^3)\int_0^{\frac{\pi}{2}}\cos^4\theta\mathrm{d}\theta$$

$$=\frac{2}{3}(b^3-a^3)\frac{(4-1)!!}{4!!}\cdot\frac{\pi}{2}=\frac{\pi}{8}(b^3-a^3),$$

区域面积为

$$A=\iint_D x\,\mathrm{d}\sigma=\int_{-\frac{\pi}{2}}^{\frac{\pi}{2}}\mathrm{d}\theta\int_{a\cos\theta}^{b\cos\theta}\rho\mathrm{d}\rho=\frac{\pi}{4}(b^2-a^2),$$

所以

$$\bar{x}=\frac{M_x}{A}=\frac{b^2+ba+a^2}{2(b+a)}.$$

即所求形心为$\left(\frac{b^2+ba+a^2}{2(b+a)},0\right)$.

§6.3 对弧长、对坐标的曲线积分

一、对弧长的曲线积分

引例(曲线形构件的质量) 设一构件占 xOy 面内一段曲线弧 L,端点为 A,B,线密度 $\rho(x,y)$ 连续,求构件的质量 M.

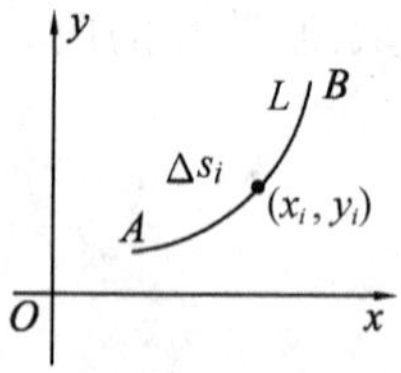

解决问题的方法还是积分思想.

如图 6-16 所示,将 L 分割为各小段 $\Delta s_i\ (i=1,2,\cdots,n)$,对 $\forall\,(x_i,y_i)\in\Delta s_i$,$\Delta M_i\approx\rho(x_i,y_i)\Delta s_i$,于是

图 6-16

$$M=\lim_{\lambda\to 0}\sum_{i=1}^{n}\rho(x_i,y_i)\Delta s_i.$$

这里 $\lambda=\max\{\Delta s_1,\Delta s_2,\cdots,\Delta s_n\}$.

定义 1 设 L 为 xOy 面内的一条光滑曲线弧,函数 $f(x,y)$ 在 L 上有界,在 L 上任意插入点列将 L 分成 n 小段 Δs_i,任取一点 $(\xi_i,\eta_i)\in\Delta s_i\ (i=1,2,3,\cdots,n)$,作和 $\sum\limits_{i=1}^{n}f(\xi_i,\eta_i)\Delta s_i$,令 $\lambda=\max\{\Delta s_1,\Delta s_2,\cdots,\Delta s_n\}$,若当 $\lambda\to 0$ 时,$\lim\limits_{\lambda\to 0}\sum\limits_{i=1}^{n}f(\xi_i,\eta_i)\Delta s_i$ 存在,则称此极限值为 $f(x,y)$ 在 L 上对弧长的曲线积分(第一类曲线积分),记为

$$\int_L f(x,y)\mathrm{d}s = \lim_{\lambda\to 0}\sum_{i=1}^{n} f(\xi_i,\eta_i)\Delta s_i.$$

类似地，可推广该定义到空间光滑曲线弧 Γ 对弧长的曲线积分：

$$\int_\Gamma f(x,y,z)\mathrm{d}s = \lim_{\lambda\to 0}\sum_{i=1}^{n} f(\xi_i,\eta_i,\zeta_i)\Delta s_i.$$

注意：(1) 若曲线封闭，积分号可表示为 $\oint_L f(x,y)\mathrm{d}s$；

(2) 若 $f(x,y)$ 连续，则 $\int_L f(x,y)\mathrm{d}s$ 存在，其结果为一常数；

(3) $\int_L f(x,y)\mathrm{d}s$ 与 L 的方向无关.

对弧长的曲线积分的几何意义是：当 $f(x,y)=1$ 时，$\int_L f(x,y)\mathrm{d}s = L$ 为曲线弧的长度.

其物理意义是：当 $f(x,y)$ 表示曲线弧的密度函数时，$\int_L f(x,y)\mathrm{d}s$ 为曲线形构件的质量.

对弧长的曲线积分的性质与定积分类似，有线性可加、曲线弧分段可加性.实际上，对弧长的曲线积分可化为定积分来计算.

定理 1 设 $f(x,y)$ 在弧 L 上有定义且连续，L：$\begin{cases} x=\varphi(t), \\ y=\psi(t) \end{cases}$ $(\alpha\leqslant t\leqslant\beta)$，其中 $\varphi(t)$，$\psi(t)$ 在 $[\alpha,\beta]$ 上具有一阶连续导数，且 $\varphi'^2(t)+\psi'^2(t)\neq 0$，则曲线积分 $\int_L f(x,y)\mathrm{d}s$ 存在，且

$$\int_L f(x,y)\mathrm{d}s = \int_L f(\varphi(t),\psi(t))\sqrt{\varphi'^2(t)+\psi'^2(t)}\mathrm{d}t.$$

说明：(1) 由于 $f(x,y)$ 定义在曲线 L 上，$\mathrm{d}s$ 是弧长微分，所以计算时将参数式代入 $f(x,y)$，$\mathrm{d}s=\sqrt{\varphi'^2(t)+\psi'^2(t)}\mathrm{d}t$，在 $[\alpha,\beta]$ 上计算定积分.

(2) 下限 α 一定要小于上限 β (因为 Δs_i 恒大于零，则 $\Delta t_i>0$).

(3) 特殊地，当 L：$y=\varphi(x)$ $(a\leqslant x\leqslant b)$ 时，

$$\int_L f(x,y)\mathrm{d}s = \int_a^b f(x,\varphi(x))\sqrt{1+[\varphi'(x)]^2}\mathrm{d}x.$$

同理，当 L：$x=\psi(y)(c\leqslant y\leqslant d)$ 时，

$$\int_L f(x,y)\mathrm{d}s = \int_c^d f(\psi(y),y)\sqrt{1+[\psi'(y)]^2}\mathrm{d}y.$$

(4) 对空间曲线 Γ：$x=\varphi(t)$，$y=\psi(t)$ $(\alpha\leqslant t\leqslant\beta)$，$z=\omega(t)$，则

$$\int_{\Gamma} f(x,y,z)\mathrm{d}s = \int_{\alpha}^{\beta} f(\varphi(t),\psi(t),\omega(t))\sqrt{\varphi'^{2}(t)+\psi'^{2}(t)+\omega'^{2}(t)}\mathrm{d}t.$$

(5) 可利用对称性简化曲线积分的计算，对弧长的曲线积分的对称性与重积分类似.

例 1 计算曲线积分 $\int_L y\mathrm{d}s$，其中 L 是第一象限内从点 $A(0,1)$ 到点 $B(1,0)$ 的单位圆弧.

解 L：$y=\sqrt{1-x^2}, 0\leqslant x\leqslant 1$. 则

$$\mathrm{d}s=\sqrt{1+y'^2}\mathrm{d}x=\sqrt{1+\frac{x^2}{1-x^2}}\mathrm{d}x=\frac{\mathrm{d}x}{\sqrt{1-x^2}},$$

$$\int_L y\mathrm{d}s=\int_0^1\sqrt{1-x^2}\cdot\frac{\mathrm{d}x}{\sqrt{1-x^2}}=\int_0^1\mathrm{d}x=1.$$

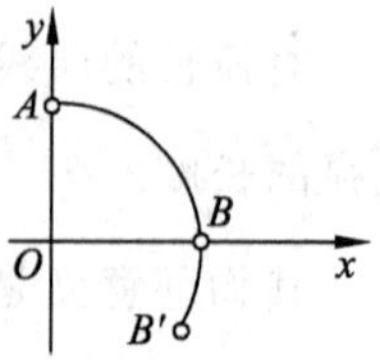

图 6-17

如图 6-17 所示，若 L 是从 $A(0,1)$ 到 $B'\left(\frac{1}{2},-\frac{\sqrt{3}}{2}\right)$ 的单位圆弧，L 从点 A 到点 B 是曲线 $y=\sqrt{1-x^2}$ 的一段，从点 B 到点 B' 是曲线 $y=-\sqrt{1-x^2}$ 的一段，则

$$\int_L y\mathrm{d}s=\int_{\widehat{AB}}y\mathrm{d}s+\int_{\widehat{BB'}}y\mathrm{d}s=\int_0^1\sqrt{1-x^2}\cdot\frac{\mathrm{d}x}{\sqrt{1-x^2}}+\int_{\frac{1}{2}}^1(-\sqrt{1-x^2})\cdot\frac{\mathrm{d}x}{\sqrt{1-x^2}}$$

$$=\int_0^1\mathrm{d}x-\int_{\frac{1}{2}}^1\mathrm{d}x=\frac{1}{2}.$$

若利用曲线的其他参数形式，积分有时会容易些.

利用 L：$x=\cos t, y=\sin t\left(-\frac{\pi}{3}\leqslant t\leqslant\frac{\pi}{2}\right)$ 表示从 $A(0,1)$ 到 $B'\left(\frac{1}{2},-\frac{\sqrt{3}}{2}\right)$ 的单位圆弧，则

$$\mathrm{d}s=\sqrt{(-\sin t)^2+\cos^2 t}\mathrm{d}t=\mathrm{d}t,$$

$$\int_L y\mathrm{d}s=\int_{-\frac{\pi}{3}}^{\frac{\pi}{2}}\sin t\mathrm{d}t=\int_{-\frac{\pi}{3}}^{\frac{\pi}{3}}\sin t\mathrm{d}t=\frac{1}{2}.$$

例 2 计算 $\oint_L x\mathrm{d}s$，其中 L 是由 $y=x, y=x^2$ 围成的区域的整个边界.

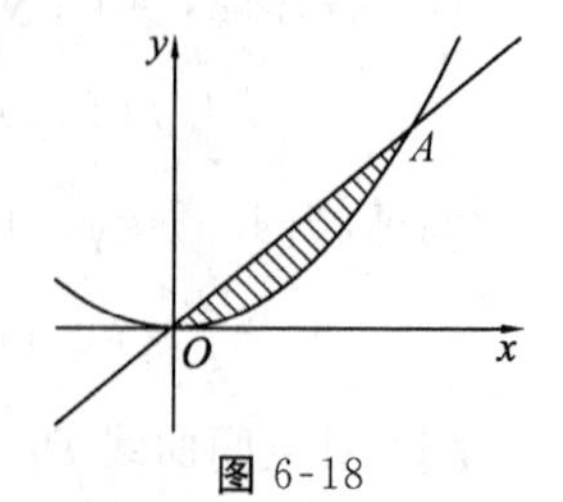

图 6-18

解 如图 6-18 所示，交点 $A(1,1)$，$L=\overline{OA}+\widehat{OA}$.

$$\oint_L x\mathrm{d}s=\int_{\overline{OA}}x\mathrm{d}s+\int_{\widehat{OA}}x\mathrm{d}s$$

$$=\int_0^1 x\sqrt{2}\mathrm{d}x+\int_0^1 x\sqrt{1+4x^2}\mathrm{d}x$$

$$=\frac{\sqrt{2}}{2}x^2\Big|_0^1+\frac{1}{8}\cdot\frac{2}{3}(\sqrt{1+4x^2})^3\Big|_0^1$$

$$=\frac{\sqrt{2}}{2}+\frac{1}{12}(5\sqrt{5}-1).$$

二、对坐标的曲线积分

引例(变力沿曲线所做的功) 设一质点在 xOy 面内从点 A 沿光滑曲线弧 L 移到点 B,受力 $\boldsymbol{F}(x,y)=P(x,y)\boldsymbol{i}+Q(x,y)\boldsymbol{j}$,其中 P,Q 在 L 上连续,求力所做的功 W.

思路如下:(1) 分割. 先将 L 分成 n 个有向小弧段 $\widehat{M_{i-1}M_i}(i=1,2,\cdots,n)$.

(2) 代替. 用有向线段 $\overrightarrow{M_{i-1}M_i}=\Delta x_i\boldsymbol{i}+\Delta y_i\boldsymbol{j}$ 近似代替 $\widehat{M_{i-1}M_i}$,其中

$$\Delta x_i=x_i-x_{i-1},\Delta y_i=y_i-y_{i-1}.$$

以 $\widehat{M_{i-1}M_i}$ 中一点 (ξ_i,η_i) 处 $\boldsymbol{F}(x,y)=P(x,y)\boldsymbol{i}+Q(x,y)\boldsymbol{j}$ 近似代替 $\widehat{M_{i-1}M_i}$ 上的变力,则 $\boldsymbol{F}(x,y)$ 沿 $\widehat{M_{i-1}M_i}$ 所做的功 $\Delta W_i\approx\boldsymbol{F}(\xi,\eta_i)\cdot\overrightarrow{M_{i-1}M_i}$,即

$$\Delta W_i\approx P(\xi_i,\eta_i)\Delta x_i+Q(\xi_i,\eta_i)\Delta y_i.$$

(3) 求和. $W=\sum_{i=1}^{n}\Delta W_i\approx\sum_{i=1}^{n}[P(\xi_i,\eta_i)\Delta x_i+Q(\xi_i,\eta_i)\Delta y_i]$.

(4) 取极限. 令 $\lambda=\max\{\widehat{M_{i-1}M_i}\text{的长度}\mid i=1,2,\cdots,n\}$,

$$W=\lim_{\lambda\to 0}\sum_{i=1}^{n}[P(\xi_i,\eta_i)\Delta x_i+Q(\xi_i,\eta_i)\Delta y_i].$$

定义 2 设 L 为 xOy 面内从点 A 到点 B 的一条有向光滑曲线弧,向量值函数 $\boldsymbol{F}(x,y)=(P(x,y),Q(x,y))$,其中 $P(x,y),Q(x,y)$ 在 L 上有界. 在 L 上沿 L 的方向任意插入一点列 $M_{i-1}(x_{i-1},y_{i-1})(i=1,2,\cdots,n)$ 把 L 分成 n 个有向小弧段 $\widehat{M_{i-1}M_i}$ $(i=1,2,\cdots,n;M_0=A,M_n=B)$,记 $\Delta x_i=x_i-x_{i-1},\Delta y_i=y_i-y_{i-1}$,点 (ξ_i,η_i) 为 $\widehat{M_{i-1}M_i}$ 上任意取定的点. 若当 n 个小弧段长度的最大值 $\lambda\to 0$ 时,$\sum_{i=1}^{n}[P(\xi_i,\eta_i)\Delta x_i+Q(\xi_i,\eta_i)\Delta y_i]$ 的极限总存在,则称此极限为向量值函数 $\boldsymbol{F}(x,y)=(P(x,y),Q(x,y))$ 在有向曲线弧 L 上的曲线积分(第二类曲线积分),记作 $\int_L P(x,y)\mathrm{d}x+Q(x,y)\mathrm{d}y$.

若用向量记 $\mathrm{d}\boldsymbol{r}=\{\mathrm{d}x,\mathrm{d}y\}$,$\boldsymbol{F}(x,y)=\{P(x,y),Q(x,y)\}$,上面曲线积分可

表示为$\int_L \boldsymbol{F}(x,y)\cdot \mathrm{d}\boldsymbol{r}$.

特殊地,积分$\int_L P(x,y)\mathrm{d}x$,$\int_L Q(x,y)\mathrm{d}y$分别可以称为对坐标x、对坐标y的曲线积分.

若曲线L封闭,以上积分可表示为$\oint_L P(x,y)\mathrm{d}x+Q(x,y)\mathrm{d}y$.

说明:(1) 若$P(x,y)$,$Q(x,y)$在L上连续,则$\int_L P(x,y)\mathrm{d}x$,$\int_L Q(x,y)\mathrm{d}y$存在.

(2) L为有向曲线弧,L^-为与L方向相反的曲线,则

$$\int_L P(x,y)\mathrm{d}x+Q(x,y)\mathrm{d}y=-\int_{L^-} P(x,y)\mathrm{d}x+Q(x,y)\mathrm{d}y.$$

(3) 设$L=L_1+L_2$,则$\int_L P\mathrm{d}x+Q\mathrm{d}y=\int_{L_1} P\mathrm{d}x+Q\mathrm{d}y+\int_{L_2} P\mathrm{d}x+Q\mathrm{d}y$.

此性质可推广到$L=L_1+L_2+\cdots+L_n$组成的曲线上.

上述概念与性质可推广到空间有向曲线Γ上,下面的计算方法也有类似推广结论.

定理 2 设$P(x,y)$,$Q(x,y)$在L上有定义且连续,L的参数方程为$\begin{cases}x=\varphi(t),\\ y=\psi(t),\end{cases}$当$t$单调地从$\alpha$变到$\beta$时,点$M(x,y)$从$L$的起点$A$沿$L$变到终点$B$,且$\varphi(t)$,$\varphi(t)$在以$\alpha$,$\beta$为端点的闭区间上具有一阶连续导数,且$\varphi'^2(t)+\psi'^2(t)\neq 0$,则$\int_L P(x,y)\mathrm{d}x+Q(x,y)\mathrm{d}y$存在,且

$$\int_L P(x,y)\mathrm{d}x+Q(x,y)\mathrm{d}y=\int_\alpha^\beta [P(\varphi(t),\psi(t))\varphi'(t)+Q(\varphi(t),\psi(t))\psi'(t)]\mathrm{d}t.$$

注意:(1) L起点对应的参数α不一定小于L终点对应的参数β.

(2) 若L由$y=y(x)$给出,L起点对应的参数为α,终点对应的参数为β,则

$$\int_L P\mathrm{d}x+Q\mathrm{d}y=\int_\alpha^\beta [P(x,y(x))+Q(x,y(x))y'(x)]\mathrm{d}x.$$

(3) 此公式可推广到空间曲线Γ: $x=\varphi(t)$,$y=\psi(t)$,$z=\omega(t)$.

$$\int_\Gamma P\mathrm{d}x+Q\mathrm{d}y+R\mathrm{d}z=\int_\alpha^\beta [P(\varphi(t),\psi(t),\omega(t))\varphi'(t)+Q(\varphi(t),\psi(t),\omega(t))\psi'(t)+R(\varphi(t),\psi(t),\omega(t))\omega'(t)]\mathrm{d}t.$$

其中α为Γ起点对应的参数,β为Γ终点对应的参数.

例 3 计算$\int_L xy^2\mathrm{d}x+(x+y)\mathrm{d}y$,其中$L$分别以路径(1)曲线$y=x^2$,(2)折

线 L_1+L_2，方向均为从起点(0,0)到终点(1,1)(图 6-19).

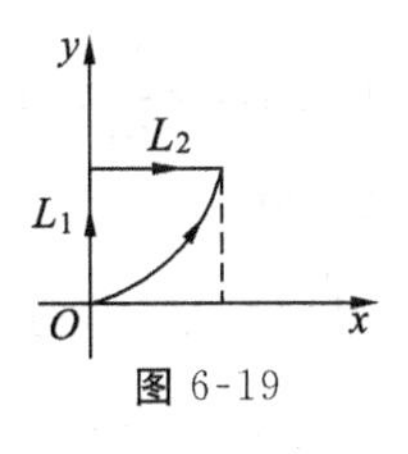

图 6-19

解 (1) 原式$=\int_0^1[x\cdot x^4+2x(x+x^2)]\mathrm{d}x=\frac{4}{3}$.

(2) 在 L_1 上 $x=0,\mathrm{d}x=0$；在 L_2 上 $y=1,\mathrm{d}y=0$.

原式$=\int_{L_1}xy^2\mathrm{d}x+(x+y)\mathrm{d}y+\int_{L_2}xy^2\mathrm{d}x+(x+y)\mathrm{d}y=$
$\int_0^1 y\mathrm{d}y+\int_0^1 x\mathrm{d}x=1$.

从本例看出，虽然两个曲线积分的被积函数相同，起点和终点也相同，但沿不同路径得出的值并不相等.

请思考并计算 $\int_L x^2\mathrm{d}y+2xy\mathrm{d}x$. 其中 L 从 $O(0,0)$ 到 $B(1,1)$，分别以不同路径如下：(1) 抛物线 $y=x^2$；(2) 抛物线 $x=y^2$；(3) 从点 O 到 $A(1,0)$ 再到 B 的有向折线 OAB.

注意这一曲线积分在起点、终点固定时，沿不同路径的积分值是相等的.

平面曲线沿不同路径的积分相等(即积分与路径无关)的条件会在下一节给出.

例 4 计算 $\int_\Gamma(x+y+z)\mathrm{d}x$，其中曲线 Γ: $x=\cos t$，$y=\sin t$，$z=t$，其中 t 从 0 到 π.

解
$$\begin{aligned}\text{原式}&=\int_0^\pi(\cos t+\sin t+t)(-\sin t)\mathrm{d}t\\&=-\int_0^\pi\cos t\sin t\mathrm{d}t-\int_0^\pi\sin^2 t\mathrm{d}t-\int_0^\pi t\sin t\mathrm{d}t=-\frac{3}{2}\pi.\end{aligned}$$

三、两类曲线积分的关系

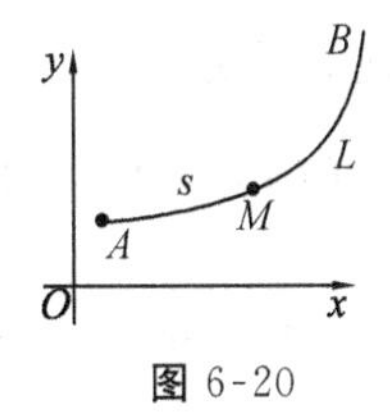

图 6-20

设有向曲线弧 L 的起点 A，终点 B(图 6-20)，取弧长 $\overset{\frown}{AM}=s$ 为曲线弧 L 的参数，$\overset{\frown}{AB}=l$，曲线段为 $\begin{cases}x=x(s),\\y=y(s)\end{cases}$ $(0\leqslant s\leqslant l)$，若 $x(s)$，$y(s)$ 在 L 上具有一阶连续导数，P，Q 在 L 上连续，则

$$\begin{aligned}\int_L P\mathrm{d}x+Q\mathrm{d}y&=\int_0^l\left[P(x(s),y(s))\frac{\mathrm{d}x}{\mathrm{d}s}+Q(x(s),y(s))\frac{\mathrm{d}y}{\mathrm{d}s}\right]\mathrm{d}s\\&=\int_0^l[P(x(s),y(s))\cos\alpha+Q(x(s),y(s))\sin\alpha]\mathrm{d}s,\end{aligned}$$

其中 $\cos\alpha=\frac{\mathrm{d}x}{\mathrm{d}s}$，$\sin\alpha=\frac{\mathrm{d}y}{\mathrm{d}s}$是 L 的切线向量的方向余弦，且切线向量与 L 的方向一致. 又

$$\int_L (P\cos\alpha+Q\sin\alpha)\mathrm{d}s=\int_0^l [P(x(s),y(s))\cos\alpha+Q(x(s),y(s))\sin\alpha]\mathrm{d}s,$$

由此可见，平面曲线 L 上的两类曲线积分有如下关系：

$$\int_L P\mathrm{d}x+Q\mathrm{d}y=\int_L (P\cos\alpha+Q\sin\alpha)\mathrm{d}s.$$

同理，对空间曲线 Γ，有

$$\int_\Gamma P\mathrm{d}x+Q\mathrm{d}y+R\mathrm{d}z=\int_\Gamma (P\cos\alpha+Q\cos\beta+R\cos\gamma)\mathrm{d}s.$$

这里，α,β,γ 为 Γ 在点 (x,y,z) 处切向量的方向角.

记 $\boldsymbol{F}=\{P,Q,R\}$，$\boldsymbol{t}=\{\cos\alpha,\cos\beta,\cos\gamma\}$ 为 Γ 上 (x,y,z) 处的单位切向量，称 $\mathrm{d}\boldsymbol{r}=\boldsymbol{t}\mathrm{d}s=\{\mathrm{d}x,\mathrm{d}y,\mathrm{d}z\}$ 为有向曲线元. 则两种曲线积分及其关系用向量表示为

$$\int_\Gamma \boldsymbol{F}\cdot\mathrm{d}\boldsymbol{r}=\int_\Gamma \boldsymbol{F}\cdot\boldsymbol{t}\mathrm{d}s.$$

例 5 对平面向量场 $\boldsymbol{F}(x,y)=-y\boldsymbol{i}+x\boldsymbol{j}=\{-y,x\}$ 沿单位圆上逆时针方向的曲线积分与其相应对弧长的曲线积分，验证上述关系式成立，并说明其物理意义.

解 由 $\boldsymbol{F}(x,y)=\{-y,x\}$，$\mathrm{d}\boldsymbol{r}=\{\mathrm{d}x,\mathrm{d}y\}$，弧长元素 $\mathrm{d}s=\sqrt{(\mathrm{d}x)^2+(\mathrm{d}y)^2}$.

设单位圆上一点 (x,y)，其单位切向量 $\boldsymbol{t}=\{\cos\alpha,\sin\alpha\}=\left\{\frac{\mathrm{d}x}{\mathrm{d}s},\frac{\mathrm{d}y}{\mathrm{d}s}\right\}$，

由 $x^2+y^2=1$，$x\mathrm{d}x+y\mathrm{d}y=0$，即$\frac{\mathrm{d}x}{\mathrm{d}y}=\frac{-y}{x}$，则 $\boldsymbol{t}=\left\{\frac{-y}{\sqrt{x^2+y^2}},\frac{x}{\sqrt{x^2+y^2}}\right\}$，为逆时针方向.

$\boldsymbol{F}(x,y)$ 在 $\boldsymbol{t}$ 上的投影是 $\boldsymbol{F}\cdot\boldsymbol{t}=\frac{(-y)^2}{\sqrt{x^2+y^2}}+\frac{x^2}{\sqrt{x^2+y^2}}=\sqrt{x^2+y^2}$，

$$\int_L \boldsymbol{F}\cdot\mathrm{d}\boldsymbol{r}=\int_L -y\mathrm{d}x+x\mathrm{d}y=\int_0^{2\pi} -\sin\theta\mathrm{d}(\cos\theta)+\cos\theta\mathrm{d}(\sin\theta)$$

$$=\int_0^{2\pi}(\sin^2\theta+\cos^2\theta)\mathrm{d}\theta=2\pi,$$

$$\int_L \boldsymbol{F}\cdot\boldsymbol{t}\mathrm{d}s=\int_L \sqrt{x^2+y^2}\mathrm{d}s=\int_L \mathrm{d}s=2\pi.$$

$\int_L \boldsymbol{F}\cdot\mathrm{d}\boldsymbol{r}=\int_L -y\mathrm{d}x+x\mathrm{d}y$ 表示力场 $\boldsymbol{F}(x,y)=\{-y,x\}$ 沿单位圆上逆时针方向做的功，它等于有向曲线的切向量 $\boldsymbol{t}$ 上 $\boldsymbol{F}(x,y)$ 的投影值对弧长的曲线积分

$\int_L \boldsymbol{F} \cdot \boldsymbol{t} \mathrm{d}s$.

此例 $\boldsymbol{F}(x,y)=\{-y,x\}$ 与 $\boldsymbol{t}$ 始终平行，做功达到极大. 若取 $\boldsymbol{F}\{x,y\}=\{x,y\}$，则始终与 $\boldsymbol{t}$ 垂直，做功为零.

例 6 把对坐标的曲积积分 $\int_L P(x,y)\mathrm{d}x+Q(x,y)\mathrm{d}y$ 化成对弧长的曲线积分，其中 L 为沿上半圆 $x^2+y^2=2x$ 从点(0,0)到点(1,1)的一段弧.

解 曲线 L 的方程为 $x^2+y^2=2x, y\geqslant 0$，以 x 为参数，则 L 的切线向量为 $\left\{1,\frac{\mathrm{d}y}{\mathrm{d}x}\right\}$，而 $\frac{\mathrm{d}y}{\mathrm{d}x}=\frac{1-x}{y}$，因此切向量为 $\left\{1,\frac{1-x}{y}\right\}$. 因为 L 沿上半圆 $x^2+y^2=2x$ 从(0,0)到点(1,1)，故切线的方向余弦取

$$\cos\alpha=\frac{1}{\sqrt{1+\left(\frac{1-x}{y}\right)^2}}=\sqrt{2x-x^2}, \cos\beta=\sin\alpha=\frac{1}{\sqrt{1+\left(\frac{1-x}{y}\right)^2}}=1-x,$$

于是 $\int_L P(x,y)\mathrm{d}x+Q(x,y)\mathrm{d}y=\int_L\left[\sqrt{2x-x^2}P(x,y)+(1-x)Q(x,y)\right]\mathrm{d}s.$

§6.4 格林公式 平面上曲线积分与路径无关的条件

一、格林(Green)公式

1. 单连通与复连通区域

设 D 为单连通区域，若 D 内任一闭曲线所围的部分都属于 D，则称 D 为单连通区域(不含洞). 否则，称为复连通区域(含洞).

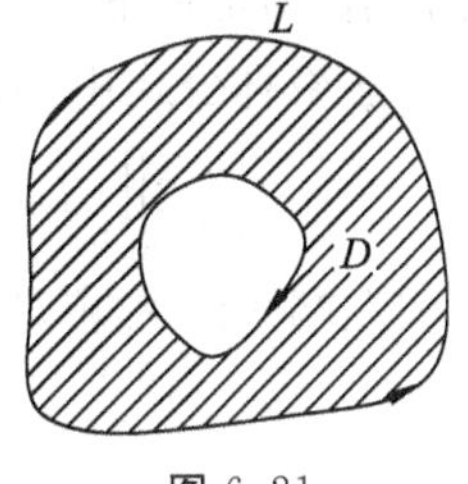

图 6-21

规定平面 D 的边界曲线 L 的正向如下：当观测者沿 L 行走时，D 内在此人近处的那一部分总在左边，如图 6-21所示.

定理 1(格林公式) 设闭区域 D 由分段光滑的曲线 L 围成，函数 $P(x,y)$ 和 $Q(x,y)$ 在 D 上具有一阶连续偏导数，则有

$$\iint_D\left(\frac{\partial Q}{\partial x}-\frac{\partial P}{\partial y}\right)\mathrm{d}x\mathrm{d}y=\oint_L P\mathrm{d}x+Q\mathrm{d}y,$$

其中 L 为 D 的取正向的边界曲线.

证 先考虑既为 X-型又为 Y-型的区域.

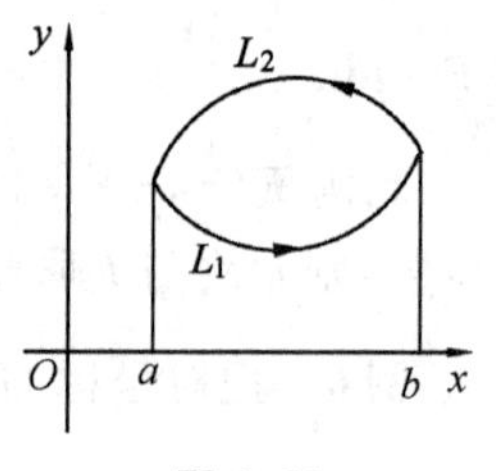

图 6-22

L_1: $y=\varphi_1(x)$, L_2: $y=\varphi_2(x)$(图 6-22).

因为 $\dfrac{\partial P}{\partial y}$ 连续,

$$\iint_D \frac{\partial P}{\partial y}\mathrm{d}x\mathrm{d}y=\int_a^b\mathrm{d}x\int_{\varphi_1(x)}^{\varphi_2(x)}\frac{\partial P(x,y)}{\partial y}\mathrm{d}y$$

$$=\int_a^b[P(x,\varphi_2(x))-P(x,\varphi_1(x))]\mathrm{d}x,$$

又 $$\oint_L P\mathrm{d}x=\int_{L_1}P\mathrm{d}x+\int_{L_2}P\mathrm{d}x=\int_a^b P(x,\varphi_1(x))\mathrm{d}x+\int_b^a P(x,\varphi_2(x))\mathrm{d}x$$

$$=\int_a^b[P(x,\varphi_1(x))-P(x,\varphi_2(x))]\mathrm{d}x,$$

所以 $$-\iint_D\frac{\partial P}{\partial y}\mathrm{d}x\mathrm{d}y=\oint_L P\mathrm{d}x.$$

同理可证 $\displaystyle\iint_D\frac{\partial Q}{\partial x}\mathrm{d}x\mathrm{d}y=\oint_L Q\mathrm{d}y$. 从而原式成立.

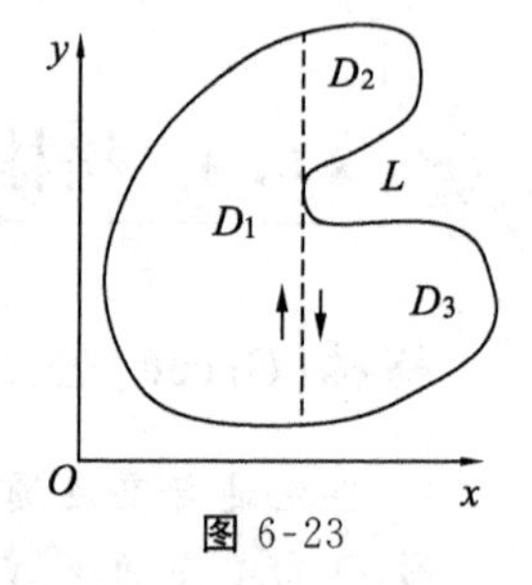

图 6-23

对于一般情况,甚至对复连通区域,都可引进辅助线将其分成有限个符合上述条件的区域(图 6-23),在 D_1,D_2,D_3 上应用格林公式相加,由于沿辅助线积分相互抵消,即可得证.

在格林公式中,取 $P=-y,Q=x$,得

$$2\iint_D\mathrm{d}x\mathrm{d}y=\oint_L x\mathrm{d}y-y\mathrm{d}x,$$

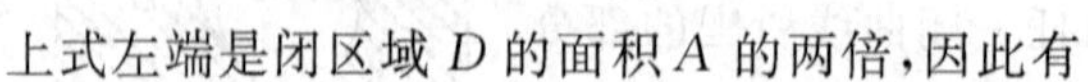
上式左端是闭区域 D 的面积 A 的两倍,因此有

$$A=\frac{1}{2}\oint_L x\mathrm{d}y-y\mathrm{d}x.$$

利用格林公式,可以用平面区域上的二重积分来计算区域边界上的曲线积分,反过来也可以.

例 1 计算 $\oint_L(y-x)\mathrm{d}x+(3x+y)\mathrm{d}y$,其中 L: $(x-1)^2+(y-4)^2=9$ 为逆时针方向.

解 对于 $P=y-x,Q=3x+y$,有

$$\frac{\partial Q}{\partial x}=3,\frac{\partial P}{\partial y}=1,$$

从而 $$\text{原式}=\iint_D(3-1)\mathrm{d}x\mathrm{d}y=18\pi.$$

例 2 计算星形线$\begin{cases}x=a\cos^3 t,\\ y=a\sin^3 t\end{cases}$$(0\leqslant t\leqslant 2\pi)$围成图形的面积

解 $A=\dfrac{1}{2}\oint_L x\mathrm{d}y-y\mathrm{d}x$

$$=\frac{1}{2}\int_0^{2\pi}(a\cos^3 t\cdot 3a\sin^2 t\cos t+a\sin^3 t\cdot 3a\cos^2 t\sin t)\mathrm{d}t=\frac{3\pi a^2}{8}.$$

二、平面上曲线积分与路径无关的条件

设G为一开区域,$P(x,y)$,$Q(x,y)$在G内具有一阶连续偏导数,若对G内任意指定两点A,B及G内从A到B的任意两条曲线L_1,L_2有

$$\int_{L_1}P\mathrm{d}x+Q\mathrm{d}y=\int_{L_2}P\mathrm{d}x+Q\mathrm{d}y$$

恒成立,则称$\int_L P\mathrm{d}x+Q\mathrm{d}y$在$G$内与路径无关. 否则,称与路径有关.

上节例 3 中积分$\int_L xy^2\mathrm{d}x+(x+y)\mathrm{d}y$与路径有关,但$\int_L x^2\mathrm{d}y+2xy\mathrm{d}x$与路径无关.

定理 2 设$P(x,y)$,$Q(x,y)$在单连通区域D内有连续的一阶偏导数,则以下四个条件相互等价:

(1) 对D内任一闭曲线C,$\oint_C P\mathrm{d}x+Q\mathrm{d}y=0$;

(2) 对D内任一曲线L,$\int_L P\mathrm{d}x+Q\mathrm{d}y$与路径无关;

(3) 在D内存在某一函数$u(x,y)$使$\mathrm{d}u(x,y)=P\mathrm{d}x+Q\mathrm{d}y$在$D$内成立;

(4) $\dfrac{\partial P}{\partial y}=\dfrac{\partial Q}{\partial x}$在$D$内处处成立.

例 3 求曲线积分$I=\int_L(\mathrm{e}^y+x)\mathrm{d}x+(x\mathrm{e}^x-2y)\mathrm{d}y$,其中$L$为过点$(0,0)$,$(0,1)$和$(1,2)$的曲线弧.

解 令$P=\mathrm{e}^y+x$,$Q=x\mathrm{e}^y-2y$,则

$$\frac{\partial Q}{\partial x}=\mathrm{e}^y,\ \frac{\partial P}{\partial y}=\mathrm{e}^y,$$

故I与积分路径无关.

如图 6-24 所示,设$C(0,1)$,$B(1,2)$,$A(1,0)$. 取积分路径为折线$OA+AB$,则

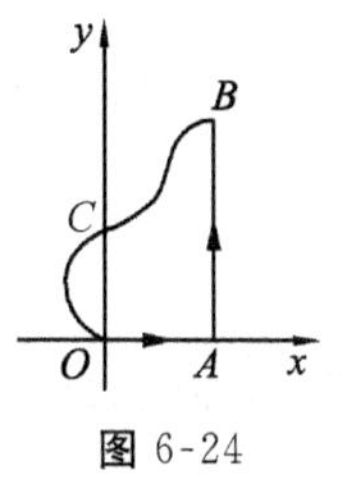

图 6-24

$$I=\int_{OA}P\mathrm{d}x+Q\mathrm{d}y+\int_{AB}P\mathrm{d}x+Q\mathrm{d}y$$
$$=\int_0^1(1+x)\mathrm{d}x+\int_0^2(\mathrm{e}^y-2y)\mathrm{d}y=\mathrm{e}^2-\frac{7}{2}.$$

若曲线积分 $\int_C P\mathrm{d}x+Q\mathrm{d}y$ 与路径无关，只与起点、终点有关，可定义函数

$$u(x,y)=\int_{(x_0,y_0)}^{(x,y)}P\mathrm{d}x+Q\mathrm{d}y.$$

可以验证其全微分为 $\mathrm{d}u(x,y)=P\mathrm{d}x+Q\mathrm{d}y$，称函数 $u(x,y)$ 是 $P\mathrm{d}x+Q\mathrm{d}y$ 的原函数. 我们指出，求曲线积分与求定积分有类似的牛顿-莱布尼茨公式.

定理 3 若在单连通区域 G 内函数 $u(x,y)$ 是 $P\mathrm{d}x+Q\mathrm{d}y$ 的原函数，而 $A(x_1,y_1)$ 与 $B(x_2,y_2)$ 是 G 内任意两点，则

$$\int_{C(A,B)}P\mathrm{d}x+Q\mathrm{d}y=u(x_2,y_2)-u(x_1,y_1).$$

原函数的求法：利用特殊路径

$$u(x,y)=\int_{x_0}^{x}P(x,y_0)\mathrm{d}x+\int_{y_0}^{y}Q(x,y)\mathrm{d}y+u(x_0,y_0).$$

例 4 设 $\mathrm{d}u=(\mathrm{e}^{xy}+xy\mathrm{e}^{xy})\mathrm{d}x+x^2\mathrm{e}^{xy}\mathrm{d}y$，求 $u(x,y)$.

解 设 $P=\mathrm{e}^{xy}+xy\mathrm{e}^{xy}$，$Q=x^2\mathrm{e}^{xy}$，则

$$\frac{\partial P}{\partial y}=\frac{\partial Q}{\partial x}=2x\mathrm{e}^{xy}+x^2y\mathrm{e}^{xy}.$$

即曲线积分与路线无关. 取 $(x_0,y_0)=(0,0)$，则

$$u(x,y)=\int_0^x\mathrm{d}x+\int_0^y x^2\mathrm{e}^{xy}\mathrm{d}y+C=x+x\mathrm{e}^{xy}-x+C=x\mathrm{e}^{xy}+C.$$

例 5 计算 $\oint_C\frac{x\mathrm{d}y-y\mathrm{d}x}{x^2+y^2}$. 其中平面曲线 C 分别为

(1) $\frac{x^2}{9}+\frac{y^2}{4}=1$ 沿逆时针方向；

(2) $(x-2)^2+(y-3)^2=1$ 沿逆时针方向.

解 (1) 令 $P=\frac{-y}{x^2+y^2}$，$Q=\frac{x}{x^2+y^2}$，则

$$\frac{\partial P}{\partial y}=\frac{y^2-x^2}{(x^2+y^2)^2},\frac{\partial Q}{\partial x}=\frac{y^2-x^2}{(x^2+y^2)^2}.$$

因此，在除去 $(0,0)$ 处的所有点处有 $\frac{\partial P}{\partial y}=\frac{\partial Q}{\partial x}$.

以 $(0,0)$ 为圆心、r 为半径作足够小的圆 C_r（逆时针方向），使小圆含在 C 内，

$C+\overline{C}_r$ 为包围区域的正向(图 6-25),由定理 2 知 $\left(\oint_C+\oint_{\overline{C}_r}\right)P\mathrm{d}x+Q\mathrm{d}y=0$,即

$$\oint_C P\mathrm{d}x+Q\mathrm{d}y=-\oint_{\overline{C}_r}P\mathrm{d}x+Q\mathrm{d}y=\oint_{C_r}P\mathrm{d}x+Q\mathrm{d}y$$

$$=\int_0^{2\pi}\frac{r^2\cos^2\theta+r^2\sin^2\theta}{r^2}\mathrm{d}\theta=2\pi\neq 0.$$

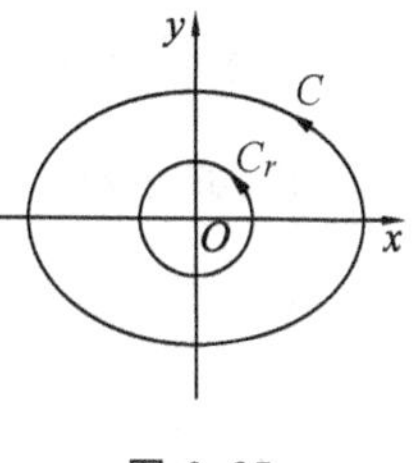

图 6-25

(2) C 包围的单连通区域不含原点,则$\frac{\partial P}{\partial y}=\frac{\partial Q}{\partial x}$恒成立,故

$$\oint_C P\mathrm{d}x+Q\mathrm{d}y=0.$$

这里对应原函数 $u(x,y)=\arctan\frac{y}{x}$,有 $\mathrm{d}u=\frac{x\mathrm{d}y-y\mathrm{d}x}{x^2+y^2}$成立.

习 题 六

1. 判断下列各命题是否正确,并说明理由:

(1) 二重积分$\iint\limits_D f(x,y)\mathrm{d}x\mathrm{d}y$的几何意义是以 $z=f(x,y)$ 为曲顶、以 D 为底的曲顶柱体的体积;

(2) 若 $f(x,y)$ 为关于 x 的奇函数,而积分区域 D 关于 y 轴对称,则当 $f(x,y)$ 在 D 上连续时,必有$\iint\limits_D f(x,y)\mathrm{d}x\mathrm{d}y=0$;

(3) 设在有界闭区域 D 上连续,若对 D 内任一子区域 V,有$\iint\limits_V f(x,y)\mathrm{d}x\mathrm{d}y=0$,则在 D 上 $f(x,y)\equiv 0$.

2. 比较二重积分$\iint\limits_D \ln(x+y)\mathrm{d}\sigma$与$\iint\limits_D [\ln(x+y)]^2\mathrm{d}\sigma$的大小,其中 D 是顶点为 (1,0)、(1,1) 与(2,0) 的三角形区域.

3. 试用二重积分的性质证明不等式:

$$1\leqslant\iint\limits_D(\cos x^2+\sin y^2)\mathrm{d}\sigma\leqslant\sqrt{2},$$

其中 D:$0\leqslant x\leqslant 1,0\leqslant y\leqslant 1$.

4. 改变下列二重积分的积分次序:

(1) $\int_0^1\mathrm{d}y\int_y^{\sqrt{y}}f(x,y)\mathrm{d}x$;　　(2) $\int_0^1\mathrm{d}y\int_{y-1}^{1-y}f(x,y)\mathrm{d}x$;

(3) $\int_0^{2a}\mathrm{d}x\int_{\sqrt{2ax-x^2}}^{\sqrt{2ax}}f(x,y)\mathrm{d}y(a>0)$.

5. 求下列二重积分：

(1) $\iint\limits_D \frac{1}{x+y}\mathrm{d}x\mathrm{d}y$，$D$ 由 $y=x,y=0,x=1,x=2$ 围成；

(2) $\iint\limits_D |xy|\,\mathrm{d}x\mathrm{d}y$，$D$：$x^2+y^2\leqslant a^2$；

(3) $\iint\limits_D (x+y+20)\mathrm{d}x\mathrm{d}y$，$D=\{(x,y)\mid x^2+y^2\leqslant 16\}$；

(4) $\iint\limits_D \frac{\sin y}{y}\mathrm{d}x\mathrm{d}y$，$D=\{(x,y)\mid 0\leqslant x\leqslant \pi,x\leqslant y\leqslant \pi\}$；

(5) $\iint\limits_D \frac{xy}{x^2+y^2}\mathrm{d}x\mathrm{d}y$，$D=\{(x,y)\mid y\geqslant x,2\geqslant x^2+y^2\geqslant 1\}$；

(6) $\iint\limits_D \frac{\mathrm{d}\sigma}{\sqrt{1-x^2-y^2}}$，$D=\{(x,y)\mid x^2+y^2\leqslant 1\}$；

(7) $\iint\limits_D \mathrm{e}^{-x^2-y^2}\mathrm{d}\sigma$，$D$ 由中心在原点，半径为 a 的圆周所围成.

6. 求下列平面区域 D 的面积：

(1) D 由曲线 $y=\sin^2 x,y=-\sin^2 x,-\pi\leqslant x\leqslant \pi$ 围成；

(2) D 由曲线 $xy=1,xy=2,x=2y,y=2x,x\geqslant 0,y\geqslant 0$ 围成.

7. 求下列立体的体积：

(1) 立体由坐标面、平面 $x=4,y=4$ 和抛物面 $z=x^2+y^2+1$ 所围成；

(2) 立体由曲面 $z=x^2+2y^2,z=6-2x^2-y^2$ 所围成.

8. 设 L 是圆周 $x^2+y^2=1$，取顺时针方向，试比较 $I_1=\oint_L x^6\mathrm{d}s$ 与 $I_2=\oint_L y^6\mathrm{d}s$ 的大小关系.

9. 计算下列对弧长的曲线积分：

(1) $\int_L (x+y)\mathrm{d}s$，其中 L 为连接 $(1,0)$ 及 $(0,1)$ 两点的线段；

(2) $\oint_L x^2\mathrm{d}s$，L 为圆周 $x^2+y^2=1$；

(3) $\oint_L \mathrm{e}^{\sqrt{x^2+y^2}}\mathrm{d}s$，其中 L 为圆周 $x^2+y^2=a^2$，直线 $y=x$ 及 x 轴在第一象限内所围成的扇形的整个边界；

(4) $\int_{\Gamma}\frac{1}{x^2+y^2+z^2}\mathrm{d}s$，其中$\Gamma$为曲线$x=\mathrm{e}^t\cos t, y=\mathrm{e}^t\sin t, z=\mathrm{e}^t$上对应于$t$从0到2的这段弧；

(5) $\int_{L}y^2\mathrm{d}s$，其中L是摆线的一拱$\begin{cases}x=a(t-\sin t),\\ y=a(1-\cos t)\end{cases}$ $(0\leqslant t\leqslant 2\pi)$.

10. 计算下列对坐标的曲线积分：

(1) $\int_{L}(6x^2-5y^2)\mathrm{d}x$，$L$为曲线$x^2=2y$从$(0,0)$到$(2,2)$的一段弧；

(2) $\oint_{L}\frac{(x+y)\mathrm{d}x-(x-y)\mathrm{d}y}{x^2+y^2}$，其中$L$是圆周$x^2+y^2=a^2(a>0)$(逆时针方向)；

(3) $\oint_{L}xy\mathrm{d}x$，其中L是圆周$(x-a)^2+y^2=a^2(a>0)$及x轴所围成的在第一象限内的区域的整个边界(逆时针方向)；

(4) $\int_{\Gamma}x^2\mathrm{d}x+z\mathrm{d}y-y\mathrm{d}z$，其中$\Gamma$为曲线$x=k\theta, y=a\cos\theta, z=a\sin\theta$上对应于$\theta$从0到$\pi$的一段弧.

11. 计算$\int_{L}(x+y)\mathrm{d}x+(y-x)\mathrm{d}y$，其中$L$是先沿直线从点$(1,1)$到点$(1,2)$，然后再沿直线到点$(4,2)$的折线.

12. 在过点$O(0,0)$和$A(\pi,0)$的曲线族$y=a\sin x(a>0)$中求出一条曲线L使沿该曲线从O到A的积分$\int_{OA}(1+y^3)\mathrm{d}x+(2x+y)\mathrm{d}y$的值最小.

13. 设力的方向指向坐标原点，大小与质点到坐标原点的距离成正比，设此质点按逆时针方向描绘出曲线$\frac{x^2}{a^2}+\frac{y^2}{b^2}=1$ $(x\geqslant 0, y\geqslant 0)$，求力所做的功.

14. 利用格林公式计算下列曲线积分：

(1) $\oint_{L}(2xy-2y)\mathrm{d}x+(x^2-4x)\mathrm{d}y$，其中$L$是圆周$x^2+y^2=9$的正向边界；

(2) $\oint_{L}(2xy-x^2)\mathrm{d}x+(x+y^2)\mathrm{d}y$，其中$L$是由抛物线$y=x^2$和$y^2=x$所围成的区域的正向边界曲线；

(3) $\oint_{L}(x^2y\cos x+2xy\sin x-y^2\mathrm{e}^x)\mathrm{d}x+(x^2\sin x-2y\mathrm{e}^x)\mathrm{d}y$，其中$L$为正向星形线$x^{\frac{2}{3}}+y^{\frac{2}{3}}=a^{\frac{2}{3}}(a>0)$；

(4) $\int_{L}(x^2-y)\mathrm{d}x-(x+\sin^2 y)\mathrm{d}y$，其中$L$是在圆周$y=\sqrt{2x-x^2}$上由点

(0,0)到点(1,1)的一段弧.

15. 证明曲线积分 $\int_{(1,0)}^{(2,1)}(2xy-y^4+3)\mathrm{d}x+(x^2-4xy^3)\mathrm{d}y$ 与路径无关,并计算积分的值.

16. 验证下列表达式 $P(x,y)\mathrm{d}x+Q(x,y)\mathrm{d}y$ 在平面内是某个二元函数 $u(x,y)$ 的全微分,并求函数 $u(x,y)$.

(1) $(3x^2y+8xy^2)\mathrm{d}x+(x^3+8x^2y+12y\mathrm{e}^y)\mathrm{d}y$;

(2) $(2x\cos y+y^2\cos x)\mathrm{d}x+(2y\sin x-x^2\sin y)\mathrm{d}y$.

17. 已知 $\dfrac{(x+ay)\mathrm{d}x+y\mathrm{d}y}{(x+y)^2}$ 为某二元函数的全微分,求 a 的值.

18. 设 L 是 xOy 平面上沿顺时针方向绕行的闭曲线,且 $\oint_L(x-2y)\mathrm{d}x+(4x+3y)\mathrm{d}y=9$,求 L 所围成平面区域 D 的面积.

19. 计算 $\int_L\dfrac{(x-y)\mathrm{d}x+(x+y)\mathrm{d}y}{x^2+y^2}$,其中积分路径分别为:

(1) L 是以点 $A(-a,0)$ 经上半椭圆 $\dfrac{x^2}{a^2}+\dfrac{y^2}{b^2}=1(y\geqslant 0)$ 到点 $B(a,0)$ 的弧段;

(2) L 是闭曲线 $\dfrac{x^2}{a^2}+\dfrac{y^2}{b^2}=1$ 正向一周.

习 题 课

内容小结

(1) 由分割、近似、求和、取极限建立二重积分、曲线积分的概念与性质.

(2) 二重积分、曲线积分的计算可化归为定积分的计算.

(3) 格林公式及应用,对坐标的曲线积分与路径无关的等价条件.

典型例题

例 1 证明:

(1) $I=\iint\limits_{|x|+|y|\leqslant 1}x\mathrm{e}^{\cos xy}\sin xy\,\mathrm{d}x\mathrm{d}y=0$;

(2) $I=\iint\limits_D\ln\dfrac{2+x}{2-x}\sin y\,\mathrm{d}x\mathrm{d}y=0$,其中 D 由直线 $y=-x,x=1,y=1$ 围成;

(3) $I=\iint\limits_D x(\sin y\mathrm{e}^{x^2+\cos y}-1)\mathrm{d}x\mathrm{d}y=\dfrac{\pi}{4}$, 其中 D: $-1\leqslant x\leqslant\sin y,|y|\leqslant\dfrac{\pi}{2}$.

证 利用积分区域关于 x,y 的对称性及被积函数的奇偶性,可证(1)(2).

(3) 如图 6-26 所示，积分区域上可作曲线 $x=-\sin y$，将区域划分成两部分，利用这两部分上被积函数分别关于 x,y 的奇偶性，得

$$\iint_D x\sin y e^{x^2+\cos y}\mathrm{d}x\mathrm{d}y=0.$$

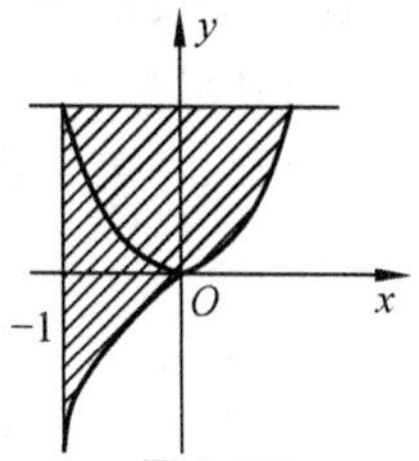

图 6-26

从而　　$$\text{原式}=-\iint_D x\,\mathrm{d}x\mathrm{d}y=-\int_{-\frac{\pi}{2}}^{\frac{\pi}{2}}\mathrm{d}y\int_{-1}^{\sin y}x\mathrm{d}x$$

$$=-\int_{-\frac{\pi}{2}}^{\frac{\pi}{2}}\frac{\sin^2 y-1}{2}\mathrm{d}y=2\int_0^{\frac{\pi}{2}}\frac{\cos^2 y}{2}\mathrm{d}y$$

$$=\int_0^{\frac{\pi}{2}}\frac{1+\cos 2y}{2}\mathrm{d}y=\frac{1}{2}\left(y+\frac{1}{2}\sin 2y\right)\Big|_0^{\frac{\pi}{2}}=\frac{\pi}{4}.$$

注　积分区域具有对称性的二重积分计算问题，可以考查被积函数或其代数和的每一部分是否具有奇偶性，以便简化计算.

例 2　估计 $I=\iint_D(x+xy-x^2-y^2)\mathrm{d}x\mathrm{d}y$ 的值，其中 D：$0\leqslant x\leqslant 1,0\leqslant y\leqslant 2$.

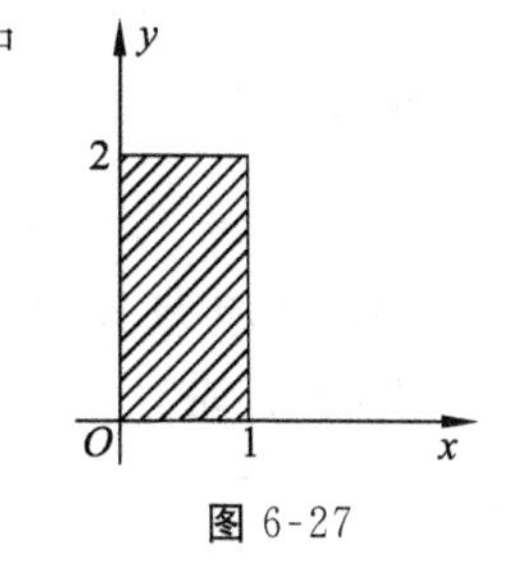

图 6-27

解　由 $f(x,y)=x+xy-x^2-y^2$，得

$$\frac{\partial f}{\partial x}=1+y-2x,\frac{\partial f}{\partial y}=x-2y.$$

令 $\frac{\partial f}{\partial x}=0,\frac{\partial f}{\partial y}=0$，得 $\left(\frac{2}{3},\frac{1}{3}\right)$ 为唯一驻点，

且 $f\left(\frac{2}{3},\frac{1}{3}\right)=\frac{1}{3}$. 如图 6-27 所示，$f(x,y)$ 在边界 $\widetilde{D}$ 上：

$f(0,y)=-y^2,f(x,0)=x-x^2,f(x,2)=3x-x^2-4,f(1,y)=y-y^2$.

易得 $\max\limits_{\widetilde{D}}f(x,y)=f\left(\frac{1}{2},0\right)=\frac{1}{4},\min\limits_{\widetilde{D}}f(x,y)=f(0,2)=-4$.

通过比较可得 $\max\limits_{D}f(x,y)=f\left(\frac{2}{3},\frac{1}{3}\right)=\frac{1}{3},\min\limits_{D}f(x,y)=f(0,2)=-4$.

从而　$-8\leqslant I\leqslant\frac{2}{3}$.

例 3　改变下列积分的积分次序：

(1) $\int_0^1\mathrm{d}y\int_{-y}^{\ln(y+1)}f(x,y)\mathrm{d}x$；

(2) $\int_0^1\mathrm{d}x\int_0^{x^2}f(x,y)\mathrm{d}y+\int_1^3\mathrm{d}x\int_0^{\frac{3-x}{2}}f(x,y)\mathrm{d}y$.

注 交换积分次序，首先根据所给的积分顺序写出积分区域 D 满足的不等式，准确画出积分区域 D，同时应注意 D 的边界线与平行坐标轴的交点不多于两个，否则，一定要将 D 分块. 画出示意图分别如图 6-28、图 6-29 所示.

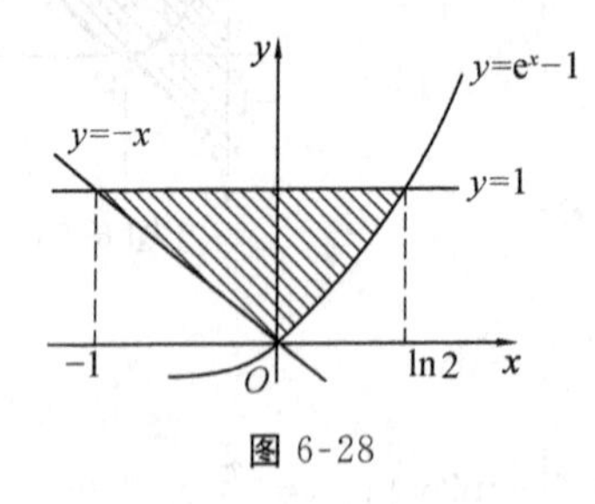

图 6-28

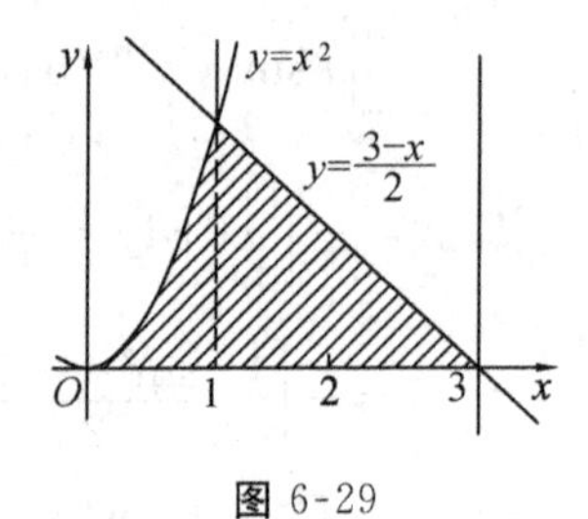

图 6-29

解 (1) 原式$=\int_{-1}^{0}\mathrm{d}x\int_{-x}^{1}f(x,y)\mathrm{d}y+\int_{0}^{\ln2}\mathrm{d}x\int_{\mathrm{e}^x-1}^{1}f(x,y)\mathrm{d}y.$

(2) 原式$=\int_{0}^{3}\mathrm{d}y\int_{\sqrt{y}}^{3-2y}f(x,y)\mathrm{d}x.$

例 4 计算二重积分 $\iint\limits_D\sqrt{y^2-xy}\,\mathrm{d}x\mathrm{d}y$，其中 D 是由直线 $y=x,y=1,x=0$ 所围成的平面区域.

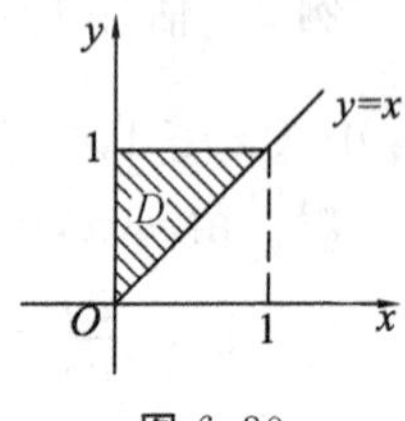

图 6-30

解 区域 D 如图 6-30 所示，因根号下的函数是关于 x 的一次函数，先对 x 积分较容易，所以

$$\iint\limits_D\sqrt{y^2-xy}\,\mathrm{d}x\mathrm{d}y=\int_0^1\mathrm{d}y\int_0^y\sqrt{y^2-xy}\,\mathrm{d}x$$

$$=-\frac{2}{3}\int_0^1\left[\frac{1}{y}(y^2-xy)^{\frac{3}{2}}\Big|_0^y\right]\mathrm{d}y=\frac{2}{3}\int_0^1y^2\mathrm{d}y=\frac{2}{9}.$$

注 计算二重积分时，先画出积分区域的图形，然后结合积分域的形状和被积函数的形式，选择坐标系和积分次序.

例 5 设区域 $D=\{(x,y)\mid x^2+y^2\leqslant1,x\geqslant0\}$，计算 $\iint\limits_D\frac{1+xy}{1+x^2+y^2}\mathrm{d}x\mathrm{d}y.$

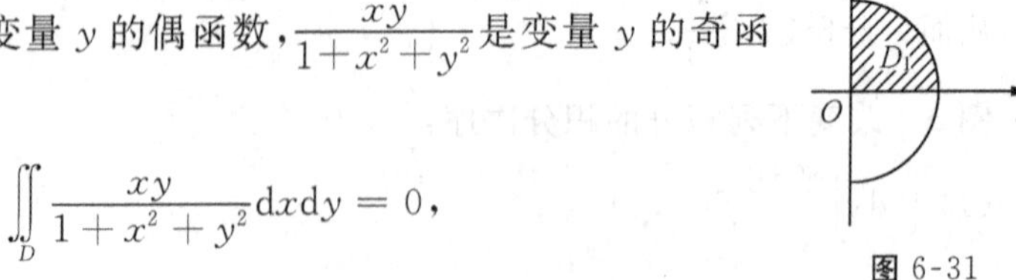

解 积分区域 D 如图 6-31 所示. 因为区域 D 关于 x 轴对称，$\frac{1}{1+x^2+y^2}$ 是变量 y 的偶函数，$\frac{xy}{1+x^2+y^2}$ 是变量 y 的奇函数，则

$$\iint\limits_D\frac{xy}{1+x^2+y^2}\mathrm{d}x\mathrm{d}y=0,$$

图 6-31

$$\iint_D \frac{1}{1+x^2+y^2}\mathrm{d}x\mathrm{d}y = 2\iint_{D_1}\frac{1}{1+x^2+y^2}\mathrm{d}x\mathrm{d}y$$

$$= 2\int_0^{\frac{\pi}{2}}\mathrm{d}\theta\int_0^1 \frac{\rho}{1+\rho^2}\mathrm{d}\rho = \frac{\pi\ln 2}{2},$$

故 $$\iint_D \frac{1+xy}{1+x^2+y^2}\mathrm{d}x\mathrm{d}y = \iint_D \frac{1}{1+x^2+y^2}\mathrm{d}x\mathrm{d}y + \iint_D \frac{xy}{1+x^2+y^2}\mathrm{d}x\mathrm{d}y = \frac{\pi\ln 2}{2}.$$

例 6 (1) 求 $\int_0^1 \mathrm{d}y\int_y^1 x\sqrt{1-x^2+y^2}\,\mathrm{d}x$;

(2) 求二重积分 $\iint_D \frac{x^2}{y^2}\mathrm{d}x\mathrm{d}y$,其中 D 由直线 $x=2, y=x$ 和双曲线 $xy=1$ 所围成;

(3) 计算 $\iint_D |x^2+y^2-4|\,\mathrm{d}x\mathrm{d}y$,其中 $D=\{(x,y)\mid x^2+y^2\leqslant 9\}$;

(4) 计算 $I=\int_0^a \mathrm{d}x\int_{-x}^{-a+\sqrt{a^2-x^2}} \frac{\mathrm{d}y}{\sqrt{x^2+y^2}\cdot\sqrt{4a^2-(x^2+y^2)}}\ (a>0)$.

解 (1) 原式 $=\int_0^1 \left[-\frac{1}{3}(1-x^2+y^2)^{\frac{3}{2}}\right]\Big|_{x=y}^{x=1}\mathrm{d}y$

$$=-\frac{1}{3}\int_0^1 (y^3-1)\mathrm{d}y = \frac{1}{4}.$$

(2) 如图 6-32 所示,先对 y,后对 x 积分较容易.

$$\iint_D \frac{x^2}{y^2}\mathrm{d}x\mathrm{d}y = \int_1^2 \mathrm{d}x\int_{\frac{1}{x}}^x \frac{x^2}{y^2}\mathrm{d}y = \int_1^2 (x^3-x)\mathrm{d}x = \frac{9}{4}.$$

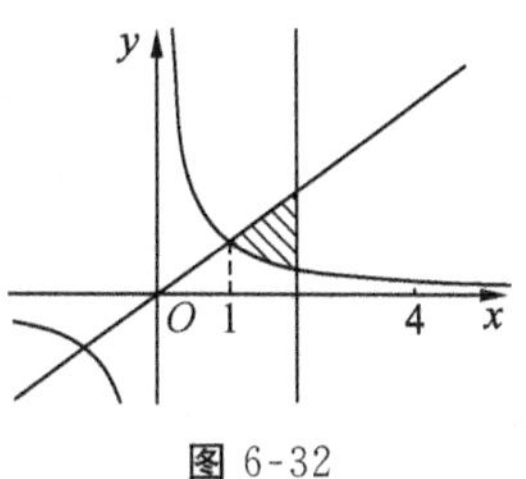

图 6-32

(3) 如图 6-33 所示,令 $x^2+y^2=4$ 将 D 分成 $D_1=\{(x,y)\mid x^2+y^2\leqslant 4\}$ 与 $D_2=\{(x,y)\mid 4\leqslant x^2+y^2\leqslant 9\}$ 两部分,则

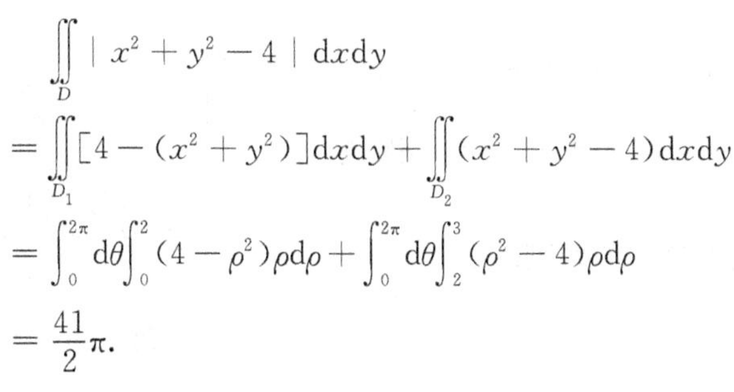

$$\iint_D |x^2+y^2-4|\,\mathrm{d}x\mathrm{d}y$$

$$=\iint_{D_1}[4-(x^2+y^2)]\mathrm{d}x\mathrm{d}y + \iint_{D_2}(x^2+y^2-4)\mathrm{d}x\mathrm{d}y$$

$$=\int_0^{2\pi}\mathrm{d}\theta\int_0^2 (4-\rho^2)\rho\mathrm{d}\rho + \int_0^{2\pi}\mathrm{d}\theta\int_2^3(\rho^2-4)\rho\mathrm{d}\rho$$

$$=\frac{41}{2}\pi.$$

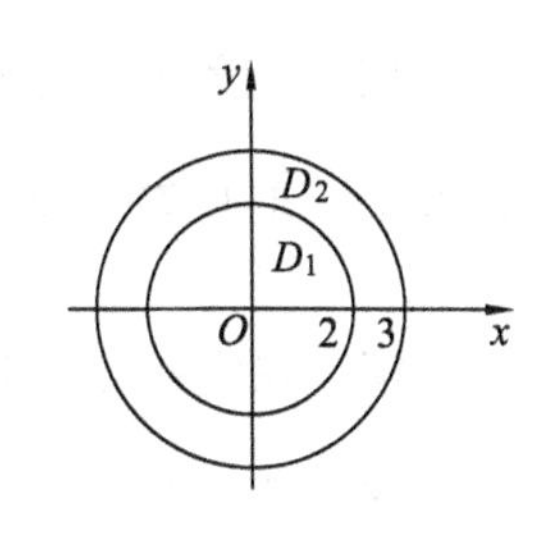

图 6-33

（4）积分区域由二次积分可作出图形（图 6-34），此积分区域为

$$D:0\leqslant x\leqslant a,-x\leqslant y\leqslant -a+\sqrt{a^2-x^2}.$$

该区域表示为极坐标形式为

$$D:-\frac{\pi}{4}\leqslant\theta\leqslant 0,0\leqslant\rho\leqslant -2a\sin\theta.$$

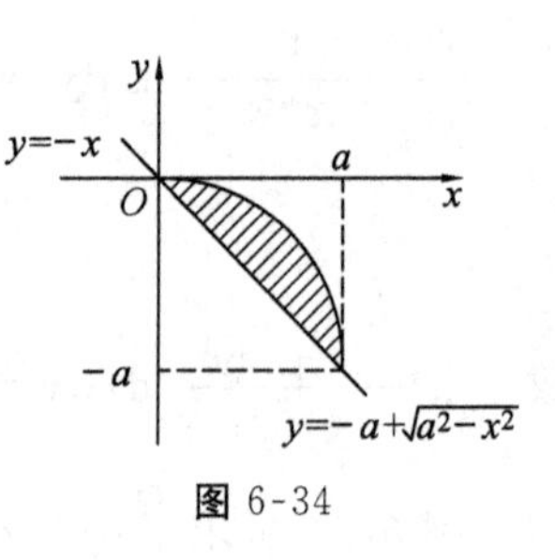

图 6-34

则

$$I=\iint\limits_D\frac{\rho\,\mathrm{d}\rho\,\mathrm{d}\theta}{\rho\sqrt{4a^2-\rho^2}}=\int_{-\frac{\pi}{4}}^{0}\mathrm{d}\theta\int_{0}^{-2a\sin\theta}\frac{\mathrm{d}\rho}{\sqrt{4a^2-\rho^2}}=\int_{-\frac{\pi}{4}}^{0}\left[\arcsin\frac{\rho}{2a}\right]_0^{-2a\sin\theta}\mathrm{d}\theta$$

$$=\int_{-\frac{\pi}{4}}^{0}(-\theta)\,\mathrm{d}\theta=-\frac{1}{2}\theta^2\Big|_{-\frac{\pi}{4}}^{0}=\frac{\pi^2}{32}.$$

例 7 求 $I=\iint\limits_D x[1+yf(x^2+y^2)]\mathrm{d}x\mathrm{d}y$，其中 D 由曲线 $y=x^3$，$x=-1$，$y=1$ 围成，f 在 D 上连续.

解 考虑对称性与奇偶性，如图 6-35 所示，作曲线 $y=-x^3$，得 $\iint\limits_D xyf(x^2+y^2)\mathrm{d}x\mathrm{d}y=0$，所以

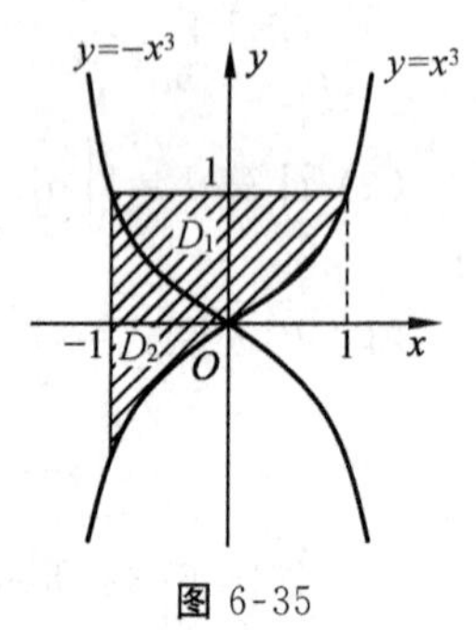

图 6-35

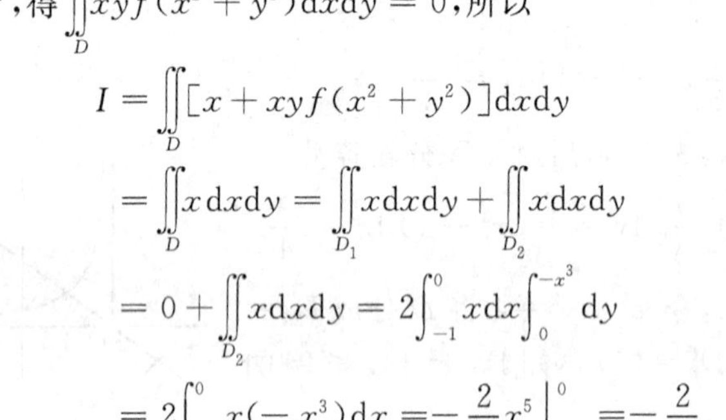

$$\begin{aligned}I&=\iint\limits_D[x+xyf(x^2+y^2)]\mathrm{d}x\mathrm{d}y\\&=\iint\limits_D x\,\mathrm{d}x\mathrm{d}y=\iint\limits_{D_1}x\,\mathrm{d}x\mathrm{d}y+\iint\limits_{D_2}x\,\mathrm{d}x\mathrm{d}y\\&=0+\iint\limits_{D_2}x\,\mathrm{d}x\mathrm{d}y=2\int_{-1}^{0}x\,\mathrm{d}x\int_{0}^{-x^3}\mathrm{d}y\\&=2\int_{-1}^{0}x(-x^3)\mathrm{d}x=-\frac{2}{5}x^5\Big|_{-1}^{0}=-\frac{2}{5}.\end{aligned}$$

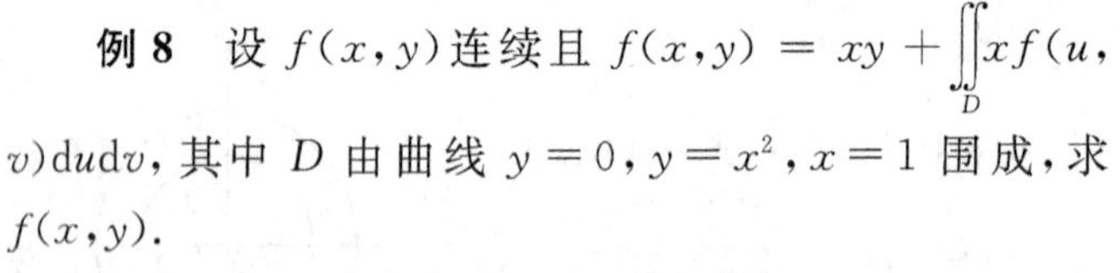

例 8 设 $f(x,y)$ 连续且 $f(x,y)=xy+\iint\limits_D xf(u,v)\mathrm{d}u\mathrm{d}v$，其中 D 由曲线 $y=0$，$y=x^2$，$x=1$ 围成，求 $f(x,y)$.

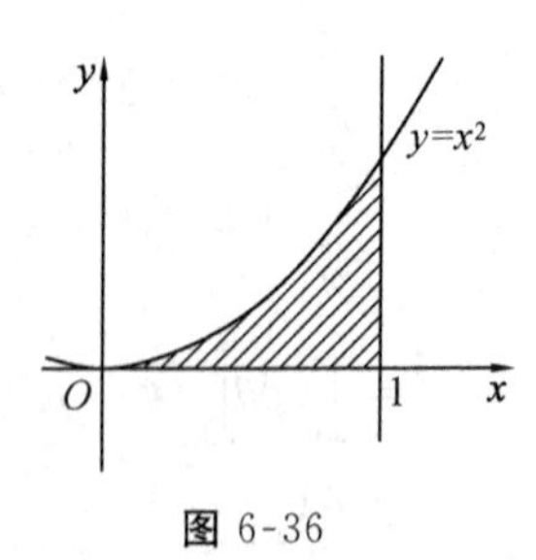

图 6-36

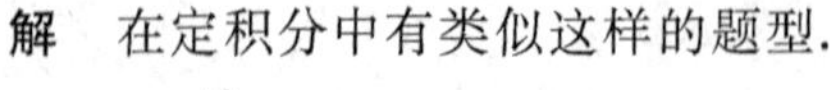

解 在定积分中有类似这样的题型.

设 $A=\iint\limits_D f(u,v)\mathrm{d}u\mathrm{d}v$. 则

$f(x,y)=xy+xA=x(y+A)$，

$$A=\iint_D f(u,v)\,\mathrm{d}u\mathrm{d}v=\iint_D u(v+A)\,\mathrm{d}u\mathrm{d}v=\int_0^1\mathrm{d}u\int_0^{u^2}u(v+A)\,\mathrm{d}v$$
$$=\int_0^1 u\,\frac{1}{2}[(u^2+A)^2-A^2]\mathrm{d}u=\frac{1}{2}\int_0^1 u[(u^4+2Au^2)]\mathrm{d}u$$
$$=\frac{1}{2}\int_0^1(u^5+2Au^3)\,\mathrm{d}u=\frac{1}{2}\left[\frac{1}{6}u^6+\frac{1}{2}Au^4\right]_0^1=\frac{1}{12}+\frac{1}{4}A,$$
求得 $A=\frac{1}{9}$，所以 $f(x,y)=xy+\frac{1}{9}x$.

例 9 设 $f(x)$ 在 $[a,b]$ 上连续，且 $f(x)>0$，证明：$\int_a^b f(x)\mathrm{d}x\int_a^b\frac{1}{f(x)}\mathrm{d}x\geqslant(b-a)^2$.

证 $$\int_a^b f(x)\mathrm{d}x\int_a^b\frac{1}{f(x)}\mathrm{d}x=\frac{1}{2}\left[\int_a^b f(x)\mathrm{d}x\int_a^b\frac{1}{f(y)}\mathrm{d}y+\int_a^b f(y)\mathrm{d}y\int_a^b\frac{1}{f(x)}\mathrm{d}x\right]$$
$$=\frac{1}{2}\int_a^b\int_a^b\left[\frac{f(x)}{f(y)}+\frac{f(y)}{f(x)}\right]\mathrm{d}x\mathrm{d}y$$
$$\geqslant\frac{1}{2}\int_a^b\int_a^b 2\,\frac{f(x)f(y)}{f(y)f(x)}\mathrm{d}x\mathrm{d}y=(b-a)^2.$$

***例 10** 求曲线 $\left(\frac{x}{a}+\frac{y}{b}\right)^2=\frac{x}{a}-\frac{y}{b}(a>0,b>0)$ 与 $y=0$ 所围成的区域 D 的面积.

解 区域 D 的面积 $A=\iint_D\mathrm{d}x\mathrm{d}y$.

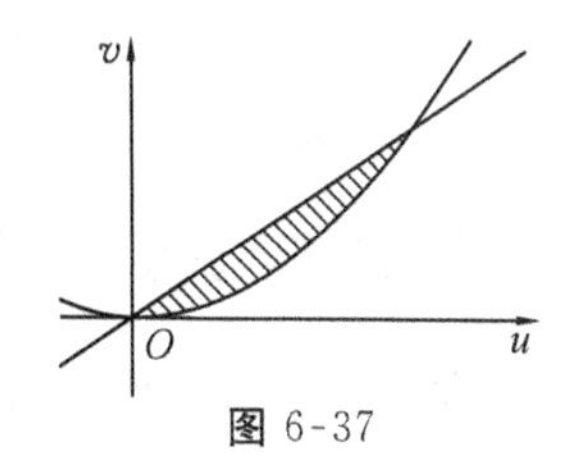

图 6-37

设 $u=\frac{x}{a}+\frac{y}{b}$，$v=\frac{x}{a}-\frac{y}{b}$，即 $x=\frac{a}{2}(u+v)$，$y=\frac{b}{2}(u-v)$，此函数组将 xOy 平面上的区域 D 变换为 uOv 平面上的区域 D'，D' 是曲线 $u^2=v$ 和 $u=v$ 所围成的区域(图 6-37). 又
$$\frac{\partial(x,y)}{\partial(u,v)}=\begin{vmatrix}\frac{a}{2}&\frac{a}{2}\\ \frac{b}{2}&-\frac{b}{2}\end{vmatrix}=-\frac{ab}{2},$$
则有
$$A=\iint_{D'}\left|\frac{\partial(x,y)}{\partial(u,v)}\right|\mathrm{d}u\mathrm{d}v=\frac{ab}{2}\int_0^1\mathrm{d}u\int_{u^2}^u\mathrm{d}v=\frac{ab}{12}.$$

例 11 计算 $\int_L e^{\sqrt{x^2+y^2}} ds$，$L$ 为 $\rho = a, \theta = \frac{\pi}{4}$ 所围成的边界.

解 如图 6-38 所示，$L=\overline{OA}+\widehat{AB}+\overline{BO}$.

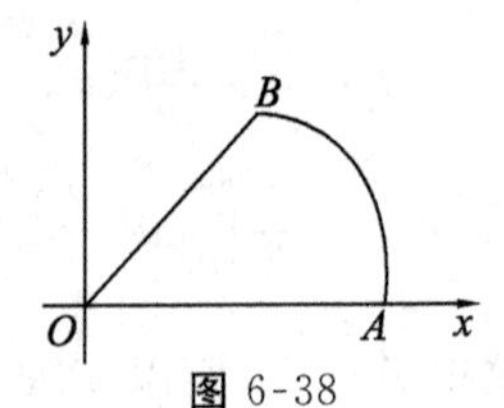

图 6-38

在 $\overline{OA}$ 上，$y=0, 0\leqslant x\leqslant a$，$ds=dx$，则

$$\int_{OA} e^{\sqrt{x^2+y^2}} ds = \int_0^a e^x dx = e^a - 1;$$

在 $\widehat{AB}$ 上 $\rho=a, 0\leqslant\theta\leqslant\frac{\pi}{4}$，$ds=a dx$，则

$$\int_{\widehat{AB}} e^{\sqrt{x^2+y^2}} ds = \int_0^{\frac{\pi}{4}} e^a a\, d\theta = \frac{\pi a}{4} e^a;$$

在 $\overline{OB}$ 上 $y=x$，$ds=\sqrt{2}dx$，$\sqrt{x^2+y^2}=\sqrt{2}x$，则

$$\int_{OB} e^{\sqrt{x^2+y^2}} ds = \int_0^{\frac{\sqrt{2}a}{2}} e^{\sqrt{2}x}\sqrt{2}x dx = e^a - 1.$$

从而 $\int_L e^{\sqrt{x^2+y^2}} ds = 2(e^a-1)+\frac{\pi a}{4}e^a$.

例 12 计算 $\oint_L \sqrt{x^2+y^2} ds$，其中 L 为圆周 $x^2+y^2=ax(a>0)$.

解 方法一：利用极坐标

$$L:\rho=a\cos\theta(-\frac{\pi}{2}\leqslant\theta\leqslant\frac{\pi}{2}),$$

$$\sqrt{x^2+y^2}=|\rho|=a\cos\theta,$$

$$ds=\sqrt{(a\cos\theta)^2+(-a\sin\theta)^2 d\theta}=a ds,$$

图 6-39

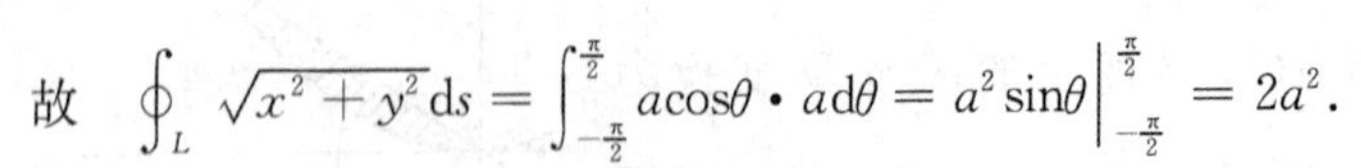

故 $$\oint_L \sqrt{x^2+y^2} ds = \int_{-\frac{\pi}{2}}^{\frac{\pi}{2}} a\cos\theta\cdot a d\theta = a^2\sin\theta\Big|_{-\frac{\pi}{2}}^{\frac{\pi}{2}} = 2a^2.$$

方法二：利用圆周曲线的参数方程

$$\begin{cases} x=\frac{a}{2}+\frac{a}{2}\cos\theta, \\ y=\frac{a}{2}\sin\theta \end{cases} (0\leqslant\theta\leqslant 2\pi),$$

则 $\sqrt{x^2+y^2}=\frac{a}{\sqrt{2}}\sqrt{1+\cos\theta}$，　$ds=\sqrt{\left(-\frac{a}{2}\sin\theta\right)^2+\left(\frac{a}{2}\sin\theta\right)^2} d\theta=\frac{a}{2}d\theta$，

从而 $$\oint_L \sqrt{x^2+y^2} ds = \int_0^{2\pi}\frac{a}{\sqrt{2}}\sqrt{1+\cos\theta}\cdot\frac{a}{2}d\theta = \frac{a^2}{2}\int_0^{2\pi}\left|\cos\frac{\theta}{2}\right| d\theta = 2a^2.$$

例 13 计算 $\int_L (2a-y)dx-(a-y)dy$，沿曲线 L：摆线 $x=a(t-\sin t), y=$

$a(1-\cos t)$从点 $O(0,0)$到点 $B(2\pi a,0)$.

解 原式 $=\int_0^{2\pi}\{[2a-a(1-\cos t)]a(1-\cos t)-[a-a(1-\cos t)a\sin t]\}\mathrm{d}t$

$$=\int_0^{2\pi}[a(1+\cos t)a(1-\cos t)-a^2\cos t\sin t]\mathrm{d}t$$

$$=a^2\int_0^{2\pi}(1-\cos^2 t-\cos t\sin t)\mathrm{d}t$$

$$=a^2\int_0^{2\pi}\left[\frac{1}{2}(1-\cos 2t)-\cos t\sin t\right]\mathrm{d}t$$

$$=a^2\left(\frac{1}{2}t-\frac{1}{4}\sin 2t-\frac{1}{2}\sin^2 t\right)\Big|_0^{2\pi}=\pi a^2.$$

例 14 求 $\int_C y^2\mathrm{d}x+x^2\mathrm{d}y$，其中曲线 C 是上半椭圆 $x=a\cos t,\ y=b\sin t$，取顺时针方向.

解 由 $\mathrm{d}x=a\sin t\mathrm{d}t,\ \mathrm{d}y=b\cos t\mathrm{d}t$，则

$$\int_C y^2\mathrm{d}x+x^2\mathrm{d}y=\int_\pi^0[b^2\sin^2 t(-a\sin t)+a^2\cos^2 t\cdot b\cos t]\mathrm{d}t$$

$$=-ab^2\int_\pi^a\sin^3 t\mathrm{d}t+a^2b\int_\pi^0\cos^3 t\mathrm{d}t=\frac{4}{3}ab^2.$$

例 15 设 $f(x)$在$(-\infty,+\infty)$上连续可导，求

$$\int_L\frac{1+y^2f(xy)}{y}\mathrm{d}x+\int_L\frac{x}{y^2}[y^2f(xy)-1]\mathrm{d}y,$$

其中 L 为从点 $A\left(3,\frac{2}{3}\right)$到 $C(1,2)$ 的线段.

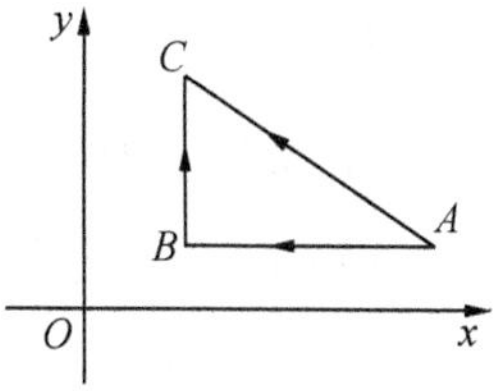

图 6-40

解 令 $P=\dfrac{1+y^2f(xy)}{y},Q=\dfrac{x}{y^2}[y^2f(xy)-1]$，则

$$\frac{\partial P}{\partial y}=\frac{[2yf(xy)+xy^2f'(xy)]y-1-y^2f(xy)}{y^2}=\frac{y^2f(xy)+xy^3f'(xy)-1}{y^2},$$

$$\frac{\partial Q}{\partial x}=\frac{1}{y^2}[y^2f(xy)-1]+\frac{x}{y^2}[y^3f'(xy)]=\frac{y^2f(xy)+xy^3f'(xy)-1}{y^2},$$

则$\dfrac{\partial P}{\partial y}=\dfrac{\partial Q}{\partial x}$，故原积分与路径无关，添加辅助有向线段 $AB+BC$ 构成封闭曲线，所以

原式 $=\int_{AB}P\mathrm{d}x+Q\mathrm{d}y+\int_{BC}P\mathrm{d}x+Q\mathrm{d}y$

$$=\int_3^1\frac{3}{2}\left[1+\frac{4}{9}f\left(\frac{2}{3}x\right)\right]\mathrm{d}x+\int_{\frac{2}{3}}^2\frac{1}{y^2}[y^2f(y)-1]\mathrm{d}y$$

$$=\int_3^1\left[\frac{3}{2}+\frac{2}{3}f\left(\frac{2}{3}x\right)\right]\mathrm{d}x+\int_{\frac{2}{3}}^2\left[f(y)-\frac{1}{y^2}\right]\mathrm{d}y$$

$$= \frac{3}{2}x\Big|_3^1 + \int_2^{\frac{3}{2}} f(u)\mathrm{d}u + \int_{\frac{2}{3}}^2 f(y)\mathrm{d}y + \frac{1}{y}\Big|_{\frac{2}{3}}^2$$

$$= -4.$$

（这里积分 $\int_3^1 \frac{2}{3} f\left(\frac{2}{3}x\right)\mathrm{d}x$ 采用了变量代换 $u=\frac{2}{3}x$）

复习题六

1. 利用二重积分的几何意义求积分：$I = \iint\limits_D 4\mathrm{d}x\mathrm{d}y$，其中 D 是由曲线 $y=\sqrt{a^2-x^2}$ 与直线 $y=0$ 所围成的闭区域.

2. 比较下列积分的大小：

(1) $I_1 = \iint\limits_D \mathrm{e}^{xy}\mathrm{d}x\mathrm{d}y, I_2 = \iint\limits_D \mathrm{e}^{2xy}\mathrm{d}x\mathrm{d}y$，其中 D：$-1\leqslant x\leqslant 0, 0\leqslant y\leqslant 1$；

(2) $I_1 = \iint\limits_D (x+y)^2\mathrm{d}x\mathrm{d}y, I_2 = \iint\limits_D (x+y)^3\mathrm{d}x\mathrm{d}y$，其中 D：$(x-2)^2+(y-1)^2\leqslant 2$.

3. 利用二重积分的性质估计下列积分的值：

$I = \iint\limits_D xy(x+y)\mathrm{d}x\mathrm{d}y$，其中 $D=\{(x,y)\mid 0\leqslant x\leqslant 1, 0\leqslant y\leqslant 1\}$.

4. 交换下列二次积分的次序：

(1) $I = \int_{-1}^0 \mathrm{d}x\int_0^{1+x} f(x,y)\mathrm{d}y + \int_0^1 \mathrm{d}x\int_0^{1-x} f(x,y)\mathrm{d}y$；

(2) $I = \int_{-1}^1 \mathrm{d}x\int_{x+x^2}^{1+x} f(x,y)\mathrm{d}y$.

5. 计算下列二次积分：

(1) $I = \int_0^1 \mathrm{d}y\int_{\sqrt{y}}^1 \sqrt{x^3+1}\mathrm{d}x$；　　(2) $I = \int_0^1 \mathrm{d}x\int_{x^2}^1 x^3\sin(y^3)\mathrm{d}y$；

(3) $I = \int_0^{\frac{\pi^2}{4}} \mathrm{d}y\int_{\sqrt{y}}^{\frac{\pi}{2}} \frac{\sin x}{x}\mathrm{d}x$.

6. 计算下列二重积分：

(1) $I = \iint\limits_D x\cos(x+y)\mathrm{d}x\mathrm{d}y$，其中 D 是以 $(0,0)$，$(\pi,0)$，(π,π) 为顶点的三角形区域；

(2) $I = \iint\limits_D \mathrm{e}^{x+y}\mathrm{d}x\mathrm{d}y$，其中 D 是由 $|x|+|y|\leqslant 1$ 所确定的闭区域；

(3) $I=\iint\limits_{D}\sin\frac{x}{y}\mathrm{d}x\mathrm{d}y$，其中 D 是由直线 $y=x$、$y=2$ 与曲线 $x=y^3$ 所围成的闭区域.

7. 画出积分区域，将积分 $\iint\limits_{D}f(x,y)\mathrm{d}x\mathrm{d}y$ 表示为极坐标形式的二次积分：

(1) $D=\{(x,y)\mid x^2+y^2\leqslant 2y\}$；　　(2) $D=\{(x,y)\mid 2x\leqslant x^2+y^2\leqslant 4\}$.

8. 化下列二次积分为极坐标形式的二次积分，并计算积分值：

(1) $I=\int_0^1\mathrm{d}x\int_{x^2}^{x}(x^2+y^2)^{-\frac{1}{2}}\mathrm{d}y$；　　(2) $I=\int_1^2\mathrm{d}x\int_0^x\frac{y\sqrt{x^2+y^2}}{x}\mathrm{d}y$.

9. 计算下列二重积分：

(1) $I=\iint\limits_{D}\sqrt{x^2+y^2}\mathrm{d}x\mathrm{d}y$，其中 D 是圆环区域：$a^2\leqslant x^2+y^2\leqslant b^2(a<b)$；

(2) $I=\iint\limits_{D}\arctan\frac{y}{x}\mathrm{d}x\mathrm{d}y$，其中 D 是由圆周 $x^2+y^2=1$，$x^2+y^2=4$ 及直线 $y=0$，$y=x$ 所围成的在第一象限的闭区域.

10. 求下列区域 D 的面积：

(1) D 是由曲线 $xy=a^2$ 与直线 $x+y=\frac{5}{2}a(a>0)$ 围成的闭区域；

(2) D 是由曲线 $y^2=\frac{b^2}{a}x$ 与直线 $y=\frac{b}{a}x(a>0,b>0)$ 围成的闭区域.

11. 求下列各曲面所围立体的体积：

(1) 由曲面 $z=x^2+y^2$ 与平面 $x+y=4$，$x=0$，$y=0$，$z=0$ 围成的立体；

(2) 由曲面 $z=\sqrt{x^2+y^2}$，$x^2+y^2=2ax$ 与平面 $z=0$ 围成的立体.

12. 求圆柱面 $x^2+y^2=R^2$，$x^2+z^2=R^2$ 所围立体的体积和表面积.

13. 设平面薄片所占的闭区域 D 由直线 $x+y=2$，$y=x$，$x=0$ 所围成，其面密度为 $\rho(x,y)=x^2+y^2$，求该平面薄片的质量、重心坐标.

14. 求下列对弧长的曲线积分：

(1) $\oint_L(x^2+y^2)^n\mathrm{d}s$，其中 L 为圆周：$x=a\cos t$，$y=a\sin t(0\leqslant t\leqslant 2\pi)$；

(2) $\int_\Gamma xyz\mathrm{d}s$，其中 Γ 为折线 ABC，点 A,B,C 的坐标分别为 $(0,0,0)$，$(1,2,3)$，$(1,4,3)$.

15. 计算下列对坐标的曲线积分：

(1) $\oint_L(x^2+y^2)^2\mathrm{d}y$，其中 L 为圆周：$x^2+y^2=2ax(a>0)$，取逆时针方向；

(2) $\int_L (1+2xy)\mathrm{d}x + x^2\mathrm{d}y$，其中 L 是从(1,0)到(−1,0)上半椭圆 $x^2+2y^2=1$ 的曲线；

(3) $\int_\Gamma x\mathrm{d}x + y\mathrm{d}y + (x+y-1)\mathrm{d}z$，其中 Γ 是从(1,1,1)到(2,3,4)的一条直线段.

16. 设 $f(x,y)$，$g(x,y)$ 为 L 上的连续函数，证明：

$$\left|\int_L f\mathrm{d}x + g\mathrm{d}y\right| \leqslant \int_L \sqrt{f^2+g^2}\,\mathrm{d}s.$$

17. 利用格林公式求曲线积分 $\oint_L (y^2+\sin x)\mathrm{d}x + (\cos^2 y - 2x)\mathrm{d}y$，其中 L 为星形线 $x^{\frac{2}{3}}+y^{\frac{2}{3}}=a^{\frac{2}{3}}$ 所围区域的正向边界曲线.

18. 证明下列曲线积分在整个 xOy 平面内与路径无关，并求积分：

(1) $\int_{(1,0)}^{(2,1)} (2xy-y^4+3)\mathrm{d}x + (x^2-4xy^3)\mathrm{d}y$；

(2) $\int_{(0,0)}^{(4,8)} \mathrm{e}^{-x}\sin y\mathrm{d}x - \mathrm{e}^{-x}\cos y\mathrm{d}y$.

19. 证明：若 $f(u)$ 为连续函数，而 C 为无重点的按段光滑的闭曲线，则

$$\oint_C f(x^2+y^2)(x\mathrm{d}x+y\mathrm{d}y)=0.$$

20. 确定 n 的值，使在不经过直线 $y=0$ 的区域上，积分

$$I=\int_C \frac{x(x^2+y^2)^n}{y}\mathrm{d}x - \int_C \frac{x^2(x^2+y^2)^n}{y^2}\mathrm{d}y$$

与路径无关，并求当 C 为从点(1,1)到点 $B(0,2)$ 的路径时 I 的值.

21. 设函数 $\varphi(y)$ 具有连续导数，在围绕原点的任意分段光滑简单闭曲线 L 上，曲线积分 $\oint_L \frac{\varphi(y)\mathrm{d}x+2xy\mathrm{d}y}{2x^2+y^4}$ 的值恒为同一常数.

(1) 证明：对右半平面 $x>0$ 内的任意分段光滑简单闭曲线 C，有

$$\oint_C \frac{\varphi(y)\mathrm{d}x+2xy\mathrm{d}y}{2x^2+y^4}=0;$$

(2) 求函数 $\varphi(y)$ 的表达式.

22. 设有一力场，场力的大小与作用点到 z 轴的距离成正比(比例系数为 k)，方向垂直于 z 轴并指向 z 轴，试求一单位质点沿圆弧 $x=\cos t$，$y=1$，$z=\sin t$ 上从点(1,1,0)依 t 增加的方向移动到点(0,1,1)时场力所做的功.

第7章 微分方程

在自然科学和工程技术的各个领域，微分方程是利用数学理论(特别是微积分学)解决实际问题的重要方法和工具. 这里主要介绍常微分方程理论，包括一阶常微分方程的初等解法，二阶常系数齐次和非齐次线性微分方程的解理论. 我们对线性微分方程解的结构、高阶方程的若干特殊降阶法作了简单介绍，结合实例介绍一些数学模型应用.

§7.1 微分方程的基本概念

所谓微分方程，就是联系着自变量、未知函数以及它的导数的关系式. 只含一个自变量的微分方程称为常微分方程，自变量多于一个的微分方程称为偏微分方程.

例如，$\frac{dy}{dx}+2y=x$，$\frac{d^2y}{dx^2}+ay=b(a, b$ 为常数)，$y'''+2y''+y'+2y=1$ 都是常微分方程，而 $x\frac{\partial z}{\partial x}+y\frac{\partial z}{\partial y}=z$，$\frac{\partial^2 u}{\partial x^2}+\frac{\partial^2 u}{\partial y^2}+\frac{\partial^2 u}{\partial z^2}=1$ 是偏微分方程.

初等数学中的代数方程，如一元二次方程，我们可以研究其解(或根)的存在性并求未知数. 而对于函数方程 $F(x,y)=0$ 或 $F(x,y,z)=0$，当 F 具有连续偏导数时，隐函数存在，但一般不方便用函数的显式来表示. 例如，

$$\ln\sqrt{x^2+y^2}=\arctan\frac{y}{x},\ e^{xy}+y^2=\cos x.$$

但我们可以验证它们分别满足下面的常微分方程：

$$(x+y)dx+(y-x)dy=0,(\sin x+ye^{xy})dx+(xe^{xy}+2y)dy=0.$$

又如，三元方程 $x^2+y^2+z^2+xy+yz+zx=1$ 满足微分方程

$$(2x+y+z)dx+(x+2y+z)dy+(x+y+2z)dz=0.$$

也可以说，二元微分关系(未知函数为一元函数)构成的微分方程称为常微分方程，三元以上微分关系(未知函数为多元函数)构成的微分方程称为偏微分方程.

需要注意的是,在一个微分方程中,自变量、未知函数可以不出现,但一定出现未知函数的导数(偏导数)或微分.

下面两个例子是微分方程在几何和物理中的简单应用.

例 1 一条曲线通过点(1,2),且在曲线上任一点处的切线斜率为 $2x+1$,求曲线方程.

解 设 $y=f(x)$ 为所求曲线,满足 $y'=2x+1$,且 $f(1)=2$,两边求积分得 $y=x^2+x+C$. 代入 $f(1)=2$,得 $C=0$, 故 $y=x^2+x$ 为所求曲线.

例 2 已知质点从静止开始运动,在任一时刻 t,质点的加速度为 $a(t)=t+2$,求质点的运动方程.

解 设 $s=s(t)$ 为所求质点的运动方程,满足

$$s''=a(t),\text{即 } s''=t+2,\text{且 } s(0)=0, s'(0)=0.$$

两边求积分得 $s'=\frac{1}{2}t^2+2t+C_1$,再积分得 $s=\frac{1}{6}t^3+t^2+C_1t+C_2$.

代入 $s(0)=0, s'(0)=0$,得 $C_1=0, C_2=0$,故 $s=\frac{1}{6}t^3+t^2$ 为所求质点的运动方程.

上面两例中 $y'=2x+1$ 与 $s''(t)=t+2$ 都是简单的导数关系,直接用积分可以求解. 注意到积分过程中出现的任意常数的个数与积分次数有关,且为了确定任意常数,还需要一定的条件.

定义 1 微分方程中未知函数的最高阶导数称为微分方程的阶.

一个函数满足微分方程能使之成为恒等式,称该函数为微分方程的解.

如果微分方程的解中含有独立的任意常数且其个数与微分方程的阶相同,则称这个解为微分方程的通解.

用一些条件确定通解中的任意常数而得到的解称为微分方程的特解.

用来确定通解中任意常数的条件称为定解条件.

对一阶微分方程给出 $y|_{x=x_0}=y_0$,对二阶微分方程给出 $y|_{x=x_0}=y_0$ 和 $y'|_{x=x_0}=y_0{}^*$,常称为初始条件. 带有初始条件的微分方程问题称为初值问题.

例如,对如下各方程:

(1) $y''+y'^3+xy^4=\sin x$; (2) $y'+xy''+(y'')^3+2y^5=1$;

(3) $y'+yy'=1+x^5$; (4) $y'''=y$.

它们的阶依次为:(1)二阶,(2) 二阶,(3) 一阶,(4) 三阶.

微分方程按阶数可分为一阶微分方程与高阶微分方程.

例 3 求平面上的圆族所满足的微分方程.

解 设平面上的圆族为 $(x-a)^2+(y-b)^2=c^2$,连续对 x 求导三次,依次得

$x-a+(y-b)y'=0$， $1+(y-b)y''+y'^2=0$， $(y-b)y'''+3y''y'=0$.

由后两式消去参数 b，得 $y'''(1+y'^2)-3y'y''^2=0$ 就是平面上的圆族所满足的微分方程.

这里，可以说 $(x-a)^2+(y-b)^2=c^2$ 满足三阶微分方程 $y'''(1+y'^2)-3y'y''^2=0$，圆族中每一个圆应该都是它的解；对于 a，b，c 三个任意常数，圆族曲线是它的通解.

又如，可以验证，空间中平行平面族 $x+y+z=C$（C 为任意常数）是三元微分关系即微分方程 $\mathrm{d}x+\mathrm{d}y+\mathrm{d}z=0$ 的通解.

我们对微分方程中容易求解的情形利用积分法提出定解方法，类型有可分离变量的微分方程、一阶线性微分方程、可降阶的高阶微分方程、二阶常系数线性微分方程等.

数学的其他分支理论，如线性代数可以提供处理高阶线性微分方程的求解方法. 微分方程的定性理论用于研究复杂而不易求解的微分方程解的存在性及其性质.

在这里，我们主要讨论常微分方程，不特别指出的话，微分方程就是指常微分方程.

§7.2　一阶微分方程

一阶微分方程的一般形式为 $F(x,y,y')=0$，而 $y'=f(x,y)$ 称为微分方程的特殊形式.

一、可分离变量的微分方程

一阶微分方程 $y'=f(x,y)$ 若能化为 $y'=h(x)g(y)$ 的形式，则称该方程为可分离变量的微分方程.

特殊例子是 $y'=2x+1$，可以直接积分，解得 $y=x^2+x+C$.

又如，$y'=2xy^2$ 是可分离变量的微分方程，因为方程左端含有未知函数 y，不能对方程两边直接积分，不考虑 $y=0$ 这一特解，可以将这一微分方程变形为 $\frac{1}{y^2}\mathrm{d}y=2x\mathrm{d}x$，两边积分得 $-\frac{1}{y}=x^2+C$，这里 C 为

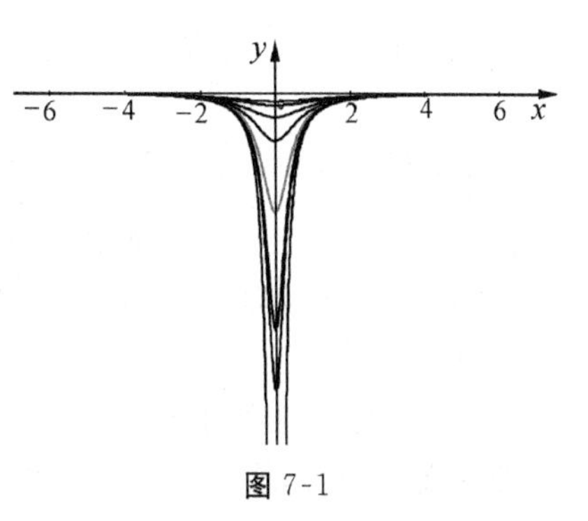

图 7-1

任意常数.这是平面上的曲线族,即方程的通解也称为积分曲线族(图 7-1).

一般地,把 $y'=h(x)g(y)$变形为

$$\frac{1}{g(y)}\mathrm{d}y=h(x)\mathrm{d}x.$$

若 $y=\varphi(x)$是方程的解,则有

$$\frac{1}{g(\varphi(x))}\varphi'(x)\mathrm{d}x=h(x)\mathrm{d}x,$$

两边对 x 积分,左边利用凑微分法,有

$$\int\frac{1}{g(y)}\mathrm{d}y=\int h(x)\mathrm{d}x.$$

这就是说可分离变量的微分方程的求解方法是分离变量后两边积分.

例 1 求解微分方程:$(y+1)^2y'+x^3=0$.

解 由原方程化简得

$$(y+1)^2\frac{\mathrm{d}y}{\mathrm{d}x}=-x^3,$$

即 $$(y+1)^2\mathrm{d}y=-x^3\mathrm{d}x,$$

两边积分得$\int(y+1)^2\mathrm{d}y=-\int x^3\mathrm{d}x$,

即$\frac{1}{3}(y+1)^3=-\frac{1}{4}x^4+C$($C$ 为任意常数)为所求方程的解.积分曲线族如图 7-2 所示.

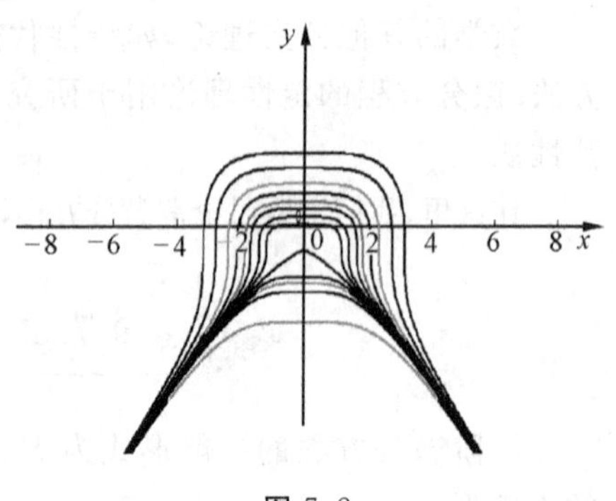

图 7-2

例 2 求解微分方程:$x(1+y^2)\mathrm{d}x-y(1+x^2)\mathrm{d}y=0$.

解 由原方程分离变量得

$$\frac{y\mathrm{d}y}{1+y^2}=\frac{x\mathrm{d}x}{1+x^2},$$

两边积分得 $$\int\frac{y\mathrm{d}y}{1+y^2}=\int\frac{x\mathrm{d}x}{1+x^2},$$

即 $$\frac{1}{2}\ln(1+y^2)=\frac{1}{2}\ln(1+x^2)+\frac{1}{2}\ln C,$$

所以 $1+y^2=C(1+x^2)$为所求方程的解.

(积分曲线族如图 7-3 所示,C 为大于零的任意常数)

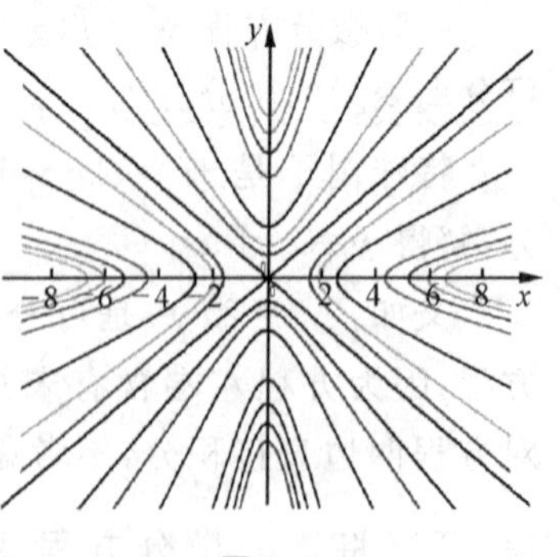

图 7-3

例 3 已知曲线上点 $P(x,y)$ 处的法线与 x 轴的交点为 Q,线段 PQ 被 y 轴平分,求曲线所满足的微分方程,并求出该方

程的解(图 7-4).

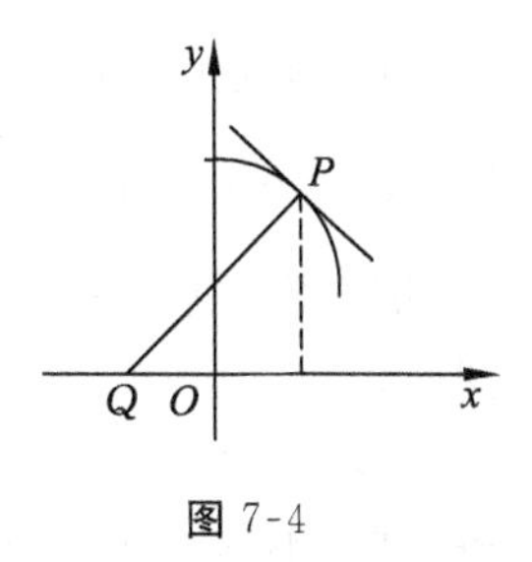

图 7-4

解 由已知条件,法线为 $Y-y=-\frac{1}{y'}(X-x)$. 令 $Y=0$ 得 $yy'+x=X$,故在 x 轴的交点 Q 为 $(yy'+x,0)$,则由对称性有 $yy'+x=-x$,即 $yy'+2x=0$. 利用分离变量法容易求得 $\frac{1}{2}y^2+x^2=C$,即为一种同心椭圆曲线族.

下面给出的几个微分方程的例子都可以利用变量代换的方法化为可分离变量的微分方程来求解.

若一阶微分方程 $y'=f(x,y)$ 的右端 $f(x,y)=\varphi\left(\frac{y}{x}\right)$,通过变量替换令 $\frac{y}{x}=u$,即 $y=xu$,则 $y'=u+xu'$,代入方程,得 $u+xu'=\varphi(u)$,此为可分离变量的微分方程.

例 4 求解微分方程:$xy'=y(\ln y-\ln x)$.

解 原方程可化为

$$\frac{\mathrm{d}y}{\mathrm{d}x}=\frac{y}{x}\ln\frac{y}{x},$$

令 $\frac{y}{x}=u$,则 $\qquad x\frac{\mathrm{d}u}{\mathrm{d}x}=u\ln u-u,$

分离变量得 $\qquad \frac{\mathrm{d}u}{(\ln u-1)u}=\frac{\mathrm{d}x}{x},$

两边积分得 $\qquad \ln(\ln u-1)=\ln x+C_1,$

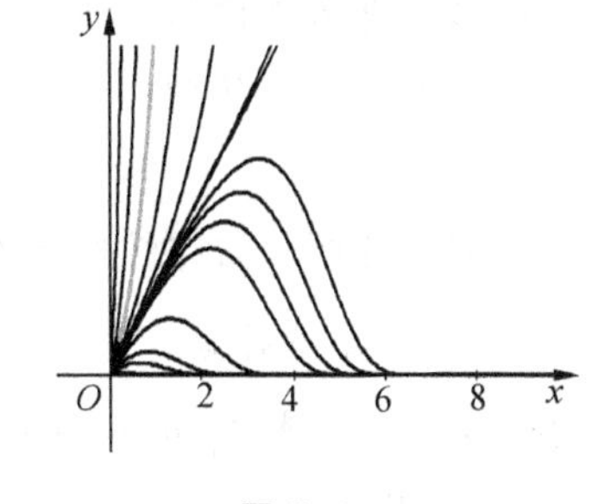

图 7-5

即 $\ln\frac{y}{x}-1=Cx$(C 为任意常数,$C=\mathrm{e}^{C_1}$). 积分曲线族如图 7-5 所示.

(这里分离变量时假设 $\ln u-1\neq 0$,这是否会导致丢失一些解呢? 事实上,我们注意到对应 $\ln u-1\equiv 0$ 即 $\ln\left(\frac{y}{x}\right)-1=0$ 也是方程的解且已包含在通解形式中)

例 5 求解微分方程: $y'=\sin^2(y-x)$.

解 利用变量代换, 令 $y-x=u$,则

$$y'-1=u',$$

原方程可化为 $\qquad \frac{\mathrm{d}u}{\mathrm{d}x}=\sin^2 u-1,$

分离变量得 $\qquad \sec^2 u\mathrm{d}u=-\mathrm{d}x,$

两边积分得 $\qquad \tan u=-x+C,$

即 $x+\tan(y-x)=C$(C 为任意常数). 积分曲线族如图 7-6 所示.

(这里假设 $\cos u \neq 0$ 是否会导致丢失一些解呢？$\cos u=0$ 时有 $u=\frac{(k+1)\pi}{2}$ 即 $y-x=\frac{(k+1)\pi}{2}$（k 为整数）也是方程的解但不包含在通解形式中)

今后可以暂不考虑这些过程中可能丢失的解，这并不影响我们讨论微分方程的通解.

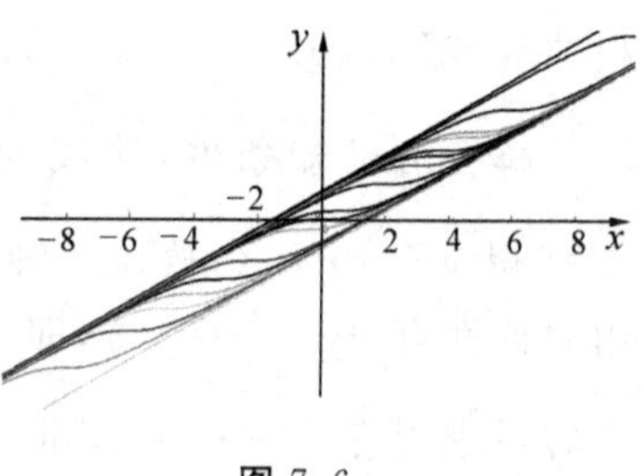

图 7-6

二、一阶线性微分方程

把形如 $y'+P(x)y=Q(x)$ 的微分方程称为一阶线性微分方程，其中 $P(x)$，$Q(x)$ 是 x 的已知函数.

若 $Q(x)\equiv 0$，则方程 $y'+P(x)y=0$ 称为一阶线性齐次微分方程，否则称为一阶线性非齐次微分方程.

显然，$y'+P(x)y=0$ 是可分离变量的微分方程，可解得

$$y=Ce^{-\int P(x)\mathrm{d}x}(C\text{ 为任意常数}).$$

对一般的一阶线性非齐次微分方程 $y'+P(x)y=Q(x)$，利用变量代换 $y=ue^{-\int P(x)\mathrm{d}x}$，即在对应的一阶线性齐次微分方程 $y'+P(x)y=0$ 的解 $y=Ce^{-\int P(x)\mathrm{d}x}$ 中将 u 替代常数 C，$u=u(x)$ 为待定函数，即 $u=ye^{\int P(x)\mathrm{d}x}$，代入 $y'+P(x)y=Q(x)$ 并化简得

$$u'=y'e^{\int P(x)\mathrm{d}x}+ye^{\int P(x)\mathrm{d}x}P(x)=Q(x)e^{\int P(x)\mathrm{d}x},$$

解得

$$u=\int Q(x)e^{\int P(x)\mathrm{d}x}\mathrm{d}x+C,$$

从而原方程的解为 $y=e^{-\int P(x)\mathrm{d}x}\left[\int Q(x)e^{\int P(x)\mathrm{d}x}\mathrm{d}x+C\right]$.

这一方法也称“常数变易法”，以后可用此公式来求解一阶线性微分方程，注意公式中不定积分只需用最简单的一个原函数即可.

例 6 求解微分方程：$y'\cos x+y\sin x=1$.

解 将原方程化为标准形式：

$$\frac{\mathrm{d}y}{\mathrm{d}x}+y\tan x=\sec x,$$

利用公式可得方程的解为

$$y=e^{-\int\tan x\mathrm{d}x}\left(\int\sec x e^{\int\tan x\mathrm{d}x}\mathrm{d}x+C\right)=e^{\ln\cos x}\left(\int\sec x e^{-\ln\cos x}\mathrm{d}x+C\right)$$

$=\cos x(\tan x+C)=\sin x+C\cos x$（$C$ 为任意常数）.

若设一阶线性微分方程的一个特解为 y^*，而对应一阶齐次线性微分方程的通解是 $\bar{y}=Ce^{-\int P(x)dx}$，则一阶线性微分方程的通解可表示为 $y=\bar{y}+y^*$.

例 7 解微分方程：$y'-3y=1$.

解 容易看出，方程有特解 $y^*=-\frac{1}{3}$.

对应齐次方程 $y'-3y=0$ 有通解 $\bar{y}=Ce^{3x}$.

从而原方程的通解为 $y=Ce^{3x}-\frac{1}{3}$.

例 8 解微分方程：$xy'-16y=4x^2\sqrt{y}$.

解 将原方程化简得

$$\frac{1}{\sqrt{y}}\frac{dy}{dx}-\frac{16}{x}\sqrt{y}=4x,$$

由 $\frac{dy}{\sqrt{y}}=2d(\sqrt{y})$，方程化为

$$\frac{d(\sqrt{y})}{dx}-\frac{8}{x}\sqrt{y}=2x.$$

这是一个以 $\sqrt{y}$ 为变量的一阶线性微分方程，方程的通解为

$$\sqrt{y}=e^{-\int(-\frac{8}{x})dx}\left[\int 2xe^{\int(-\frac{8}{x})dx}dx+C\right]=x^8\left(\int 2x\frac{1}{x^8}dx+C\right)$$

$$=x^8\left(\int 2x^{-7}dx+C\right)=x^8\left(-\frac{1}{3}x^{-6}+C\right)=Cx^8-\frac{1}{3}x^2\text{（}C\text{ 为任意常数）}.$$

此例有更一般的情形是形如：$y'+P(x)y=Q(x)y^n$ $(n\neq 0,1)$ 的微分方程，称为伯努利方程. 我们可以通过变量的代换，把它化为一阶线性微分方程.

事实上，方程两边同除认 y^n，得

$$y^{-n}y'+P(x)y^{1-n}=Q(x),$$

$$\frac{1}{1-n}(y^{1-n})'+P(x)y^{1-n}=Q(x),$$

即

$$(y^{1-n})'+(1-n)P(x)y^{1-n}=(1-n)Q(x).$$

作变量代换 $u=y^{1-n}$，方程化为

$$u'+(1-n)P(x)u=(1-n)Q(x),$$

为函数 u 的一阶线性微分方程.

例 9 解微分方程：$\frac{dy}{dx}=\frac{1}{2xy+y^3}$.

解 原方程可以化为 $\frac{dx}{dy}=2xy+y^3$，即$\frac{dx}{dy}-2yx=y^3$，选 x 为因变量，方程为一阶线性微分方程，可用公式法求解之.

$$x=e^{-\int(-2y)dy}\left[\int y^3 e^{\int(-2y)dy}dy+C\right]=e^{y^2}\left(\int y^3 e^{-y^2}dy+C\right)$$

$$=e^{y^2}\left(\frac{1}{2}\int y^2 e^{-y^2}dy^2+C\right)=e^{y^2}\left[-\frac{1}{2}(y^2+1)e^{-y^2}+C\right]$$

$$=Ce^{y^2}-\frac{1}{2}(y^2+1)\text{（}C\text{为任意常数）}.$$

最后，我们通过例题介绍用常用的“凑微分”法求解一些较简单的一阶微分方程.

例 10 解微分方程：$\frac{dy}{dx}+\frac{y}{x}=4x^2$.

解 把原方程化为微分形式

$$xdy+ydx=4x^3dx\text{，即 }d(xy)=d(x^4),$$

其通解为 $xy=x^4+C$（C 为任意常数）.

此题当然可用一阶线性微分方程的公式法求解，但不如上面方法简单.

可以指出，一阶线性微分方程 $y'+P(x)y=Q(x)$ 一定可以用凑微分来求解，过程如下：

方程化为 $dy+P(x)ydx=Q(x)dx$，两边乘以 $e^{\int P(x)dx}$ 得

$$e^{\int P(x)dx}dy+P(x)ye^{\int P(x)dx}dx=Q(x)e^{\int P(x)dx}dx,$$

即
$$d\left[ye^{\int P(x)dx}\right]=Q(x)e^{\int P(x)dx}dx.$$

从而 $ye^{\int P(x)dx}=\int Q(x)e^{\int P(x)dx}dx+C$ 即为通解公式.

因此，伯努利方程也可用此方法求解，如下例所见.

例 11 解微分方程：$(x-y^2)dx+2xydy=0$.

解 原方程可以化为 $\frac{dy}{dx}=\frac{y^2-x}{2xy}=\frac{y}{2x}-\frac{1}{2y}$，是伯努利方程.

现在将方程化为
$$xdx-y^2dx+2xydy=0,$$

即
$$-xdx=xd(y^2)-y^2dx,$$

两边同除以 x^2 得 $-\frac{xdx}{x^2}=\frac{xd(y^2)-y^2dx}{x^2}$，即 $-\frac{dx}{x}=d\left(\frac{y^2}{x}\right)$，

积分得
$$-\ln x+\ln C=\frac{y^2}{x},$$

从而方程的解为 $e^{\frac{y^2}{x}}=\frac{C}{x}$（$C$ 为不为零的任意常数）.

一般地，对方程 $P(x,y)\mathrm{d}x+Q(x,y)\mathrm{d}y=0$，若存在二元函数 $u(x,y)$ 使 $\mathrm{d}u=P(x,y)\mathrm{d}x+Q(x,y)\mathrm{d}y$，则称 $P(x,y)\mathrm{d}x+Q(x,y)\mathrm{d}y=0$ 为全微分方程. 这时，方程的通解为 $u(x,y)=C$. 具体解法是通过观察法，有时可适当乘以某些因子，分组利用（凑）微分运算求解.

常用的凑微分形式如：

$$x\mathrm{d}y+y\mathrm{d}x=\mathrm{d}(xy),\ \frac{x\mathrm{d}y-y\mathrm{d}x}{x^2}=\mathrm{d}\left(\frac{y}{x}\right),\ \frac{y\mathrm{d}x-x\mathrm{d}y}{y^2}=\mathrm{d}\left(\frac{x}{y}\right),$$

$$(\mathrm{d}y+y\mathrm{d}x)e^x=\mathrm{d}(ye^x),\ (\mathrm{d}y-y\mathrm{d}x)e^{-x}=\mathrm{d}(ye^{-x}).$$

下面讨论一个应用实例作为数学模型的初步介绍.

例 12 如图 7-7 所示，甲、乙、丙、丁四条狗作为动点，开始分别位于如图所示的一个正方形的四个顶点 A,B,C,D，然后按顺时针方向依次头逐尾奔跑，甲向着乙，乙向着丙，丙向着丁，丁向着甲，假设它们同时以相同的速率运动，求四条狗运动的轨迹，并画出这运动轨迹的大致图形.

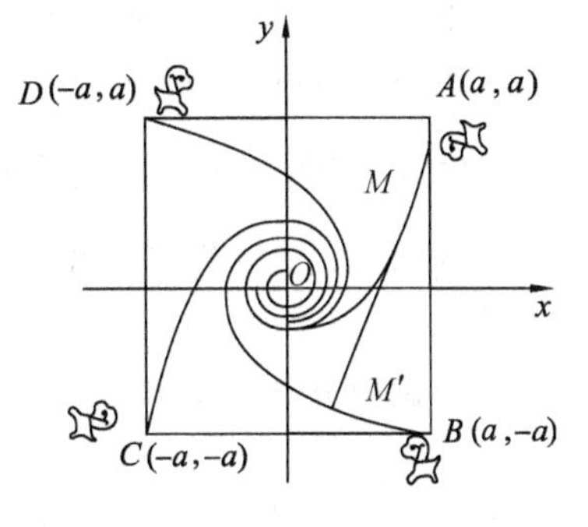

图 7-7

解 设甲运动轨迹为 L_1：$y=y(x)$，在该曲线上任取一点 $M(x,y)$. 根据问题的对称性，可知在同一时刻，乙的位置在轨迹 L_2 上的一点为 $M'(y,-x)$. 由于直线 MM' 的方向就是曲线 L_1 在 M 的切线方向. 因此，可得微分方程

$$\frac{\mathrm{d}y}{\mathrm{d}x}=\frac{-x-y}{y-x},\quad y|_{x=a}=a.$$

可以利用变量代换 $u=\frac{y}{x}$ 求解之.

这里给出另一种换元方法. 考虑到四条运动轨迹具有旋转对称性，利用极坐标变换 $x=\rho\cos\theta, y=\rho\sin\theta$ 化简原方程. 先将原方程变形为

$$(x-y)\mathrm{d}y=(x+y)\mathrm{d}x,$$

利用极坐标代入得

$$\rho(\cos\theta-\sin\theta)(\sin\theta\mathrm{d}\rho+\rho\cos\theta\mathrm{d}\theta)=\rho(\cos\theta+\sin\theta)(\cos\theta\mathrm{d}\rho-\rho\sin\theta\mathrm{d}\theta),$$

再化简得
$$\mathrm{d}\rho=\rho\mathrm{d}\theta,$$

分离变量积分得
$$\rho=Ce^{\theta},$$

由 $y|_{x=a}=a$，即 $\theta=\frac{\pi}{4}$，$\rho=\sqrt{2}a$，得

$$C=\sqrt{2}a\mathrm{e}^{-\frac{\pi}{4}},$$

故所求轨迹 L_1 为 $\rho=\sqrt{2}a\mathrm{e}^{\theta-\frac{\pi}{4}}$，是对数螺线. 而其他三条狗的运动轨迹可以表示为 $L_2:\rho=\sqrt{2}a\mathrm{e}^{\theta+\frac{\pi}{4}}$，$L_3:\rho=\sqrt{2}a\mathrm{e}^{\theta+\frac{3\pi}{4}}$，$L_4:\rho=\sqrt{2}a\mathrm{e}^{\theta+\frac{5\pi}{4}}$.

§7.3　二阶常系数线性微分方程

为方便讨论线性方程的解的结构，先给出函数组的线性相关性.

定义 1　设 $y_1(x),y_2(x),\cdots,y_n(x)$ 是定义在区间 I 上的 n 个函数，若存在一组不全为 0 的数 $k_1,k_2,\cdots,k_n$ 使 $k_1y_1(x)+k_2y_2(x)+\cdots+k_ny_n(x)=0$，则称函数组 $y_1(x),y_2(x),\cdots,y_n(x)$ 线性相关，否则称之为线性无关.

容易验证，对两个函数的情形只要 $\frac{y_1}{y_2}$ 不恒为常数，则 y_1,y_2 线性无关.

例如，$1,x,x^2$ 为三个线性无关的函数，$\sin x,\cos x$ 线性无关，$\mathrm{e}^x,\mathrm{e}^{-x}$ 也线性无关.

考虑微分方程形如：

$$y''+py'+qy=f(x), \tag{A}$$

其中 p,q 为常数，$f(x)$ 为已知函数. 一般 $f(x)$ 不恒等于零，称为非齐次项.

若 $f(x)\equiv 0$，方程形如

$$y''+py'+qy=0, \tag{B}$$

则称(A)为二阶常系数线性非齐次微分方程，(B)为对应的二阶常系数线性齐次微分方程.

这里线性含义是指满足(B)的未知函数 y 及其导数 y'，y'' 三个函数是线性相关的.

显然有解的结构性质如下，其中 C_1,C_2 是任意常数：

(1) 若 y_1,y_2 都是(A)的解，则 y_1-y_2 是(B)的解；

(2) 若 y_1,y_2 是(B)的线性无关的解，则 $Y=C_1y_1+C_2y_2$ 是(B)的通解；

(3) 设 y^* 是(A)的特解，Y 是(B)的通解，则 $y=Y+y^*$ 是(A)的通解.

例 1　已知 $y(x)=\mathrm{e}^{2x}$ 是 $y''-4y'+4y=0$ 的一个解，求 $y''-4y'+4y=\mathrm{e}^x$ 的通解.

解 显然 $y(x)=Ce^{2x}$(C 是任意常数)也是 $y''-4y'+4y=0$ 的解,用常数变易法.

设 $y=u(x)e^{2x}$ 为 $y''-4y'+4y=e^x$ 的通解,则 $y'=(u'+2u)e^{2x}$,$y''=(u''+4u'+4u)e^{2x}$,代入得 $u''e^{2x}=e^x$,即

$$u''=e^{-x},u'=-e^{-x}+C_1,u=e^{-x}+C_1x+C_2,$$

则 $y''-4y'+4y=e^x$ 的通解为

$$y=(e^{-x}+C_1x+C_2)e^{2x}=e^x+(C_1x+C_2)e^{2x}.$$

其实这里 $(C_1x+C_2)e^{2x}$ 即为 $y''-4y'+4y=0$ 的通解,e^x 是 $y''-4y'+4y=e^x$ 的特解.同时还找到了 $y''-4y'+4y=0$ 的另一个与 e^{2x} 线性无关的解 xe^{2x}.

1. 二阶常系数齐次线性微分方程

下面来讨论齐次线性微分方程(B)的一般解法.

由 $y''+py'+qy=0$,可设未知函数 $y=e^{rx}$,是求导不变类型的.

为了确定常数 r,把 $y=e^{rx}$ 代入(B)得 $(r^2+pr+q)e^{rx}=0$,只要 r 满足方程 $r^2+pr+q=0$,则 $y=e^{rx}$ 就是微分方程(B)的解.

方程 $r^2+pr+q=0$ 称为 $y''+py'+qy=0$ 的特征方程,是一元二次代数方程,其解称为特征根,即 $r_{1,2}=\frac{1}{2}(-p\pm\sqrt{p^2-4q})$.

下面讨论特征方程的根与微分方程的通解的关系:

① 特征方程 $r^2+pr+q=0$ 有两个不同实根 $r_1\neq r_2$,方程(B)有两个不同的解 e^{r_1x},e^{r_2x},而 e^{r_1x},e^{r_2x} 是线性无关的,所以此时微分方程 $y''+py'+qy=0$ 的通解为

$$y=C_1e^{r_1x}+C_2e^{r_2x}(C_1,C_2\text{ 为任意常数}).$$

② 特征方程 $r^2+pr+q=0$ 有两个相同实根 $r_1=r_2$,方程(B)有两个线性无关解 e^{r_1},xe^{r_1},此时微分方程 $y''+py'+qy=0$ 的通解为

$$y=(C_1+C_2x)e^{r_1x}.$$

③ 特征方程 $r^2+pr+q=0$ 有一对共轭复根 $r_{1,2}=\alpha\pm i\beta$,方程有两个不同的复值解 $e^{(\alpha\pm i\beta)x}$.

对 $y=C_1e^{r_1x}+C_2e^{r_2x}$ 先取常数 $C_1=C_2=\frac{1}{2}$,则 $\frac{1}{2}[e^{(\alpha+i\beta)x}+e^{(\alpha-i\beta)x}]=e^{\alpha x}\cos\beta x$ 也是方程(B)的解.

再取常数 $C_1=\frac{1}{2i}$,$C_2=-\frac{1}{2i}$,则 $\frac{1}{2i}[e^{(\alpha+i\beta)x}-e^{(\alpha-i\beta)x}]=e^{\alpha x}\sin\beta x$ 也是方程(B)的解.

从而微分方程 $y''+py'+qy=0$ 的通解为

$$y=e^{\alpha x}(C_1\cos\beta x+C_2\sin\beta x).$$

例 2 解下列齐次微分方程：

(1) $y''-3y'-4y=0$； (2) $y''+4y'+4y=0$； (3) $y''+2y'+5y=0$.

解 (1) 微分方程对应的特征方程为 $r^2-3r-4=0$，解之得 $r_1=-1, r_2=4$.

故原方程的通解为 $y=C_1e^{-x}+C_2e^{4x}$.

(2) 微分方程对应的特征方程为 $r^2+4r+4=0$，解之得 $r_1=r_2=-2$.

故原方程的通解为 $y=(C_1x+C_2)e^{-2x}$.

(3) 微分方程对应的特征方程为 $r^2+2r+5=0$，解之得 $r_{1,2}=-1\pm 2i$.

故原方程的通解为 $y=e^{-x}(C_1\cos 2x+C_2\sin 2x)$.

特征方程解法可以推广至高阶情形.

对常系数齐次线性微分方程

$$y^{(n)}+a_1y^{(n-1)}+a_2y^{(n-2)}+\cdots+a_{n-1}y'+a_ny=0,$$

考虑特征方程 $r^n+a_1r^{n-1}+\cdots+a_{n-1}r+a_n=0$，其特征根与方程的解也有类似二阶情形的关系. 以下仅举例说明高阶常系数齐次微分方程的解法.

例 3 解下列齐次微分方程：

(1) $y'''+3y''-4y'=0$； (2) $y^{(4)}-y=0$.

解 (1) 方法一：令 $u=y'$，降阶为二阶常系数齐次线性微分方程 $u''+3u'-4u=0$，特征方程为 $r^2+3r-4=0$，解之得 $r_1=1, r_2=-4$，$u=\bar{C}_1e^x+\bar{C}_2e^{-4x}$，再积分，得原方程的通解为 $y=C_1e^x+C_2e^{-4x}+C_3$.

方法二：直接利用高阶常系数齐次线性微分方程的特征方程 $r^3+3r^2-4r=0$，解之得 $r_1=1, r_2=-4, r_3=0$，原方程的通解为 $y=C_1e^x+C_2e^{-4x}+C_3$.

(2) 利用高阶常系数齐次线性微分方程的特征方程 $r^4-1=0$，解之得 $r_1=1, r_2=-1, r_{3,4}=\pm i$，原方程的通解为

$$y=C_1e^x+C_2e^{-x}+C_3\cos x+C_4\sin x.$$

2. 二阶常系数非齐次线性微分方程

由解的结构知，非齐次微分方程的通解为对应齐次微分方程的通解和非齐次微分方程的一个特解之和.

按例 1 情形了解到，在求得齐次方程的通解后，可求得非齐次微分方程的通解. 下面介绍对一般非齐次项函数 $f(x)$，可用待定系数法求得特解.

设对应齐次方程的通解为 $y=C_1y_1+C_2y_2$，其中 y_1, y_2 为对应齐次方程的线性无关的两个解. 将函数 u_1, u_2 替换常数 C_1, C_2，即非齐次微分方程的解为 $y=u_1y_1+u_2y_2$，求导得

$$y'=u_1'y_1+u_1y_1'+u_2'y_2+u_2y_2',$$
$$y''=u_1''y_1+2u_1'y_1'+u_1y_1''+u_2''y_2+2u_2'y_2'+u_2y_2''.$$

代入非齐次微分方程 $y''+py'+qy=f(x)$，化简得

$$u_1\underline{(y_1''+py_1'+qy_1)}+u_2\underline{(y_2''+py_2'+qy_2)}+$$
$$p(u_1'y_1+u_2'y_2)+(u_1'y_1+u_2'y_2)'+(u_1'y_1'+u_2'y_2')=f(x).$$

因 y_1,y_2 是齐次微分方程 $y''+py'+qy=0$ 的解，故

$$\underline{y_1''+py_1'+qy_1=0},\underline{y_2''+py_2'+qy_2=0}.$$

并设 $u_1'y_1+u_2'y_2=0$. 我们选取 u_1,u_2 满足方程组

$$\begin{cases}u_1'y_1+u_2'y_2=0,\\ u_1'y_1'+u_2'y_2'=f(x),\end{cases}$$

系数行列式记为

$$W(x)=\begin{vmatrix}y_1 & y_2\\ y_1' & y_2'\end{vmatrix}=y_1y_2'-y_1'y_2\neq 0,$$

称为伏朗斯基行列式(Wronski). 解之得

$$u_1'=\frac{\begin{vmatrix}0 & y_2\\ f & y_2\end{vmatrix}}{W(x)}=-\frac{y_2f}{W},u_2'=\frac{\begin{vmatrix}y_1 & 0\\ y_1' & f\end{vmatrix}}{W(x)}=\frac{y_1f}{W},$$

则 $\qquad u_1=-\int\frac{y_2f}{W}\mathrm{d}x+C_1,u_2=\int\frac{y_1f}{W}\mathrm{d}x+C_2$ (C_1,C_2 为任意常数).

所以二阶非齐次微分方程的通解公式为

$$y=u_1y_1+u_2y_2=-y_1\int\frac{y_2f}{W}\mathrm{d}x+y_2\int\frac{y_1f}{W}\mathrm{d}x+C_1y_1+C_2y_2,$$

其中 C_1,C_2 为任意常数.

例 4 解下列非齐次微分方程：

(1) $y''-3y'+2y=x\mathrm{e}^x$； (2) $y''+y=\tan x$.

解 (1) 对应线性齐次方程 $y''-3y'+2y=0$ 的特征根为 $r_1=1,r_2=2$，有解 $y_1=\mathrm{e}^x,y_2=\mathrm{e}^{2x}$，则

$$W=\begin{vmatrix}\mathrm{e}^x & \mathrm{e}^{2x}\\ \mathrm{e}^x & 2\mathrm{e}^{2x}\end{vmatrix}=\mathrm{e}^x\mathrm{e}^{2x}=\mathrm{e}^{3x}\neq 0,$$

故原方程的解为

$$y=-\mathrm{e}^x\int\frac{\mathrm{e}^{2x}x\mathrm{e}^x}{\mathrm{e}^{3x}}\mathrm{d}x+\mathrm{e}^{2x}\int\frac{\mathrm{e}^xx\mathrm{e}^x}{\mathrm{e}^{3x}}\mathrm{d}x+C_1\mathrm{e}^x+C_2\mathrm{e}^{2x}$$
$$=-\mathrm{e}^x\int x\mathrm{d}x+\mathrm{e}^{2x}\int x\mathrm{e}^{-x}\mathrm{d}x+C_1\mathrm{e}^x+C_2\mathrm{e}^{2x}$$

$$=-\frac{1}{2}x^2\mathrm{e}^x-(x+1)\mathrm{e}^{-x}\mathrm{e}^{2x}+C_1\mathrm{e}^x+C_2\mathrm{e}^{2x},$$

即 $y=\bar{C}_1\mathrm{e}^x+C_2\mathrm{e}^{2x}-x\left(1+\frac{1}{2}x\right)\mathrm{e}^x$，这里 $\bar{C}_1,C_2$ 为任意常数.

(2) 对应线性齐次方程 $y''+y=0$ 的特征根为 $r_1=r_2=\pm\mathrm{i}$，有解 $y_1=\cos x$，$y_2=\sin x$，则

$$W=\begin{vmatrix}\cos x & \sin x\\ -\sin x & \cos x\end{vmatrix}=1\neq 0,$$

故原方程的解为

$$\begin{aligned}y&=-\cos x\int\sin x\tan x\,\mathrm{d}x+\sin x\int\cos x\tan x\,\mathrm{d}x+C_1\cos x+C_2\sin x\\&=\sin x\cos x-\cos x\ln|\sec x+\tan x|-\sin x\cos x+C_1\cos x+C_2\sin x\\&=-\cos x\ln|\sec x+\tan x|+C_1\cos x+C_2\sin x,\end{aligned}$$

这里 C_1,C_2 为任意常数.

下面对两类非齐次项函数 $f(x)$ 给出非齐次方程特解的形式.

(1) 设 $f(x)=P_n(x)\mathrm{e}^{\lambda x}$，其中 $P_n(x)$ 是已知的 n 次多项式，λ 为常数.

可设特解为 $y^*=x^kQ_n(x)\mathrm{e}^{\lambda x}$，其中 $Q_n(x)$ 为待定多项式，$k=0,1,2$ 按 λ 不是特征根，λ 是特征单根，λ 是特征重根三种情形分别取值.

(2) 设 $f(x)=P_m(x)\mathrm{e}^{\alpha x}\cos\beta x+P_l(x)\mathrm{e}^{\alpha x}\sin\beta x$，其中 $P_m(x)$，$P_l(x)$ 分别为 m,l 次多项式.

可设特解为 $y^*=x^k[A_n(x)\mathrm{e}^{\alpha x}\cos\beta x+B_n(x)\mathrm{e}^{\alpha x}\sin\beta x]$

$$=[A_n(x)\cos\beta x+B_n(x)\sin\beta x]x\mathrm{e}^{\alpha x},$$

其中 $k=0,1$ 按 $\lambda=\alpha\pm\mathrm{i}\beta$ 不是 $r^2+pr+q=0$ 的特征根，是 $r^2+pr+q=0$ 的特征根两种情形分别取值. 而 $A_n(x)$，$B_n(x)$ 是待定 n 次多项式，其中 $n=\max\{m,l\}$.

例 5 写出下列非齐次微分方程的特解形式，试用待定系数法求解：

(1) $y''-4y'+4y=\mathrm{e}^x$； (2) $y''+y=x\cos 2x$.

解 (1) 对应线性齐次方程 $y''-4y'+4y=0$ 的特征根为 $r_1=r_2=2$.

非齐次项 $f(x)=\mathrm{e}^x$，$\lambda=1$ 不是特征根，$y^*=a\mathrm{e}^x$ 为特解形式，代入得 $a=1$.

方程的通解为 $y=(C_1+C_2x)\mathrm{e}^{2x}+\mathrm{e}^x$.

(2) 对应线性齐次方程 $y''+y=0$ 的特征根为 $r_{1,2}=\pm 1$.

非齐次项 $f(x)=x\cos 2x$，对应 $\lambda=0\pm 2\mathrm{i}$ 不是特征根.

设 $y^*=(ax+b)\cos 2x+(cx+d)\sin 2x$ 为特解，代入得

$$a=-\frac{1}{3},b=c=0,d=\frac{4}{9},$$

故原方程的通解为 $y=(C_1\cos x+C_2\sin x)-\frac{1}{3}x\cos 2x+\frac{4}{9}\sin 2x$.

例 6(弹簧振动问题) 有一长度为 L 的弹簧,其上端固定在天花板上.如果下端挂一个质量为 m 的砝码,弹簧被拉长的距离长度为 d.现挂 5 个质量相同的砝码.假设其中两个砝码突然脱落,弹簧就从静止开始做上下振动.试以时刻 t 弹簧下端点离开天花板的距离 H 来表示其运动规律(图 7-8).

解 初始时刻,弹簧被拉长了 $5d$ 的距离长度,由胡克定律可知

$$5mg=k(5d),\ 求得\ k=\frac{mg}{d}.$$

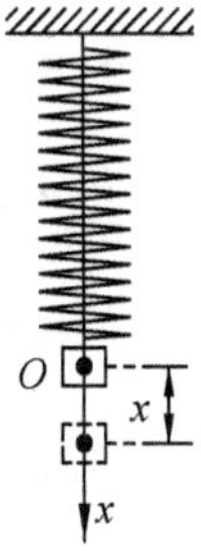

在只挂 3 个砝码时,弹簧下端点的平衡位置应在距天花板的 $L+3d$ 处,于是取此平衡位置为坐标原点 O,铅直向下为 x 轴.x 为弹簧下端离开原点的位移,则 $H=x+3d$.

图 7-8

由牛顿第二运动定律,可得

$$3m\frac{\mathrm{d}^2x}{\mathrm{d}t^2}=-kx,$$

将 $k=\frac{mg}{d}$ 代入,化简后得

$$\frac{\mathrm{d}^2x}{\mathrm{d}t^2}+\frac{g}{3d}x=0.$$

设 $a=\sqrt{\frac{g}{3d}}$,方程表示为 $\frac{\mathrm{d}^2x}{\mathrm{d}t^2}+a^2x=0$,是一个常系数线性齐次微分方程,其通解为

$$x=C_1\cos at+C_2\sin at.$$

根据题意,可得初始条件为 $x(0)=2d,x'(0)=0$.

可确定 $C_1=2d,C_2=0$,于是方程的特解为 $x=2d\cos at$.

所以时刻 t 弹簧下端点离开天花板的距离

$$H=2d\cos at+3d,其中\ a=\sqrt{\frac{g}{3d}}.$$

§7.4 可降阶的高阶微分方程

通常采用降阶的方法来求解二阶或二阶以上的微分方程,即所谓的高阶微分方程.二阶微分方程的形式为 $y''=f(x,y,y')$.这里考虑几个特殊的形式.

方程中右端项不含 y,y',仅是 x 的函数,即 $y''=f(x)$,求解只需连续积分两

次，通过积分降阶，积分两次即可得到通解.类似可求解 $y'''=f(x)$ 等高阶情形.

以下就讨论另两种情形，即右端项不显含 y 或右端项不显含 x 的特殊情形.

(1) 右端不显含未知函数 y，即 $y''=f(x, y')$形式.

设 $y'=p$，则 $y''=p'$，于是原方程化为 $p'=f(x, p)$，即原方程降为以 p 为未知函数，x 为自变量的一阶微分方程.

按一阶微分方程的解法可求得 $p=\varphi(x,C_1)$，再把 $p=y'$代回得 $y'=\varphi(x,C_1)$.这又是一个一阶微分方程，积分即可得到通解.

(2) 右端不显含 x，即 $y''=f(y, y')$形式.

y''是 y 与 y'的函数，故可以认为 y' 也是 y 的函数.

由 $y''=\frac{d^2y}{dx^2}=\frac{dy'}{dx}=\frac{dy'}{dy}\frac{dy}{dx}=y'\frac{dy'}{dy}$，方程为 $y'\frac{dy'}{dy}=f(y,y')$.

通过变量替换 $y'=p$ 降阶为 $p\frac{dp}{dy}=f(y,p)$，可求解为 $p=\psi(y,C_1)$，再把 $p=y'$代回得 $y'=\psi(y,C_1)$，为一阶微分方程，积分即可得到通解.

其实，虽然理论上降阶法是可行的，但由于积分的困难性不便求通解，应用模型中往往联系初值问题的一些初始条件来确定中间过程的任意常数，求解也变得容易且有实际意义.

例 1 求解微分方程：$x^2y''+xy'=1$.

解 方程中不显含未知函数 y，可设 $p=y'$，则 $y''=p'$，于是原方程化为

$$x^2p'+xp=1.$$

整理得
$$xp'+p=\frac{1}{x},\ d(xp)=\frac{1}{x}dx,$$

则
$$xp=\ln x+C_1,\ p=\frac{1}{x}\ln x+\frac{1}{x}C_1,$$

从而
$$y=\int\left(\frac{1}{x}\ln x+\frac{1}{x}C_1\right)=\ln|\ln x|+C_1\ln x+C_2.$$

例 2 求微分方程：$\begin{cases}(1-x^2)y''-xy'=0,\\ y(0)=0,\ y'(0)=1\end{cases}$ 的解.

解 与上例类似，设 $p=y'$，则 $y''=p'$，于是原方程化为

$$(1-x^2)p'-xp=0,$$

整理得
$$\frac{1}{p}dp=\frac{x}{1-x^2}dx,$$

两边积分得
$$\ln p=-\frac{1}{2}\ln|1-x^2|+\ln C,$$

则
$$p^2|1-x^2|=C.$$

由 $p(0)=y'(0)=1$ 得 $C=1$，则 $p=\dfrac{1}{\sqrt{|1-x^2|}}$，考虑 $-1<x<1$，$p=\dfrac{1}{\sqrt{1-x^2}}$，从而得所求解为 $y=\int_0^x \dfrac{1}{\sqrt{1-x^2}}\mathrm{d}x=\arcsin x$.

例 3 解微分方程：$y''=\dfrac{2y-1}{y^2+1}y'^2$.

解 方程中不显含自变量 x，可设 $y'=p(y)$，则 $y''=p\dfrac{\mathrm{d}p}{\mathrm{d}y}$，代入原方程得

$$p\frac{\mathrm{d}p}{\mathrm{d}y}=\frac{2y-1}{y^2+1}p^2,$$

整理得

$$\frac{\mathrm{d}p}{p}=\frac{2y-1}{y^2+1}\mathrm{d}y,$$

两边积分得

$$\ln p=\ln(y^2+1)-\arctan y+\ln C_1,$$

$$p=C_1(y^2+1)\mathrm{e}^{\arctan y},$$

从而原方程化为

$$\frac{\mathrm{d}y}{\mathrm{d}x}=C_1(y^2+1)\mathrm{e}^{\arctan y},$$

即

$$\frac{\mathrm{e}^{-\arctan y}\mathrm{d}y}{y^2+1}=C_1\mathrm{d}x,$$

于是 $-\mathrm{e}^{-\arctan y}=C_1x+C_2$ 为所求微分方程的通解.

上述几类微分方程的解法都是变量替换使之降阶.

例 4（追线问题） 某快艇以 $2v$ (km/h)的速度追赶正东方 L (km)处的一艘船，此船以 v (km/h)的速度向正北方逃窜. 问经过多少时间，快艇能追上此船？

解 以快艇初始位置为原点 O，正东方为 x 轴正向，建立坐标系(图 7-9).

船从 $A(L,0)$ 开始，向正北方运动，设快艇追赶的运动轨迹是曲线 $y=y(x)$.

在时刻 t，快艇位置为 $P(x,y)$，而船的位置变化为 $Q(L,vt)$，由距离与速度的关系，建立关系式如下：

$$\begin{cases} y'=\dfrac{vt-y}{L-x}, \\ \displaystyle\int_0^x \sqrt{1+(y')^2}\,\mathrm{d}x=2vt, \end{cases}$$

消去 t，得到 $\displaystyle\int_0^x \sqrt{1+(y')^2}\,\mathrm{d}x=2[y+(L-x)y']$，

两边对 x 求导，得 $\sqrt{1+(y')^2}=2(L-x)y''$.

这是一个可降阶的二阶微分方程，其初始条件为 $y(0)=0$，$y'(0)=0$，

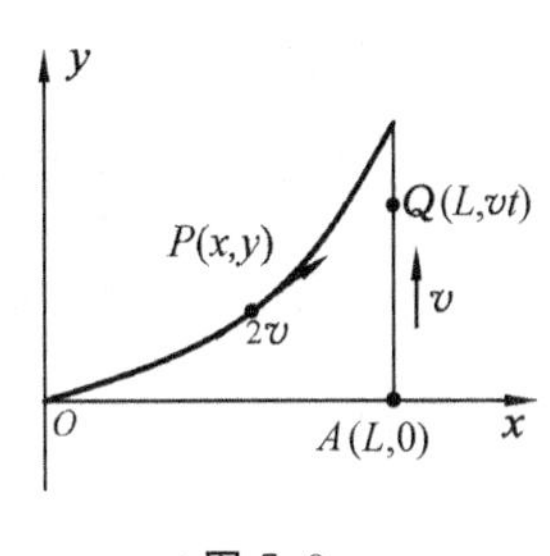

图 7-9

下面求解此微分方程.

以 $p=y'$ 为未知函数，x 仍然是自变量，则 $y''=p'$，方程可化为

$$\frac{\mathrm{d}p}{\sqrt{1+p^2}}=\frac{\mathrm{d}x}{2(L-x)},$$

积分得 $$\ln(p+\sqrt{1+p^2})=\ln C_1-\frac{1}{2}\ln(L-x),$$

代入初始条件 $p(0)=y'(0)=0$，得 $C_1=\sqrt{L}$，即得

$$\ln(p+\sqrt{1+p^2})=\ln\sqrt{\frac{L}{L-x}},$$

解得 $$p=y'=\frac{1}{2}\left(\sqrt{\frac{L}{L-x}}-\sqrt{\frac{L-x}{L}}\right),$$

再次积分得 $$y=-\sqrt{L(L-x)}+\frac{1}{3\sqrt{L}}(L-x)^{\frac{3}{2}}+C_2,$$

代入初始条件 $y(0)=0$，得 $C_2=\frac{2}{3}L$，即

$$y=-\sqrt{L(L-x)}+\frac{1}{3\sqrt{L}}(L-x)^{\frac{3}{2}}+\frac{2}{3}L.$$

上式中令 $x=L$，则 $y=\frac{2}{3}L$，说明当船到 $\left(L,\frac{2}{3}L\right)$ 处时，快艇能追到，这时 $t=\frac{2L}{3v}$(h).

习 题 七

1. 验证 $y=\mathrm{e}^{-\frac{1}{2}x^2}$ 是微分方程 $y'=|xy|\,(x<0)$ 的满足初始条件 $y|_{x=-\sqrt{2}}=\frac{1}{4}$ 的解.

2. 求给定的曲线族满足的微分方程(其中 C,C_1,C_2 为任意常数)：

(1) $y=\mathrm{e}^{Cx}$；　(2) $x^2+y^2=Cx$；　(3) $y=(C_1x+C_2)\mathrm{e}^x$.

3. 已知 $y=\frac{x}{\ln x}$ 是微分方程 $y'=\frac{y}{x}+\varphi\left(\frac{x}{y}\right)$ 的解，求 $\varphi\left(\frac{x}{y}\right)$ 的表达式.

4. 利用分离变量法解下列微分方程：

(1) $y'=10^{x+y}$；　(2) $y'=\sqrt{\frac{1-y^2}{1-x^2}}$；

(3) $(y+1)^2\frac{\mathrm{d}y}{\mathrm{d}x}+x^3=0$；　(4) $y'\sin x=y\ln y$，$y|_{x=\frac{\pi}{2}}=\mathrm{e}$.

5. 求解下列一阶线性微分方程：

(1) $y'+y=e^{-x}$；　　(2) $y'-y\tan x=\sec x, y|_{x=0}=0$；

(3) $xy'+y=x^2+3x+2$；　　(4) $\frac{dy}{dx}+\frac{y}{x}=\frac{\sin x}{x}$, $y|_{x=\pi}=1$；

(5) $2ydx+(y^2-6x)dy=0$.

6. 用适当的变量代换将下列方程化简，然后求出通解：

(1) $(x^3+y^3)dx-3xy^2dy=0$；　　(2) $\frac{dy}{dx}=\frac{1}{x-y}+1$；

(3) $y'=(x+y)^2$；　　(4) $xy'+y=y(\ln x+\ln y)$；

(5) $\frac{dy}{dx}+y=y^2(\cos x-\sin x)$；　　(6) $y(xy+1)dx+x(1+xy+x^2y^2)dy=0$.

7. 求下列微分方程满足初始条件 $y|_{x=0}=0$ 的特解：

(1) $y'-3y=e^{2x}, y|_{x=0}=0$；　　(2) $(y^2-3x^2)dy+2xydx=0$.

8. 求出 $y'\sin x+y\cos x=1$ 在区间 $(0,\pi)$ 上的通解，并找出其中当 $x\to 0$ 和 $x\to\pi$ 时具有有限极限的两个特解.

9. 已知曲线通过原点，且曲线上点 (x,y) 处切线的斜率等于 $2x+y$，求此曲线方程.

10. 求下列微分方程的通解：

(1) $(x-y)dx+xdy=0$；　　(2) $y'=\frac{x}{y}+\frac{y}{x}$；

(3) $(y^4-3x^2)dy+xydx=0$；　　(4) $(y+1)\frac{dy}{dx}+x(y^2+2y)=x$；

(5) $(x\cos y+\cos x)y'-y\sin x+\sin y=0$；

(6) $y'-y=xy^5$；　　(7) $y'-3xy=xy^2$；

(8) $y''=y'+x$.

11. 已知 $t, t\ln t$ 是微分方程 $x''-\frac{1}{t}x'+\frac{1}{t^2}x=0$ 的解，求其通解 $x(t)$.

12. 若某个二阶常系数线性齐次微分方程的通解为 $y=(C_1+C_2x)e^x$，其中 C_1, C_2 为独立的任意常数，求该方程的形式.

13. 求解下列二阶常系数齐次线性微分方程：

(1) $y''+4y'=0$；　　(2) $y''-4y=0$；

(3) $y''-2y'+2y=0$；　　(4) $y''-2y'-3y=0$；

(5) $y''-4y'+3y=0, y|_{x=0}=1, y'|_{x=0}=2$；

(6) $y''+25y=0, y|_{x=3}=-1, y'|_{x=2}=0$.

14. 方程 $y''+9y=0$ 的一条积分曲线通过点 $M(\pi,-1)$，且在该点和直线 $y+1=x-\pi$ 相切，求这条曲线.

15. 求解下列二阶常系数非齐次线性微分方程：

(1) $y''-y'=x$；　　(2) $y''-5y'+4y=x^2-2x+1$；

(3) $y''+4y=e^{-2x}$；　　(4) $y''+y'-2y=e^x+e^{2x}$；

(5) $y''-3y'=2e^{2x}\sin x$　　(6) $y''+y=\sin x$；

(7) $y''-y'=2(1-x)$，$y|_{x=0}=1$，$y'|_{x=0}=1$；

(8) $y''+y+\sin 2x=0$，$y|_{x=\pi}=y'|_{x=\pi}=1$.

16. 求微分方程 $y''-2y'-ky=x^2-3x+4$ 的通解，其中常数 $k\geqslant -1$.

17. 求解下列可降阶的微分方程：

(1) $y''=2x-\cos x$；　　(2) $y''=y'+x$；

(3) $xy''+y'=0$；

(4) $y''(x^2+1)=2xy'$，$y|_{x=0}=0$，$y'|_{x=0}=3$；

(5) $y''=1+(y')^2$；　　(6) $yy''-(y')^2=0$；

(7) $y''=e^{2y}$，$y|_{x=0}=y'|_{x=0}=0$.

18. 试解微分方程 $y''-xy'-y=0$ 满足初始条件 $y|_{x=0}=1y'|_{x=0}=0$ 的解.

19. 试求微分方程 $y'''-y'=\cos x$ 的通解.

习题课

内容小结

(1) 微分方程及其阶、解、通解、特解和初值问题的概念.

(2) 一阶微分方程的可分离变量型、一阶线性微分方程求解方法，灵活运用变量代换法、凑微分法、常数变易法与公式法.

(3) 线性微分方程解的结构，二阶常系数线性齐次微分方程的特征根法，二阶常系数线性非齐次微分方程的通解公式与待定系数法.

(4) 可降阶求解的高阶微分方程降阶法.

(5) 微分方程的若干应用.

典型例题

例 1　解下列微分方程：

(1) 求一阶微分方程 $y'=e^{2x-y}$ 满足 $y(0)=0$ 的特解；

(2) 求一阶微分方程 $xy'+y=\sin x$ 满足 $y(\pi)=0$ 的特解.

解　(1) 微分方程变为 $e^y dy=e^{2x}dx$，两边积分得方程的通解为

$$e^y=\frac{1}{2}e^{2x}+C.$$

由条件 $y(0)=0$ 得 $C=\frac{1}{2}$，故微分方程的特解为 $e^y=\frac{1}{2}e^{2x}+\frac{1}{2}$.

(2) 方法一：由一阶线性微分方程的通解公式得

$$y=e^{-\int\frac{1}{x}dx}\left(\int\frac{\sin x}{x}e^{\int\frac{1}{x}dx}dx+C\right)=\frac{1}{x}(-\cos x+C).$$

方法二：由微分方程可得 $d(xy)=\sin x dx$，两边积分得 $xy=-\cos x+C$，则方程的通解为 $xy=-\cos x+C$.

再由条件 $y(\pi)=0$ 得 $C=-1$，故微分方程的特解为 $y=\frac{1}{x}(-\cos x-1)$.

例 2 解微分方程：$(x-1-y^2)dy=ydx$.

解 原方程化为 $xdy-(1+y^2)dy=ydx$，即 $xdx-ydx=(1+y^2)dy$.

两边同除以 y^2 得 $\frac{xdy-ydx}{y^2}=\frac{(1+y^2)}{y^2}dy$，即 $-d\left(\frac{x}{y}\right)=\left(\frac{1}{y^2}+1\right)dy$.

积分得 $-\frac{x}{y}=-\frac{1}{y}+y+C$，即 $1-y^2-x=Cy$ 为所求方程的通解.

例 3 解微分方程：$\left(x+y\cos\frac{y}{x}\right)dx-x\cos\frac{y}{x}dy=0$.

解 原方程化为 $\frac{dy}{dx}=\frac{x+y\cos\frac{y}{x}}{x\cos\frac{y}{x}}$，即 $\frac{dy}{dx}=\frac{1}{\cos\frac{y}{x}}+\frac{y}{x}$.

设 $y=ux$，方程化为 $x\frac{du}{dx}=\frac{1}{\cos u}$，即 $\cos u du=\frac{dx}{x}$.

方程的解为 $\sin u=\ln x+\ln C$，即 $e^{\sin\frac{y}{x}}=Cx$（其中 C 为任意常数）.

例 4 解微分方程：$(xy-y^2)dx-(x^2-2xy)dy=0$.

解 由原方程化简得 $\frac{dy}{dx}=\frac{xy-y^2}{x^2-2xy}$，即 $\frac{dy}{dx}=\frac{\frac{y}{x}-\left(\frac{y}{x}\right)^2}{1-2\left(\frac{y}{x}\right)}$.

令 $\frac{y}{x}=u$，即 $y=xu$，则 $y'=u+xu'$，得 $u+xu'=\frac{u-u^2}{1-2u}$.

化简得 $xu'=\frac{u-u^2}{1-2u}-u=\frac{u^2}{1-2u}$，分离变量得 $\frac{1-2u}{u^2}du=\frac{dx}{x}$.

两边积分得 $\int\frac{1-2u}{u^2}du=\int\frac{1}{x}dx$，即 $-\frac{1}{u}-2\ln u=\ln x-\ln C$.

也即$\frac{1}{u}+\ln u^2=\ln C-\ln x, u^2 e^{\frac{1}{u}}=\frac{C}{x}, xu^2 e^{\frac{1}{u}}=C$. 代入 $u=\frac{y}{x}$,得 $y^2 e^{\frac{x}{y}}=Cx$ (C 为任意常数)为所求方程的通解.

(注意:可能会丢失解,自行检查 $2y=x, x=0, y=0$ 是否为解)

例 5 解微分方程:$\frac{dy}{dx}=\frac{2x+y-4}{1-x-y}$.

解 令 $x=X-a, y=Y-b$,将原方程化简为

$$\frac{dy}{dx}=\frac{2x+y-4}{1-x-y}=\frac{2(X-a)+(Y-b)-4}{1-(X-a)-(Y-b)},$$

取 $2a+b+4=0, a+b+1=0$,即 $a=-3, b=2$,方程化为

$$\frac{dY}{dX}=\frac{2X+Y}{-X-Y}.$$

令 $Y=uX$,得

$$X\frac{du}{dX}=\frac{2+u}{-1-u}-u=-\frac{u^2+2u+2}{1+u},$$

分离变量得$\frac{1+u}{u^2+2u+2}du=-\frac{dX}{X}$,两边积分得

$$\frac{1}{2}\ln(u^2+2u+2)=-\ln X+\frac{1}{2}\ln C_1, \text{即}\left(\frac{Y}{X}\right)^2+2\frac{Y}{X}+2=C_1 e^{-X},$$

亦即 $\left(\frac{y+2}{x-3}\right)^2+2\frac{y+2}{x-3}+2=Ce^{-x}$($C$ 为任意常数).

例 6 求解微分方程的初值问题:$\begin{cases}(x\cos y+\sin 2y)y'=1,\\ y|_{x=1}=0.\end{cases}$

解 原方程化为$\frac{dx}{dy}-x\cos y=\sin 2y$,为一阶线性微分方程,对应 $y|_{x=1}=0$.

对$\frac{dx}{dy}-x\cos y=\sin 2y$ 利用公式求解得

$$x=e^{-\int(-\cos y)dy}\left[\int(\sin 2y)e^{\int(-\cos y)dy}dy+C\right]=e^{\sin y}\left(2\int \sin y e^{-\sin y}d\sin y+C\right)$$

$$=e^{\sin y}[C-2(1+\sin y)e^{-\sin y}]=Ce^{\sin y}-2(1+\sin y).$$

由 $y|_{x=1}=0$,得 $C=3$,故所求解为 $x=3e^{\sin y}-2(1+\sin y)$.

例 7 解微分方程:$(x+y+xy)dx-x(x+1)dy=0$.

解 方法一:将原方程化简得$\frac{dy}{dx}=\frac{x+(1+x)y}{x(x+1)}=\frac{1}{x+1}+\frac{1}{x}\cdot y$,即

$$\frac{dy}{dx}-\frac{1}{x}\cdot y=\frac{1}{x+1},$$

这是一阶线性微分方程,故方程的通解为

$$y=\mathrm{e}^{-\int(-\frac{1}{x})\mathrm{d}x}\left[\int\frac{1}{x+1}\mathrm{e}^{\int(-\frac{1}{x})\mathrm{d}x}\mathrm{d}x+C\right]$$

$$=x\left(\int\frac{1}{x+1}\frac{1}{x}\mathrm{d}x+C\right)=x\left(\ln\left|\frac{x}{x+1}\right|+C\right).$$

方法二:利用微分法.将原方程变形为

$$x\mathrm{d}x+(y\mathrm{d}x+xy\mathrm{d}x)-(x+1)x\mathrm{d}y=0,$$

即

$$x\mathrm{d}x=(1+x)(x\mathrm{d}y-y\mathrm{d}x),$$

两边同除以 $x^2(x+1)$,得

$$\frac{x\mathrm{d}x}{x^2(x+1)}=\frac{x\mathrm{d}y-y\mathrm{d}x}{x^2},$$

即

$$\frac{\mathrm{d}x}{(x+1)x}=\mathrm{d}\left(\frac{y}{x}\right),$$

两边积分得原方程的通解为

$$\frac{y}{x}=\int\frac{\mathrm{d}x}{(x+1)x}=\int\left(\frac{1}{x}-\frac{1}{x+1}\right)\mathrm{d}x=\ln\left|\frac{x}{x+1}\right|+C.$$

注意:此题若考虑 x 的变化范围,积分需加绝对值.

例 8 解下列微分方程:

(1) $y''+5y'+6y=3\mathrm{e}^{2x}$; (2) $y''-4y'+4y=\mathrm{e}^{2x}\sin5x$;

(3) $y''+2y'+y=4+\mathrm{e}^{-x}$.

解 (1) 原方程对应的齐次方程的特征方程为

$$r^2+5r+6=0,$$

解得特征根为 $r_1=-3$, $r_2=-2$.

故齐次微分方程的通解为 $y=C_1\mathrm{e}^{-3x}+C_2\mathrm{e}^{-2x}$(其中 C_1,C_2 为任意常数).

设原方程的一个特解为 $y^*=A\mathrm{e}^{2x}$,代入方程得 $20A\mathrm{e}^{2x}=3\mathrm{e}^{2x}$,$A=\frac{3}{20}$.

故原方程的通解为 $y=\frac{3}{20}\mathrm{e}^{2x}+C_1\mathrm{e}^{-3x}+C_2\mathrm{e}^{-2x}$(其中 C_1,C_2 为任意常数).

(2) 原方程对应的齐次方程的特征方程为

$$r^2-4r+4=0,$$

解得特征根为 $r_1=r_2=2$,故齐次微分方程的通解为

$$y=(C_1+C_2x)\mathrm{e}^{-2x}(\text{其中 } C_1,C_2 \text{ 为任意常数}).$$

设原方程的一个特解为 $y^*=\mathrm{e}^{2x}(A\cos5x+B\sin5x)$,代入方程得

$$A=0,\ B=-\frac{1}{25},$$

故微分方程的通解为

$$y=-\frac{1}{25}e^{2x}\sin 5x+(C_1+C_2x)e^{2x}（其中 C_1,C_2 为任意常数）.$$

(3) 原方程对应的齐次方程的特征方程为 $r^2+2r+1=0$.

解得特征根 $r_1=r_2=-1$.

故对应线性齐次方程 $y''+2y'+y=0$ 的两个特解是 $y_1=e^{-x}$, $y_2=xe^{-x}$.

计算 Wronski 行列式

$$W=\begin{vmatrix} y_1 & y_2 \\ y_1' & y_2' \end{vmatrix}=y_1y_2'-y_1'y_2=e^{-x}(1-x)e^{-x}-(-e^{-x})xe^{-x}=e^{-2x}.$$

对应非齐次项 $f(x)=4+e^x$，用二阶常系数线性非齐次微分方程的通解公式，得

$$\begin{aligned} y &= u_1y_1+u_2y_2=-y_1\int\frac{y_2f}{W}dx+y_2\int\frac{y_1f}{W}dx+C_1y_1+C_2y_2 \\ &=-e^{-x}\int\frac{xe^{-x}(4+e^x)}{e^{-2x}}dx+xe^{-x}\int\frac{e^{-x}(4+e^x)}{e^{-2x}}dx+(C_1+C_2x)e^{-x} \\ &=4+\frac{1}{2}e^{-x}+(C_1+C_2x)e^x. \end{aligned}$$

例 9 解下列微分方程：

(1) $yy''+y'^2=0$； (2) $y''-xy'-y=0, y|_{x=1}=1, y'|_{x=1}=1$.

解 (1) 方程不显含 x，令 $y'=\frac{dy}{dx}=p$，则 $y''=p\frac{dp}{dy}$，于是原方程可化为

$$y\frac{dp}{dy}p+p^2=0,$$

即 $y\frac{dp}{dy}+p=0$ 或 $p=0$. 由 $y\frac{dp}{dy}+p=0$ 解得 $py=C_1$（其中 C_1 为任意常数）.

由 $\frac{dy}{dx}y=C_1$ 解得 $\frac{1}{2}y^2=C_1x+C_2$（其中 C_1,C_2 为任意常数）.

(2) 原方程化为 $y''=xy'+y=(xy)'$，得 $y'=xy+C_1$.

代入 $y|_{x=1}=1, y'|_{x=1}=1$，得 $C_1=0$，所以 $y'=xy$，解得 $y=C_2e^{\frac{1}{2}x^2}$.

代入 $y|_{x=1}=1$，得 $C_2=e^{-\frac{1}{2}}$.

因此，所求解为 $y=e^{\frac{1}{2}(x^2-1)}$.

例 10 设二阶可微函数 $f(x)$ 满足：$\int_0^x(x+1-t)f'(t)dt=2x+e^x-f(x)$，求 $f(x)$.

解 将积分方程化为微分方程.

等式左边 $= x\int_0^x f'(t)\mathrm{d}t + \int_0^x (1-t)f'(t)\mathrm{d}t$,

两边求导,得

$$\int_0^x f'(t)\mathrm{d}t + xf'(x) + (1-x)f'(x) = 2 + \mathrm{e}^x - f'(x),$$

即 $\int_0^x f'(t)\mathrm{d}t + 2f'(x) = 2 + \mathrm{e}^x$,

再求导,得 $f'(x)+2f''(x)=\mathrm{e}^x$,即 $f''(x)+\frac{1}{2}f'(x)=\frac{1}{2}\mathrm{e}^x$.

记 $y=f(x)$. 解微分方程 $y''+\frac{1}{2}y'=\frac{1}{2}\mathrm{e}^x$,且 $y(0)=f(0)=1, y'(0)=f'(0)=\frac{3}{2}$.

齐次方程的特征根为 $r_1=0, r_2=-\frac{1}{2}$,非齐次项 $f(x)=\frac{1}{2}\mathrm{e}^x$,对应 $\lambda=1$,不是特征根. 设 $y^*=a\mathrm{e}^x$ 为特解,代入得 $a=\frac{1}{3}$,则所求方程的解为

$$y=C_1+C_2\mathrm{e}^{-\frac{1}{2}x}+\frac{1}{3}\mathrm{e}^x.$$

代入 $y(0)=1, y'(0)=\frac{3}{2}$,得

$$1=C_1+C_2+\frac{1}{3}, \frac{3}{2}=-\frac{1}{2}C_2+\frac{1}{3},$$

即 $C_1=3, C_2=-\frac{7}{3}$,从而 $f(x)=y=3-\frac{7}{3}\mathrm{e}^{-\frac{1}{2}x}+\frac{1}{3}\mathrm{e}^x$.

*__例 11__ 试解下列微分方程:

(1) $y=x\frac{\mathrm{d}y}{\mathrm{d}x}+\sqrt{1+\left(\frac{\mathrm{d}y}{\mathrm{d}x}\right)^2}$; (2) $\left(\frac{\mathrm{d}y}{\mathrm{d}x}\right)^2+2x\frac{\mathrm{d}y}{\mathrm{d}x}-y=0$.

分析 (1) 这是克莱洛方程,一般形式为 $y=xy'+\Phi(y')$, 其中 $\Phi(y')$ 为 y' 的已知函数. 解法如下:令 $y'=p$,原方程化为 $y=xp+\Phi(p)$,对 x 求导,就得解

$$p=p+x\frac{\mathrm{d}p}{\mathrm{d}x}+\Phi'(p)\frac{\mathrm{d}p}{\mathrm{d}x}, \text{即}[x+\Phi'(p)]\frac{\mathrm{d}p}{\mathrm{d}x}=0,$$

应有 $x+\Phi'(p)=0$ 或 $\frac{\mathrm{d}p}{\mathrm{d}x}=0$,即原方程化为两个微分方程,分别求解之.

由 $\frac{\mathrm{d}p}{\mathrm{d}x}=0$,得 $y'=p=C$,代入原方程,得 $y=Cx+\Phi(C)$ 为通解;

由 $x+\Phi'(p)=0$,与原方程 $y=xp+\Phi(p)$ 联立,再令参数 $t=p$ 可得 $\begin{cases} x=-\Phi'(t), \\ y=xt+\Phi(t) \end{cases}$ 为特解.

(2) 虽不是克莱洛方程，但上面令 $y'=p$，方程两边对 x 求导的方法可以试试.

解 (1) 令 $y'=p$，原方程化为 $y=xp+\sqrt{1+p^2}$.

有 $\Phi(p)=\sqrt{1+p^2}$，$\Phi'(p)=\dfrac{p}{\sqrt{1+p^2}}$.

因此，原方程的通解为 $y=Cx+\sqrt{1+C^2}$.

再从 $\begin{cases} y=Cx+\sqrt{1+C^2}, \\ x+\dfrac{C}{\sqrt{1+C^2}}=0 \end{cases}$ 中消去 C，得到特解 $y=\sqrt{1-x^2}$.

这种不能包含在通解中的解常称为奇解.

(2) 令 $\dfrac{dy}{dx}=p$，则 $y=2xp+p^2$，两边对 x 求导，得

$$p=2p+2x\frac{dp}{dx}+2p\frac{dp}{dx},$$

即 $\dfrac{dx}{dp}=-\dfrac{2}{p}x-2$，解之得 $x=-\dfrac{2}{3}p+Cp^{-2}$.

所以 $y=-\dfrac{1}{3}p^2+Cp^{-1}$，可知此方程没有奇解.

原方程的通解为 $\begin{cases} x=-\dfrac{2}{3}p+Cp^{-2}, \\ y=-\dfrac{1}{3}p^2+2Cp^{-1} \end{cases}$ (C 为任意常数，p 为参数).

复习题七

1. 选择题：

(1) 下列微分方程阶数最高的是 ( )

A. $y'y''-(y''')^3=\sin(x+y)$　　B. $xy''-5y'-y^5+6y=x^3$

C. $y''-6y=4x+2$　　D. $(y')^2-2yy'+x=0$

(2) 下列一阶微分方程为可分离变量的微分方程的是 ( )

A. $xy'+6y=x^3$　　B. $5y'=xye^{xy}$

C. $y'=xy+y$　　D. $y'-2y=\sin(x+y)$

(3) 微分方程 $y''+y=0$ 的通解为 ( )

A. $y=C_1e^x+C_2e^{2x}$　　B. $y=C_1e^{-x}+C_2e^{-2x}$

C. $y=C_1\sin x+C_2\cos x$　　D. $y=C_1\sin 2x+C_2\cos 2x$

(4) 微分方程 $y'-\dfrac{y}{x}=0$ 的通解为　　(　　)

A. $\dfrac{1}{y}=\dfrac{1}{x}+C$　　B. $y=Cx$

C. $y=x+C$　　D. $\ln y=\ln x$

(5) 微分方程 $y''+2y'+y=\mathrm{e}^{-x}\cos x$ 的特解应设为　　(　　)

A. $y=x\mathrm{e}^{-x}(C_1\cos x+C_2\sin x)$　　B. $y=x^2\mathrm{e}^{-x}(C_1\cos x+C_2\sin x)$

C. $y=C\mathrm{e}^{-x}\cos 2x$　　D. $y=\mathrm{e}^{-x}(C_1\cos x+C_2\sin x)$

2. 填空题：

(1) 一阶线性微分方程 $y'+p(x)y=q(x)$的通解公式为____________.

(2) 二阶线性微分方程 $y''-6y'+13y=0$ 的特征根为__________.

(3) 二阶线性微分方程的通解中含有__________个独立的任意常数.

(4) 二阶微分方程 $y''=x$ 的通解为__________________.

(5) 若 y^* 是二阶线性非齐次微分方程的一个特解，$y=C_1y_1+C_2y_2$ 为其相应的齐次微分方程的通解，则非齐次微分方程的通解为________________.

3. 求下列一阶微分方程的通解：

(1) $(1+x)y\mathrm{d}x+(1-y)x\mathrm{d}y=0$；　　(2) $\dfrac{\mathrm{d}y}{\mathrm{d}x}=\dfrac{1}{(x+y)^2}$；

(3) $(y+x)\mathrm{d}y+(y-x)\mathrm{d}x=0$；　　(4) $x\dfrac{\mathrm{d}y}{\mathrm{d}x}=y+\sqrt{x^2-y^2}$；

(5) $y'=2\left(\dfrac{y-2}{x+y-1}\right)^2$；　　(6) $\dfrac{\mathrm{d}y}{\mathrm{d}x}=\dfrac{2x-y-1}{x-2y+1}$；

(7) $\dfrac{\mathrm{d}y}{\mathrm{d}x}=\dfrac{1}{x+y-1}$；　　(8) $\cos^2 x\dfrac{\mathrm{d}y}{\mathrm{d}x}+y=\tan x$；

(9) $xy'-y=\dfrac{x}{\ln x}$；　　(10) $x^2y'-y=x^2\mathrm{e}^{x-\frac{1}{x}}$；

(11) $xy'+y=\sin x$；　　(12) $\dfrac{\mathrm{d}y}{\mathrm{d}x}-3xy=xy^2$；

(13) $2xy\mathrm{d}x+(x^2-y^2)\mathrm{d}y=0$；　　(14) $\dfrac{y}{x}\mathrm{d}x+(y^3+\ln x)\mathrm{d}y=0$；

(15) $(x+y)(\mathrm{d}x-\mathrm{d}y)=\mathrm{d}x+\mathrm{d}y$；

(16) $\left(x^m+2xy^2+\dfrac{1}{x}\right)\mathrm{d}x+\left(y^n+2x^2y+\dfrac{1}{y}\right)\mathrm{d}y=0$ $(m,n\neq-1)$.

4. 求下列微分方程满足给定初始条件的解：

(1) $y^2\mathrm{d}x+(x+1)\mathrm{d}y=0$，$y(0)=1$；　(2) $y'=\frac{x}{y}+\frac{y}{x}$，$y(1)=2$；

(3) $(x^2+y^2)\frac{\mathrm{d}y}{\mathrm{d}x}=2xy$，$y(0)=1$；　(4) $xy'=\sqrt{x^2-y^2}+y$，$y(1)=1$；

(5) $\frac{\mathrm{d}y}{\mathrm{d}x}-y\tan x=\sec x$，$y(0)=0$；　(6) $x(\ln x-\ln y)y'=y$，$y(1)=1$.

5. 求下列各微分方程的通解：

(1) $y''+9y'+20y=0$；　(2) $y''-7y'+12y=5$；

(3) $2y''+y'-y=2\mathrm{e}^x$；　(4) $y''+a^2y=\mathrm{e}^x$；

(5) $2y''+5y'=5x^2-2x-1$；　(6) $y''-2y'+5y=\mathrm{e}^x\sin 2x$；

(7) $y''+3y'+2y=3x\mathrm{e}^{-x}$；　(8) $y''+y=\mathrm{e}^x+\cos x$.

6. 求下列各微分方程满足已给定初始条件的特解：

(1) $y''+2y'+y=\mathrm{e}^{-x}$，$y(0)=0$，$y'(0)=0$；

(2) $y''-3y'+2y=\mathrm{e}^{3x}$，$y(0)=1$，$y'(0)=0$；

(3) $y''+y=-\sin 2x$，$y(\pi)=1$，$y'(\pi)=1$；

(4) $y'''+3y''+3y'+y=1$，$y(0)=y'(0)=y''(0)=0$.

7. 求下列微分方程的通解：

(1) $y''=\frac{1}{x}y'$；　(2) $y''=y'+x$；

(3) $yy''-(y')^2-y^2y'=0$；　(4) $y^3y''-1=0$.

8. 求下列微分方程满足所给初值条件的特解：

(1) $y''-a(y')^2=0$，$y(0)=0$，$y'(0)=-1$ $(a\neq 0)$；

(2) $y''+(y')^2=1$，$y(0)=0$，$y'(0)=0$；

(3) $(1+x^2)y''=2xy'$，$y(0)=1$，$y'(0)=3$.

9. 设有一质量为 m 的物体，在空气中由静止开始下落，如果空气阻力为 $R=k^2v^2$，其中 v 为物体的运动速度，k 为一常数，试求物体下落的距离 s 与时间 t 的函数关系.

*10. 求解下列一阶微分方程：

(1) $\left(\frac{\mathrm{d}y}{\mathrm{d}x}\right)^2+x\frac{\mathrm{d}y}{\mathrm{d}x}-y=0$；　(2) $x=y-\left(\frac{\mathrm{d}y}{\mathrm{d}x}\right)^2$.

*11. 利用变量代换 $x=\mathrm{e}^t$，求下列微分方程的通解：

(1) $x^2y''+2xy'-2y=0$；　(2) $x^2y''-3xy'+4y=x^2$.

第8章 无穷级数

无穷级数是高等数学的一个重要组成部分，本章先讨论常数项级数，介绍无穷级数的一些概念和性质以及数项级数审敛法，然后讨论函数项级数及如何将函数展开成幂级数.

§8.1 常数项级数的概念和性质

一、数项级数的概念

若给定一个数列$\{u_n\}$，则表达式$u_1+u_2+u_3+\cdots+u_n+\cdots$称为无穷级数，简称级数，记为$\sum\limits_{n=1}^{\infty}u_n$，其中$u_n$叫做级数的一般项，把$s_n=u_1+u_2+\cdots+u_n$称为级数$\sum\limits_{n=1}^{\infty}u_n$的部分和.

定义 若级数$\sum\limits_{n=1}^{\infty}u_n$的部分和数列$\{s_n\}$有极限$s$，即$\lim\limits_{n\to\infty}s_n=s$，则称无穷级数$\sum\limits_{n=1}^{\infty}u_n$收敛，这时极限$s$叫做这个级数的和，并写成$s=u_1+u_2+\cdots+u_n+\cdots$；若数列$\{s_n\}$没有极限，则称无穷级数$\sum\limits_{n=1}^{\infty}u_n$发散.

例如，级数$\sum\limits_{n=1}^{\infty}n$的部分和数列为$\left\{\frac{n(n+1)}{2}\right\}$，而$\lim\limits_{n\to\infty}\frac{n(n+1)}{2}$不存在，故级数$\sum\limits_{n=1}^{\infty}n$发散；级数$\sum\limits_{n=1}^{\infty}\frac{1}{2^{n-1}}$的部分和数列为$\left\{2-\frac{1}{2^{n-1}}\right\}$，而$\lim\limits_{n\to\infty}\left(2-\frac{1}{2^{n-1}}\right)=2$，故级数$\sum\limits_{n=1}^{\infty}\frac{1}{2^{n-1}}$收敛且其和为2.

例 1 证明级数 $\sum_{n=1}^{\infty}\frac{1}{(3n-2)(3n+1)}$ 收敛，并求它的和.

解 先计算级数的部分和：

$$s_n=\frac{1}{1\cdot 4}+\frac{1}{4\cdot 7}+\frac{1}{7\cdot 10}+\cdots+\frac{1}{(3n-2)(3n+1)}$$

$$=\frac{1}{3}\left(\frac{1}{1}-\frac{1}{4}\right)+\frac{1}{3}\left(\frac{1}{4}-\frac{1}{7}\right)+\frac{1}{3}\left(\frac{1}{7}-\frac{1}{10}\right)+\cdots+\frac{1}{3}\left(\frac{1}{3n-2}-\frac{1}{3n+1}\right)$$

$$=\frac{1}{3}\left(1-\frac{1}{3n+1}\right).$$

因为 $\lim\limits_{n\to\infty}s_n=\lim\limits_{n\to\infty}\frac{1}{3}\left(1-\frac{1}{3n+1}\right)=\frac{1}{3}$,

所以级数 $\sum_{n=1}^{\infty}\frac{1}{(3n-2)(3n+1)}$ 收敛，且 $\sum_{n=1}^{\infty}\frac{1}{(3n-2)(3n+1)}=\frac{1}{3}$.

二、收敛级数的基本性质

根据级数收敛、发散以及和的概念，可以得出收敛级数的几个基本性质.

性质 1 若级数 $\sum_{n=1}^{\infty}u_n$ 收敛于和 s，则级数 $\sum_{n=1}^{\infty}ku_n$ 也收敛，且其和为 ks.

即级数的每一项同乘一个不为零的常数后，它的敛散性不变.

性质 2 若级数 $\sum_{n=1}^{\infty}u_n$，$\sum_{n=1}^{\infty}v_n$ 分别收敛于和 s,σ，则级数 $\sum_{n=1}^{\infty}(u_n\pm v_n)$ 也收敛，且其和为 $s\pm\sigma$.

即两个收敛级数可以逐项相加与逐项相减.

性质 3 在级数中去掉、加上或改变有限项，不会改变级数的敛散性.

性质 4 若级数 $\sum_{n=1}^{\infty}u_n$ 收敛，则对这个级数的项任意加括号所得的级数仍收敛，且其和不变.

性质 5（级数收敛的必要条件） 若级数 $\sum_{n=1}^{\infty}u_n$ 收敛，则 $\lim\limits_{n\to\infty}u_n=0$.

由性质 5 知，若级数的一般项的极限不为零，则该级数必发散. 例如，级数 $\sum_{n=1}^{\infty}\frac{n}{2n+1}$ 的一般项 $u_n=\frac{n}{2n+1}\to\frac{1}{2}\neq 0(n\to\infty)$，所以是发散级数.

应当注意，级数的一般项 u_n 的极限为零不能作为判定级数收敛的充分条件. 即对于级数 $\sum_{n=1}^{\infty}u_n$，若 $\lim\limits_{n=\infty}u_n=0$，则 $\sum_{n=1}^{\infty}u_n$ 不一定收敛.

例 2 证明调和级数$\sum_{n=1}^{\infty}\frac{1}{n}=1+\frac{1}{2}+\frac{1}{3}+\cdots+\frac{1}{n}+\cdots$发散.

证 用反证法. 设级数$1+\frac{1}{2}+\frac{1}{3}+\cdots+\frac{1}{n}+\cdots$收敛且和为$s$,则

$$\lim_{n\to\infty}s_n=\lim_{n\to\infty}\left(1+\frac{1}{2}+\frac{1}{3}+\cdots+\frac{1}{n}\right)=s.$$

$$\lim_{n\to\infty}s_{2n}=\lim_{n\to\infty}\left(1+\frac{1}{2}+\frac{1}{3}+\cdots+\frac{1}{2n}\right)=s,$$

从而$\lim_{n\to\infty}(s_{2n}-s_n)=0$.

而
$$\begin{aligned}\lim_{n\to\infty}(s_{2n}-s_n)&=\lim_{n\to\infty}\left(\frac{1}{n+1}+\frac{1}{n+2}+\cdots+\frac{1}{n+n}\right)\\&=\lim_{n\to\infty}\frac{1}{n}\left[\frac{1}{1+\frac{1}{n}}+\frac{1}{1+\frac{2}{n}}+\cdots+\frac{1}{1+\frac{n}{n}}\right]\\&=\int_0^1\frac{1}{1+x}\mathrm{d}x=\ln 2\neq 0,\end{aligned}$$

与$\lim_{n\to\infty}(s_{2n}-s_n)=0$矛盾,所以调和级数$1+\frac{1}{2}+\frac{1}{3}+\cdots+\frac{1}{n}+\cdots$发散.

例 3 讨论等比级数$\sum_{n=0}^{\infty}aq^n=a+aq+aq^2+\cdots+aq^n+\cdots$的收敛性,其中$a\neq 0$,$q$称为等比级数的公比.

解 (1) 若$q\neq 1$,则部分和为

$$s_n=a+aq+\cdots+aq^{n-1}=\frac{a(1-q^n)}{1-q}=\frac{a}{1-q}-\frac{aq^n}{1-q}.$$

① 当$|q|<1$时,由于$\lim_{n\to\infty}s_n=\frac{a}{1-q}$,所以级数$\sum_{n=0}^{\infty}aq^n$收敛,其和为$\frac{a}{1-q}$.

② 当$|q|>1$时,由于$\lim_{n\to\infty}q^n=\infty$,从而$\lim_{n\to\infty}s_n=\infty$. 这时级数$\sum_{n=0}^{\infty}aq^n$发散.

(2) 若$|q|=1$,则:

当$q=1$时,$s_n=nq\to\infty(n\to\infty)$,因此等比级数$\sum_{n=0}^{\infty}aq^n$发散.

当$q=-1$时,因为$\lim_{n\to\infty}aq^{n-1}=\lim_{n\to\infty}(-1)^{n-1}\cdot a\neq 0$,由级数收敛的必要条件知,等比级数$\sum_{n=0}^{\infty}aq^n$发散.

综上所述,等比级数$\sum_{n=0}^{\infty}aq^n$当$|q|<1$时收敛,当$|q|\geqslant 1$时发散.

§8.2　常数项级数的审敛法

一、正项级数及其审敛法

若级数$\sum_{n=1}^{\infty} u_n$的每一项均为非负，即对任意的$n, u_n \geqslant 0$，则称$\sum_{n=1}^{\infty} u_n$是正项级数，如$\sum_{n=1}^{\infty} \frac{n}{2n+1}$，$\sum_{n=1}^{\infty} \frac{1}{n}$，$\sum_{n=1}^{\infty} \frac{n}{2^{n-1}}$都是正项级数.

若$\sum_{n=1}^{\infty} u_n$是正项级数，$\{s_n\}$是其部分和数列，则$\{s_n\}$是单调增加的.由数列极限的存在准则，单调有界数列必有极限，可得下面的定理.

定理 1　正项级数$\sum_{n=1}^{\infty} u_n$收敛的充分必要条件是它的部分和数列$\{s_n\}$有界.

由定理1知，若正项级数$\sum_{n=1}^{\infty} u_n$发散，则对它的部分和数列$\{s_n\}$，有

$$\lim_{n\to\infty} s_n = +\infty.$$

定理 2(比较审敛法)　设$\sum_{n=1}^{\infty} u_n$，$\sum_{n=1}^{\infty} v_n$都是正项级数.

(1) 若级数$\sum_{n=1}^{\infty} v_n$收敛，且$u_n \leqslant v_n (n=1,2,\cdots)$，则级数$\sum_{n=1}^{\infty} u_n$也收敛；

(2) 若级数$\sum_{n=1}^{\infty} v_n$发散，且$u_n \geqslant v_n (n=1,2,\cdots)$，则级数$\sum_{n=1}^{\infty} u_n$也发散.

由性质3可知，定理2中条件$u_n \leqslant (\geqslant) v_n (n=1,2,\cdots)$，可替换为存在$N>0$，使$n \geqslant N$时，$u_n \leqslant (\geqslant) v_n$.

例 1　讨论p级数$\sum_{n=1}^{\infty} \frac{1}{n^p}$ $(p>0)$的收敛性.

解　当$0<p\leqslant 1$时，有$\frac{1}{n^p} \geqslant \frac{1}{n}$.

由于级数$\sum_{n=1}^{\infty} \frac{1}{n}$发散，因此根据比较审敛法可知，当$0<p\leqslant 1$时，级数$\sum_{n=1}^{\infty} \frac{1}{n^p}$发散.

当$p>1$时，对每一个正整数n，都存在正整数k，使$2^{k-1}\leqslant n<2^k$，并且当$n\to$

∞时，$k\to\infty$，因为 $p>1$，所以

$$
\begin{aligned}
s_n &= 1+\frac{1}{2^p}+\cdots+\frac{1}{n^p} \\
&\leqslant 1+\left(\frac{1}{2^p}+\frac{1}{3^p}\right)+\left(\frac{1}{4^p}+\frac{1}{5^p}+\frac{1}{6^p}+\frac{1}{7^p}\right)+\left(\frac{1}{8^p}+\cdots+\frac{1}{15^p}\right)+\cdots+ \\
&\quad \left[\frac{1}{(2^{k-1})^p}+\frac{1}{(2^{k-1}+1)^p}+\cdots+\frac{1}{(2^k-1)^p}\right] \\
&< 1+\left(\frac{1}{2^p}+\frac{1}{2^p}\right)+\left(\frac{1}{4^p}+\frac{1}{4^p}+\frac{1}{4^p}+\frac{1}{4^p}\right)+\left(\frac{1}{8^p}+\cdots+\frac{1}{8^p}\right)+\cdots+ \\
&\quad \left[\frac{1}{(2^{k-1})^p}+\cdots+\frac{1}{(2^{k-1})^p}\right] \\
&= 1+2\cdot\frac{1}{2^p}+4\cdot\frac{1}{4^p}+8\cdot\frac{1}{8^p}+\cdots+2^{k-1}\cdot\frac{1}{(2^{k-1})^p} \\
&= 1+\left(\frac{1}{2^{p-1}}\right)+\left(\frac{1}{2^{p-1}}\right)^2+\cdots+\left(\frac{1}{2^{p-1}}\right)^{k-1}<\frac{1}{1-\frac{1}{2^{p-1}}},
\end{aligned}
$$

从而 s_n 有界，所以由定理 1，级数 $\sum_{n=1}^{\infty}\frac{1}{n^p}$ 收敛.

综上所述，p 级数 $\sum_{n=1}^{\infty}\frac{1}{n^p}$ 当 $0<p\leqslant 1$ 发散，当 $p>1$ 时收敛.

例 2 判别下列级数的收敛性：

(1) $\sum_{n=1}^{\infty}\frac{1}{\sqrt{n(n+1)}}$；　(2) $\sum_{n=1}^{\infty}\frac{1}{n(n+1)(n+2)}$；　(3) $\sum_{n=1}^{\infty}\frac{1}{2^n-1}$.

解 (1) 因为 $n(n+1)<(n+1)^2$，所以 $\frac{1}{\sqrt{n(n+1)}}>\frac{1}{n+1}$.

而级数 $\sum_{n=1}^{\infty}\frac{1}{n+1}=\frac{1}{2}+\frac{1}{3}+\cdots+\frac{1}{n}+\cdots$ 是发散的，根据比较审敛法知所给级数也是发散的.

(2) 因为 $n(n+1)(n+2)>n^3$，所以 $\frac{1}{n(n+1)(n+2)}<\frac{1}{n^3}$.

而级数 $\sum_{n=1}^{\infty}\frac{1}{n^3}$ 收敛，根据比较审敛法知所给级数也是收敛的.

(3) 当 $n\geqslant 2$ 时，$2^n-1=(1+1)^n-1>\frac{n(n+1)}{2}>\frac{n^2}{2}$，所以 $\frac{1}{2^n-1}<\frac{2}{n^2}$.

而级数 $\sum_{n=1}^{\infty}\frac{1}{n^2}$ 收敛，由性质 1 得到级数 $\sum_{n=1}^{\infty}\frac{2}{n^2}$ 收敛，根据比较审敛法知所给

级数也是收敛的.

在多数情况下,使用如下的极限形式的比较审敛法更为方便.

定理3(比较审敛法的极限形式)　设$\sum_{n=1}^{\infty} u_n$,$\sum_{n=1}^{\infty} v_n$都是正项级数.

(1) 若$\lim_{n\to\infty}\frac{u_n}{v_n}=c$存在,且$c\neq 0$,则两个级数具有相同的敛散性;

(2) 若$\lim_{n\to\infty}\frac{u_n}{v_n}=0$,则由级数$\sum_{n=1}^{\infty} v_n$收敛可推出级数$\sum_{n=1}^{\infty} u_n$收敛;

(3) 若$\lim_{n\to\infty}\frac{u_n}{v_n}=\infty$,则由级数$\sum_{n=1}^{\infty} v_n$发散可推出级数$\sum_{n=1}^{\infty} u_n$发散.

例3　判别下列级数的收敛性:

(1) $\sum_{n=1}^{\infty}\sin\frac{\pi}{2^n}$;　　(2) $\sum_{n=1}^{\infty}\frac{2n^2+3n}{\sqrt{4+n^5}}$.

解　(1) 由于$\lim_{n\to\infty}\frac{\sin\frac{\pi}{2^n}}{\frac{1}{2^n}}=\pi$,并且$\sum_{n=1}^{\infty}\frac{1}{2^n}$收敛,根据比较审敛法的极限形式知所给级数也是收敛的.

(2) 由于$\lim_{n\to\infty}\frac{\frac{2n^2+3n}{\sqrt{4+n^5}}}{\frac{1}{n^{\frac{1}{2}}}}=2$,并且$\sum_{n=1}^{\infty}\frac{1}{n^{\frac{1}{2}}}$发散,根据比较审敛法的极限形式知所给级数也是发散的.

当利用比较判别法判定正项级数$\sum_{n=1}^{\infty} u_n$的收敛性时,作出一个已知敛散性又可与之比较的正项级数$\sum_{n=1}^{\infty} v_n$是关键所在.从以上的例中可以看出,等比级数和p级数是特别有用的.

定理4(比值判别法)　设$\sum_{n=1}^{\infty} u_n$为正项级数.

(1) 若$\lim_{n\to\infty}\frac{u_{n+1}}{u_n}=l<1$,则级数$\sum_{n=1}^{\infty} u_n$收敛;

(2) 若$\lim_{n\to\infty}\frac{u_{n+1}}{u_n}=l>1$或$\lim_{n\to\infty}\frac{u_{n+1}}{u_n}=\infty$,则级数$\sum_{n=1}^{\infty} u_n$发散;

(3) 若$\lim\limits_{n\to\infty}\dfrac{u_{n+1}}{u_n}=1$,则级数$\sum\limits_{n=1}^{\infty}u_n$可能收敛也可能发散.

例 4 计算$\lim\limits_{n\to\infty}\dfrac{n!}{n^n}$.

解 对于级数$\sum\limits_{n=1}^{\infty}\dfrac{n!}{n^n}$,根据比值审敛法,有

$$\lim_{n\to\infty}\frac{u_{n+1}}{u_n}=\lim_{n\to\infty}\frac{(n+1)!}{(n+1)^{n+1}}\cdot\frac{n^n}{n!}=\lim_{n\to\infty}\left(\frac{n}{n+1}\right)^n=\lim_{n\to\infty}\frac{1}{\left(1+\dfrac{1}{n}\right)^n}=\frac{1}{\mathrm{e}}<1,$$

故级数$\sum\limits_{n=1}^{\infty}\dfrac{n!}{n^n}$收敛,由级数收敛的必要条件,得$\lim\limits_{n\to\infty}\dfrac{n!}{n^n}=0$.

定理 5(根值判别法) 设$\sum\limits_{n=1}^{\infty}u_n$为正项级数.

(1) 若$\lim\limits_{n\to\infty}\sqrt[n]{u_n}=l<1$,则级数$\sum\limits_{n=1}^{\infty}u_n$收敛;

(2) 若$\lim\limits_{n\to\infty}\sqrt[n]{u_n}=l>1$或$\lim\limits_{n\to\infty}\sqrt[n]{u_n}=\infty$,则级数$\sum\limits_{n=1}^{\infty}u_n$发散;

(3) 若$\lim\limits_{n\to\infty}\sqrt[n]{u_n}=1$,则级数$\sum\limits_{n=1}^{\infty}u_n$可能收敛也可能发散.

例 5 判别级数$\sum\limits_{n=1}^{\infty}\left(\dfrac{n}{3n+2}\right)^{\frac{n}{3}}$的收敛性.

解 因为$u_n=\left(\dfrac{n}{3n+2}\right)^{\frac{n}{3}}$,所以$\lim\limits_{n\to\infty}\sqrt[n]{u_n}=\lim\limits_{n\to\infty}\left(\dfrac{n}{3n+2}\right)^{\frac{1}{3}}=\dfrac{1}{\sqrt[3]{3}}<1$.

由定理 5 知,级数$\sum\limits_{n=1}^{\infty}\left(\dfrac{n}{3n+2}\right)^{\frac{n}{3}}$收敛.

二、交错级数及其审敛法

定义 1 各项正负相间的无穷级数称为交错级数,其一般形式为

$$\sum_{n=1}^{\infty}(-1)^{n+1}u_n\text{ 或 }\sum_{n=1}^{\infty}(-1)^n u_n,\text{其中 }u_n>0.$$

对交错级数有一个由莱布尼茨给出的收敛判别法.

定理 6(莱布尼茨定理) 若交错级数$\sum\limits_{n=1}^{\infty}(-1)^{n+1}u_n$或$\sum\limits_{n=1}^{\infty}(-1)^n u_n$(其中$u_n>0$)满足条件:

(1) 对所有的n有$u_{n+1}\leqslant u_n$,即数列$\{u_n\}$单调减少,

(2) $\lim\limits_{n\to\infty}u_n=0$，即数列$\{u_n\}$以零为极限，

则交错级数收敛.

例如，级数$\sum\limits_{n=1}^{\infty}(-1)^{n-1}\dfrac{1}{n}$满足条件：(1) 对所有的$n$有$\dfrac{1}{n+1}\leqslant\dfrac{1}{n}$，即数列$\left\{\dfrac{1}{n}\right\}$单调减少；(2) $\lim\limits_{n\to\infty}\dfrac{1}{n}=0$，所以由定理 6 知交错级数$\sum\limits_{n=1}^{\infty}(-1)^{n-1}\dfrac{1}{n}$收敛.

三、绝对收敛与条件收敛

现在我们讨论一般的级数$\sum\limits_{n=1}^{\infty}u_n$，它的各项为任意实数. 若级数$\sum\limits_{n=1}^{\infty}u_n$的绝对值构成的正项级数$\sum\limits_{n=1}^{\infty}|u_n|$收敛，则称级数$\sum\limits_{n=1}^{\infty}u_n$绝对收敛；若级数$\sum\limits_{n=1}^{\infty}u_n$收敛，而级数$\sum\limits_{n=1}^{\infty}|u_n|$发散，则称级数$\sum\limits_{n=1}^{\infty}u_n$条件收敛. 例如，级数$\sum\limits_{n=1}^{\infty}(-1)^n\dfrac{1}{n^2}$绝对收敛，级数$\sum\limits_{n=1}^{\infty}(-1)^n\dfrac{1}{n}$条件收敛.

绝对收敛与条件收敛有以下重要关系：

定理 7 若级数$\sum\limits_{n=1}^{\infty}u_n$绝对收敛，则级数$\sum\limits_{n=1}^{\infty}u_n$必收敛.

证 令$x_n=\dfrac{1}{2}(|u_n|+u_n)$，$y_n=\dfrac{1}{2}(|u_n|-u_n)$，则$x_n\geqslant 0$，$y_n\geqslant 0$，即$\sum\limits_{n=1}^{\infty}x_n$，$\sum\limits_{n=1}^{\infty}y_n$都是正项级数. 由于$x_n\leqslant|u_n|$，$y_n\leqslant|u_n|$，由正项级数的比较审敛法，知级数$\sum\limits_{n=1}^{\infty}x_n$和级数$\sum\limits_{n=1}^{\infty}y_n$都收敛，从而级数$\sum\limits_{n=1}^{\infty}(x_n-y_n)$也收敛，即级数$\sum\limits_{n=1}^{\infty}u_n$收敛.

由于任意项级数各项的绝对值组成的级数是正项级数，所以一切判别正项级数收敛性的判别法，都可用来判定任意项级数是否绝对收敛.

对于任意项级数$\sum\limits_{n=1}^{\infty}u_n$，若$\sum\limits_{n=1}^{\infty}|u_n|$收敛，则级数$\sum\limits_{n=1}^{\infty}u_n$绝对收敛. 但当$\sum\limits_{n=1}^{\infty}|u_n|$发散时，我们只能判断级数$\sum\limits_{n=1}^{\infty}u_n$非绝对收敛，而不能判断它必发散. 我们若用比值审敛法或根值审敛法判定级数$\sum\limits_{n=1}^{\infty}|u_n|$发散，则可以断定级数$\sum\limits_{n=1}^{\infty}u_n$必定发

散，这是因为$\lim\limits_{n\to\infty}|u_n|\neq 0$，从而$\lim\limits_{n\to\infty}u_n\neq 0$. 因此，级数 $\sum\limits_{n=1}^{\infty}u_n$ 是发散的.

例 6 判别下列级数的敛散性，并指明是条件收敛还是绝对收敛：

(1) $\sum\limits_{n=1}^{\infty}(-1)^n(\sqrt{n+1}-\sqrt{n})$； (2) $\sum\limits_{n=1}^{\infty}\sin(\pi\sqrt{n^2+a^2})$.

解 (1) 该级数为交错级数，因为

$$|(-1)^n(\sqrt{n+1}-\sqrt{n})|=\sqrt{n+1}-\sqrt{n}=\frac{1}{\sqrt{n+1}+\sqrt{n}}>\frac{1}{2\sqrt{n+1}},$$

而级数$\sum\limits_{n=1}^{\infty}\dfrac{1}{2\sqrt{n+1}}$发散，所以原级数不是绝对收敛.

又$\lim\limits_{n\to\infty}(\sqrt{n+1}-\sqrt{n})=\lim\limits_{n\to\infty}\dfrac{1}{\sqrt{n+1}+\sqrt{n}}=0$，并且

$$(\sqrt{n+2}-\sqrt{n+1})-(\sqrt{n+1}-\sqrt{n})=\frac{1}{\sqrt{n+2}+\sqrt{n+1}}-\frac{1}{\sqrt{n+1}+\sqrt{n}}<0,$$

即 $u_{n+1}<u_n$，则数列$\{u_n\}$单调减少，由莱布尼茨定理可知，交错级数收敛，且为条件收敛.

(2) 因为

$$\begin{aligned}\sin(\pi\sqrt{n^2+a^2})&=\sin(\pi\sqrt{n^2+a^2}-n\pi+n\pi)\\&=(-1)^n\cdot\sin(\pi\sqrt{n^2+a^2}-n\pi)\\&=(-1)^n\sin\left(\frac{\pi a^2}{\sqrt{n^2+a^2}+n}\right),\end{aligned}$$

所以原级数是交错级数.

又当 n 充分大时，$0<\dfrac{\pi a^2}{\sqrt{n^2+a^2}+n}<\dfrac{\pi}{2}$，因而 $\sin\dfrac{\pi a^2}{\sqrt{n^2+a^2}+n}>0$，且单调减小. 易知$\lim\limits_{n\to\infty}\sin\dfrac{\pi a^2}{\sqrt{n^2+a^2}+n}=0$，由莱布尼茨定理可知，原级数收敛.

$$\text{又}\lim_{n\to\infty}\frac{\sin\dfrac{\pi a^2}{\sqrt{n^2+a^2}+n}}{\dfrac{\pi a^2}{2n}}=1\text{，且级数}\sum_{n=1}^{\infty}\frac{\pi a^2}{2n}\text{发散，}$$

故$\sum\limits_{n=1}^{\infty}|\sin(\pi\sqrt{n^2+a^2})|=\sum\limits_{n=1}^{\infty}\sin\dfrac{\pi a^2}{\sqrt{n^2+a^2}+n}$发散.

所以原级数条件收敛.

§8.3 幂级数

一、幂级数的概念

如果给定一个定义在区间 I 上的函数列 $u_1(x),u_2(x),\cdots,u_n(x),\cdots$,那么由这个函数列构成的表达式 $u_1(x)+u_2(x)+\cdots+u_n(x)+\cdots$ 称为定义在区间 I 上的(函数项)无穷级数,简称(函数项)级数.记为 $\sum\limits_{n=1}^{\infty}u_n(x)$.

若在区间 I 上取定点 x_0,则级数 $\sum\limits_{n=1}^{\infty}u_n(x_0)$ 是常数项级数,于是我们可以用常数项级数的知识来研究函数项级数在给定点的性质.若点 x_0 使级数 $\sum\limits_{n=1}^{\infty}u_n(x_0)$ 收敛(发散),则称 x_0 为函数项级数 $\sum\limits_{n=1}^{\infty}u_n(x)$ 的收敛(发散)点,全体收敛点所成的集合称为收敛域.对于收敛域内的每一个 x,级数 $\sum\limits_{n=1}^{\infty}u_n(x)$ 有确定的和 s,它是 x 的函数 $s(x)$,称为函数项级数 $\sum\limits_{n=1}^{\infty}u_n(x)$ 的和函数.

函数项级数中简单而常见的一类级数就是各项都是幂函数的函数项级数,即所谓幂级数.它的一般形式为

$$\sum_{n=0}^{\infty}a_n(x-x_0)^n=a_0+a_1(x-x_0)+a_2(x-x_0)^2+\cdots+a_2(x-x_0)^n+\cdots,$$

其中 x 为变量,x_0 和 $a_0,a_1,a_2,\cdots,a_n,\cdots$ 均为常量.当 $x_0=0$ 时,上面的级数变为形如 $\sum\limits_{n=0}^{\infty}a_nx^n=a_0+a_1x+a_2x^2+\cdots+a_nx^n+\cdots$ 的幂级数,称为 x 的幂级数.

对幂级数 $\sum\limits_{n=0}^{\infty}a_n(x-x_0)^n$,令 $x-x_0=t$,则可化为 $\sum\limits_{n=0}^{\infty}a_nt^n$.故下面主要讨论 $\sum\limits_{n=0}^{\infty}a_nx^n$ 的收敛域是什么,以及如何求出收敛域.

几何级数 $\sum\limits_{n=0}^{\infty}x^n$ 就是幂级数的例子,我们容易求得其收敛域是以 $x_0=0$ 为中心的对称区间$(-1,1)$.现在我们要指出对幂级数 $\sum\limits_{n=0}^{\infty}a_nx^n$,其收敛域也有类似的特点.

二、幂级数的收敛性

由幂级数的概念可知，幂级数的收敛或发散是依 x 的不同取值而定的. 可以证明：

定理 1 若幂级数 $\sum\limits_{n=0}^{\infty} a_n x^n$ 在 $x=x_0$($x_0\neq 0$)处收敛，则它在区间$(-|x_0|, |x_0|)$内绝对收敛. 反之，若幂级数 $\sum\limits_{n=0}^{\infty} a_n x^n$ 在 $x=x_0$ 处发散，则它在区间$(-\infty, -|x_0|)\cup(|x_0|, +\infty)$内发散.

由定理 1 可知，对于幂级数 $\sum\limits_{n=0}^{\infty} a_n x^n = a_0+a_1x+a_2x^2+\cdots+a_nx^n+\cdots$，总存在一个正数 R，使得：

当 $|x|<R$ 时，幂级数 $\sum\limits_{n=0}^{\infty} a_n x^n$ 收敛；当 $|x|>R$ 时，幂级数 $\sum\limits_{n=0}^{\infty} a_n x^n$ 发散；当 $|x|=R$ 时，幂级数 $\sum\limits_{n=0}^{\infty} a_n x^n$ 可能收敛，也可能发散.

特别地，若幂级数 $\sum\limits_{n=0}^{\infty} a_n x^n$ 仅在 $x=0$ 处收敛，而在 $x\neq 0$ 处发散，为方便起见，规定 $R=0$.

若幂级数 $\sum\limits_{n=0}^{\infty} a_n x^n$ 对一切 x 都收敛，则规定 $R=+\infty$.

通常称 R 为幂级数 $\sum\limits_{n=0}^{\infty} a_n x^n$ 的收敛半径，区间$(-R,R)$ 称为幂级数 $\sum\limits_{n=0}^{\infty} a_n x^n$ 的收敛区间. 由幂级数 $\sum\limits_{n=0}^{\infty} a_n x^n$ 在 $x=\pm R$ 处的收敛性就可确定它的收敛域是$(-R,R)$，$(-R,R]$，$[-R,R)$ 或$[-R,R]$ 这四个区间之一.

关于幂级数 $\sum\limits_{n=0}^{\infty} a_n x^n$ 的收敛半径求法，有下面的定理：

定理 2 若$\lim\limits_{n\to\infty}\left|\dfrac{a_{n+1}}{a_n}\right|=\rho$，其中 a_n，a_{n+1} 是幂级数 $\sum\limits_{n=0}^{\infty} a_n x^n$ 的相邻两项的系数，则此幂级数的收敛半径 $R=\begin{cases}\dfrac{1}{\rho}, & \rho\neq 0,\\ +\infty, & \rho=0,\\ 0, & \rho=+\infty.\end{cases}$

证 考察幂级数 $\sum_{n=0}^{\infty} a_n x^n$ 的各项取绝对值所成的级数 $\sum_{n=0}^{\infty} |a_n x^n|$，这个级数相邻两项的比为 $\frac{|a_{n+1}x^{n+1}|}{|a_n x^n|} = \left|\frac{a_{n+1}}{a_n}\right| |x|$.

(1) 若 $\lim_{n\to\infty}\left|\frac{a_{n+1}}{a_n}\right| = \rho(\rho \neq 0)$ 存在，根据比值审法，当 $\rho|x| < 1$，即 $|x| < \frac{1}{\rho}$ 时，级数 $\sum_{n=0}^{\infty} |a_n x^n|$ 收敛，从而 $\sum_{n=0}^{\infty} a_n x^n$ 绝对收敛；当 $\rho|x| > 1$，即 $|x| > \frac{1}{\rho}$ 时，级数 $\sum_{n=0}^{\infty} |a_n x^n|$ 发散并且从某个 n 开始 $|a_{n+1}x^{n+1}| > |a_n x^n|$. 因此，一般项 $|a_n x^n|$ 不能趋于零，所以 $a_n x^n$ 也不能趋于零，从而 $\sum_{n=0}^{\infty} a_n x^n$ 发散. 于是收敛半径 $R = \frac{1}{\rho}$.

(2) 若 $\rho = 0$，则对任何 $x \neq 0$，有 $\lim_{n\to\infty}\left|\frac{a_{n+1}x^{n+1}}{a_n x^n}\right| = 0$，所以级数 $\sum_{n=0}^{\infty} |a_n x^n|$ 收敛，从而 $\sum_{n=0}^{\infty} a_n x^n$ 绝对收敛，于是 $R = +\infty$.

(3) 若 $\rho = +\infty$，则对任何 $x \neq 0$，有 $\lim_{n\to\infty}\left|\frac{a_{n+1}x^{n+1}}{a_n x^n}\right| = +\infty > 1$，所以级数 $\sum_{n=0}^{\infty} a_n x^n$ 发散，于是 $R = 0$.

例 1 求幂级数 $\sum_{n=1}^{\infty} (-1)^{n-1}\frac{x^n}{n^2}$ 的收敛半径、收敛区间和收敛域.

解 因为 $\rho = \lim_{n\to\infty}\left|\frac{\frac{(-1)^{n+1}}{(n+1)^2}}{\frac{(-1)^n}{n^2}}\right| = 1$，所以收敛半径 $R = 1$，收敛区间为 $(-1,1)$.

当 $x = -1$ 时，级数 $\sum_{n=1}^{\infty}\frac{1}{n^2}$ 收敛；当 $x = 1$ 时，级数 $\sum_{n=1}^{\infty}\frac{(-1)^n}{n^2}$ 收敛.

所以收敛域为 $[-1,1]$.

三、幂级数的性质

下面给出幂级数的几个性质，但不进行证明.

性质 1 若幂级数 $\sum_{n=0}^{\infty} a_n x^n$ 和 $\sum_{n=0}^{\infty} b_n x^n$ 的收敛半径分别为 $R_1 > 0$ 和 $R_2 > 0$，则 $\sum_{n=0}^{\infty} a_n x^n \pm \sum_{n=0}^{\infty} b_n x^n = \sum_{n=0}^{\infty} (a_n \pm b_n) x^n$ 的收敛半径 $R = \min\{R_1, R_2\}$.

性质 2 若幂级数 $\sum_{n=0}^{\infty} a_n x^n$ 的收敛半径 $R > 0$,则在收敛区间 $(-R,R)$ 内,它的和函数 $s(x)$ 是连续函数.

性质 3 在幂级数 $\sum_{n=0}^{\infty} a_n x^n$ 的收敛区间 $(-R,R)$ 内任意一点 x,有

$$\int_0^x s(x)\mathrm{d}x = \int_0^x \left(\sum_{n=0}^{\infty} a_n x^n\right)\mathrm{d}x = \sum_{n=0}^{\infty}\int_0^x a_n x^n \mathrm{d}x = \sum_{n=0}^{\infty} \frac{a_n}{n+1} x^{n+1},$$

即幂级数在其收敛区间内可以逐项积分,并且积分后所得到的幂级数和原来的幂级数有相同的收敛半径,但收敛域可能会发生变化.

性质 4 在幂级数 $\sum_{n=0}^{\infty} a_n x^n$ 的收敛区间 $(-R,R)$ 内任意一点 x,有

$$s'(x) = \left(\sum_{n=0}^{\infty} a_n x^n\right)' = \sum_{n=0}^{\infty} (a_n x^n)' = \sum_{n=0}^{\infty} n a_n x^{n-1},$$

即幂级数在其收敛区间内可以逐项微分,并且微分后所得到的幂级数和原来的幂级数有相同的收敛半径.

性质 3 和性质 4 常用来求幂级数的和函数.

例 2 求下列幂级数的收敛域及和函数:

(1) $\sum_{n=1}^{\infty} \frac{x^n}{n}$; (2) $\sum_{n=1}^{\infty} n x^{n-1}$; (3) $\sum_{n=1}^{\infty} \frac{x^{n-1}}{n(n+1)}$.

解 (1) 由于 $\rho = \lim_{n\to\infty}\left|\frac{\frac{1}{(n+1)}}{\frac{1}{n}}\right| = 1$,则 $R = 1$.

当 $x = -1$ 时,$\sum_{n=1}^{\infty} \frac{(-1)^n}{n}$ 收敛;当 $x = 1$ 时,$\sum_{n=1}^{\infty} \frac{1}{n}$ 发散.

故级数 $\sum_{n=1}^{\infty} \frac{x^n}{n}$ 的收敛域为 $[-1,1)$.

设和函数为 $s(x)$,即 $s(x) = \sum_{n=1}^{\infty} \frac{x^n}{n}$,$x \in [-1,1)$,则

$$s'(x) = \left(\sum_{n=1}^{\infty} \frac{x^n}{n}\right)' = \sum_{n=1}^{\infty}\left(\frac{x^n}{n}\right)' = \sum_{n=1}^{\infty} x^{n-1} = \frac{1}{1-x}, x \in [-1,1),$$

$$s(x) - s(0) = \int_0^x s'(x)\mathrm{d}x = \int_0^x \frac{1}{1-x}\mathrm{d}x = -\ln(1-x),$$

$$s(x) = s(0) - \ln(1-x) = -\ln(1-x), x \in [-1,1).$$

(2) 易知级数 $\sum_{n=1}^{\infty} nx^{n-1}$ 的收敛域为 $(-1,1)$.

设和函数为 $s(x)$，即 $s(x)=\sum_{n=1}^{\infty} nx^{n-1}, x \in (-1,1)$，则

$$s(x)=\sum_{n=1}^{\infty} nx^{n-1}=\left(\int_0^x \sum_{n=1}^{\infty} nx^{n-1}\,\mathrm{d}x\right)'=\left(\sum_{n=1}^{\infty}\int_0^x nx^{n-1}\,\mathrm{d}x\right)'$$

$$=\left(\sum_{n=1}^{\infty} x^n\right)'=\left(\frac{x}{1-x}\right)'=\frac{1}{(1-x)^2}, x \in (-1,1).$$

注　这两题是重要的基本题，有许多题目都可以化为这两种类型或者用这两题的结果，或者用解这两题的方法.

(3) $\sum_{n=1}^{\infty} \frac{x^{n-1}}{n(n+1)}=\sum_{n=1}^{\infty} \frac{x^{n-1}}{n}-\sum_{n=1}^{\infty} \frac{x^{n-1}}{n+1}=\frac{1}{x}\sum_{n=1}^{\infty} \frac{x^n}{n}-\frac{1}{x^2}\sum_{n=1}^{\infty} \frac{x^{n+1}}{n+1}(x \neq 0)$.

由(1)知，$\sum_{n=1}^{\infty} \frac{x^n}{n}=-\ln(1-x), \sum_{n=1}^{\infty} \frac{x^{n+1}}{n+1}=\sum_{n=1}^{\infty} \frac{x^n}{n}=-\ln(1-x)-x, x \in [-1,1]$,

所以
$$\sum_{n=1}^{\infty} \frac{x^{n-1}}{n(n+1)}=\frac{1}{x}[-\ln(1-x)]-\frac{1}{x^2}[-\ln(1-x)-x]$$

$$=\frac{1-x}{x^2}\ln(1-x)+\frac{1}{x},\ x \in [1,1), x \neq 0,$$

则
$$\sum_{n=1}^{\infty} \frac{x^{n-1}}{n(n+1)}=\begin{cases}\frac{1-x}{x^2}\ln(1-x)+\frac{1}{x}, & x \in [1,0) \cup (0,1),\\ \frac{1}{2}, & x=0,\\ 1, & x=1.\end{cases}$$

例 3　求级数 $\sum_{n=3}^{\infty} \frac{1}{n(n-2)2^n}$ 的和.

解　易知幂级数 $\sum_{n=3}^{\infty} \frac{x^n}{n(n-2)}$ 在区间 $[-1,1]$ 收敛. 由于当 $x=\frac{1}{2}$ 时，即得所求级数 $\sum_{n=3}^{\infty} \frac{1}{n(n-2)2^n}$. 为此，先求幂级数 $\sum_{n=3}^{\infty} \frac{x^n}{n(n-2)}$ 的和函数.

设 $s(x)=\sum_{n=3}^{\infty} \frac{x^n}{n(n-2)}, x \in [-1,1]$，则有

$$s(x)=\sum_{n=3}^{\infty} \frac{x^n}{n(n-2)}=\frac{1}{2}\sum_{n=3}^{\infty}\left[\frac{x^n}{(n-2)}-\frac{x^n}{n}\right]$$

$$=\frac{1}{2}\left[\sum_{n=3}^{\infty} \frac{x^n}{(n-2)}-\sum_{n=3}^{\infty} \frac{x^n}{n}\right]=\frac{1}{2}s_1(x)-\frac{1}{2}s_2(x),$$

其中$s_1(x)=\sum\limits_{n=3}^{\infty}\frac{x^n}{n-2}=x^2\sum\limits_{n=1}^{\infty}\frac{x^n}{n}=-x^2\ln(1-x)$,

$$s_2(x)=\sum_{n=3}^{\infty}\frac{x^n}{n}=-\ln(1-x)-x-\frac{x^2}{2}.$$

所以 $s(x)=\frac{1}{2}[s_1(x)-s_2(x)]=\frac{1}{2}(1-x^2)\ln(1-x)+\frac{x}{2}+\frac{x^2}{4}$.

从而 $\sum\limits_{n=3}^{\infty}\frac{1}{n(n-2)2^n}=s\left(\frac{1}{2}\right)=\frac{5}{16}-\frac{3}{8}\ln2$.

例 4 设 $I_n=\int_0^{\frac{\pi}{4}}\sin^n x\cos x\mathrm{d}x, n=0,1,2,\cdots$. 求 $\sum\limits_{n=0}^{\infty}I_n$.

解 因为 $I_n=\int_0^{\frac{\pi}{4}}\sin^n x\cos x\mathrm{d}x=\int_0^{\frac{\pi}{4}}\sin^n x\mathrm{d}\sin x$

$$=\frac{1}{1+n}\sin^{n+1}x\Big|_0^{\frac{\pi}{4}}=\frac{1}{n+1}\left(\frac{\sqrt{2}}{2}\right)^{n+1},$$

所以 $\sum\limits_{n=0}^{\infty}I_n=\sum\limits_{n=0}^{\infty}\frac{1}{n+1}\left(\frac{\sqrt{2}}{2}\right)^{n+1}$.

与上题类似,设 $s(x)=\sum\limits_{n=0}^{\infty}\frac{x^{n+1}}{n+1}=\sum\limits_{n=1}^{\infty}\frac{x^n}{n}$,则 $s(0)=0$,

$$s'(x)=\sum_{n=1}^{\infty}x^{n-1}=\frac{1}{1-x},\ |x|<1,$$

$$s(x)-s(0)=\int_0^x\frac{1}{1-x}\mathrm{d}x=-\ln(1-x),\ |x|<1,$$

所以 $s(x)=-\ln(1-x),\ |x|<1$,

则 $\sum\limits_{n=0}^{\infty}I_n=\sum\limits_{n=0}^{\infty}\frac{1}{n+1}\left(\frac{\sqrt{2}}{2}\right)^{n+1}=s\left(\frac{\sqrt{2}}{2}\right)=\ln(2+\sqrt{2})$.

§8.4 函数展开成幂级数

一、泰勒级数

在应用中,将已知函数 $f(x)$用幂级数表示出来是十分有用的,现在我们来讨论如何将函数 $f(x)$表示为幂级数.

设 $f(x)$在含 $x=0$ 的某区间内具有任意阶的导数,且 $f(x)$表示为

$$f(x)=a_0+a_1x+a_2x^2+\cdots+a_nx^n+a_{n+1}x^{n+1}+\cdots,$$

右端级数的收敛半径 $R>0$. 由于幂级数在 $(-R,R)$ 内可以逐项微分,并且逐项微分后得到的仍然是幂级数,收敛半径也是 R,于是在 $(-R,R)$ 内又可以再一次逐项微分. 如此继续下去,可得

$$f'(x)=a_1+2a_2x+3a_3x^2+\cdots+na_nx^{n-1}+(n+1)a_{n+1}x^n+\cdots,$$

$$f''(x)=2a_2+3\cdot 2a_3x+\cdots+n(n-1)a_nx^{n-2}+(n+1)na_{n+1}x^{n-1}+\cdots,$$

$$\cdots,$$

$$f^{(n)}(x)=n!a_n+(n+1)n(n-1)\cdot\cdots\cdot 2a_{n+1}x+\cdots,$$

$$\cdots,$$

在 $f(x),f'(x),\cdots,f^{(n)}(x)$ 中以 $x=0$ 代入便得

$$a_0=f(0),a_1=\frac{f'(0)}{1!},a_2=\frac{f''(0)}{2!},\cdots,a_n=\frac{f^{(n)}(0)}{n!},\cdots,$$

所以 $f(x)=f(0)+\frac{f'(0)}{1!}x+\frac{f''(0)}{2!}x^2+\cdots+\frac{f^{(n)}(0)}{n!}x^n+\cdots.$

右端的级数称为 $f(x)$ 的麦克劳林级数.

类似地可以证明,若 $f(x)$ 可以表示为 $x-x_0$ 的幂级数:

$$f(x)=a_0+a_1(x-x_0)+a_2(x-x_0)^2+\cdots+a_n(x-x_0)^n+a_{n+1}(x-x_0)^{n+1}+\cdots,$$

则 $a_0=f(x_0),a_1=\frac{f'(x_0)}{1!},a_2=\frac{f''(x_0)}{2!},\cdots,a_n=\frac{f^{(n)}(x_0)}{n!},\cdots,$

于是 $f(x)=f(x_0)+\frac{f'(x_0)}{1!}(x-x_0)+\frac{f''(x_0)}{2!}(x-x_0)^2+\cdots+\frac{f^{(n)}(x_0)}{n!}(x-x_0)^n+\cdots.$

右端的级数称为 $f(x)$ 的泰勒级数.

若 $f(x)$ 可以用幂级数表示,则其表示式是唯一的,且一定是泰勒级数.

显然,$f(x)$ 的泰勒级数在 $x=x_0$ 处收敛于 $f(x_0)$,而对其他的 x 的值 $f(x)$ 的泰勒级数是否收敛? 其和函数是什么函数? 我们给出下面两个定理.

定理 1(泰勒公式) 设 $f(x)$ 在含 x_0 的某邻域 $U(x_0,\delta)$ 内具有直到 $n+1$ 阶的导数,则当 $x\in U(x_0,\delta)$ 时,$f(x)$ 可以表示为一个 n 次多项式 $P_n(x)$ 与余项 $R_n(x)$ 的和,即

$$\begin{aligned}f(x)&=P_n(x)+R_n(x)\\&=f(x_0)+f'(x_0)(x-x_0)+\frac{f''(x_0)}{2!}(x-x_0)^2+\cdots+\\&\quad\frac{f^{(n)}(x_0)}{n!}(x-x_0)^n+\frac{f^{(n+1)}(\xi)}{(n+1)!}(x-x_0)^{n+1},\end{aligned}$$

其中 ξ 在 x_0 与 x 之间.

定理 2 设 $f(x)$ 在含 x_0 的某邻域 $U(x_0,\delta)$ 内具有任意阶导数,则 $f(x)$ 在该邻域内能展开为泰勒级数的充要条件是 $f(x)$ 的泰勒公式中的余项满足:$\lim\limits_{n\to\infty}R_n(x)=0(x\in U(x_0,\delta))$.

二、函数展开成幂级数

由定理 2,函数 $f(x)$ 展开成幂级数的步骤为:

(1) 求 $f(x)$ 的各阶导数,$f'(x),f''(x),\cdots,f^{(n)}(x),\cdots$;

(2) 写出 $\sum\limits_{n=0}^{\infty}\dfrac{f^{(n)}(x_0)}{n!}(x-x_0)^n$,求出收敛半径,写出余项 $R_n(x)$;

(3) 在收敛域 $(-R,R)$ 内,讨论 $\lim\limits_{n\to\infty}R_n(x)$ 是否为 0,若是,则可得幂级数:

$$f(x)=\sum_{n=0}^{\infty}\frac{f^{(n)}(x_0)}{n!}(x-x_0)^n.$$

例 1 将函数 $f(x)=\mathrm{e}^x$ 展开成 x 的幂级数.

解 由于 $f^{(n)}(x)=\mathrm{e}^x(n=1,2,\cdots)$,则

$$f(0)=f^{(n)}(0)=1(n=1,2,\cdots),$$

于是得级数

$$1+x+\frac{x^2}{2!}+\cdots+\frac{x^n}{n!}+\cdots,$$

可知它的收敛半径 $R=+\infty$.

又 $|R_n(x)|=\left|\dfrac{\mathrm{e}^{\xi}}{(n+1)!}x^{n+1}\right|<\mathrm{e}^{|x|}\dfrac{|x|^{n+1}}{(n+1)!}$($\xi$ 在 0 与 x 之间),

因 $\mathrm{e}^{|x|}$ 有界,$\dfrac{|x|^{n+1}}{(n+1)!}$ 是收敛级数 $\sum\limits_{n=0}^{\infty}\dfrac{|x|^{n+1}}{(n+1)!}$ 的一般项,所以 $\lim\limits_{n\to\infty}\dfrac{|x|^{n+1}}{(n+1)!}=0$,从而 $\lim\limits_{n\to\infty}R_n(x)=0$.

于是得展开式

$$\mathrm{e}^x=1+x+\frac{x^2}{2!}+\cdots+\frac{x^n}{n!}+\cdots,-\infty<x<+\infty.$$

例 2 将函数 $f(x)=\sin x$ 展开成 x 的幂级数.

解 由于 $f^{(n)}(x)=\sin\left(x+\dfrac{n\pi}{2}\right)(n=1,2,\cdots)$,$f(0)=0$,将 $x=0$ 依次代入,$f^{(n)}(0)$ 顺序循环地取 $0,1,0,-1,\cdots,n=1,2,\cdots$. 于是得级数

$$x-\frac{x^3}{3!}+\frac{x^5}{5!}-\cdots+(-1)^{n-1}\frac{x^{2n-1}}{(2n-1)!}+\cdots,$$

可知它的收敛半径 $R=+\infty$.

又 $|R_n(x)|=\left|\dfrac{\sin\left[\xi+\dfrac{(n+1)\pi}{2}\right]}{(n+1)!}x^{n+1}\right|\leqslant\dfrac{|x|^{n+1}}{(n+1)!}$($\xi$ 在 0 与 x 之间).

因$\dfrac{|x|^{n+1}}{(n+1)!}$是收敛级数$\sum\limits_{n=0}^{\infty}\dfrac{|x|^{n+1}}{(n+1)!}$的一般项,所以$\lim\limits_{n\to\infty}R_n(x)=0$. 于是得展开式

$$\sin x=x-\frac{x^3}{3!}+\frac{x^5}{5!}-\cdots+(-1)^{n-1}\frac{x^{2n-1}}{(2n-1)!}+\cdots,-\infty<x<+\infty.$$

例 3 将函数 $f(x)=\cos x$ 展开成 x 的幂级数.

解 因为 $\sin x=x-\dfrac{x^3}{3!}+\dfrac{x^5}{5!}-\cdots+(-1)^{n-1}\dfrac{x^{2n-1}}{(2n-1)!}+\cdots$,

在 $\sin x$ 的收敛区间$(-\infty,+\infty)$内对上式的两边逐项求导,得到

$$\cos x=1-\frac{x^2}{2!}+\frac{x^4}{4!}-\frac{x^6}{6!}+\cdots+(-1)^n\frac{x^{2n}}{(2n)!}+\cdots,-\infty<x<+\infty.$$

由以上方法我们可以得到下面几个常用初等函数的幂级数展开式:

(1) $e^x=\sum\limits_{n=0}^{\infty}\dfrac{x^n}{n!}$, $x\in\mathbf{R}$;

(2) $\sin x=\sum\limits_{n=0}^{\infty}(-1)^n\dfrac{x^{2n+1}}{(2n+1)!}$, $x\in\mathbf{R}$;

(3) $\cos x=\sum\limits_{n=0}^{\infty}(-1)^n\dfrac{x^{2n}}{(2n)!}$, $x\in\mathbf{R}$;

(4) $\ln(1+x)=\sum\limits_{n=0}^{\infty}(-1)^n\dfrac{x^{n+1}}{n+1}$, $x\in(-1,1]$;

(5) $(1+x)^\alpha=1+\alpha x+\dfrac{\alpha(\alpha-1)}{2!}x^2+\cdots+\dfrac{\alpha(\alpha-1)(\alpha-2)\cdots(\alpha-n+1)}{n!}+\cdots$, $x\in(-1,1)$;

(6) $\dfrac{1}{1-x}=\sum\limits_{n=0}^{\infty}x^n$, $x\in(-1,1)$.

利用以上公式和级数的四则运算与分析性质(逐项微分与逐项积分),可将某些函数展开成幂级数.

例 4 把下列函数展开为 x 的幂级数:

(1) $\sin^3x$; (2) $x\arctan x-\ln\sqrt{1+x^2}$.

解 (1) 由 $\sin^3x=\dfrac{3}{4}\sin x-\dfrac{1}{4}\sin 3x$,得

$$\sin^3 x=\frac{3}{4}\sum_{n=0}^{\infty}\frac{(-1)^n}{(2n+1)!}x^{2n+1}-\frac{1}{4}\sum_{n=0}^{\infty}\frac{(-1)^n}{(2n+1)!}(3x)^{2n+1}$$

$$=\frac{3}{4}\sum_{n=1}^{\infty}\frac{(-1)^n(3^{2n}-1)}{(2n+1)!}x^{2n+1},\quad x\in(-\infty,+\infty).$$

(2) 由$(x\arctan x-\ln\sqrt{1+x^2})''=\dfrac{1}{1+x^2}$,得

$$x\arctan x-\ln\sqrt{1+x^2}=\int_0^x\left[\int_0^x\sum_{n=0}^{\infty}(-1)^n x^{2n}\mathrm{d}x\right]\mathrm{d}x$$

$$=\int_0^x\left[\sum_{n=0}^{\infty}\frac{(-1)^n}{2n+1}x^{2n+1}\right]\mathrm{d}x$$

$$=\sum_{n=0}^{\infty}\frac{(-1)^n}{(2n+1)(2n+2)}x^{2n+2}$$

$$=\sum_{n=1}^{\infty}\frac{(-1)^{n-1}}{2n(2n-1)}x^{2n},\quad x\in[-1,1].$$

若令 $x=1$,得$\displaystyle\sum_{n=1}^{\infty}\frac{(-1)^{n-1}}{n(2n-1)}=\frac{\pi}{2}-\ln 2$.

例 5 设 $f(x)=\begin{cases}\dfrac{1+x^2}{x}\arctan x, & x\neq 0,\\ 1, & x=0.\end{cases}$ 试将 $f(x)$展开为 x 的幂级数,并求级数 $\displaystyle\sum_{n=1}^{\infty}\frac{(-1)^n}{1-4n^2}$ 的和.

解 因为 $(\arctan x)'=\dfrac{1}{1+x^2}=\displaystyle\sum_{n=0}^{\infty}(-1)^n\cdot x^{2n}$, $x\in\mathbf{R}$,

所以 $$\arctan x=\sum_{n=0}^{\infty}\frac{(-1)^n}{2n+1}x^{2n+1}.$$

于是,当 $x\neq 0$ 时,

$$f(x)=\frac{1+x^2}{x}\arctan x=\frac{1+x^2}{x}\sum_{n=0}^{\infty}\frac{(-1)^n}{2n+1}x^{2n+1}$$

$$=\sum_{n=0}^{\infty}\frac{(-1)^n}{2n+1}x^{2n}+x^2\sum_{n=0}^{\infty}\frac{(-1)^n}{2n+1}x^{2n}$$

$$=1+\sum_{n=1}^{\infty}\frac{(-1)^n}{2n+1}x^{2n}+\sum_{n=1}^{\infty}\frac{(-1)^{n-1}}{2n-1}x^{2n},$$

$$=1+\sum_{n=1}^{\infty}\frac{(-1)^n\cdot 2x^{2n}}{1-4n^2},$$

从而 $\quad \dfrac{f(x)-1}{2}=\sum\limits_{n-1}^{\infty}\dfrac{(-1)^n\cdot x^{2n}}{1-4n^2}$,

所以 $\quad \sum\limits_{n=1}^{\infty}\dfrac{(-1)^n}{1-4n^2}=\dfrac{f(1)-1}{2}=\dfrac{2\arctan 1-1}{2}=\dfrac{2\times\dfrac{\pi}{4}-1}{2}=\dfrac{\pi}{4}-\dfrac{1}{2}$.

例 6 将$\dfrac{\mathrm{d}}{\mathrm{d}x}\left(\dfrac{\mathrm{e}^x-1}{x}\right)$展开为 x 的幂级数,并证明 $\sum\limits_{n=1}^{\infty}\dfrac{n}{(n+1)!}=1$.

解 因为
$$\mathrm{e}^x=\sum_{n=0}^{\infty}\frac{x^n}{n!},x\in\mathbf{R},$$

所以
$$\frac{\mathrm{e}^x-1}{x}=\sum_{n=0}^{\infty}\frac{x^n}{(n+1)!}(x\neq 0).$$

上式逐项求导得
$$\frac{\mathrm{d}}{\mathrm{d}x}\left(\frac{\mathrm{e}^x-1}{x}\right)=\sum_{n=1}^{\infty}\frac{nx^{n-1}}{(n+1)!}.$$

设 $f(x)=\dfrac{\mathrm{d}}{\mathrm{d}x}\left(\dfrac{\mathrm{e}^x-1}{x}\right)$,则
$$\sum_{n=1}^{\infty}\frac{n}{(n+1)!}=f(1)=\frac{\mathrm{d}}{\mathrm{d}x}\left(\frac{\mathrm{e}^x-1}{x}\right)\bigg|_{x=1}=\frac{x\mathrm{e}^x-(\mathrm{e}^x-1)}{x^2}\bigg|_{x=1}=1.$$

例 7 将函数 $f(x)=\dfrac{1}{(2-x)^2}$ 展开为 x 的幂级数.

解 因为$\dfrac{1}{2-x}=\dfrac{1}{2}\cdot\dfrac{1}{1-\dfrac{x}{2}}=\dfrac{1}{2}\sum\limits_{n=0}^{\infty}\left(\dfrac{x}{2}\right)^n,x\in(-2,2)$,

由幂级数的性质,两边求导得
$$\frac{1}{(2-x)^2}=\frac{1}{2}\sum_{n=1}^{\infty}\frac{nx^{n-1}}{2^n}=\sum_{n=1}^{\infty}\frac{nx^{n-1}}{2^{n+1}},x\in(-2,2).$$

习 题 八

1. 判断题:

(1) 若$\sum\limits_{n=1}^{\infty}u_n$ 收敛,则$\lim\limits_{n\to\infty}u_n=0$. ( )

(2) 若$\sum\limits_{n=1}^{\infty}u_n$ 收敛,$\sum\limits_{n=1}^{\infty}v_n$ 发散,则$\sum\limits_{n=1}^{\infty}(u_n+v_n)$ 发散. ( )

(3) 级数加括号后不改变其敛散性. ( )

(4) 级数收敛的充要条件是前 n 项和构成的数列$\{s_n\}$ 有界. ( )

2. 选择题：

(1) 当 $\sum_{n=1}^{\infty}(a_n+b_n)$ 收敛时，$\sum_{n=1}^{\infty}a_n$ 与 $\sum_{n=1}^{\infty}b_n$ （ ）

A. 必同时收敛　　B. 必同时发散

C. 可能不同时收敛　　D. 不可能同时收敛

(2) 关于 $y=\sum_{n=0}^{\infty}\frac{x^n}{(n!)^2}$，则 $xy''+y'$ 等于 （ ）

A. y　　B. $2y'$　　C. y''　　D. 0

3. 证明级数 $\frac{1}{1\cdot 6}+\frac{1}{6\cdot 11}+\frac{1}{11\cdot 16}+\cdots+\frac{1}{(5n-4)\cdot(5n+1)}+\cdots$ 收敛，并求其和.

4. 已知级数 $\sum_{n=1}^{\infty}u_n$，且其前 $2n$ 项的部分和 $s_{2n}\to a(n\to\infty)$，$u_n\to 0(n\to\infty)$，试证：级数 $\sum_{n=1}^{\infty}u_n$ 收敛，且其和为 $s=a$.

5. 判别下列正项级数的敛散性：

(1) $\sum_{n=1}^{\infty}\frac{1}{\sqrt{n(n^2+1)}}$；　(2) $\sum_{n=1}^{\infty}\frac{1}{\sqrt[3]{n^2-1}}$；　(3) $\sum_{n=1}^{\infty}\frac{1}{n\cdot n!}$；

(4) $\sum_{n=1}^{\infty}\ln\left(1+\frac{1}{n}\right)$；　(5) $\sum_{n=1}^{\infty}\frac{n}{2^{n-1}}$；　(6) $\sum_{n=1}^{\infty}\frac{n!}{n^n}$；

(7) $\sum_{n=1}^{\infty}\frac{5^n}{n^5}$；　(8) $\sum_{n=1}^{\infty}\frac{3n^n}{(1+n)^n}$.

6. 判别下列级数的敛散性：

(1) $\sum_{n=1}^{\infty}\frac{2n+1}{n!2^n}$；　(2) $\sum_{n=1}^{\infty}\int_0^1 x^2(1-x)^n\mathrm{d}x$.

7. 判别下列交错级数的敛散性：

(1) $\sum_{n=1}^{\infty}(-1)^{n-1}\frac{1}{n}$；　(2) $\sum_{n=1}^{\infty}(-1)^{n-1}\frac{(2n-1)!!}{(2n)!!}$.

8. 判别下列级数的敛散性，如果收敛，是条件收敛还是绝对收敛：

(1) $\sum_{n=1}^{\infty}(-1)^n\frac{1}{n^p}$；　(2) $\sum_{n=1}^{\infty}(-1)^{n+1}\ln\frac{n}{n+1}$.

9. 讨论下列变号级数的绝对收敛性：

(1) $\sum_{n=1}^{\infty}\frac{(-1)^{\frac{n(n+1)}{2}}}{2^n}$；　(2) $\sum_{n=1}^{\infty}\frac{\sin\frac{n\pi}{4}}{n^2}$.

10. 讨论级数 $\sum_{n=0}^{\infty} \frac{1}{1+a^n}$ 当 a 满足什么条件时收敛.

11. 判断题:

(1) 若正项级数 $\sum_{n=1}^{\infty} u_n$ 收敛,则级数 $\sum_{n=1}^{\infty} \sqrt{u_n u_{n+1}}$ 也收敛. ( )

(2) 若 $u_n, v_n > 0$,且 $\lim_{n\to\infty} \frac{u_n}{v_n} = l(0 < l < \infty)$ 则 $\sum_{n=1}^{\infty} u_n$ 和 $\sum_{n=1}^{\infty} v_n$ 有相同的收敛性. ( )

12. 选择题:

(1) 级数 $\sum_{n=1}^{\infty} a_n^2$ 收敛是级数 $\sum_{n=1}^{\infty} a_n^4$ 收敛的 ( )

A. 充分而不必要条件　　B. 必要而不充分条件
C. 充要条件　　D. 既非充分也非必要条件

(2) $\sum_{n=1}^{\infty} a_n$ 为任意项级数,若 $|a_n| < |a_{n+1}|$ 且 $\lim_{n\to\infty} a_n = 0$,则该级数 ( )

A. 条件收敛　　B. 绝对收敛　　C. 发散　　D. 敛散性不确定

13. 求幂级数 $\sum_{n=1}^{\infty} \frac{2^n}{n} x^n$ 的收敛半径,并讨论收敛区间.

14. 求下列幂级数的收敛区间:

(1) $\sum_{n=1}^{\infty} \frac{n^2 x^n}{n^3+1}$;　　(2) $\sum_{n=1}^{\infty} \frac{3^n+5^n}{n} x^n$;

(3) $\sum_{n=1}^{\infty} n!\left(\frac{x}{n}\right)^n$;　　(4) $\sum_{n=0}^{\infty} \frac{x^n}{n^p}(0 < p \leqslant 1)$;

(5) $\sum_{n=1}^{\infty} \frac{(-1)^{n+1}}{(2n-1)(2n-1)!} x^{2n-1}$;　　(6) $\sum_{n=1}^{\infty} \frac{(-1)^n}{n \cdot 4^n}(x-1)^{2n}$.

15. 利用逐项求导或逐项积分,求下列级数的和函数:

(1) $\sum_{n=1}^{\infty} \frac{x^{4n+1}}{4n+1}$;　　(2) $x + \frac{x^3}{3} + \frac{x^5}{5} + \cdots + \frac{x^{2n+1}}{2n+1} + \cdots$.

16. 填空题:

(1) 若 $\frac{1}{3+x} = \sum_{n=0}^{\infty} a_n (x-1)^n$,其中 $|x-1| < 4$,则 $a_n =$ ________;

(2) $\int_0^x \cos t^2 \mathrm{d}t$ 的麦克劳林级数为 ________.

17. 将函数 $f(x) = \frac{1}{x^2+3x+2}$ 展成 $(x+4)$ 的幂级数.

18. 将下列函数展开成在指定点的幂级数，并求出其收敛区间：

(1) $f(x)=\sin^2 x$（$x=0$ 处）；　　(2) $f(x)=\ln x$（$x=1$ 处）.

19. 求下列幂级数的和函数：

(1) $\sum\limits_{n=1}^{\infty} n x^n$；　　(2) $\sum\limits_{n=1}^{\infty}(-1)^{n-1}\dfrac{x^n}{n}$；　　(3) $\sum\limits_{n=1}^{\infty}\dfrac{x^n}{n(n+1)}$.

20. 求级数 $\sum\limits_{n=1}^{\infty}\dfrac{n^2+1}{n}x^{2n}$（$|x|<1$）在收敛区间内的和函数，并求 $\sum\limits_{n=1}^{\infty}\dfrac{n^2+1}{n\cdot 2^n}$ 的和.

21. 求幂级数 $\sum\limits_{n=1}^{\infty}\dfrac{2n-1}{2^n}x^{2n-2}$ 的收敛域及和函数.

22. 求数项级数 $\sum\limits_{n=0}^{\infty}\dfrac{1}{(n+1)2^n}$ 的和.

习题课

内容小结

(1) 无穷级数收敛与发散的概念、性质.

(2) 正项级数和交错级数的审敛法.

(3) 绝对收敛和条件收敛的概念及判定方法.

(4) 幂级数的收敛域与和函数的求法.

(5) 函数展开成幂级数.

典型例题

例 1　判别下列级数的敛散性：

(1) $\sum\limits_{n=1}^{\infty}\dfrac{(a+1)(2a+1)\cdots(na+1)}{(b+1)(2b+1)\cdots(nb+1)}(a>0,b>0)$；

(2) $\sum\limits_{n=1}^{\infty}\int_0^{\frac{1}{n}}\dfrac{\sqrt[3]{x}}{1+x^2}\mathrm{d}x$；

(3) $\sum\limits_{n=1}^{\infty}\dfrac{n^{n-1}}{(2n^2+n+1)^{\frac{n+1}{2}}}$；

(4) $\sum\limits_{n=1}^{\infty}\dfrac{(-1)^{n-1}}{n^2}\sin\dfrac{\sqrt{n}}{n+1}$.

解　(1) 用比值审敛法可约去许多因子. 因为 $\lim\limits_{n\to\infty}\dfrac{u_{n+1}}{u_n}=\dfrac{a}{b}$，所以当 $a<b$ 时，级数收敛；当 $a\geqslant b$ 时，级数发散.

(2) 方法一：显见 $u_n>0$，且 $u_n=\int_0^{\frac{1}{n}}\frac{\sqrt[3]{x}}{1+x^2}\mathrm{d}x\leqslant\int_0^{\frac{1}{n}}\sqrt[3]{x}\mathrm{d}x=\frac{3}{4n^{\frac{4}{3}}}$.

因为级数 $\sum_{n=1}^{\infty}\frac{1}{n^{\frac{4}{3}}}$ 收敛，所以级数 $\sum_{n=1}^{\infty}\frac{2}{4n^{\frac{4}{3}}}$ 收敛，由比较法知原级数收敛.

方法二：设 u_n 与$\frac{1}{n^p}$ 同阶，p 待定，则有

$$\lim_{n\to\infty}\frac{u_n}{\frac{1}{n^p}}=\lim_{n\to\infty}\frac{\int_0^{\frac{1}{n}}\frac{\sqrt[3]{x}}{1+x^2}\mathrm{d}x}{\frac{1}{n^p}}=\lim_{t\to0}\frac{\int_0^{t}\frac{\sqrt[3]{x}}{1+x^2}\mathrm{d}x}{t^p}=\lim_{t\to0}\frac{\frac{\sqrt[3]{t}}{1+t^2}}{pt^{p-1}}=\lim_{t\to0}\frac{\sqrt[3]{t}}{pt^{p-1}}.$$

取 $p=\frac{4}{3}$，得$\lim\limits_{n\to\infty}\frac{u_n}{\frac{1}{n^p}}=\frac{3}{4}$，所以级数$\sum\limits_{n=1}^{\infty}u_n$ 与级数$\sum\limits_{n=1}^{\infty}\frac{1}{n^{\frac{4}{3}}}$ 具有相同的敛散性，从而原级数收敛.

(3) 因为

$$\sqrt[n]{u_n}=\frac{n^{\frac{n-1}{n}}}{(2n^2+n+1)^{\frac{1}{2}+\frac{1}{2n}}}=\frac{n\cdot n^{-\frac{1}{n}}}{n\cdot n^{\frac{1}{n}}\left(2+\frac{1}{n}+\frac{1}{n^2}\right)^{\frac{1}{2}+\frac{1}{2n}}}\to\frac{1}{\sqrt{2}}<1(n\to\infty),$$

由根值审敛法，原级数收敛.

(4) 因为 $\left|\frac{(-1)^{n-1}}{n^2}\sin\frac{\sqrt{n}}{n+1}\right|\leqslant\frac{1}{n^2}$，由比较法知，原级数绝对收敛.

例 2 判断级数$\sum\limits_{n=1}^{\infty}\left[\ln\left(1+\frac{1}{n}\right)-\frac{1}{n}\right]$的敛散性.

解 因为 $\frac{1}{n+1}<\ln\left(1+\frac{1}{n}\right)<\frac{1}{n}$，

所以 $0<\frac{1}{n}-\ln\left(1+\frac{1}{n}\right)<\frac{1}{n}-\frac{1}{1+n}<\frac{1}{n^2}$.

又 p 级数$\sum\limits_{n=1}^{\infty}\frac{1}{n^2}$ 收敛，由比较法知原级数收敛.

例 3 求下列幂级数的收敛区间：

(1) $\sum\limits_{n=1}^{\infty}\left[\left(\frac{n+1}{n}\right)^n x\right]^n$； (2) $\sum\limits_{n=1}^{\infty}\frac{3^n+(-2)^n}{n}(x+1)^n$.

解 (1) 因为$\rho=\lim\limits_{n\to\infty}\sqrt[n]{|a_n|}=\mathrm{e}$，所以$R=\frac{1}{\mathrm{e}}$，所以收敛区间为$\left(-\frac{1}{\mathrm{e}},\frac{1}{\mathrm{e}}\right)$.

(2) 设 $t=x+1$，因为 $\rho=\lim\limits_{n\to\infty}\frac{a_{n+1}}{a_n}=3$，所以 $R=\frac{1}{3}$，所以当$-\frac{1}{3}<t<\frac{1}{3}$

时,级数$\sum\limits_{n=1}^{\infty}\dfrac{3^n+(-2)^n}{n}t^n$收敛,所以原级数的收敛区间为$\left(-\dfrac{4}{3},-\dfrac{2}{3}\right)$.

例 4 将函数$\ln\sqrt{\dfrac{1+x}{1-x}}$展开成$x$的幂级数.

解 设$f(x)=\ln\sqrt{\dfrac{1+x}{1-x}}$,则

$$f(x)=\frac{1}{2}\ln(1+x)-\frac{1}{2}\ln(1-x).$$

而

$$\ln(1+x)=\int_0^x\frac{1}{1+x}\mathrm{d}x=\int_0^x\sum_{n=0}^{\infty}(-1)^n\mathrm{d}x=\sum_{n=0}^{\infty}\frac{(-1)^n\cdot x^{n+1}}{n+1}$$

$$=\sum_{n=1}^{\infty}\frac{(-1)^{n-1}x^n}{n},x\in(-1,1],$$

$$\ln(1-x)=-\int_0^x\frac{1}{1-x}\mathrm{d}x=-\int_0^x\sum_{n=0}^{\infty}x^n\mathrm{d}x$$

$$=-\sum_{n=0}^{\infty}\frac{x^{n+1}}{n+1}=-\sum_{n=1}^{\infty}\frac{x^n}{n},x\in[-1,1),$$

所以

$$f(x)=\frac{1}{2}\sum_{n=1}^{\infty}\frac{(-1)^{n-1}}{n}\cdot x^n+\frac{1}{2}\sum_{n=1}^{\infty}\frac{x^n}{x}=\frac{1}{2}\sum_{n=1}^{\infty}\left(\frac{(-1)^{n-1}}{n}\cdot x^n+\frac{x^n}{n}\right)$$

$$=\sum_{n=0}^{\infty}\frac{x^{2n+1}}{2n+1},\ x\in(-1,1).$$

例 5 (1) 把$f(x)=\ln\dfrac{1}{x^2-2x+2}$在点$x_0=1$的邻域内展开成泰勒级数;

(2) 把$f(x)=\dfrac{1}{(3-x)^2}$在点$x_0=1$的邻域内展开成泰勒级数.

解 (1) 设$f(x)=\ln\dfrac{1}{x^2-2x+1}$,则

$f(x)=-\ln(x^2-2x+2)=-\ln[1+(x-1)^2]$.

令$y=(x-1)^2$,则

$$f(x)=-\ln(1+y)=\sum_{n=1}^{\infty}(-1)^n\frac{y^n}{n}=\sum_{n=1}^{\infty}(-1)^n\frac{(x-1)^{2n}}{n},\ x\in[0,2].$$

(2)

$$f(x)=\frac{1}{(3-x)^2}\xlongequal{\text{令 }y=\frac{x-1}{2}}\frac{1}{4(1-y)^2}=\frac{1}{4}\cdot\left(\frac{1}{1-y}\right)'$$

$$=\frac{1}{4}\left(\sum_{n=0}^{\infty}y^n\right)'=\frac{1}{4}\sum_{n=1}^{\infty}n\cdot y^{n-1}=\frac{1}{4}\sum_{n=1}^{\infty}n\cdot\left(\frac{x-1}{2}\right)^{n-1}$$

$$=\sum_{n=0}^{\infty}\frac{n+1}{2^{n+2}}\cdot(x-1)^n,\ x\in(-1,3).$$

例 6 确定级数$\sum\limits_{n=1}^{\infty}nx^{2n-1}$的收敛域,并求其和.

解 因为$\lim\limits_{n\to\infty}\left|\frac{(n+1)x^{2n+1}}{nx^{2n-1}}\right|=x^2$,由比值审敛法,当$|x^2|<1$时级数$\sum\limits_{n=1}^{\infty}nx^{2n-1}$收敛,当$|x^2|>1$时级数$\sum\limits_{n=1}^{\infty}nx^{2n-1}$发散.所以原级数的收敛半径为$R=1$.又因为$\lim\limits_{n\to\infty}n(\pm1)^{2n-1}\neq0$,所以级数$\sum\limits_{n=1}^{\infty}nx^{2n-1}$在$x=\pm1$处发散,从而原级数的收敛域为$(-1,1)$.

设$s(x)=\sum\limits_{n=1}^{\infty}nx^{2n-1}$, $x\in(-1,1)$,令$y=x^2$,则

$$xs(x)=y\sum_{n=1}^{\infty}ny^{n-1}=y\left(\int_0^y\sum_{n=1}^{\infty}ny^{n-1}\mathrm{d}y\right)'=y\left(\sum_{n=1}^{\infty}\int_0^y ny^{n-1}\mathrm{d}y\right)'=y\left(\sum_{n=1}^{\infty}y^n\right)'$$

$$=y\left(\frac{y}{1-y}\right)'=\frac{y}{(1-y)^2},y\in[0,1).$$

所以,当$x\neq0$时,$s(x)=\frac{x}{(1-x^2)^2}$,由$s(x)$的连续性,得$s(0)=0$.

所以$s(x)=\frac{x}{(1-x^2)^2},x\in(-1,1)$.

例 7 求级数$\sum\limits_{n=1}^{\infty}\frac{x^{2^n-1}}{1-x^{2^n}}$的和.

解 $u_k(x)=\frac{x^{2^{k-1}}}{1-x^{2^k}}=\frac{x^{2^{k-1}}(1+x^{2^{k-1}})-x^{2^k}}{(1+x^{2^{k-1}})(1-x^{2^{k-1}})}=\frac{x^{2^{k-1}}}{1-x^{2^{k-1}}}-\frac{x^{2^k}}{1-x^{2^k}}$,

故
$$s_n(x)=\sum_{k=1}^{\infty}\left(\frac{x^{2^{k-1}}}{1-x^{2^{k-1}}}-\frac{x^{2^k}}{1-x^{2^k}}\right)=\frac{x}{1-x}-\frac{x^{2n}}{1-x^{2n}}.$$

当$n\to\infty$时,若$|x|<1$,则$x^{2n}\to0$,所以$s(x)=\frac{1}{1-x},x\in(-1,1)$.

例 8 设$|a|<1$,证明下列等式:

(1) $\sum\limits_{n=1}^{\infty}na^{n-1}=\left(\sum\limits_{n=1}^{\infty}a^{n-1}\right)^2=\frac{1}{(1-a)^2}$;

(2) $\sum\limits_{n=1}^{\infty}\frac{n(n+1)}{2}a^{n-1}=\left(\sum\limits_{n=1}^{\infty}a^{n-1}\right)^3=\frac{1}{(1-a)^3}$.

证 (1) 当 $|x|<1$ 时，$\frac{1}{1-x}=\sum_{n=0}^{\infty}x^n$，则 $\left(\frac{1}{1-x}\right)^2=\sum_{n=1}^{\infty}nx^{n-1}$.

当 $x=a$ 时，得 $\sum_{n=1}^{\infty}na^{n-1}=\left(\frac{1}{1-a}\right)^2=\left(\sum_{n=1}^{\infty}a^{n-1}\right)^2$.

(2) 由(1)知 $\frac{1}{(1-x)^2}=\sum_{n=1}^{\infty}nx^{n-1}=\sum_{n=0}^{\infty}(n+1)x^n$，$|x|<1$，

两边求导得 $\frac{2}{(1-x)^3}=\sum_{n=1}^{\infty}n(n+1)x^{n-1}$，$|x|<1$.

当 $x=a$ 时，得 $\sum_{n=1}^{\infty}\frac{n(n+1)}{2}a^{n-1}=\left(\sum_{n=1}^{\infty}a^{n-1}\right)^3=\frac{1}{(1-a)^3}$.

所以 $\sum_{n=1}^{\infty}\frac{n(n+1)}{2}a^{n-1}=\left(\sum_{n=1}^{\infty}a^{n-1}\right)^3=\frac{1}{(1-a)^3}$.

复习题八

1. 填空题：

(1) $1-\frac{1}{3}+\frac{1}{2}-\frac{1}{9}+\cdots+\frac{1}{2^{n-1}}-\frac{1}{3^n}+\cdots=$ ________；

(2) $\sum_{n=1}^{\infty}(\sqrt{n+2}-2\sqrt{n+1}+\sqrt{n})=$ ________；

(3) $\frac{1}{2}+\frac{3}{2^2}+\cdots+\frac{2n-1}{2^n}+\cdots=$ ________；

(4) $\sum_{n=0}^{\infty}\frac{x^n}{\sqrt{1+\sqrt{n}}}$ 的收敛域是________；

(5) $\lim_{n\to\infty}\frac{2^n n!}{n^n}=$ ________.

2. 选择题：

(1) 若级数 $\sum_{n=1}^{\infty}(-1)^{n+1}a_n=2$，$\sum_{n=1}^{\infty}a_{2n-1}=5$，则 $\sum_{n=1}^{\infty}a_n$ 等于 (　　)

A. 3　　B. 7　　C. 8　　D. 9

(2) 级数 $\sum_{n=1}^{\infty}(-1)^n\left(1-\cos\frac{\alpha}{n}\right)(\alpha>0)$ (　　)

A. 发散　　B. 条件收敛　　C. 绝对收敛　　D. 敛散性与 α 有关

(3) 设 $a_n=\frac{1}{n^p}\sin\frac{\pi}{n}$，要使级数 $\sum_{n=1}^{\infty}(-1)^n a_n$ 绝对收敛，常数 p 满足 (　　)

A. $p>-1$　　B. $p>0$　　C. $p\geqslant 0$　　D. $p\geqslant -1$

(4) 设 $f(x)=\begin{cases}\dfrac{1-\cos x}{x^2}, & x\neq 0,\\ \dfrac{1}{2}, & x=0.\end{cases}$ 则 $f^{(6)}(0)$ 是　　(　　)

A. 不存在　　B. $-\dfrac{1}{6!}$　　C. $-\dfrac{1}{56}$　　D. $\dfrac{1}{56}$

3. 判别下列级数的敛散性：

(1) $\sum\limits_{n=1}^{\infty}\dfrac{1}{(n+1)(n+3)}$；　(2) $\sum\limits_{n=1}^{\infty}\dfrac{3^n\cdot n^n}{n!}$；　(3) $\sum\limits_{n=1}^{\infty}\dfrac{n^2}{1+n+n^5}$；

(4) $\sum\limits_{n=1}^{\infty}\dfrac{4^n}{5^n-3^n}$；　(5) $\sum\limits_{n=1}^{\infty}\dfrac{q^n n!}{n^n}(q>0)$；　(6) $\sum\limits_{n=1}^{\infty}\dfrac{n^2\sin^2\dfrac{n\pi}{3}}{5^n}$；

(7) $\sum\limits_{n=1}^{\infty}(-1)^{n-1}\dfrac{n\cos\dfrac{2n\pi}{3}}{2^n}$；(8) $\sum\limits_{n=1}^{\infty}(-1)^n\dfrac{\sqrt{2n}}{n+100}$；(9) $\sum\limits_{n=1}^{\infty}\sin\left(n\pi+\dfrac{1}{n^2}\right)$；

(10) $\sum\limits_{n=1}^{\infty}\dfrac{(-1)^{n-1}}{n-\ln n}$.

4. 求下列函数项级数的收敛域：

(1) $\sum\limits_{n=1}^{\infty}\dfrac{(-x)^n}{3^{n-1}\sqrt{n}}$；　(2) $\sum\limits_{n=1}^{\infty}\dfrac{2^n+3^n}{n}x^n$；

(3) $\sum\limits_{n=1}^{\infty}\dfrac{1}{3n+1}\left(\dfrac{1+x}{x}\right)^n$；　(4) $\sum\limits_{n=1}^{\infty}\dfrac{n^2}{x^n}$；

(5) $\sum\limits_{n=1}^{\infty}n^2\left(\dfrac{x}{3}\right)^n$.

5. 求级数 $\sum\limits_{n=1}^{\infty}\dfrac{1}{2^n(2n-1)}$ 的和.

6. 求下列幂级数的和函数：

(1) $\sum\limits_{n=1}^{\infty}\dfrac{2n-1}{3^n}x^{2n-2}$；　(2) $\sum\limits_{n=1}^{\infty}n(n+1)x^n$；

(3) $\sum\limits_{n=1}^{\infty}\dfrac{x^{n-1}}{n(n+1)}$；　(4) $\sum\limits_{n=1}^{\infty}\dfrac{n^2+1}{2^n n!}x^n$.

7. 将函数 $f(x)=\dfrac{1}{(a-x)^2}(a\neq 0)$ 展开为 x 的幂级数.

8. 将函数 $f(x)=x\arctan x-\ln\sqrt{1+x^2}$ 展开为 x 的幂级数.

9. 将函数 $f(x)=\frac{1}{x^2}(xe^x-e^x+1)$ 展开为 x 的幂级数.

10. 将函数 $f(x)=\frac{1}{x^2-2x-3}$ 展开为 x 的幂级数.

11. 将函数 $f(x)=\frac{x}{x^2-2x-3}$ 展开为$(x+4)$的幂级数.

12. 将函数 $f(x)=\ln(2x^2+x-3)$ 展开为$(x-3)$的幂级数.

13. 设 $f(x)=\frac{4x-3}{x^2+x-6}$. 试求：

(1) $f(x)$ 在 $x=1$ 处的泰勒展开式；

(2) $f(x)$ 在 $x=-2$ 处的泰勒展开式；

(3) $f(x)$ 的麦克劳林展开式；

(4) $f^{(5)}(0)$，$f^{(5)}(1)$，$f^{(5)}(-2)$.

第 9 章 概率论基础

本章作为概率理论的基础部分，应用组合分析原理研究概率论的公理化体系，通过大量实例来说明如何计算有关概率，并论述了研究条件概率和事件独立性的一些极其重要的方法. 在古典概型和伯努利概型下的讨论分析，为以后概率论的后续课程和统计学课程打下了一个扎实基础. 概率理论和统计方法广泛应用于科学研究和社会生活中.

§9.1 随机事件与样本空间

一、确定性现象与随机现象

自然界与人类社会中发生的现象是多种多样的，存在两种性质很不相同的现象. 有一类现象，在一定条件下必然发生，如同性电荷必定互相排斥；在标准大气压下，水加热到 100 ℃一定沸腾等. 这类现象称为确定性现象. 还有一类现象，如在相同条件下投掷一枚硬币，其结果是可能正面向上，也可能反面向上；天气预报说后天下雨，实际情况可能有所不同等，只有通过事后观察才能得知确切的结果，这类现象可称为随机现象.

对随机现象的研究需要在某种确定的条件下，对研究对象进行重复的观察或试验. 这里的试验的含义是广义的，可以是各种科学实验，也可以是对生活中某件事情是否发生的持续关注，如禽流感病毒的再次发生，四川地区的多次地震等. 双面硬币或六面骰子的投掷、产品质量检测、交通道路上红绿灯的时间设置等问题都是不同的数学模型，这些都可以称为随机试验，简称试验，用 E 表示.

一般来说，随机现象具有两重性：表面的偶然性与内部蕴含着的必然规律性. 随机现象的偶然性又称为它的随机性. 在一次实验或观察中，结果的不确定性就是随机现象随机性的一面；在相同的条件下进行大量重复实验或观察时呈现出来的规律性是随机现象必然性的一面，称随机现象的必然性为统计规律性.

二、样本空间与随机事件

在随机试验 E 中每一个可能出现的不可分解的最简单的结果称为随机试验的基本事件或样本点，记为 e，而由全体基本事件构成的集合称为样本空间，记为 S.

例如，在一次掷骰子的随机试验中，若用获得的点数来表示基本事件，则所有可能出现的结果有 6 个，样本空间可以表示为 $S=\{1,2,3,4,5,6\}$.

样本空间有时由有限个基本事件组成，事实上还存在着由可数无限以及不可数个基本事件组成的样本空间.

比如，在随机掷硬币试验中考虑直到获得一次反面向上为止，用 H 表示正面，T 表示反面，其样本空间由可数无限个基本事件组成，表示为

$$S=\{\mathrm{T},\mathrm{HT},\mathrm{HHT},\mathrm{HHHT},\mathrm{HHHHT},\cdots\}.$$

又如，将两根筷子随意扔向桌面，其静止后所形成的交角假设为 α，这个随机试验的样本空间可表示为 $S=\{\alpha \mid 0\leqslant\alpha\leqslant\pi\}$.

随机事件是样本空间 S 的子集，它由样本空间 S 中的元素构成，用大写字母 $A,B,C,\cdots$表示，简称事件. 如果随机事件包括样本空间中的所有基本事件，即发生的结果是所有可能结果之一，显然这个事件可称为必然事件，用 S 表示. 随机事件若不包含任何一个基本事件，则称之为不可能事件，常用$\varnothing$表示.

例 1 写出下列随机试验的样本空间：

(1) 记录一个小班一次数学考试的平均分数(以百分制记分，用 n 表示小班人数).

(2) 生产产品直到得到 10 件正品，记录生产产品的总件数.

(3) 对某工厂出厂的产品进行检查，合格的盖上“正品”，不合格的盖上“次品”，若连续查出 2 个次品或检查 4 个产品就停止检查，记录检查的结果. 这里可以将“查出合格品”记为“1”，“查出次品”记为“0”，连续出现两个“0”就停止检查，或查满 4 次才停止检查.

(4) 在一批灯泡中任意抽取一只，测试它使用寿命，设极限寿命为 T(单位:h).

解 (1) $S=\left\{\frac{0}{n},\frac{1}{n},\cdots,\frac{n\times 100}{n}\right\}$，$n$ 表示小班人数；

(2) $S=\{10,11,12,\cdots,n,\cdots\}$；

(3) $S=\{00,100,0100,0101,1010,0110,1100,0111,1011,1101,1110,1111\}$；

(4) $S=\{t\mid 0\leqslant t\leqslant T\}$.

例 2 用集合形式表示下列随机试验的样本空间与随机事件：

(1) 抛掷三枚均匀硬币，观察它出现正面或反面的情况，H 表示正面，T 表示反面. 考虑随机事件 A 表示事件“反面出现三次”，B 表示事件“正面出现次数小于 2”，C 表示事件“正、反面出现次数相等”.

(2) 抛掷两颗骰子，观察出现的可能点数，也记录下两颗骰子的点数之和. 考虑随机事件 A 表示事件“点数之和等于 5”，B 表示事件“点数之和大于或等于 11”.

解 (1) $S=\{\mathrm{HHH},\mathrm{THH},\mathrm{TTH},\mathrm{HTH},\mathrm{HHT},\mathrm{THT},\mathrm{HTT},\mathrm{TTT}\}$，则 $A=\{\mathrm{TTT}\}$，$B=\{\mathrm{TTH},\mathrm{THT},\mathrm{HTT},\mathrm{TTT}\}$，$C=\varnothing$；

(2) $S=\{(i,j)\mid i,j=1,2,3,4,5,6\}$，则

$A=\{(1,4),(2,3),(3,2),(4,1)\}$，$B=\{(5,6),(6,5),(6,6)\}$.

若记录两颗骰子点数之和，则样本空间可表示为

$$S=\{k\mid k=2,3,\cdots,12\}，则\ A=\{5\},B=\{11,12\}.$$

对于同一随机试验，其样本空间形式不一定是唯一的.

三、随机事件之间的关系与运算

随机事件是用集合来表示的，从而事件之间的关系和运算都可以按照集合论中集合的关系和运算来理解和处理，以下给出事件间的关系和运算，更重要的是理解它们在概率论中随机事件的含义.

设随机试验 E 的样本空间是 S，S 的子集 $A,B,A_k(k=1,2,3,\cdots)$ 为随机事件.

1. $A\subset B$ 表示事件 B 包含事件 A，即事件 A 发生必有事件 B 发生. 等价可说事件 B 不发生，事件 A 也不会发生. 显然对任意事件 A 有 $\varnothing\subset A\subset S$ 成立. 若 $A\subset B$ 且 $B\subset A$，则 $A=B$，即称事件 A 与事件 B 等价或相等，实际上此时事件 A 与 B 指同一事件.

2. 事件 $A\cup B$ 表示事件 A 与事件 B 中至少一个发生，称为事件 A 与 B 的和(并)事件，记为 $A\cup B$. 类似有可列个事件的和事件记为 $\bigcup\limits_{k=1}^{\infty}A_k$，表示事件 $A_k(k=1,2,3,\cdots)$ 中至少有一个发生.

3. 事件 $A\cap B$ 表示事件 A 与事件 B 同时发生，称为事件 A 与事件 B 的积(交)事件，记为 $A\cap B$ 或 AB. 类似有可列个事件的积事件记为 $\bigcap\limits_{k=1}^{\infty}A_k$，表示事件 $A_k(k=1,2,3,\cdots)$ 同时发生.

4. 事件 $A-B$ 表示事件 A 发生而事件 B 不发生，称为事件 A 与事件 B 的差事件.

5. 若 $A\cap B=\varnothing$，表示事件 A 与事件 B 不可能同时发生，称事件 A 与事件 B 是互不相容的或互斥的事件.

6. $\overline{A}=S-A$ 表示事件 A 的对立事件，即 A 不发生本身也是一个事件，它与 A 互为逆事件(即对立事件).

用集合文氏图(图 9-1 至图 9-6)可以表示事件之间的关系与事件的运算. 其中正方形表示样本空间 S，小圆表示事件 A，大圆表示事件 B.

例如，在图 9-3 中，两圆的交集部分，即图示阴影部分表示积事件 $A\cap B$.

图 9-1 至图 9-6 分别表示 $A\subset B, A\cup B, A\cap B, A-B, A\cap B=\varnothing, S-A$.

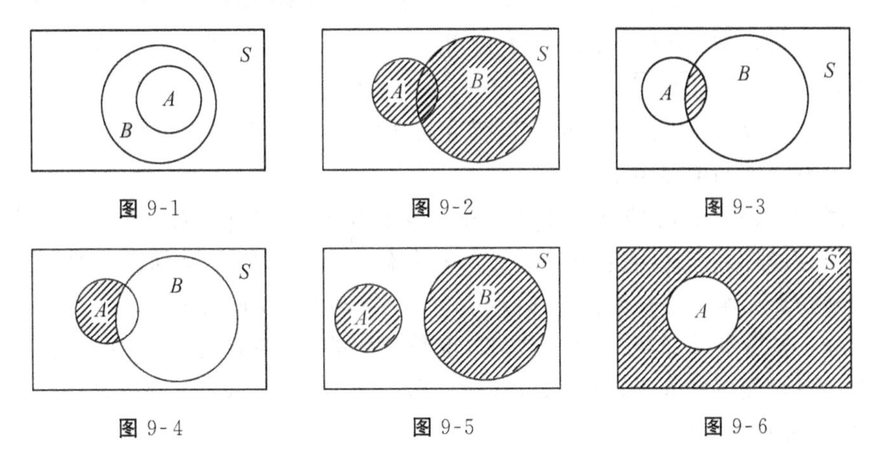

图 9-1　图 9-2　图 9-3

图 9-4　图 9-5　图 9-6

事件的运算规律也符合一般集合的运算规律，从随机事件的角度当然可以有实际意义的理解. 设 $A, B, C, A_k (k=1,2,\cdots)$ 都是事件，则有下列规律成立：

交换律　$A\cup B=B\cup A$；$A\cap B=B\cap A$.

结合律　$(A\cup B)\cup C=A\cup(B\cup C)$；$(A\cap B)\cap C=A\cap(B\cap C)$.

分配律　$(A\cap B)\cup C=(A\cup C)\cap(B\cup C)$；

$(A\cup B)\cap C=(A\cap C)\cup(B\cap C)$.

德・摩根律　$\overline{A\cup B}=\overline{A}\cap\overline{B}, \overline{A\cap B}=\overline{A}\cup\overline{B}$；一般有 $\overline{\bigcup\limits_{k=1}^{\infty}A_k}=\bigcap\limits_{k=1}^{\infty}\overline{A_k}, \overline{\bigcap\limits_{k=1}^{\infty}A_k}=\bigcup\limits_{k=1}^{\infty}\overline{A_k}$.

例 1　设 A, B, C 为三个事件，用 A, B, C 的运算关系表示下列事件：(1) A 发生，B 与 C 不发生；(2) A, B 都发生，而 C 不发生；(3) A, B, C 中至少有一个发生；(4) A, B, C 都发生；(5) A, B, C 都不发生；(6) A, B, C 中不多于一个发

生，即 A,B,C 中至少有两个同时不发生；(7) A,B,C 中不多于两个发生；(8) A,B,C 中至少有两个发生.

解 (1) “A 发生，B 与 C 不发生”可表示为 $A\bar{B}\bar{C}$ 或 $A-(AB\cup AC)$ 或 $A-(B\cup C)$.

(2) “A,B 都发生，而 C 不发生”表示为 $AB\bar{C}$ 或 $AB-ABC$ 或 $AB-C$.

(3) “A,B,C 中至少有一个发生”表示为 $A\cup B\cup C$ 或 $A+B+C$.

(4) “A,B,C 都发生”表示为 ABC.

(5) “A,B,C 都不发生”表示为 $\bar{A}\bar{B}\bar{C}$ 或 $\overline{A\cup B\cup C}$.

(6) “A,B,C 中不多于一个发生，即 A,B,C 中至少有两个同时不发生”相当于“$\overline{AB},\overline{BC},\overline{AC}$ 中至少有一个发生”，可表示为 $\overline{AB}\cup\overline{BC}\cup\overline{AC}$.

(7) “A,B,C 中不多于两个发生”相当于“$\bar{A},\bar{B},\bar{C}$ 中至少有一个发生”，可表示为 $\bar{A}\cup\bar{B}\cup\bar{C}$ 或 $\overline{ABC}$.

(8) “A,B,C 中至少有两个发生”相当于“AB,BC,AC 中至少有一个发生”，可表示为 $AB\cup BC\cup AC$.

例 2 设有三人做尿常规化验，用 A 表示事件“至少有一人不正常”，B 表示事件“三人都正常”，C 表示事件“三人中恰有一人不正常”，试问哪些是对立事件？哪些是互斥事件？$B\cup C$，$A\cap C$，$A-C$ 各表示何实际意义？

解 显然事件 A 与 B 是对立的，也是互斥的；事件 B 与 C 是互斥的；事件 $B\cup C$ 表示“最多一人不正常”，$A\cap C=C$ 即表示“恰有一人不正常”，$A-C$ 表示“至少有两人不正常”.

§9.2 频率与概率

一、频率的定义

对于一个随机事件，在某次随机试验中可能发生，也可能不发生，我们通常需要讨论这一事件在试验中发生的可能性大小，如何用恰当的数量来表示. 对于随机事件 A，用一个数 $P(A)$ 来表示该事件发生的可能性大小，这个数 $P(A)$ 就称为随机事件 A 发生的概率. 当然这是概率的描述性定义或通俗含义，历史上在给出概率的严格定义前，应该理解概率定义的实际背景，即从事件的频率和古典概型说起.

在相同条件下，重复做 n 次试验，记 n_A 是 n 次试验中事件 A 发生的次数，

也称事件 A 发生的频数，而比值$\frac{n_A}{n}$称为事件 A 发生的频率，可记为 $f_n(A)$. 当试验次数 n 很大时，如果频率 $f_n(A)$稳定地在某数值 p 附近摆动，而且一般而言，随着试验次数的增加，这种摆动的幅度越来越小，则称数值 p 为事件 A 在这一条件下发生的概率，记作 $P(A)=p$.

以上就是概率的频率定义.

曾经有很多人做过抛硬币的试验，将一枚硬币抛掷 5 次、50 次、500 次，各做 10 遍，以 A 表示正面朝上这一事件，得到数据如下：

试验序号	$n=5$		$n=50$		$n=500$	
	n_A	f	n_A	f	n_A	f
1	2	0.4	22	0.44	251	0.502
2	3	0.6	25	0.50	249	0.498
3	1	0.2	21	0.42	256	0.512
4	5	1.0	25	0.50	247	0.494
5	1	0.2	24	0.48	251	0.502
6	2	0.4	18	0.36	262	0.524
7	4	0.8	27	0.54	258	0.516

频率有随机波动性，即对于同样的 n，所得的频率介于 0 与 1 之间. 历史上还有做抛硬币试验成千上万次的，如下表：

实验者	n	n_A	f
德·摩根	2048	1061	0.5181
蒲丰	4040	2048	0.5069
K. 皮尔逊	12000	6019	0.5016
K. 皮尔逊	24000	12012	0.5005

利用频率稳定值来描述事件的概率实际上不可能无限次重复进行，无法得到频率的稳定值，但至少提供了一种估计方法. 在试验次数很大时，可以用频率给出概率的一个近似值. 通过对频率的一些基本性质的了解，我们可以由此建立起概率的公理化定义. 在概率论的后续课程中可以证明当试验次数 $n\to\infty$时，频率在一定意义下接近于概率 $P(A)$.

二、概率的定义与性质

1933 年，苏联数学家柯尔莫哥洛夫提出了概率论的公理化结构，给出了概率的严格定义,使概率论有了迅速的发展.

定义1 设E是一个随机试验,S为它的样本空间,以E中所有的随机事件组成的集合为定义域,定义一个函数$P(A)$(其中A为任一随机事件),且$P(A)$满足以下三条公理,则称函数$P(A)$为事件A的概率.

公理1(非负性) $0 \leqslant P(A) \leqslant 1$.

公理2(规范性) $P(S)=1$.

公理3(可列可加性) 若$A_1, A_2, \cdots, A_n, \cdots$两两互斥,则

$$P\left(\bigcup_{k=1}^{\infty} A_k\right)=\sum_{k=1}^{\infty} P(A_k).$$

由此定义,可以推出概率的一些重要性质.

性质1 $P(\varnothing)=0$.

性质2 对于任一事件A,$P(A) \leqslant 1$.

性质3(有限可加性) 对于两两互不相容的事件组$A_1, A_2, \cdots, A_n$,则有

$$P(A_1 \cup A_2 \cup \cdots \cup A_n)=P(A_1)+P(A_2)+\cdots+P(A_n).$$

性质4 设A,B为两个事件,则有$P(B-A)=P(B)-P(AB)$.

特别地,若$A \subset B$,则有$P(B-A)=P(B)-P(A)$,且有$P(B) \geqslant P(A)$.

由性质4可以得到逆事件的概率公式如下:

性质5 $P(\overline{A})=1-P(A)$.

例1 若A,B为两个事件,试证明概率加法公式$P(A \cup B)=P(A)+P(B)-P(AB)$.

证明 因为$A \cup B=A \cup (B-AB)$,$A \cap (B-AB)=\varnothing$,且$AB \subset B$,由性质3,4可得

$P(A \cup B)=P(A \cup (B-AB))=P(A)+P(B-AB)=P(A)+P(B)-P(AB)$成立.

一般地,三个事件A,B,C的概率加法公式是

$$P(A \cup B \cup C)=P(A)+P(B)+P(C)-P(AB)-P(BC)-P(AC)+P(ABC).$$

对于任意n个事件$A_1, A_2, \cdots, A_n$,可以用归纳法得出一般公式.

例2 试解下列各题:

(1) 已知$P(B)=0.8$,$P(AB)=0.5$,求$P(\overline{A}B)$;

(2) 若A与B互不相容,$P(A)=0.5$,$P(B)=0.3$,求$P(\overline{A}\overline{B})$;

(3) 设A,B,C是三个随机事件,且$P(A)=P(B)=P(C)=\dfrac{1}{4}$,$P(AB)=P(BC)=0$,$P(AC)=\dfrac{1}{8}$,求$A,B,C$中至少有一个发生的概率.

解 (1) $P(\bar{A}B)=P(B-A)=P(B)-P(AB)=0.8-0.5=0.3$.

(2) $P(A\cup B)=P(A)+P(B)-P(AB)=0.8$.

由德·摩根律,得 $P(\bar{A}\bar{B})=P(\overline{A\cup B})=1-P(A\cup B)=1-0.8=0.2$.

(3) 设 $D=\{A,B,C$ 中至少有一个发生$\}$,则 $D=A\cup B\cup C$,于是由加法公式,$P(D)=P(A\cup B\cup C)=P(A)+P(B)+P(C)-P(AB)-P(BC)-P(AC)+P(ABC)$.

又因为 $P(A)=P(B)=P(C)=\frac{1}{4}$, $P(AB)=P(BC)=0$, $P(AC)=\frac{1}{8}$,而由 $P(AB)=0$,有 $P(ABC)=0$,所以 $P(D)=\frac{3}{4}-\frac{1}{8}=\frac{5}{8}$.

三、古典概型(等可能概型)

在概率论发展历史上,首先被人们研究的概率模型是古典概型,这种随机试验比较简单,其样本空间只有有限个样本点,即随机试验总共只有有限个不同的结果可能出现,并且它们出现的机会相等.例如,抛一颗质地均匀的骰子,只有6个不同结果,而且出现这6个结果的可能性相同.

设 S 为随机试验 E 的样本空间,其中所含样本点总数为 n, A 是随机事件,其中所含样本点数为 r,则有 $P(A)=\frac{r}{n}=\frac{A\text{中样本点数}}{\text{样本空间样本点总数}}$.

例 3 同时抛掷两颗骰子,设事件 $A=$“出现的点数之和为6”,求 $P(A)$.

解 样本空间 $S=\{(i,j)\mid i,j=12,3,4,5,6\}$是古典概型,样本点总数是36,而“出现点数之和为6”这一事件 $A=\{(1,5),(5,1),(2,4),(4,2),(3,3)\}$,包含样本点个数为5,则

$$P(A)=\frac{5}{36}.$$

例 4 掷三次硬币,设 A 表示恰有一次出现正面,B 表示三次都出现正面,C 表示至少出现一次反面,求事件 A,B,C 的概率.

解 样本空间 $S=\{$正正正,正正反,正反正,正反反,反正正,反正反,反反正,反反反$\}$.

(1) $n=8,r=3,P(A)=\frac{3}{8}$;

(2) $n=8,r=1,P(B)=\frac{1}{8}$;

(3) $n=8,r=7,P(C)=\frac{7}{8}$,或利用 C 是 B 的对立事件,则 $P(C)=1-$

$P(\bar{B})=\frac{7}{8}$.

在古典概型中，事件 A 的概率 $P(A)$ 的计算公式只需知道样本空间中的样本点的总数 n 和事件 A 包含的样本点的个数 r，在简单情形下可以枚举列出样本空间的样本点. 但在试验结果很复杂，样本空间的样本点总数比较多或难于一一列举的时候，需用排列组合方法计算 n 与 r 的数值，其预备知识见附录 D.

例 5 从 0,1,2,3,4,5,6,7,8,9 这 10 个数字中，随机取出三个不同的数字，求所取 3 个数字不含 0 和 5 的事件 A 的概率.

解 基本事件总数为 $n=C_{10}^3=120$，A 事件中不能有 0 和 5，所以只能从其余 8 个数字中任取 3 个，所以事件 A 中的基本事件数 $r=C_8^3=56$，故 $P(A)=\frac{7}{15}$.

例 6 袋中有 10 个球，其中有 6 个白球、4 个红球，从中任取 3 个，求：

(1) 所取的 3 个球都是白球的事件 A 的概率；

(2) 所取 3 个球中恰有 2 个白球、1 个红球的事件 B 的概率；

(3) 所取 3 个球中最多有 1 个白球的事件 C 的概率；

(4) 所取 3 个球颜色相同的事件 D 的概率.

解 基本事件总数 $n=C_{10}^3=\frac{10\times9\times8}{3\times2}=120$.

(1) $P(A)=\frac{C_6^3}{C_{10}^3}=\frac{20}{120}=\frac{1}{6}$；

(2) $P(B)=\frac{C_6^2\ C_4^1}{C_{10}^3}=\frac{60}{120}=\frac{1}{2}$；

(3) $P(C)=\frac{C_6^1\ C_4^2+C_4^3}{C_{10}^3}=\frac{40}{120}=\frac{1}{3}$；

(4) $P(D)=\frac{C_6^3+C_4^3}{C_{10}^3}=\frac{24}{120}=\frac{1}{5}$.

其实也可以考虑取法是有次序的，用排列方法可以得到同样的结论.

基本事件总数 $n=A_{10}^3$.

(1) $P(A)=\frac{A_6^3}{A_{10}^3}=\frac{6\times5\times4}{10\times9\times8}=\frac{1}{6}$；

(2) $P(B)=\frac{A_6^2A_4^1+A_4^1A_6^2+A_6^1A_4^1A_5^1}{A_{10}^3}=\frac{6\times5\times4+4\times6\times5+6\times4\times5}{10\times9\times8}=\frac{1}{2}$；

(3) $P(C)=\frac{A_4^3+3A_4^2A_6^1}{A_{10}^3}=\frac{4\times3\times2+3\times4\times3\times6}{10\times9\times8}=\frac{1}{3}$；

(4) $P(D)=\frac{A_4^3+A_6^3}{A_{10}^3}=\frac{4\times3\times2+6\times5\times4}{10\times9\times8}=\frac{1}{5}$.

例 7 在 12 个篮球队中有 3 个强队，将这 12 个队任意分成 3 个组(每组 4 个队). 求 3 个强队恰好被分在同一组和恰好被分在不同组的概率.

解 因为将 12 个队分成 3 个组的分法有 $C_{12}^4 C_8^4 C_4^4=\dfrac{12!}{4!4!4!}$种，而 3 个强队恰好被分在同一组分法有 $C_3^1 C_9^1 C_8^4 C_4^4=3\times\dfrac{9!}{1!4!4!}$种，3 个强队恰好被分在不同组的分法有 $A_3^3 C_9^3 C_6^3 C_3^3=3!\times\dfrac{9!}{3!3!3!}$种，故 3 个强队恰好被分在同一组的概率为

$$\frac{C_3^1 C_9^1 C_8^4 C_4^4}{C_{12}^4 C_8^4 C_4^4}=\frac{3}{55},$$

3 个强队恰好被分在不同组的概率为$\dfrac{A_3^3 C_9^3 C_6^3 C_3^3}{C_{12}^4 C_8^4 C_4^4}=\dfrac{16}{55}$.

例 8 袋中有 10 件产品，其中有 7 件正品，3 件次品，从中每次取一件，共取两次，求：

(1) 不放回抽样，第一次取后不放回，第二次再取一件，而且第一次取到正品，第二次取到次品的事件 A 的概率；

(2) 放回抽样，第一次取一件产品，放回后第二次再取一件，求第一次取到正品. 第二次取到次品的事件 B 的概率.

解 (1) 不放回抽样，基本事件总数 $n=10\times 9$，事件 A 包含的基本事件数为 7×3，则 $P(A)=\dfrac{7\times 3}{10\times 9}=\dfrac{7}{30}$；

(2) 放回抽样，基本事件总数 $n=10\times 10$，事件 B 包含的基本事件数为 7×3，则

$$P(B)=\frac{7\times 3}{10\times 9}=\frac{21}{100}.$$

一般情形的问题是：在 N 件产品中有 D 件次品，从中任意抽取 n 件，问其中恰有 k 件次品的概率是多少?

若是不放回抽样，所求概率为

$$p=\frac{C_D^k C_{N-D}^{n-k}}{C_N^n},$$

即所谓超几何分布的概率公式；

若是放回抽样，所求概率为

$$p=\frac{C_n^k D^k (N-D)^{n-k}}{N^n}=C_n^k\left(\frac{D}{N}\right)^k\left(1-\frac{D}{N}\right)^{n-k},$$

这是在以后会详细介绍的伯努利概型的二项分布公式.

例 9 将两封信投入 4 个信箱中，求两封信在同一信箱的事件 A 的概率.

解 先将第一封信投入信箱，有 4 种方法，再将第二封信投入信箱，也有 4 种方法，根据乘法原则共有基本事件总数 $n=4\times4$.

将两封信同时投入一个信箱的方法有 4 种，即 A 包含的基本事件数 $r=4$，故

$$P(A)=\frac{4}{4\times4}=\frac{1}{4}.$$

也有一般意义的问题如下：将 n 个球随机放入 $N(N\geqslant n)$ 个箱子里，假设箱子容量不限，问每个箱子至多有一个球的概率是多少？

这里所求概率为

$$p=\frac{\mathrm{A}_N^n}{N^n}=\frac{N(N-1)\cdots(N-n+1)}{N^n}=\left(1-\frac{1}{N}\right)\left(1-\frac{2}{N}\right)\cdots\left(1-\frac{n-1}{N}\right).$$

简化的生日问题就与此例有相同的数学模型，假定每个人在一年中任一天出生都是等可能的，不考虑闰年和双胞胎情形，容易理解和分析.

比如，取 $N=365$，$n=30$，计算得到"没有两人是同一天生日"的概率约为 $p=0.2937$. 若取 $n=64$，得此概率为 $p=0.003$. 这说明在 60 多人的人群中，"至少有两人同一天生日"这一事件的概率为 $q=1-p\approx0.997$，接近 1，几乎总会发生.

四、几何概型

几何型试验：(1) 结果为无限不可数；(2) 每个结果出现的可能性是均匀的.

定义 2 设 E 为几何型的随机试验，其样本空间 S 中的所有基本事件可以用一个有界区域来描述，而其中一部分区域可以表示事件 A 所包含的基本事件，则事件 A 发生的概率为

$$P(A)=\frac{L(A)}{L(S)},$$

其中 $L(S)$ 与 $L(A)$ 分别为 S 与 A 的几何度量.

所谓几何概型就是以此方法来讨论事件发生的概率的数学模型.

注意，上述事件 A 的概率 $P(A)$ 只与 $L(A)$ 有关，而与 $L(A)$ 对应区域的位置及形状无关.

例 10（约会问题） 甲、乙两人约好在灯会节那天在摩天轮公园见面. 设每人只能在公园内停留两个小时，按照公园开放时间为早上 9:00 到晚上 9:00 计算，假设他俩在此期间没有联系而且到达的时间是等可能的，问他俩能会面的概率是多少？

解 这是一个几何概型问题. 设 A 表示事件"他们会面". 又设甲、乙两人到

达的时刻分别是 x,y,则 $0\leqslant x\leqslant 12,0\leqslant y\leqslant 12$. 由题意可知,若要甲、乙会面,必须满足

$$|x-y|\leqslant 2,$$

即图中阴影部分.

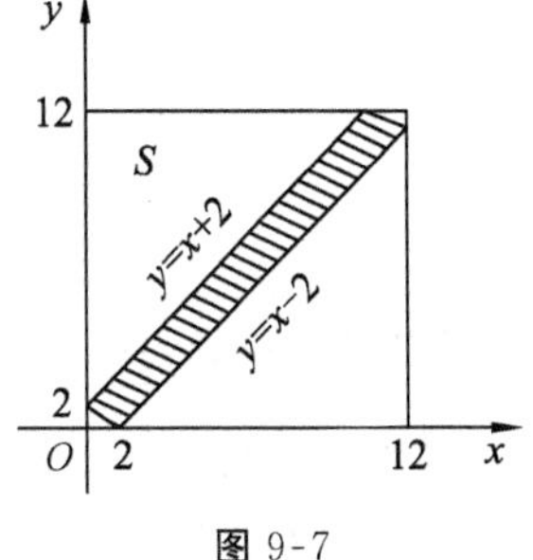

图 9-7

由图 9-7 可知:$L(S)$是由 $x=0,x=12,y=0,y=12$ 所围图形的面积,$S=12^2$,而 $L(A)$为阴影部分的面积,为 12^2-10^2,因此

$$P(A)=\frac{L(A)}{L(S)}=\frac{12^2-10^2}{12^2}=1-\left(\frac{10}{12}\right)^2\approx 0.3056.$$

 §9.3 条件概率

这里先给出条件概率的定义,并以此为基础,讨论乘法公式、全概率公式和贝叶斯公式.

一、条件概率

在解决许多概率问题时,往往需要求在事件 A 发生的条件下,事件 B 发生的概率.

一般地,对于 A,B 两个事件,$P(A)>0$,在事件 A 发生的条件下,事件 B 发生的概率称为条件概率,记作 $P(B|A)$.

条件概率是概率论中的重要且实用的概念.

例如,考虑无放回取球问题:袋中装有 10 个球,其中 3 个黑球、7 个白球. 设 A 表示事件"第一个人取到的是白球",B 表示事件"第二个人取到的是白球",现在来求已知事件 A 发生的条件下,事件 B 发生的概率,即求 $P(B|A)$. 已知事件 A 已经发生即已知第一个人已经取了一个白球,在此基础上,第二个去取球时,袋中仅有 9 个球,其中白球数为 6,于是在第一个人取到白球的条件下,第二个人取到白球的概率为 $\frac{6}{9}=\frac{2}{3}$,即 $P(B|A)=\frac{2}{3}$.

易知,$P(A)=\frac{7}{10}$,$P(B)=\frac{7}{10}$,$P(AB)=\frac{7}{15}$, $P(B|A)=\frac{2}{3}=\frac{\frac{7}{15}}{\frac{7}{10}}$,

即有 $P(B|A)=\frac{P(AB)}{P(A)}$.

事实上，对于一般古典概型问题，设试验的基本事件总数为 n，A 所包含的基本事件数为 $m(m>0)$，AB 所包含的基本事件数为 k，则有

$$P(B|A)=\frac{k}{m}=\frac{\frac{k}{n}}{\frac{m}{n}}=\frac{P(AB)}{P(A)}.$$

定义1 设 A,B 是两个事件，且 $P(A)>0$，则称 $P(B|A)=\frac{P(AB)}{P(A)}$ 为在事件 A 发生的条件下，事件 B 发生的条件概率. 不难验证，条件概率符合概率定义中的三个条件：

(1)（非负性）$P(B|A)\geqslant 0$；

(2)（规范性）$P(S|A)=1$；

(3)（可列可加性）如果事件 $B_1,B_2,\cdots$ 互不相容，那么

$$P(\bigcup_{i=1}^{\infty}B_i|A)=\sum_{i=1}^{\infty}P(B_i|A).$$

例1 袋中有 m 个白球，n 个黑球. 依次从袋中不放回地取两个球.

(1) 已知第一次取出的是白球，求第二次取出的仍是白球的概率；

(2) 已知第二次取出的是白球，求第一次取出的也是白球的概率.

解 设 A_i 表示事件"第 i 次取出的是白球"$(i=1,2)$.

(1) 可由条件概率的含义直接求出 $P(A_2|A_1)$，即在条件 A_1 发生的空间(称缩减样本空间)内直接求 A_2 发生的概率.

因为 A_1 已发生，即第一次取到的是白球，第二次取球时，所有可取的球只有$(m+n-1)$个，其中白球为$(m-1)$个，所以 $P(A_2|A_1)=\frac{m-1}{m+n-1}$.

(2) 由于第二次取球发生在第一次取球之后，故用条件概率的含义求不方便. 因此，直接用条件概率的定义即用 $P(A_1|A_2)=\frac{P(A_1A_2)}{P(A_2)}$ 来计算 $P(A_1|A_2)$.

因为 $P(A_2)=\frac{m}{m+n}$，$P(A_1A_2)=\frac{m(m-1)}{(m+n)(m+n-1)}$，所以

$$P(A_1|A_2)=\frac{P(A_1A_2)}{P(A_2)}=\frac{m-1}{m+n-1}.$$

例2 设有10件产品，其中有4件不合格品，从中任取两件，已知两件中有一件不合格品，求另一件也是不合格品的概率.

解 设 A_i 表示事件"取到的第 i 件是不合格品"$(i=1,2)$，则所求概率为

$$P(A_1A_2|A_1\cup A_2)=\frac{P(A_1A_2)}{P(A_1\cup A_2)}=\frac{P(A_1A_2)}{1-P(\bar{A}_1\bar{A}_2)}=\frac{\frac{4\times 3}{10\times 9}}{1-\frac{6\times 5}{10\times 9}}=0.2.$$

例 3 已知 $P(A)=0.2, P(A\cup B)=0.4$,求 $P(B|\bar{A})$.

解 由事件间的关系知

$$P(B|\bar{A})=1-P(\bar{B}|\bar{A})=1-\frac{P(\bar{A}\bar{B})}{P(\bar{A})}=1-\frac{1-P(A\cup B)}{1-P(A)}=1-\frac{1-0.4}{1-0.2}=0.25.$$

二、乘法公式

由条件概率的定义可直接得到下述的乘法公式.

乘法公式:设 $P(A)>0$,则有 $P(AB)=P(A)P(B|A)$.

注意到 $AB=BA$ 及 A,B 的对称性可得到:设 $P(B)>0$,则有 $P(AB)=P(B)P(A|B)$.

一般地,若 $A_1, A_2, \cdots, A_n$ 是 n 个事件($n\geqslant 2$)且 $P(A_1A_2\cdots A_{n-1})>0$,则有

$P(A_1A_2\cdots A_n)=P(A_1)P(A_2|A_1)P(A_3|A_1A_2)\cdots P(A_n|A_1A_2\cdots A_{n-1})$.

乘法公式可用于求积事件的概率.

例 4 一批零件共 100 个,次品有 10 个,每次从中任取 1 个零件,共取三次,取后不放回,求第三次才取到合格品的概率.

解 第三次才取得合格品,意味着前两次取到的是次品.

设 A_i 表示事件"第 i 次取得的是次品"($i=1,2,3$),则所求概率为

$$P(A_1A_2\overline{A_3})=P(A_1)P(A_2|A_1)P(\overline{A_3}|A_1A_2)=\frac{10}{100}\times\frac{9}{99}\times\frac{90}{98}\approx 0.00835.$$

这一事件的概率相当小,若已知前两次取得次品的条件下,求第三次取得合格品的概率,则为 $P(\overline{A_3}|A_1A_2)=\frac{90}{98}\approx 0.9184$.

例 5 已知在 10 件产品中有 2 件是次品,作不放回抽样,取两次,每次任取一件,求第二次取出的是次品的概率.

解 设 A 表示事件"第二次取出的是次品",B_1 表示事件"第一次取出的是次品",B_2 表示事件"第一次取出的是合格品",则 $B_1\cup B_2=S$, $B_1B_2=\varnothing$.

由于 $A=AS=A(B_1\cup B_2)=(AB_1)\cup(AB_2)$,且 AB_1 与 AB_2 互不相容,则

$$\begin{aligned}P(A)&=P(AB_1)+P(AB_2)=P(B_1)P(A|B_1)+P(B_2)P(A|B_2)\\&=\frac{2}{10}\times\frac{1}{9}+\frac{8}{10}\times\frac{2}{9}=\frac{1}{5}.\end{aligned}$$

三、全概率公式和贝叶斯公式

下面通过分析例 5 的解题过程，导出全概率公式和贝叶斯公式.

从形式上看事件 A 是比较复杂的，于是先将复杂的事件 A 分解为较为简单的事件 AB_1 与 AB_2 的和，其中 $B_1\cup B_2=S, B_1B_2=\varnothing$，再用加法法则和乘法公式计算出 $P(A)$. 将之推广到一般，即有如下样本空间划分的定义和全概率公式.

定义 2 设 S 是试验 E 的样本空间，$B_1, B_2, \cdots, B_n$ 为 E 的一组事件，若

(1) $B_1\cup B_2\cup\cdots\cup B_n=S$,

(2) $B_iB_j=\varnothing, i\neq j, i,j=1,2,\cdots,n$,

则称 $B_1, B_2, \cdots, B_n$ 为样本空间 S 的一个划分或完备事件组.

易知，若 $B_1, B_2, \cdots, B_n$ 为样本空间的一个划分，则对 E 的任何一个事件 A，有

$$A=AS=A(B_1\cup B_2\cup\cdots\cup B_n)=AB_1\cup AB_2\cup\cdots\cup AB_n,$$

且 $(AB_i)(AB_j)=\varnothing, i\neq j, i,j=1,2,\cdots,n$.

从而得到全概率公式.

全概率公式 设 $B_1, B_2, \cdots, B_n$ 为样本空间 S 的一个划分，且 $P(B_i)>0, i=1,2,\cdots$，则对任一事件 A，有 $P(A)=\sum\limits_{i=1}^{n}P(B_i)P(A\mid B_i)$.

全概率公式是概率论中的一个基本公式. 它将求一个复杂事件的概率化为简单事件的概率的求和问题.

另一个重要公式是下述的贝叶斯公式.

贝叶斯公式 设 $B_1, B_2, \cdots, B_n$ 为样本空间 S 的一个划分，则对任一事件 $A, P(A)>0$，有

$$P(B_i|A)=\frac{P(B_iA)}{P(A)}=\frac{P(B_i)P(A|B_i)}{\sum\limits_{j=1}^{n}P(B_j)P(A|B_j)}, i=1,2,\cdots,n.$$

贝叶斯公式中，$P(B_i)$ 和 $P(B_i\mid A)$ 分别称为验前概率和验后概率. $P(B_i)$ $(i=1,2,\cdots)$ 是在不知道事件 A 是否发生的情况下诸事件发生的概率. 当获得 A 发生时，人们对诸事件发生的概率 $P(B_i|A)$ 有了新的估计. 贝叶斯公式从数量上刻画了这种变化.

特别地，若 $n=2$，记 $B_1=B$，则 $B_2=\overline{B}$，于是贝叶斯公式成为

$$P(B|A)=\frac{P(AB)}{P(A)}=\frac{P(B)P(A|B)}{P(B)P(A|B)+P(\overline{B})P(A|\overline{B})}.$$

例 6 某工厂有四条流水线生产同一种产品，该四条流水线的产量分别占总产量的15%、20%、30%、35%，又这四条流水线的不合格品率依次为0.05、0.04、0.03及0.02，现在从该厂生产产品中任取一件，问恰好抽到不合格品的概率为多少？该不合格品是由第四条流水线生产的概率为多少？

解 设 B_i 表示事件"产品是由第 i 条流水线生产的"($i=1,2,3,4$)，A 表示事件"抽到不合格品"，则由题设

$P(B_1)=0.15, P(B_2)=0.20, P(B_3)=0.30, P(B_4)=0.35,$

$P(A|B_1)=0.05, P(A|B_2)=0.04, P(A|B_3)=0.03, P(A|B_4)=0.02.$

所以(1)由全概率公式得 $P(A)=\sum_{i=1}^{4}P(B_i)P(A|B_i)=0.0315.$

(2) 由贝叶斯公式得 $P(B_4|A)=\dfrac{P(B_4)P(A|B_4)}{\sum_{i=1}^{4}P(B_i)P(A|B_i)}\approx 0.2222.$

例 7 设某种病菌在人群中的带菌率为3%，当检查时，由于技术、操作不完善等原因，使带菌者以99%的概率检出阳性反应，但也以5%的概率误将不带菌者检验出呈阳性反应.现设其人检出阳性，问他带菌的概率是多少？

解 设事件 A 表示事件"被检验者呈阳性"，B 表示事件"被检验者带菌"，则由题设

$P(B)=0.03, P(\bar{B})=0.97, P(A|B)=0.99, P(A|\bar{B})=0.05.$

由贝叶斯公式得

$$P(B|A)=\frac{P(B)P(A|B)}{P(B)P(A|B)+P(\bar{B})P(A|\bar{B})}$$

$$=\frac{0.03\times 0.99}{0.03\times 0.99+0.97\times 0.05}\approx 0.38.$$

就是说，即使某人检出呈阳性，也不能下结论说此人一定带菌了，实际上其带菌的可能性不到百分之四十.

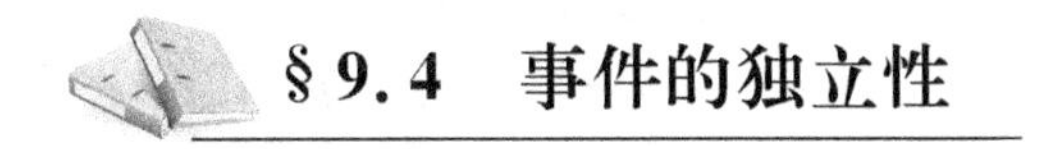

§9.4 事件的独立性

一、事件的独立性

定义 1 若两事件 A,B 满足 $P(AB)=P(A)P(B)$，则称 A,B 独立，或称 A,B 相互独立.

容易知道，当 $P(A)>0, P(B)>0$ 时，A,B 相互独立与 A,B 互不相容不能

同时成立.

定理 1 设 A,B 是两个事件，若 A,B 相互独立，则当 $P(A)>0$ 时，$P(B|A)=P(B)$，当 $P(B)>0$ 时，$P(A|B)=P(A)$. 反之亦然.

定理 2 设事件 A,B 相互独立，则下列各对事件也相互独立：

$$A 与 \overline{B},\overline{A} 与 B,\overline{A} 与 \overline{B}.$$

证 因为 A,B 相互独立，且 $A=A(B\cup\overline{B})=AB\cup A\overline{B}$，
所以 $P(A)=P(AB)+P(A\overline{B})=P(A)P(B)+P(A\overline{B})$，
从而 $P(A\overline{B})=P(A)(1-P(B))=P(A)P(\overline{B})$，即 A 与 $\overline{B}$ 相互独立.

同理 $\overline{A}$ 与 B 相互独立，由此得到 $\overline{A}$ 与 $\overline{B}$ 相互独立.

定义 2 设 A,B,C 为三个事件，若满足等式

$$\begin{aligned}&P(AB)=P(A)P(B),\\&P(AC)=P(A)P(C),\\&P(BC)=P(B)P(C),\\&P(ABC)=P(A)P(B)P(C),\end{aligned}$$

则称事件 A,B,C 相互独立.

一般地，设 $A_1,A_2,\cdots,A_n$ 是 n 个事件，若其中任意 2 个事件之间均相互独立，任意 3 个，4 个，$\cdots$，n 个积事件的概率都等于各个事件的概率的积，则称事件 $A_1,A_2,\cdots,A_n$ 相互独立.

由独立性的定义可以得到下面几个结论：

(1) 若事件 $A_1,A_2,\cdots,A_n(n\geqslant 2)$ 相互独立，则其中任意 $k(1<k\leqslant n)$ 个事件也相互独立；

(2) 若 n 个事件 $A_1,A_2,\cdots,A_n(n\geqslant 2)$ 相互独立，则将 $A_1,A_2,\cdots,A_n$ 中任意 $m(1\leqslant m\leqslant n)$ 个事件换成它们的对立事件，所得的 n 个事件仍相互独立；

(3) 若事件 $A_1,A_2,\cdots,A_n$ 相互独立，则有

$$P(A_1A_2\cdots A_n)=P(A_1)P(A_2)\cdots P(A_n);$$

(4) 若事件 $A_1,A_2,\cdots,A_n$ 相互独立，则有

$$P(A_1\cup A_2\cup\cdots\cup A_n)=1-P(\overline{A_1})P(\overline{A_2})\cdots P(\overline{A_n}).$$

事实上，
$$\begin{aligned}P(A_1\cup A_2\cup\cdots\cup A_n)&=1-P(\overline{A_1\cup A_2\cup\cdots\cup A_n})\\&=1-P(\overline{A_1}\,\overline{A_2}\cdots\overline{A_n})\\&=1-P(\overline{A_1})P(\overline{A_2})\cdots P(\overline{A_n}).\end{aligned}$$

例 1 三个人独立地破译一个密码，他们能译出的概率分别为 $\frac{1}{5},\frac{1}{3},\frac{1}{4}$，问能将此密码译出的概率是多少？

解 设事件 A_i 表示事件"第 i 个人译出密码"$(i=1,2,3)$,依题意 A_1,A_2,A_3 相互独立且

$$P(A_1)=\frac{1}{5},P(A_2)=\frac{1}{3},P(A_3)=\frac{1}{4},$$

则所求概率为

$$P(A_1\cup A_2\cup A_3)=1-P(\overline{A_1})P(\overline{A_2})P(\overline{A_3})=1-\frac{4}{5}\times\frac{2}{3}\times\frac{3}{4}=\frac{3}{5}.$$

二、伯努利概型

设随机试验只有两种可能的结果:事件 A 发生(记为 A) 或事件 A 不发生(记为 $\overline{A}$),则称这样的试验为伯努利试验.设 $P(A)=p,P(\overline{A})=1-p(0<p<1)$,将伯努利试验独立地重复进行 n 次,称这一串重复的独立试验为 n 重伯努利试验,或简称为伯努利概型.

n 重伯努利试验是一种很重要的数学模型,在实际问题中具有广泛的应用.其特点是:事件 A 在每次试验中发生的概率均为 p,且不受其他各次试验中 A 是否发生的影响.

定理 3(伯努利定理) 设在一次试验中,事件 A 发生的概率为 $p(0<p<1)$,则在 n 重伯努利试验中,事件 A 恰好发生 k 次的概率 $P_n(k)$ 为

$$P_n(k)=C_n^k p^k(1-p)^{n-k},k=0,1,\cdots,n.$$

证 由于各次试验是相互独立的,故事件 A 在指定的 k 次 $(0\leqslant k\leqslant n)$ 试验中发生,在其他的 $n-k$ 次试验中不发生的概率为 $p^k(1-p)^{n-k}$.这种指定的方式共有 C_n^k 种,故在 n 重伯努利试验中,事件 A 恰好发生 k 次的概率 $P_n(k)$ 为

$$P_n(k)=C_n^k p^k(1-p)^{n-k},k=0,1,\cdots,n.$$

例 2 甲、乙两个乒乓球运动员实力相当,若他们连赛数局,问出现下面哪一种结果的可能性大?(1) 赛 3 局,甲胜 2 局;(2) 赛 5 局,甲胜 3 局.

解 这是伯努利概型,因甲、乙两个乒乓球运动员实力相当,故每局比赛甲胜的概率为 $p=\frac{1}{2}$.

(1) $n=3,k=2,p=\frac{1}{2}$, $P_3(2)=C_3^2\left(\frac{1}{2}\right)^2\left(1-\frac{1}{2}\right)=\frac{3}{8}$.

(2) $n=5,k=3,p=\frac{1}{2}$, $P_5(3)=C_5^3\left(\frac{1}{2}\right)^3\left(1-\frac{1}{2}\right)^2=\frac{5}{16}$.

故"赛 3 局,甲胜 2 局"的可能性比"赛 5 局,甲胜 3 局"的可能性大.

例 3 一民航送客车载有 25 名旅客自机场开出,旅客有 9 个车站可以下

车，每位乘客都等可能在这 9 站中任意一站下车(且不受其他乘客下车与否的影响)，如果到达一个车站没有旅客下车就不停车.

(1) 求送客车在第 i 站停车的概率；

(2) 求送客车在第 i 站不停车的条件下第 j 站停车的概率；

(3) 判断送客车“第 i 站停车”与“第 j 站停车”两个事件是否相互独立.

解 (1) 每一位乘客在第 i 站是否下车，可视为一个 25 重的伯努利试验，记 B 为“第 i 站停车”，C 为“第 j 站停车”，则 B,C 分别等价于“第 i 站有人下车”和“第 j 站有人下车”，于是有 $P(B)=1-\left(\frac{8}{9}\right)^{25}$，$P(C)=1-\left(\frac{8}{9}\right)^{25}$.

(2) 在 B 不发生(即 $\bar{B}$ 发生)的条件下，每位乘客均等可能地在第 i 站以外的 8 站中任意一站下车，于是每位乘客在第 j 站下车的概率为 $\frac{1}{8}$，故有

$$P(C|\bar{B})=1-\left(\frac{7}{8}\right)^{25}.$$

(3) 因 $P(C|\bar{B})\neq P(C)$，故 $\bar{B}$ 与 C 不相互独立，从而 B 与 C 不相互独立.

习 题 九

1. 甲、乙、丙三人同时对飞机进行射击，甲、乙、丙击中飞机分别记为事件 B_1,B_2,B_3，“飞机被 i 人击中”记为 $H_i(i=0,1,2,3)$，试用 B_1,B_2,B_3 表示随机事件 H_i.

2. 一个盒子中有 4 个黄球，5 个白球，现按下列三种方式从中任取 3 个球，试求取出的球中有 2 个黄球，1 个白球的概率：(1) 一次取 3 个；(2) 一次取 1 个，取后不放回；(3) 一次取 1 个，取后放回.

3. 瓶中装有 30 片药，其中 6 片已经失效，现从瓶中任取 5 片，求其中 2 片失效的概率.

4. 袋中有 5 个白球，3 个红球，从中任取 2 个球，求：

(1) 所取 2 个球的颜色不同的事件 A 的概率；

(2) 所取 2 个球都是白球的事件 B 的概率；

(3) 所取 2 个球都是红球的事件 C 的概率；

(4) 所取 2 个球颜色相同的事件 D 的概率.

5. 把 n 个球以同样的概率放到 $N(n\leqslant N)$ 个盒子中的任一个中，试求下列事件的概率.

(1) A=“某指定的 n 个盒子各有一个球”；

(2) B=“恰好有 n 个盒子中各有一个球”；

(3) C="某指定盒子中恰好有 m 个球($m\leqslant n$)";

(4) D="每个盒子至多放一个球";

(5) E="某个指定的盒子不空".

6. 一批针剂共 50 支,其中 45 支是合格品,5 支是不合格品,从这批针剂中取 3 支.求其中有不合格品的概率.

7. 选取一副标准扑克牌,得到的一种组合在 52! 种可能组合中是均匀分布的,计算下列事件的概率:

(1) 前两张牌中至少有一张 A;

(2) 前五张牌中至少有一张 A;

(3) 前两张牌是一对同样大小的牌;

(4) 前五张牌的花色都是方片.

8. 从[1,1000000]范围中均匀随机抽取一个整数,计算这个数能被 4,6,9 中之一或多个整除的概率.

9. 有 10 个朋友随机地围绕圆桌而坐,求下列事件的概率:

(1) 甲、乙两人坐在一起,且乙坐在甲的左边;

(2) 甲、乙、丙三人坐在一起.

如果 n 个人并排坐在长桌的一边,求上述事件的概率.

10. 投掷 10 颗标准六面体骰子,假定投掷是随机、独立的,求它们的点数之和能被 6 整除的概率.

11. 胃癌病人接受过手术、放疗、中药治疗的各有 $\frac{1}{2}$.同时接受过两种治疗的各有 $\frac{1}{4}$,接受过三种治疗的有 $\frac{1}{8}$,另有部分病人因误诊等原因而未得到治疗,这样的可能性有多大?

12. 某地铁站每隔 6 min 有一列车通过,在乘客对列车通过该站时间完全不知道的情况下,求乘客到站等车时间不多于 2 min 的概率.

13. 从区间 [0,1]中随机地取两个数,试求下列概率:(1) 两数之和小于 1.2;(2) 两数之和小于 1 且其积小于 0.8.

14. 在 10 件产品中有 4 件次品、6 件正品,现从中任取 2 件,若已知其中有一件为次品,试求另一件也为次品的概率.

15. 两台机床加工同样的零件,第一台出现废品的概率是 0.03,第二台出现废品的概率是 0.02.加工出来的零件放在一起,已知第一台加工的零件比第二台加工的零件多一倍.

(1) 求任意取出的零件是合格品的概率；

(2) 如果任意取出的零件经检查是废品，求它是由第二台机床加工的概率.

16. 设10件产品中有3件次品、7件正品，现每次从中任取一件，取后不放回. 试求下列事件的概率：(1) 第三次取得次品；(2) 第三次才取得次品；(3) 已知前两次没有取得次品，第三次取得次品；(4) 不超过三次取到次品.

17. 甲、乙两人对同一目标进行射击，命中率分别为0.6和0.5，试在下列两种情形下，分别求事件"已知目标被命中，它是甲射中"的概率：(1) 在甲、乙两人中随机地挑选一人，由他射击一次；(2) 甲、乙两人独立地各射击一次.

18. 已知男人中有5%的色盲患者，女人中有0.25%的色盲患者，今从男女人数相等的人群中随机挑选一人，求此人恰好是色盲患者的概率. 如果是色盲患者，求此人是男性的概率.

19. 设某医院仓库中有10盒同样规格的X光片，已知其中有5盒、3盒、2盒依次是甲、乙、丙厂生产的，且甲、乙、丙厂生产的该种X光片的次品率分别是$\frac{1}{10}$，$\frac{1}{15}$，$\frac{1}{20}$，从这10盒中任取一盒，再从取出的这盒中任取一张X光片，求抽到的X光片是正品的概率.

20. 某种诊断肝癌的试验将"试验反应为阳性"记为事件B，"被诊断患肝癌"记为事件A. 据统计资料，肝癌患者试验反应为阳性的概率为0.94，即真阳性率为$P\left(\frac{B}{A}\right)=0.94$. 非肝癌患者试验为阴性的概率为0.96，即真阴性率为$P\left(\frac{\bar{B}}{\bar{A}}\right)=0.96$. 对一群人进行癌症普查，假设被试验的人群中(指某一地区)患肝癌的发病率为0.003，今有一人经试验反应为阳性，求此人患肝癌的概率.

21. 有甲、乙两个盒子，甲盒中放有3个白球、2个红球，乙盒中放有4个白球、4个红球. 现从甲盒中随机地取一个球放到乙盒中，再从乙盒中取出一球，试求：

(1) 从乙盒中取出的球是白球的概率；

(2) 若已知从乙盒中取出的球是白球，则从甲盒中取出的球是白球的概率.

22. 设$P(A)>0$，$P(B)>0$，证明：

(1) 若A与B相互独立，则A与B不互斥；

(2) 若A与B互斥，则A与B不独立.

23. 设A，B是两个随机事件，且$0<P(A)<1$，$P(B)>0$，$P(B|A)=P(B|\bar{A})$，证明A，B独立，即$P(AB)=P(A)P(B)$.

24. 证明：若事件A，B和C相互独立，则事件A与事件$B\cup C$相互独立.

习 题 课

内容小结

(1) 理解随机现象、随机试验,会讨论样本空间与随机事件.

(2) 掌握概率的定义与性质(含古典概型、几何概型、加法公式),条件概率与概率的乘法公式.

(3) 利用事件之间的关系与运算(含事件的独立性),熟练运用全概率公式、贝叶斯公式.

(4) 对古典概型、伯努利概型会计算实例事件的概率.

典型例题

例 1 袋中有 10 个球,其中 2 个为白色,从中任取 3 个. 试写出以下各事件用组合数表示的概率:

(1) 全不是白色的球;

(2) 恰有 2 个白色的球;

(3) 至少有 2 个白色的球;

(4) 至多有 2 个白色的球;

(5) 3 个球颜色相同.

解 样本空间总数为 C_{10}^3. 分别表示概率如下:

(1) $\dfrac{C_8^3C_2^0}{C_{10}^3}$; (2) $\dfrac{C_2^2C_8^1}{C_{10}^3}$; (3) $\dfrac{C_2^2C_8^1}{C_{10}^3}$;

(4) $\dfrac{C_2^2C_8^1+C_2^1C_8^2+C_2^0C_8^3}{C_{10}^3}=\dfrac{C_{10}^3}{C_{10}^3}=1$; (5) $\dfrac{C_8^3}{C_{10}^3}$.

问题 若将袋中 10 个球中白色球有 2 个改为白色球有 4 个,从中随机抽取 3 个,以上事件组合数有何变化?

(1) $C_6^3C_4^0$; (2) $C_4^2C_6^1$; (3) $C_4^2C_6^1+C_4^3C_6^0$;

(4) $C_4^2C_6^1+C_4^1C_6^2+C_4^0C_6^3$(或 $C_{10}^3-C_4^3$); (5) $C_4^3+C_6^3$.

例 2 在 20 枚硬币中 5 角和 1 元的两者各半,数字朝下任意摆放. 从中任意翻转 10 枚硬币,这 10 枚硬币背面的金额之和为 10,9.5,9,…,5.5,5 元,共有 11 种不同情况. 问出现"7,7.5,8"与出现"10,9.5,9,8.5,6.5,6,5.5,5"的可能性哪个大,为什么?

解 这是一个古典概型问题. 设 A 表示事件"出现 7,7.5,8".

由题意,有 $n=C_{20}^{10}$, $r=C_{10}^5\ C_{10}^5+2C_{10}^4\ C_{10}^6$,则

$$P(A)=\frac{r}{n}=\frac{C_{10}^{5}C_{10}^{5}+2C_{10}^{4}C_{10}^{6}}{C_{20}^{10}}\approx 0.8211.$$

结论是出现前者可能性大.

例 3 从 52 张扑克牌中任取 13 张,求:(1) 至少有两种 4 张同号的概率;(2) 恰有两种 4 张同号的概率.(用组合数表示即可)

解 设 A 表示事件"至少有两种 4 张同号",B 表示事件"恰有两种 4 张同号".根据古典概型,样本空间样本点的总数为 $n=C_{52}^{13}$.

我们先从 13 个号中任取 2 个(代表两种 4 张同号),再从剩下 $52-8=44$ 中任取 5 张,但这样会包含三种 4 张同号重复出现,所以 $r_A=C_{13}^{2}\ C_{44}^{5}$,$r_B=C_{13}^{2}\ C_{44}^{5}-C_{13}^{3}\ C_{40}^{1}$.

因此,$P(A)=\frac{r_A}{n}=\frac{C_{13}^{2}\ C_{44}^{5}}{C_{52}^{13}}$,$P(B)=\frac{r_B}{n}=\frac{C_{13}^{2}\ C_{44}^{5}-C_{13}^{3}\ C_{40}^{1}}{C_{52}^{13}}$.

例 4(抽奖问题) 盒子中有 n 张抽奖券,其中 k 张有奖,n 个人每人依次各抽取一张,证明每个人抽到有奖奖券的概率都是$\frac{k}{n}$.

证 n 个人依次抽取一张奖券,共有 $n!$ 种取法.

"第 j 个人抽到有奖奖券"可以理解为在第 j 个位置上是一张有奖奖券,有 k 种情形.另外 $n-1$ 张奖券可以在其他的位置全排列,有$(n-1)!$种排法,这样"第 j 个人抽到有奖奖券"共有 $k(n-1)!$种情形.

因此,"第 j 个人抽到有奖奖券"的概率为 $p=\frac{k(n-1)!}{n!}=\frac{k}{n}$.

这说明每个人抽到有奖奖券的概率相同,与抽取次序无关.

例 5 一批产品共 100 件,对产品进行不放回地抽样检查,整批产品被拒绝接收的条件是:在被检查的 5 件产品中至少有一件是废品.如果在该批产品中有 5 件是废品,求该批产品被拒绝接收的概率.

解 设 A_i 表示事件"被检查的第 i 件产品是废品",$i=1,2,3,4,5$;B 表示事件"该批产品被拒绝接收".由于

$$B=A_1\cup A_2\cup A_3\cup A_4\cup A_5,$$

于是 $P(B)=1-P(\overline{A_1\cup A_2\cup A_3\cup A_4\cup A_5})=1-P(\overline{A}_1\overline{A}_2\overline{A}_3\overline{A}_4\overline{A}_5)$

$=1-P(\overline{A}_1)P(\overline{A}_2\mid\overline{A}_1)P(\overline{A}_3\mid\overline{A}_1\overline{A}_2)P(\overline{A}_4\mid\overline{A}_1\overline{A}_2\overline{A}_3)P(\overline{A}_5\mid\overline{A}_1\overline{A}_2\overline{A}_3\overline{A}_4)$,

而 $P(\overline{A}_1)=\frac{95}{100}$, $P(\overline{A}_2\mid\overline{A}_1)=\frac{94}{99}$, $P(\overline{A}_3\mid\overline{A}_1\overline{A}_2)=\frac{93}{98}$,

$$P(\overline{A}_4\mid\overline{A}_1\overline{A}_2\overline{A}_3)=\frac{92}{97},\ P(\overline{A}_5\mid\overline{A}_1\overline{A}_2\overline{A}_3\overline{A}_4)=\frac{91}{96},$$

因此 $$P(B)=1-\frac{95}{100}\times\frac{94}{99}\times\frac{93}{98}\times\frac{92}{97}\times\frac{91}{96}\approx 0.23.$$

另解 $$P(B)=1-P(\bar{B})=1-\frac{C_{95}^{5}}{C_{100}^{5}}\approx 0.23.$$

例 6 设某人从外地赶来参加紧急会议.他乘火车、轮船、汽车或飞机来的概率分别是$\frac{3}{10}$、$\frac{1}{5}$、$\frac{1}{10}$及$\frac{2}{5}$,如果他乘飞机来,不会迟到,而乘火车、轮船或汽车来迟到的概率分别为$\frac{1}{4}$、$\frac{1}{3}$、$\frac{1}{12}$.(1) 求他迟到的概率;(2) 试问此人若迟到,他是乘坐哪种交通工具来的可能性最大?

解 令 A_1 表示事件"乘火车",A_2 表示事件"乘轮船",A_3 表示事件"乘汽车",A_4 表示事件"乘飞机",B 表示事件"迟到".按题意有

$$P(A_1)=\frac{3}{10},\ P(A_2)=\frac{1}{5},\ P(A_3)=\frac{1}{10},\ P(A_4)=\frac{2}{5},$$

$$P(B|A_1)=\frac{1}{4},\ P(B|A_2)=\frac{1}{3},\ P(B|A_3)=\frac{1}{12},\ P(B|A_4)=0.$$

(1) 由全概率公式,有

$$P(B)=\sum_{i=1}^{4}P(A_i)P(B\mid A_i)=\frac{3}{10}\times\frac{1}{4}+\frac{1}{5}\times\frac{1}{3}+\frac{1}{10}\times\frac{1}{12}+\frac{2}{5}\times 0=\frac{3}{20}.$$

(2) 由逆概率公式,有

$$P(A_i|B)=\frac{P(A_i)P(B|A_i)}{\sum_{j=1}^{4}P(A_j)P(B|A_j)}(i=1,2,3,4),$$

得到

$$P(A_1|B)=\frac{1}{2},\ P(A_2|B)=\frac{4}{9},\ P(A_3|B)=\frac{1}{18},\ P(A_4|B)=0.$$

由上述计算结果可以推断出此人乘火车来的可能性最大.

例 7 袋中有 15 个小球,其中 7 个是白球,8 个是黑球.现在从中任取 4 个球,发现它们颜色相同,问它们都是黑色的概率为多少?

解 设 A_1 表示事件"4 个球全是黑的",A_2 表示事件"4 个球全是白的",A 表示事件"4 个球颜色相同".

使用古典概型,有 $P(A_1)=\frac{C_8^4}{C_{15}^4}$,$P(A_2)=\frac{C_7^4}{C_{15}^4}$.而 $A=A_1\cup A_2$ 且 $A_1A_2=\varnothing$,得

$$P(A)=P(A_1)+P(A_2)=\frac{C_8^4+C_7^4}{C_{15}^4}.$$

所求概率是在4个球的颜色相同的条件下它们都是黑球的条件概率，即 $P(A_1|A)$. 注意到 $A_1\subset A, A_1A=A_1$，有

$$P(A_1|A)=\frac{P(A_1A)}{P(A)}=\frac{P(A_1)}{P(A)}=\frac{C_8^4}{C_8^4+C_7^4}=\frac{2}{3}.$$

例 8 若有 M 件产品，其中包括 m 件次品，从中任取 2 件，$M>m>2$，求：

(1) 已知取出两件中有一件次品的条件下，另一件也是次品的概率；

(2) 已知取出两件中有一件不是次品的条件下，另一件是次品的概率；

(3) 取出两件中至少有一件是次品的概率.

解 设 A_1 表示事件"两件中有次品"，A_2 表示事件"两件中有正品"，B 表示事件"另一件是次品"，则 A_1B 表示事件"有两件次品"，A_2B 表示事件"有一件正品，一件次品".

$$(1)\ P(B|A_1)=\frac{P(A_1B)}{P(A_1)}=\frac{\frac{C_m^2}{C_M^2}}{\frac{C_m^2+C_m^1C_{M-m}^1}{C_M^2}}=\frac{m-1}{2M-m-1}.$$

$$(2)\ P(B|A_2)=\frac{P(A_2B)}{P(A_2)}=\frac{\frac{C_m^1C_{M-m}^1}{C_M^2}}{\frac{C_m^1C_{M-m}^1+C_{M-m}^2}{C_M^2}}=\frac{2m}{M+m-1}.$$

$$(3)\ P(A_1)=\frac{C_m^2+C_m^1C_{M-m}^1}{C_M^2}=\frac{m(2M-m-1)}{M(M-1)}.$$

例 9 设事件 A 与 B 相互独立，$P(A)=a, P(B)=b$. 若事件 C 发生，必然导致 A 与 B 同时发生，求 A,B,C 都不发生的概率.

解 由于事件 A 与 B 相互独立，因此 $P(AB)=P(A)P(B)=ab$.

考虑到 $C\subset AB$，故有 $\overline{C}\supset\overline{AB}=\overline{A}\cup\overline{B}\supset\overline{A}\,\overline{B}$.

因此 $P(\overline{A}\,\overline{B}\,\overline{C})=P(\overline{A}\,\overline{B})=P(\overline{A})P(\overline{B})=(1-a)(1-b)$.

例 10 用高射炮射击飞机，如果每门高射炮击中飞机的概率是 0.6，试问：

(1) 用两门高射炮分别射击一次，击中飞机的概率是多少？

(2) 若有一架敌机入侵，至少需要多少门高射炮同时射击才能以 99% 的概率击中敌机？

解 (1) 令 B_i 表示事件"第 i 门高射炮击中敌机"$(i=1,2)$，A 表示事件"击中敌机". 在同时射击时，B_1 与 B_2 可以看成是互相独立的，从而 $\overline{B}_1,\overline{B}_2$ 也是相互独立的，且有

$$P(B_1)=P(B_2)=0.6, P(\overline{B}_1)=P(\overline{B}_2)=1-P(B_1)=0.4.$$

由于 $A=B_1\cup B_2$，有

$$P(A)=P(B_1\cup B_2)=P(B_1)+P(B_2)-P(B_1)P(B_2)$$
$$=0.6+0.6-0.6\times 0.6=0.84.$$

另解　由于 $\overline{A}=\overline{B}_1\overline{B}_2$，有

$$P(\overline{A})=P(\overline{B}_1\overline{B}_2)=P(\overline{B}_1)P(\overline{B}_2)=0.4\times 0.4=0.16,$$

于是
$$P(A)=1-P(\overline{A})=0.84.$$

(2) 令 n 是以 99% 的概率击中敌机所需高射炮的门数，由上面讨论可知

$$99\%=1-0.4^n,\ 即\ 0.4^n=0.01,$$

亦即

$$n=\frac{\lg 0.01}{\lg 0.4}=\frac{-2}{-0.3979}\approx 5.026.$$

因此，若有一架敌机入侵，至少需要 6 门高射炮同时射击才能以 99% 的把握击中它.

例 11　甲、乙二人轮流掷一颗骰子，每轮掷一次，谁先掷得 6 点谁得胜，从甲开始掷，问甲、乙得胜的概率各为多少？

解　以 A_i 表示事件"第 i 次投掷时投掷者才得 6 点". 事件 A_i 发生，表示在前 $i-1$ 次甲或乙均未得 6 点，而在第 i 次投掷甲或乙得 6 点. 因各次投掷相互独立，故有

$$P(A_i)=\left(\frac{5}{6}\right)^{i-1}\frac{1}{6}.$$

因甲为首掷，故甲掷奇数轮次，从而甲胜的概率为(因 $A_1,A_2\cdots$ 两两不相容)

$$P_1=P(A_1\cup A_3\cup A_5\cup\cdots)=P(A_1)+P(A_3)+P(A_5)+\cdots$$
$$=\frac{1}{6}\left[1+\left(\frac{5}{6}\right)^2+\left(\frac{5}{6}\right)^4+\cdots\right]=\frac{1}{6}\frac{1}{1-\left(\frac{5}{6}\right)^2}=\frac{6}{11}.$$

同样，乙胜的概率为

$$P_2=P(A_2\cup A_4\cup A_6\cup\cdots)=P(A_2)+P(A_4)+P(A_6)+\cdots$$
$$=\frac{1}{6}\left[\frac{5}{6}+\left(\frac{5}{6}\right)^3+\left(\frac{5}{6}\right)^5+\cdots\right]=\frac{5}{11}.$$

例 12　在对某厂的产品进行重复抽样检查时，从抽取的 200 件中发现有 4 件次品，问能否相信该厂产品的次品率不超过 0.005？

解　如果该厂产品的次品率为 0.005，由伯努利概型可知，这 200 件样品中出现大于或等于 4 件次品的概率为

$$\sum_{4}^{200}P_{200}(k)=1-\sum_{0}^{3}P_{200}(k)$$

$$= 1 - \sum_{k=0}^{3} C_{200}^{k} (0.005)^{k} (1-0.005)^{200-k}$$

$$\approx 0.0190.$$

而当次品率小于 0.005 时，这个概率还要小.这说明在我们进行的一次抽取（一共抽取 200 个样品）的试验中，一个小概率的事件竟发生了.因此，我们可以说该厂产品的次品率不超过 0.005 是不可信的.

复习题九

1. 填空题：

(1) 一批电子元件共有 100 个，次品率为 0.05.连续两次不放回从中任取一个，则第二次才取到正品的概率为________.

(2) 设 A,B 为互不相容的随机事件，$P(A)=0.5$，$P(B)=0.3$，则 $P(A+B)=$ ________.

(3) 已知 $P(B)=0.3$，$P(\overline{A}\cup B)=0.7$，且 A 与 B 相互独立，则 $P(A)=$ ________.

(4) 某人投篮时，命中率为 0.8，若投篮直到投中为止，则投篮次数为 4 的概率为________.

(5) 进行三次独立的射击，设每次击中目标的概率为$\frac{1}{2}$，则三次射击中恰好击中两次的概率为________.

(6) 有 10 个人在一座 32 层大楼的第一层进入电梯，设他们中每一个人自第二层开始在每一层离开是等可能的，则 10 个人在不同的楼层离开的概率为________.

(7) 甲、乙两厂生产的产品的次品率分别为 1%和 2%，现从甲、乙两厂各生产 60%和 40%的一批产品中随机抽取一件，发现是次品，则该次品属于甲厂生产的概率是________.

(8) 假设一批产品中一、二、三等品各占 60%、30%、10%，从中随机取出一件，结果不是三等品，则取到一等品的概率为________.

(9) 三个箱子，第一个箱子中有 4 个黑球、1 个白球，第二个箱子中有 3 个黑球、3 个白球，第三个箱子中有 3 个黑球、5 个白球，现随机地取一个箱子，再从这个箱子中取出一个球，则这个球是白球的概率为________；已知取出的球是白球，则此球属于第二个箱子的概率为________.

(10) 在一次试验中,事件 A 发生的概率为 $p(0<p<1)$,现进行 n 次独立试验,则 A 至少发生一次的概率为________,A 至多发生一次的概率为________.

2. 选择题

(1) 已知一射手射中的概率为 p,他连续射击 3 次,3 次射击相互独立,则只有第二次射中的概率是 (　　)

A. p　　B. $p(1-p)$　　C. $p(1-p)^2$　　D. $C_3^1 p(1-p)^2$

(2) 已知事件 A,B 满足 $P(AB)=P(\overline{A}\overline{B})$ 且 $P(A)=0.4$,则 $P(B)=$ (　　)

A. 0.4　　B. 0.5　　C. 0.6　　D. 0.7

(3) 掷一颗均匀骰子,设事件 A 为"出现偶数点",B 为"出现两点",则 $P(B|A)=$ (　　)

A. $\frac{1}{6}$　　B. $\frac{1}{4}$　　C. $\frac{1}{3}$　　D. $\frac{1}{2}$

(4) 已知 $P(B)>0$,$A_1A_2=\varnothing$,则下列各式不正确的是 (　　)

A. $P(A_1A_2|B)=0$

B. $P(A_1A_2|B)=P(A_1|B)+P(A_2|B)$

C. $P(\overline{A}_1\cup\overline{A}_2|B)=1$

D. $P(\overline{A}_1\overline{A}_2|B)=1$

(5) 某人射击时,中靶的概率为$\frac{3}{4}$,若射到中靶为止,则射击次数为 3 的概率为 (　　)

A. $\left(\frac{3}{4}\right)^3$　　B. $\frac{1}{4}\left(\frac{3}{4}\right)^2$　　C. $\frac{3}{4}\left(\frac{1}{4}\right)^2$　　D. $\left(\frac{1}{4}\right)^3$

3. 考虑一元二次方程 $x^2+bx+c=0$,其中 b,c 分别表示将一枚骰子接连抛掷两次先后得到的点数,试求该方程有实数根的概率 p 和有重根的概率 q.

4. 从一副扑克牌的 13 张黑桃中,一张接一张地有放回抽取 3 次,试求:

(1) 没有同号的概率;(2) 有同号的概率;(3) 至多有两张同号的概率.

5. 设 A,B 为两个随机事件,满足 $P(AB)=P(\overline{A}\overline{B})$,且 $P(A)=p$,试求 $P(B)$.

6. 设 A,B 为两个随机事件,已知 $P(A)=\frac{1}{3}$,$P(B|A)=\frac{1}{4}$,$P(A|B)=\frac{1}{3}$,试求 $P(AB)$,$P(\overline{A}\overline{B})$,$P(\overline{A}|\overline{B})$.

7. 掷一枚均匀硬币直到出现 3 次正面才停止.求:

(1) 正好在第 6 次停止的概率;

(2) 正好在第 6 次停止的情况下，第 5 次也是出现正面的概率.

8. 设有来自三个地区的 10 名、15 名和 25 名考生的报名表，其中女生的报名表分别为 3 份、7 份和 5 份，随机抽取一个地区的报名表，从中先后抽出两份.

(1) 试求先抽到的一份是女生的报名表的概率 p；

(2) 已知后抽取的一份是男生的报名表，求先抽取的一份是女生的报名表的概率 q.

9. 有两箱同型号的零件，A 箱内装有 50 件，其中一等品 10 件，B 箱内装有 30 件，其中一等品 18 件. 装配工从两箱中任意挑选一箱，从箱子中先后随机地取两个零件(不放回抽样). 求：(1) 先取出的是一等品的概率 p；(2) 在先取出的一件是一等品的条件下，第二次取出的零件仍是一等品的概率 q.

10. 按以往概率论考试结果分析，努力学习的学生有 90%的可能及格，不努力学习的学生有 90%的可能不及格. 据调查，学生中有 80%的人是努力学习的，试问：

(1) 考试及格的学生有多大可能是不努力学习的人？(2) 考试不及格的学生有多大可能是努力学习的人？

11. 某炮兵阵地有甲、乙、丙三门炮，三门炮的命中率分别为 $p_1=0.4$，$p_2=0.3$，$p_3=0.5$，设三门炮同时向同一目标射一发炮弹，结果共有两发炮弹命中，求此时甲炮命中的概率.

12. 甲、乙、丙三人向同一飞机射击，击中的概率分别为 0.4，0.5，0.7. 若一人击中，则飞机被击落的概率为 0.2；若二人击中，则飞机被击落的概率是 0.6；若三人击中，飞机一定被击落. (1) 求飞机被击落的概率；(2) 当飞机被击落时，求飞机是由一人击中的概率.

13. 设 A，B 为两个随机事件，且 $0<P(A)<1$，$0<P(B)<1$，$P(A|B)+P(\overline{A}|\overline{B})=1$，证明 A 与 B 相互独立.

14. 设袋中有 4 个乒乓球，其中 1 个涂有白色，1 个涂有红色，1 个涂有蓝色，1 个涂有白、红、蓝三种颜色. 今从袋中随机地取一个球，设事件 A 表示事件“取出的球涂有白色”，B 表示事件“取出的球涂有红色”，C 表示事件“取出的球涂有蓝色”. 试验证事件 A，B，C 两两相互独立，但不相互独立.

15. n 个人，每人带一件礼品参加联欢会. 联欢开始，将所有的礼品编号，然后每人任意抽取一个号码，按号领取礼品. 试求所有参加联欢会的人得到的都是别人赠送的礼品的概率.

附录 A　集合与逻辑

1　集合及其运算

集合是从实际存在的事物中抽象出来的一类对象的全体，其中每个对象称为集合的元素.

集合通常用大写字母表示，简称集，如 $A,B,C,\cdots$. 集合的元素就是所考察的具体对象，通常用小写字母来表示，如 $a,b,c,\cdots$. 设 a 是集合 M 的元素，记作 $a\in M$(读作 a 属于集合 M). 若 a 不是集合 M 的元素，记作 $a\notin M$(读作 a 不属于集合 M).

由有限个元素组成的集合，即有限集，可用列举(或枚举)法来表示.

例如，由元素 $a_1,a_2,\cdots,a_n$ 组成的集合可表示为 $A=\{a_1,a_2,\cdots,a_n\}$.

由无穷多个元素组成的集合，即无穷集，通常用描述法来表示. 实际上是根据元素所具有的某种特征来确定归属，记作 $M=\{x\mid x$ 所具有的特征$\}$.

可列集用列举法和描述法一般都可以.

例如，$\mathbf{N}=\{0,1,2,3,\cdots,n,\cdots\}$ 为全体自然数的集合，偶数集合可以表示为 $A=\{0,2,4,6,\cdots,2n,\cdots\}$ 或 $A=\{2n\mid n\in\mathbf{N}\}$.

又如，1,2,3 的所有排列数组成的集合是 $B=\{123,132,213,231,312,321\}$.

以后常用的集合是数集或由数来构造的集合，且不是特别注明的话，一般都讨论实数. 一般记全体整数的集合为 $\mathbf{Z}$，全体有理数的集合为 $\mathbf{Q}$，全体实数的集合为 $\mathbf{R}$.

以二元或三元有序数组为元素的集合，如下例：

xOy 平面上满足方程 $x^2+y^2=1$ 的点的全体组成的集合，可记作

$$M=\{(x,y)\mid x\in\mathbf{R},y\in\mathbf{R},x^2+y^2=1\}.$$

这是一个平面上的无穷(点)集，其元素是一个二元有序数组，也即对应为平面上的一个点.

又如，研究两颗骰子投掷后得到的所有可能结果可记为 $P=\{(i,j)\mid i,j=1,2,3,4,5,6\}$，它是一个有 36 个元素的集合.

在了解集合概念的基础上，我们进一步来研究集合之间的关系以及集合的

运算.

定义1 设A,B为集合.若$\forall x\in A$有$x\in B$,则称A是B的子集,记为$A\subset B$.若$A\subset B$且$B\subset A$,则称A与B相等,记为$A=B$.不含任何元素的集合称为空集,记为$\varnothing$.

显然$\mathbf{N}\subset\mathbf{Z}\subset\mathbf{Q}\subset\mathbf{R}$.

由所有属于A或者属于B的元素组成的集合称为A与B的并,记为$A\cup B$.

由既属于A又属于B的元素组成的集合称为A与B的交,记为$A\cap B$.

由属于A但不属于B的元素组成的集合称为A与B的差,记为$A-B$.

集合运算规律如下:设A,B,C是集合,则有

交换律 $A\cup B=B\cup A, A\cap B=B\cap A$.

结合律 $A\cup(B\cup C)=(A\cup B)\cup C, A\cap(B\cap C)=(A\cap B)\cap C$.

分配律 $A\cup(B\cap C)=(A\cup B)\cap(A\cup C)$,

$A\cap(B\cup C)=(A\cap B)\cup(A\cap C)$.

德·摩根(De Morgan)律 $\overline{A\cup B}=\overline{A}\cap\overline{B}, \overline{A\cap B}=\overline{A}\cup\overline{B}$.

我们来定义两个集合在二维意义下的乘积概念.

定义2 设A,B为集合,若$x\in A, y\in B$,则由二元有序组(x,y)构成的集合称为A和B的笛卡儿乘积,记作$A\times B=\{(x,y)\mid x\in A, y\in B\}$.

例如,$\mathbf{R}$是实数集,$\mathbf{R}\times\mathbf{R}=\mathbf{R}^2$即为(二维)实平面.如果定义了三个集合的笛卡儿乘积,还可得出$\mathbf{R}^2\times\mathbf{R}=\mathbf{R}^3$,就是后面要介绍的(三维)实空间概念.

2 常用逻辑符号

教材中∞是表示无穷的记号.

"命题A推导出命题B"可以用"$A\Rightarrow B$"或"$B\Leftarrow A$"来表示.

也称A成立是B成立的充分条件,而B成立是A成立的必要条件.

两个数学符号:$\forall$,$\exists$.

其中"$\forall$"表示"对任意的"或"任取",而"$\exists$"表示存在一个.

例如,"$\forall x\in\mathbf{R}, |x|\geqslant 0$"表示对所有实数$x$,满足$|x|\geqslant 0$,而"$\exists x\in\mathbf{R}, |x|=1$"表示存在某个实数$x$,满足$|x|=1$.

3 复数与一元二次方程的解

如何求负数的平方根？在实数范围内认为是无意义的．给出“虚数”这一名称的是法国数学家笛卡尔．规定 $i^2=-1$，i 叫做虚数单位；形如 $a+bi(a,b\in\mathbf{R})$ 的数叫做复数，单个复数常用 z 表示；复数的全体组成的集合叫做复数集，用 $\mathbf{C}$ 表示．

定义了加法、乘法运算的复数集叫做复数系．复数包含实数和虚数两类．

复数 $a+bi(a,b\in\mathbf{R})$ 中，a 表示复数的实部，用 Rez 表示；b 表示复数的虚部，用 Imz 表示．

两个复数相等，当且仅当实部与虚部分别对应相等．即设 $z_1=a_1+b_1i$，$z_2=a_2+b_2i$，则 $z_1=z_2\Leftrightarrow a_1=a_2$ 且 $b_1=b_2$，其中 $a_1,a_2,b_1,b_2\in\mathbf{R}$.

若复数 $z=a+bi(a,b\in\mathbf{R})$，则 z 为实数$\Leftrightarrow b=0$，z 为虚数$\Leftrightarrow b\neq0$，z 为纯虚数$\Leftrightarrow a=0$ 且 $b\neq0$.

在直角坐标系中，横轴上取对应实数 a 的点 A，纵轴上取对应实数 b 的点 B，并过这两点引平行于坐标轴的直线，它们的交点 C 就表示复数 $a+bi$. 像这样，各点都对应复数的平面叫做复平面，后来又称高斯平面．不仅可以把复数看作平面上的点，而且还可以看作是一种向量，并利用复数与向量之间一一对应的关系，阐述复数加法与乘法的几何意义．

复平面可以表示为 $\mathbf{C}=\{x+yi\mid x\in\mathbf{R},y\in\mathbf{R},i^2=-1\}$，它与实平面有一一对应的关系．

综合直角坐标法和极坐标法统一表示同一复数的代数式和三角式两种形式为

$$a+bi=r(\cos\theta+i\sin\theta).$$

法国数学家棣莫佛在 1730 年发现了著名的棣莫佛定理：

$$[r(\cos\theta+i\sin\theta)]^n=r^n(\cos n\theta+i\sin n\theta).$$

欧拉在 1748 年发现了有名的欧拉复数关系式：

$$e^{i\theta}=\cos\theta+i\sin\theta.$$

指数函数和三角函数在复数域中可以用一个非常简单的关系式联系在一起．特别是当 $\theta=\pi$ 时，欧拉公式写成 $e^{i\pi}+1=0$. 它将数中最富有特色的五个数 $0,1,i,e,\pi$ 绝妙地联系在一起．

下面讨论一元二次方程的求解问题．

一元二次方程的一般形式为 $ax^2+bx+c=0(a\neq0)$，简单表示为 $x^2+px+q=0$.

能使一元二次方程两边相等的未知数的值叫一元二次方程的解(或根).

(1) 当 $\Delta=p^2-4q>0$ 时,方程有两个不同的实数解 $x_{1,2}=\frac{1}{2}(-p\pm\sqrt{p^2-4q})$;

(2) 当 $\Delta=p^2-4q=0$ 时,方程有两个相同的实数解(重根) $x_{1,2}=-\frac{1}{2}p$.

(3) 当 $\Delta=p^2-4q<0$ 时,方程有一对复数解(共轭复根) $x_{1,2}=\alpha\pm\mathrm{i}\beta$,其中

$$\alpha=-\frac{1}{2}p,\beta=\sqrt{4q-p^2}$$

为实数.

最后一种情形在实数域方程被认为无解,但在复数域有一对共轭复根.它们的和、积都是实数,即 $(\alpha+\mathrm{i}\beta)+(\alpha-\mathrm{i}\beta)=2\alpha$, $(\alpha+\mathrm{i}\beta)(\alpha-\mathrm{i}\beta)=\alpha^2+\beta^2$.

当 $\Delta=p^2-4q<0$ 时,称二次多项式 x^2+px+q 在实数域不能再因式分解.

附录B　二阶、三阶行列式

我们从求解二元、三元线性方程组着手，引进二阶、三阶行列式.

例如，求解二元方程组 $\begin{cases}a_{11}x_1+a_{12}x_2=b_1,\\ a_{21}x_1+a_{22}x_2=b_2.\end{cases}$ 当 $a_{11}a_{22}-a_{12}a_{21}\neq 0$ 时，可用消去法解得

$$x_1=\frac{b_1a_{22}-a_{12}b_2}{a_{11}a_{22}-a_{12}a_{21}},x_2=\frac{a_{11}b_2-b_1a_{21}}{a_{11}a_{22}-a_{12}a_{21}}.$$

其中分母 $a_{11}a_{22}-a_{12}a_{21}$ 由方程组中未知数的四个系数确定，按其位置排成二行二列（横称行、竖称列）的数表

$$\begin{matrix}a_{11} & a_{12}\\ a_{21} & a_{22}\end{matrix}$$

表达式 $a_{11}a_{22}-a_{12}a_{21}$ 可以称为这个数表所确定的二阶行列式，并记作

$$\begin{vmatrix}a_{11} & a_{12}\\ a_{21} & a_{22}\end{vmatrix}.$$

其中 $a_{ij}(i=1,2;j=1,2)$ 表示行列式的第 i 行第 j 列的元素或数，i,j 分别称为元素的行标、列标.

同样，可以用行列式记号表示为

$$\begin{vmatrix}b_1 & a_{12}\\ b_2 & a_{22}\end{vmatrix}=b_1a_{22}-a_{12}b_2,\begin{vmatrix}a_{11} & b_1\\ a_{21} & b_2\end{vmatrix}=a_{11}b_2-b_1a_{21}.$$

如图，可以用对角线法则来记忆：$a_{11}a_{22}$ 可用实连线称为主对角线，$a_{12}a_{21}$ 可用虚连线称为副对角线，推广此方法到另外两个行列式.

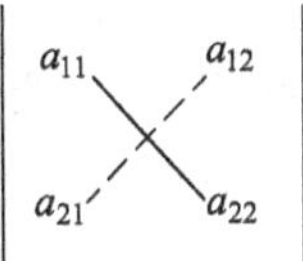

若记 $D=\begin{vmatrix}a_{11} & a_{12}\\ a_{21} & a_{22}\end{vmatrix},D_1=\begin{vmatrix}b_1 & a_{12}\\ b_2 & a_{22}\end{vmatrix},D_2=\begin{vmatrix}a_{11} & b_1\\ a_{21} & b_2\end{vmatrix}$，

方程组的解可写为 $x_1=\frac{D_1}{D},x_2=\frac{D_2}{D}$（若 $D\neq 0$ 成立）.

例 1　求解二元方程组 $\begin{cases}\lambda^2x_1+x_2=\lambda,\\ x_1+x_2=1\end{cases}$ 中 λ 为何值时方程组有解、无解？试讨论之.

解 $D=\begin{vmatrix}\lambda^2 & 1\\ 1 & 1\end{vmatrix}=\lambda^2-1=(\lambda+1)(\lambda-1)$,

$$D_1=\begin{vmatrix}\lambda & 1\\ 1 & 1\end{vmatrix}=\lambda-1, D_2=\begin{vmatrix}\lambda^2 & \lambda\\ 1 & 1\end{vmatrix}=\lambda^2-\lambda=(\lambda-1)\lambda.$$

若 $D\neq 0$,即 $\lambda\neq\pm 1$,方程组有解,且 $x_1=\dfrac{D_1}{D}=\dfrac{1}{\lambda+1}, x_2=\dfrac{D_2}{D}=\dfrac{\lambda}{\lambda+1}$.

若 $D=0$,即 $\lambda=\pm 1$,方程组为 $\begin{cases}x_1+x_2=\pm 1,\\ x_1+x_2=1,\end{cases}$ 显然可知:

当 $\lambda=1$ 时,有解且有无穷多解(只要 $x_1=-x_2$);

当 $\lambda=-1$ 时,两个方程不能同时成立,故无解.

类似地,解三元线性方程组 $\begin{cases}a_{11}x_1+a_{12}x_2+a_{13}x_3=b_1,\\ a_{21}x_1+a_{22}x_2+a_{23}x_3=b_2,\\ a_{11}x_1+a_{12}x_2+a_{33}x_3=b_3\end{cases}$ 可以得到三阶行列式的概念.

定义 设有三行三列的数表

$$\begin{matrix}a_{11} & a_{12} & a_{13}\\ a_{21} & a_{22} & a_{23}\\ a_{31} & a_{32} & a_{33}\end{matrix}$$

记

$$\begin{vmatrix}a_{11} & a_{12} & a_{13}\\ a_{21} & a_{22} & a_{23}\\ a_{31} & a_{32} & a_{33}\end{vmatrix}=a_{11}a_{22}a_{33}+a_{12}a_{23}a_{31}+a_{13}a_{21}a_{32}-$$

$$a_{11}a_{23}a_{32}-a_{12}a_{21}a_{33}-a_{13}a_{22}a_{31},$$

称为上述数表所确定的三阶行列式.其中每一项是数表中不同行不同列的元素之乘积.为方便,可用行标 1 2 3 顺序,列标是 1 2 3 的任一种排列,并用下图中给出的对角法则来记忆上面定义中和式的规律,注意每个乘积项前的符号对应虚线为负,实线为正.

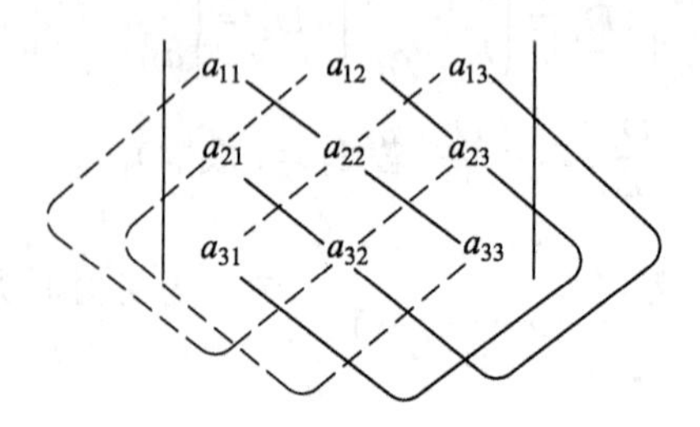

例 2 求方程$\begin{vmatrix} 1 & 1 & 1 \\ 2 & 3 & x \\ 4 & 9 & x^2 \end{vmatrix}=0$的解.

解 方程左端的三阶行列式

$$D=\begin{vmatrix} 1 & 1 & 1 \\ 2 & 3 & x \\ 4 & 9 & x^2 \end{vmatrix}=1\cdot 3\cdot x^2+1\cdot x\cdot 4+1\cdot 2\cdot 9-1\cdot x\cdot 9-1\cdot 2\cdot x^2-1\cdot 3\cdot 4$$

$$=3x^2+4x+18-9x-2x^2-12=x^2-5x+6.$$

由 $x^2-5x+6=0$ 解得 $x=2$ 或 $x=3$.

对角法则适用于二、三阶行列式的计算,这里再给出一个三阶行列式可用二阶行列式按第一行来展开的计算公式如下:

$$\begin{vmatrix} a_{11} & a_{12} & a_{13} \\ a_{21} & a_{22} & a_{23} \\ a_{31} & a_{32} & a_{33} \end{vmatrix}=a_{11}\begin{vmatrix} a_{22} & a_{23} \\ a_{32} & a_{33} \end{vmatrix}-a_{12}\begin{vmatrix} a_{21} & a_{23} \\ a_{31} & a_{33} \end{vmatrix}+a_{13}\begin{vmatrix} a_{21} & a_{22} \\ a_{31} & a_{32} \end{vmatrix}.$$

一般情形及其高阶行列式知识将在线性代数课程中给出.

附录 C 常用平面曲线与二次曲面

1 常用平面曲线图形

(a) 半立方抛物线 $y=ax^{\frac{3}{2}}$ 或 $\begin{cases}x=t^2,\\ y=at^3\end{cases}$(参数方程)；

(b) 圆 $x^2+y^2=2Rx$ 或 $\rho=2R\cos\varphi$（极坐标方程)；

(c) 椭圆曲线 $\dfrac{x^2}{a^2}+\dfrac{y^2}{b^2}=1$ 或 $\begin{cases}x=a\cos\theta,\\ y=b\sin\theta\end{cases}$(参数方程)；

(d) 笛卡儿叶形线 $x^3+y^3=3axy$ 或 $\begin{cases}x=\dfrac{3at}{1+t^3},\\ y=\dfrac{3at^2}{1+t^3}\end{cases}$ $(t=\tan\theta)$；

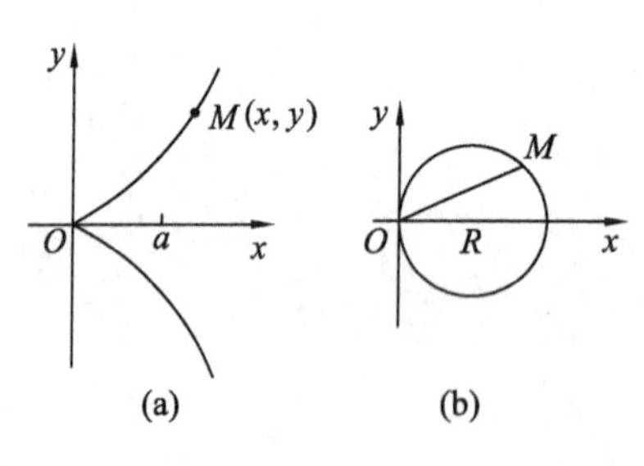

(a) (b)

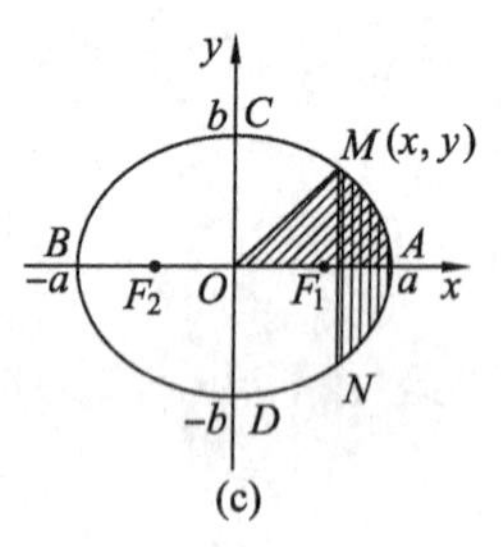

(c)

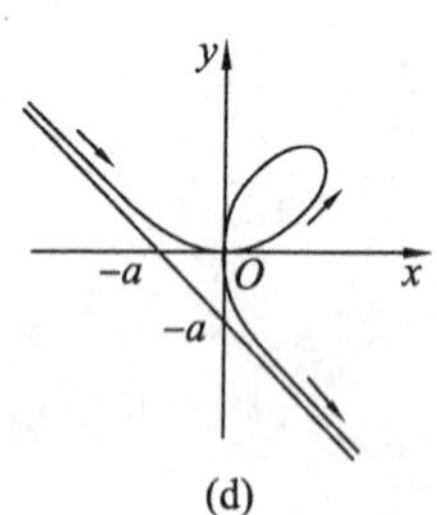

(d)

(e) 概率曲线 $y=\dfrac{1}{\sqrt{2\pi}}\mathrm{e}^{-\frac{1}{2}x^2}$；

(f) 箕舌线 $y=\dfrac{a^3}{x^2+a^2}$ 或 $\begin{cases}x=a\tan t,\\ y=a\cos^2 t;\end{cases}$

(g) 蔓叶线 $y^2(2a-x)=x^3$ 或 $\begin{cases}x=a\,\dfrac{at^2}{1+t^2},\\ y=a\,\dfrac{at^3}{1+t^2};\end{cases}$

(h) 星形线 $x^{\frac{2}{3}}+y^{\frac{2}{3}}=a^{\frac{2}{3}}$ 或 $\begin{cases}x=a\cos^3 t,\\ y=a\sin^3 t;\end{cases}$

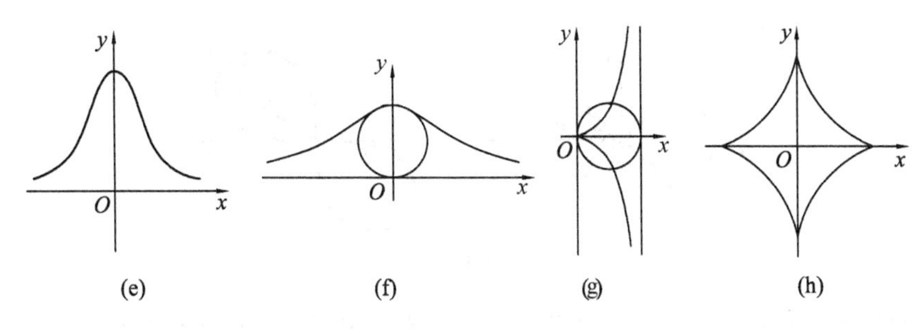

(i) 摆线$\begin{cases} x=a(\theta-\sin\theta), \\ y=a(1-\cos\theta); \end{cases}$

(j) 心形线 $\rho=a(1-\cos\theta)$或 $\rho=a(1+\cos\theta)$;

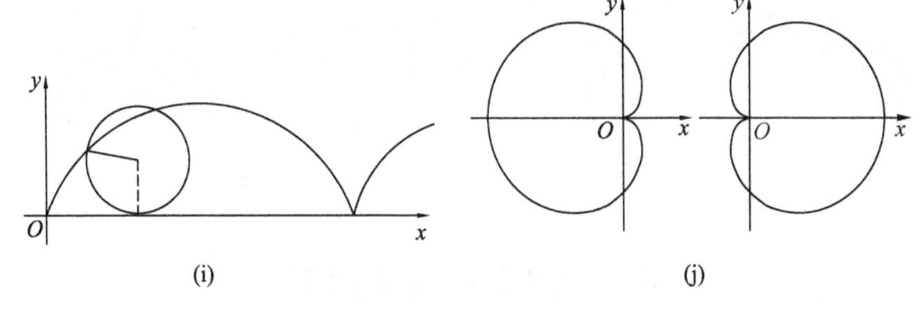

(k) 阿基米德螺线 $\rho=a\theta(a>0)$;

(l) 对数螺线 $\rho=e^{a\theta}(a>0)$;

(m) 双曲螺线 $\rho=\dfrac{a}{\theta}$;

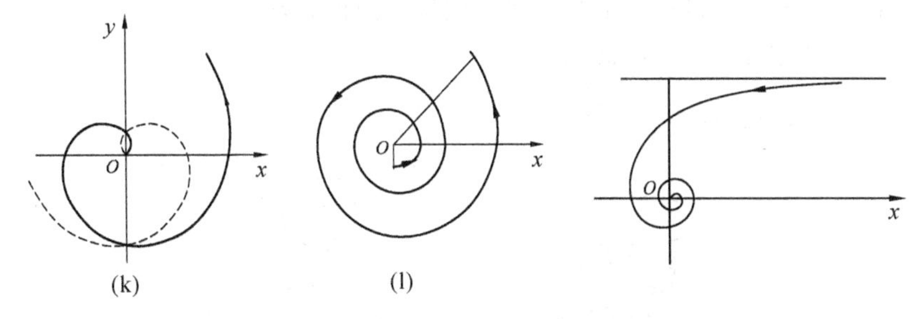

(n) 伯努利双纽线$(x^2+y^2)^2=2a^2(x^2-y^2)$或 $\rho^2=a^2\cos2\theta$;

另一种为$(x^2+y^2)^2=2a^2xy$ 或 $\rho^2=a^2\sin2\theta$;

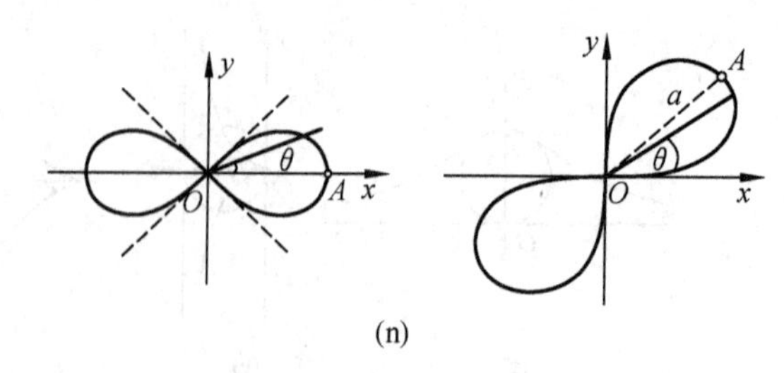

(n)

（o）三叶玫瑰线 $\rho=a\cos3\theta,\theta\in[0,2\pi]$或 $\rho=a\sin3\theta,\theta\in[0,2\pi]$；

（p）四叶玫瑰线 $\rho=a\cos4\theta,\theta\in[0,2\pi]$或 $\rho=a\sin4\theta,\theta\in[0,2\pi]$.

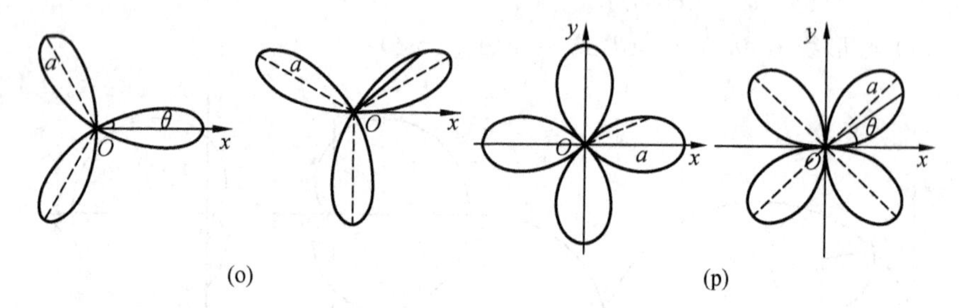

(o) (p)

2　常用二次曲面图形

球面 $(x-x_0)^2+(y-y_0)^2+(z-z_0)^2=R^2$，球心为$(x_0,y_0,z_0)$，半径为 R；

椭球面 $\dfrac{(x-x_0)^2}{a^2}+\dfrac{(y-y_0)^2}{b^2}+\dfrac{(z-z_0)^2}{c^2}=1$，中心为$(x_0,y_0,z_0)$.

下面讨论几个二次曲面的特例来说明旋转曲面和柱面.

三元二次方程表示二次曲面.

［单叶双曲面］$\dfrac{x^2}{a^2}+\dfrac{y^2}{b^2}-\dfrac{z^2}{c^2}=1$.

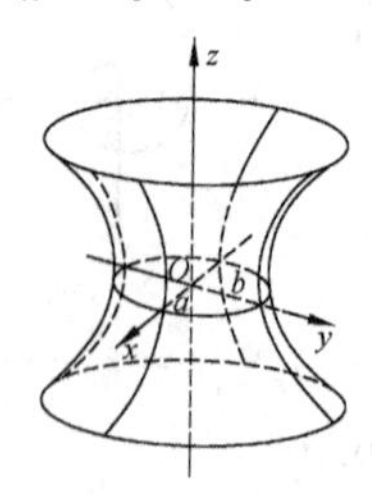

单叶双曲面

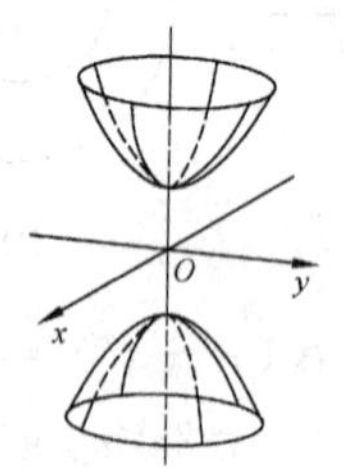

双叶双曲面

［双叶双曲面］$\dfrac{x^2}{a^2}+\dfrac{y^2}{b^2}-\dfrac{z^2}{c^2}=-1$.

特殊地，当 $a=b$ 时，为旋转双曲面（在 xOz 平面上的曲线 $\frac{x^2}{a^2}-\frac{z^2}{c^2}=\pm 1$ 绕 z 轴旋转而成）.

［椭圆锥面］$\frac{x^2}{a^2}+\frac{y^2}{b^2}-\frac{z^2}{c^2}=0$.

特殊地，当 $a=b$ 时，为圆锥面（在 xOz 平面上的直线 $\frac{x}{a}-\frac{z}{c}=0$ 绕 z 轴旋转而成）.

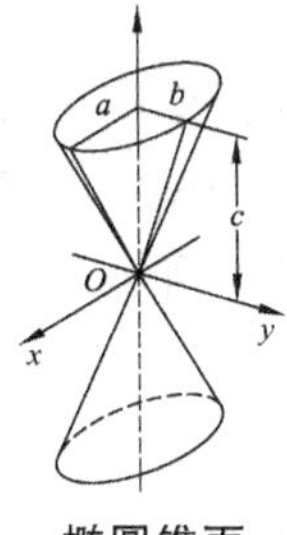

椭圆锥面

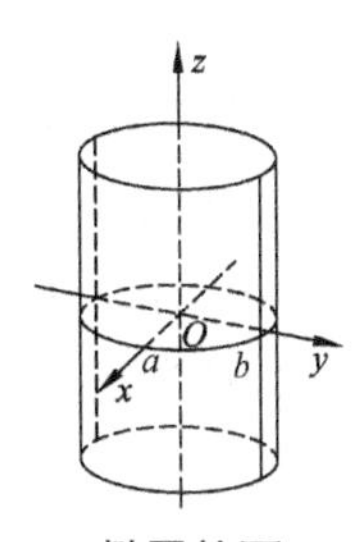

椭圆柱面

［椭圆柱面］$\frac{x^2}{a^2}+\frac{y^2}{b^2}=1$.

当 $a=b$ 时，为圆柱面 $x^2+y^2=a^2$.

［椭圆抛物面］$\frac{x^2}{a^2}+\frac{y^2}{b^2}=z$.

特别地，当 $a=b$ 时，为旋转抛物面（在 xOz 平面上的抛物线 $\frac{x^2}{a^2}=z$ 绕 z 轴旋转而成）.

［双曲抛物面］$\frac{x^2}{a^2}-\frac{y^2}{b^2}=z$.

此曲面又称马鞍面.

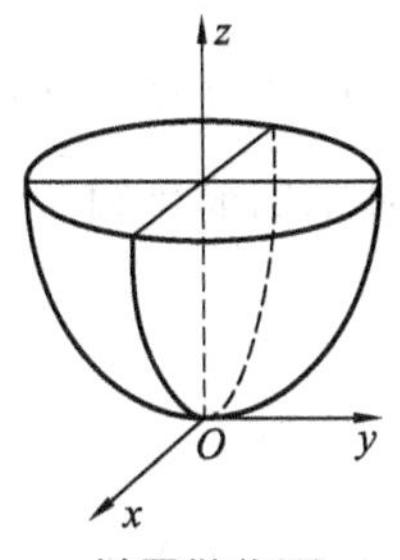

椭圆抛物面

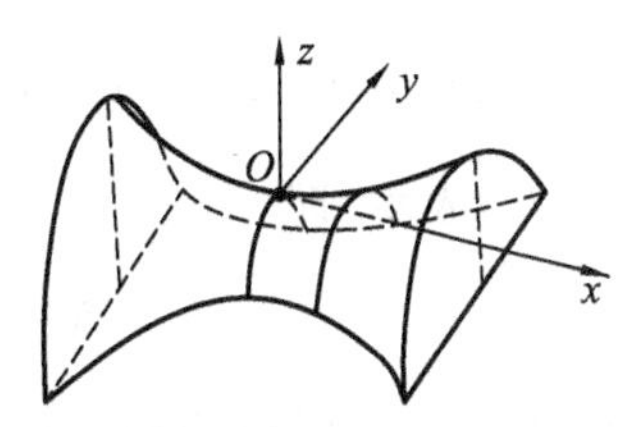

双曲抛物面

附录D 排列组合分析

1 加法原理

定理 1 设完成一件事有 n 类方法，只要选择任何一类中的一种方法，这件事就可以完成. 若第一类方法有 m_1 种，第二类方法有 m_2 种，…，第 n 类方法有 m_n 种，并且这 $m_1+m_2+\cdots+m_n$ 种方法里，任何两种方法都不相同，则完成这件事就有 $m_1+m_2+\cdots+m_n$ 种方法.

2 乘法原理

定理 2 设完成一件事有 n 个步骤，第一步有 m_1 种方法，第二步有 m_2 种方法，…，第 n 步有 m_n 种方法，并且完成这件事必须经过每一步，则完成这件事共有 $m_1m_2\cdots m_n$ 种方法.

3 排 列

定理 1 从 n 个不同元素中，每次取出 m 个元素，按照一定顺序排成一列，称为从 n 个元素中每次取出 m 个元素的排列.

定理 3 从 n 个不同元素中，有放回地逐一取出 m 个元素进行排列(简称为可重复排列)，共有 n^m 种不同的排列.

定理 4 从 n 个不同元素中，无放回地取出 m 个($m\leqslant n$)元素进行排列(简称为选排列)，共有 $n(n-1)\cdots(n-m+1)=\dfrac{n!}{(n-m)!}$种不同的排列. 选排列的种数用 A_n^m(或 P_n^m)表示，即

$$\mathrm{A}_n^m=\frac{n!}{(n-m)!}.$$

特别地，当 $m=n$ 时的排列(简称为全排列)共有 $n\cdot(n-1)(n-2)\cdot\cdots\cdot 3\cdot 2\cdot 1=n!$ 种. 全排列的种数用 P_n(或 A_n^n)表示，即 $\mathrm{P}_n=n!$，并规定 $0!=1$.

4 组 合

定理 2 从 n 个不同元素中，每次取出 m 个元素不考虑其先后顺序作为一组，称为从 n 个元素中每次取出 m 个元素的组合.

定理 5 从 n 个不同元素中取出 m 个元素的组合(简称为一般组合)共有

$$\frac{n(n-1)\cdots(n-m+1)}{m!}=\frac{n!}{m!(n-m)!}$$

种. 一般组合的组合种数用 C_n^m (或 $\binom{n}{m}$) 表示，即

$$C_n^m=\frac{n!}{m!(n-m)!},$$

并且规定 $C_n^0=1$. 不难看出 $C_n^m=\frac{P_n^m}{P_m^m}$.

定理 6 从不同的 k 类元素中，取出 m 个元素. 从第一类 n_1 个不同元素中取出 m_1 个，从第二类 n_2 个不同的元素中取出 m_2 个，…，从第 k 类 n_k 个不同的元素中取出 m_k 个，并且 $n_i \geqslant m_i>0(i=1,2,\cdots,k)$ (简称为不同类元素的组合)，共有

$$C_{n_1}^{m_1} C_{n_2}^{m_2} \cdots C_{n_k}^{m_k} = \prod_{i=1}^{k} C_{n_i}^{m_i}$$

种不同取法.

例 1 袋中有 8 个球，从中任取 3 个球，求取法有多少种.

解 任取出 3 个球与所取 3 个球顺序无关，故取法共有

$$C_8^3=\frac{8\times7\times6}{1\times2\times3}=56(种).$$

例 2 袋中有 5 件不同正品，3 件不同次品，从中任取 3 件，求所取 3 件中有 2 件正品 1 件次品的取法有多少种.

解 第一步在 5 件正品中取 2 件，取法有 $C_5^2=\frac{5\times4}{1\times2}=10$(种)；

第二步在 3 件次品中取 1 件，取法有 $C_3^1=3$(种).

由乘法原理，取法共有 $10\times3=30$(种)

例 3 甲组有 5 名男同学、3 名女同学，乙组有 6 名男同学、2 名女同学. 若从甲、乙两组中各选出 2 名同学，选出的 4 人中恰有 1 名女同学的不同选法共有多少？

解 分两类：

(1) 甲组中选出 1 名女生有 $C_5^1 \cdot C_3^1 \cdot C_6^2=225$ 种选法；

(2) 乙组中选出 1 名女生有 $C_5^2 \cdot C_6^1 \cdot C_2^1=120$ 种选法.

故由加法原理共有 $225+120=345$ 种选法.

例 4 已知集合 $A=\{5\}$，$B=\{1,2\}$，$C=\{1,3,4\}$，从这三个集合中各取一个元素构成空间直角坐标系中点的坐标，求确定的不同点的个数.

解 所得空间直角坐标系中的点的坐标中不含 1 的有 $C_2^1\ A_3^3=12$ 个；

所得空间直角坐标系中的点的坐标中含有 1 个 1 的有 $C_2^1\ A_3^3+A_3^3=18$ 个；

所得空间直角坐标系中的点的坐标中含有 2 个 1 的有 $C_3^1=3$ 个.

故由加法原理共有符合条件的点的个数为 $12+18+3=33$ 个.

例 5 某单位安排 7 位员工在 10 月 1 日至 7 日值班，每天 1 人，每人值班 1 天，若 7 位员工中的甲、乙排在相邻两天，丙不排在 10 月 1 日，丁不排在 10 月 7 日，则不同排法的种数是多少？

解 分两类：甲、乙分别排 1、2 号或 6、7 号，共有 $2\times A_2^2\ A_4^1\ A_4^4=384$ 种方法；

甲、乙排中间，丙排 7 号或不排 7 号，共有 $4A_2^2(A_4^4+A_3^1\ A_3^1\ A_3^3)=624$ 种方法.

故由加法原理共有 1008 种不同的排法.

例 6 假如有 3 位男生和 3 位女生共 6 位同学站成一排，若男生甲不站两端，3 位女生中有且只有两位女生相邻，则不同排法的种数是多少？

解 先将女生分成两组，依次排列，共有取法 $C_3^2\ A_2^2=6$ 种.

然后排男生，再将两组女生插入这 3 个男生侧面的 4 个位置，共有 $A_3^3\ A_4^2=72$ 种排法. 其中男生甲在两端的情形可将甲放在两端，再排其他的 2 个男生，最后将两组女生插入这 2 个男生侧面的 3 个位置，共有 $C_2^1\ A_2^1\ A_3^2=24$ 种排法.

不同排法的总数为 $C_3^2\ A_2^2(A_3^3\ A_4^2-C_2^1\ A_2^1\ A_3^2)=6\times(72-24)=288$.

复习题参考答案

复习题一

1. $\left(0,0,\frac{14}{9}\right)$.

2. $\left(\pm\frac{\sqrt{2}}{2}a,0,0\right)$, $\left(0,\pm\frac{\sqrt{2}}{2}a,0\right)$, $\left(\pm\frac{2}{2}a,0,a\right)$, $\left(0,\pm\frac{\sqrt{2}}{2}a,a\right)$.

3. $(3,-4,-1)$, $(a,b,-c)$, $(-3,-4,1)$, $(-a,b,c)$, $(3,4,1)$, $(a,-b,c)$, $(3,4,-1)$, $(a,-b,-c)$, $(-3,-4,-1)$, $(-a,b,-c)$, $(-3,4,1)$, $(-a,-b,c)$, $(-3,4,-1)$, $(-a,-b,-c)$.

4. (1) $5t+\frac{2}{t^2}$, $5(t^2+1)+\frac{2}{(t^2+1)^2}$; (2) $[1,e^3]$; (3) $1-\cos x$.

5. (1) D; (2) A; (3) D.

6. 略. **7.** $f(f(x))=x$.

8. $D=\{(x,y)\,|\,x\geqslant 0$, 且 $x^2+y^2<2$ 且 $y>x\}$.

9. $f(x,y)=\frac{1}{2}(x-y)\left[\left(\frac{x+y}{2}\right)^2+\frac{x-y}{2}\right]$.

10. (1) ×; (2) ×; (3) √; (4) ×; (5) ×.

11. 略. **12.** $\frac{\pi}{3}$.

13. (1) C; (2) A; (3) A.

14. $x^2+(y+1)^2+(z+5)^2=9$ 或 $(x-2)^2+(y-3)^2+(z+1)^2=9$.

15. $a\in[-5\sqrt{2},5\sqrt{2}]$. **16.** 略.

复习题二

1. (1) $2x$; (2) ∞; (3) 1; (4) e^3; (5) 2; (6) $\frac{3}{4}$; (7) 1; (8) $2^{-\frac{2}{3}}$.

2. 略. **3.** $a=1,b=-\frac{3}{2}$. **4.** (1) 1; (2) a. **5.** $-\ln 2$.

6. $n=2$. **7.** $x=0$ 为跳跃间断点.

8. 略. **9.** (1) 0; (2) 三; (3) $k>0$; (4) 0; (5) 2; (6) $(-\infty,0)\cup(0,+\infty)$.

10. (1) C; (2) A; (3) B; (4) C.

11. (1) 2; (2) 0; (3) $\frac{1}{2}$; (4) 0.

复习题三

1. $f'(x)$在 $x=0$ 处不连续.

2. 连续且 $y'=\begin{cases}(1+x)e^{x}-1, & x>0,\\ 0, & x=0,\\ 1-(1+x)e^{x}, & x<0.\end{cases}$ **3.** 略.

4. $\dfrac{1}{\sqrt{x^2-a^2}},\dfrac{\sqrt{a^2-x^2}-x}{(x+\sqrt{a^2-x^2})\sqrt{a^2-x^2}}$.

5. $-\ln a\cdot a^{-x}-\dfrac{1}{1+a^2}-\csc x\cot x+\dfrac{1}{2\sqrt{x}}$.

6. (1) $\dfrac{2}{5},\dfrac{1}{5}$;(2) $\dfrac{z(x-y)^{z-1}}{1+(x-y)^{2z}},\dfrac{-z(x-y)^{z-1}}{1+(x-y)^{2z}},\dfrac{(x-y)^z\ln(x-y)}{1+(x-y)^{2z}}$;

(3) $-\dfrac{\sqrt{xyz}-yz}{\sqrt{xyz}-xy},-\dfrac{2\sqrt{xyz}-xz}{\sqrt{xyz}-xy},-\dfrac{2\sqrt{xyz}-xz}{\sqrt{xyz}-yz}$;(4) $-\dfrac{x+6xz}{2y+6yz},\dfrac{x}{1+3z}$.

7. (1) $108\times6!$;(2) $-\dfrac{5!}{(x-1)^6}$;(3) $(-1)^n n!\left[\dfrac{2}{(x-2)^{n+1}}-\dfrac{1}{(x-1)^{n+1}}\right]$;

(4) $-2^n\cos\left(2x+\dfrac{n\pi}{2}\right)$;(5) $-\dfrac{2x}{y^2}\sec^2\dfrac{x^2}{y}-\dfrac{4x^3}{y^3}\sec^2\dfrac{x^2}{y}\tan\dfrac{x^2}{y}$.

8. $y(f_1'+2xyf_2'),f+yf_1'+yx^2f_2',f_1'+4xyf_2'+yf_{11}''+(x^2y+2xy^2)f_{12}''+2x^3y^2f_{22}''$.

9. (1) $\left(\dfrac{\partial u}{\partial\rho}\right)^2+\dfrac{1}{\rho^2}\left(\dfrac{\partial u}{\partial\theta}\right)^2$;(2) $\dfrac{\partial^2u}{\partial\rho^2}+\dfrac{1}{\rho}\dfrac{\partial u}{\partial\rho}+\dfrac{1}{\rho^2}\dfrac{\partial^2u}{\partial\theta^2}$.

10. 略. **11.** $dy=xdx$.

12. $dy=\dfrac{2x-y^2f'(x)-f(y)}{2yf(x)+xf'(x)}dx,y'=\dfrac{2x-y^2f'(x)-f(y)}{2yf(x)+xf'(y)}$.

复习题四

1. (1)20;(2) $[-1,1]$;(3) $\left(\dfrac{2}{3},\dfrac{2}{3}e^{-2}\right)$;(4) $f'(x_0)=0$;(5) 1.

2. (1) C;(2) D;(3) D;(4) C;(5) C;(6) D.

3. (1) $\dfrac{1}{\sqrt{2\pi}}$;(2) $\dfrac{1}{6}$;(3) $\dfrac{1}{4}$;(4) $-\dfrac{1}{2}$;(5) $\sqrt{ab}$;(6) $\dfrac{5}{2}$;(7) 1;(8) e.

4. 略. **5.** $a=-\dfrac{1}{2},n=6$. **6.** 略.

7. (1) 在$(-\infty,+\infty)$单调递增,无极值,$(k\pi,k\pi)$为拐点.

(2) 考察 $\ln y=\dfrac{\ln x}{x}$,参见(3).

(3) 在$(0,e]$上单调递增,$[e,+\infty)$上单调递减,在 $x=e$ 达到极大值$\dfrac{1}{e}$,$\left(e^{\frac{3}{2}},\dfrac{3}{2}e^{-\frac{3}{2}}\right)$为拐点,在$(0,e^{\frac{3}{2}}]$上为凸的,在$[e^{\frac{3}{2}},+\infty)$上为凹的.

(4) 在$(0,e]$上单调递增,$[e,+\infty)$上单调递减,在 $x=e$ 达到极大值,在$(0,+\infty)$上为

凹的.

8. $e^{\pi}>\pi^{e}$. **9.** (1) 在$\left(\frac{1}{2},-1\right)$达到极小值$-\frac{e}{2}$;

(2) 在$\left(0,\frac{\sqrt{3}}{3}\right)$达到极小值$-\frac{2\sqrt{3}}{9}$,在$\left(0,-\frac{\sqrt{3}}{3}\right)$达到极大值$\frac{2\sqrt{3}}{9}$.

10. (1) 最大值为 $8+4\sqrt{2}$,最小值为-1;(2) 在$\left(\frac{2}{9}a,\frac{1}{3}a,\frac{4}{9}a\right)$取最大值$\frac{4^5}{3^{15}}a^9$,最小值为 0.

11. 在$\left(\frac{a}{3},\frac{a}{3}\right)$达到极值$-\frac{1}{27}a^3$(当 $a>0$ 时为极大值,当 $a<0$ 时为极小值).

12. (1) 极小值为 9;(2) 极小值为$\frac{11}{2}$. **13.** 略.

14. 切平面方程为 $x-y+2z=\frac{\pi}{4}$,法线方程为$\frac{x-1}{1}=\frac{y-1}{-1}=\frac{z-\frac{\pi}{4}}{2}$.

15. $x-3y-4z+\frac{17}{3}=0$.

复习题五

1. (1) $\int_{x^2}^{0}\cos t^2\,dt-2x\cos x^4$;(2) $\frac{3}{2\pi}$;(3) $\frac{2}{\sqrt{\cos x}}+C$;(4) 2;(5) $\arcsin\sqrt{x}-\sqrt{x(1-x)}+C$.

2. (1) A;(2) B;(3) C;(4) A;(5) C.

3. (1) $\frac{2}{3}\arcsin\frac{x^{\frac{3}{2}}}{a^{\frac{3}{2}}}+C$;(2) $\ln\left|x+\frac{1}{2}+\sqrt{x+x^2}\right|+C$;(3) $\arctan(\sin^2 x)+C$;

(4) $\frac{1}{3}\cdot\frac{\sqrt{1+x^2}}{x}\left(2-\frac{1}{x^2}\right)+C$;(5) $\frac{\sqrt{2}}{2}\arctan(\sqrt{2}\tan x)-\frac{\sqrt{2}}{4}\ln\left|\frac{\cos x+\sqrt{2}}{\cos x-\sqrt{2}}\right|+\arctan(\sin x)+C$;

(6) $x\arctan(1+\sqrt{x})+\ln(x+2\sqrt{x}+2)-\sqrt{x}+C$;(7) $-\frac{\ln x}{\sqrt{1+x^2}}-\ln\left(\frac{1}{x}+\sqrt{\frac{1}{x^2}+1}\right)+C$;

(8) $-\frac{x}{1+e^x}-\ln(1+e^{-x})+C$.

4. (1) $\frac{\pi}{2}$;(2) $\frac{\pi}{4}$;(3) $2(\sqrt{2}-1)$;(4) $\frac{\sqrt{2}}{4}\pi$.

5. (1) $\begin{cases}\frac{7}{3}-e^{-x}, & x>0,\\ x+\frac{x^3}{3}+\frac{4}{3}, & x\leqslant 0;\end{cases}$

(2) $3x-\frac{27}{10}\sqrt{1-x^2}$;(3) $\pi^2+12+\frac{2\pi(\pi^2+12)}{2-\pi}\sin x+\frac{2\pi(\pi^2+12)}{2-\pi}\cos x$.

6. 0,1,-1,极大值$\frac{1}{2}(1+e^{-\frac{\pi}{2}})$.

7. (1) ① $f(x+2)-f(x+1)$；② $xf(0)$. (2) $\cos x^2$.

8. (1) $\frac{1}{4}-\frac{1}{4}e^{-1}$；(2) $\frac{1}{6}(e-2)$；(3) e；(4) $\frac{3}{2}\pi^2-2$；(5) 3；(6) 2. 9. 略.

10. 略. 11. (1) $a=0$；(2) $\begin{cases}\dfrac{f(x)\int_0^x(x-t)f(t)\mathrm{d}t}{\left[\int_0^x f(t)\mathrm{d}t\right]^2}, & x\neq 0,\\ \dfrac{1}{2}, & x=0;\end{cases}$ (3) 连续；(4) 略.

12. (1) π；(2) 2. 13. $\frac{5}{8}\pi a^2$. 14. $\ln(1+\sqrt{2})$.

15. $p[\sqrt{2}+\ln(1+\sqrt{2})]$. 16. $\frac{\pi}{2}\left(\frac{1}{e^2}-\frac{1}{e^4}\right)$，$2\pi\left(\frac{2}{e}-\frac{3}{e^2}\right)$.

复习题六

1. $2\pi a^2$.

2. (1) $I_1>I_2$；(2) $I_1<I_2$.

3. $0\leqslant I\leqslant 2$.

4. (1) $\int_0^1\mathrm{d}y\int_{y-1}^{1-y}f(x,y)\mathrm{d}x$；

(2) $\int_{-\frac{1}{4}}^{0}\mathrm{d}y\int_{-\frac{1}{2}-\sqrt{y+\frac{1}{4}}}^{-\frac{1}{2}+\sqrt{y+\frac{1}{4}}}f(x,y)\mathrm{d}x+\int_0^1\mathrm{d}y\int_{y-1}^{-\frac{1}{2}+\sqrt{y+\frac{1}{4}}}f(x,y)\mathrm{d}x+\int_1^2\mathrm{d}y\int_{y-1}^{1}f(x,y)\mathrm{d}x$.

5. (1) $\frac{2}{9}(2\sqrt{2}-1)$；(2) $\frac{1}{12}(1-\cos 1)$；(3) 1.

6. (1) $-\frac{3}{2}\pi$；(2) $\frac{3}{2}e-\frac{5}{2}e^{-1}$；(3) $\frac{1}{2}\sin 1+\frac{3}{2}\cos 1-\frac{1}{2}\sin 4$.

7. (1) $\int_0^{\pi}\mathrm{d}\theta\int_0^{2\sin\theta}f(\rho\cos\theta,\rho\sin\theta)\rho\mathrm{d}\rho$；

(2) $\int_0^{2\pi}\mathrm{d}\theta\int_0^2 f(\rho\cos\theta,\rho\sin\theta)\rho\mathrm{d}\rho-\int_{-\frac{\pi}{2}}^{\frac{\pi}{2}}\mathrm{d}\theta\int_0^{2\cos\theta}f(\rho\cos\theta,\rho\sin\theta)\rho\mathrm{d}\rho$.

8. (1) $\sqrt{2}-1$；(2) $\frac{7}{9}(2\sqrt{2}-1)$.

9. (1) $\frac{2\pi}{3}(b^3-a^3)$；(2) $\frac{3}{64}\pi^2$.

10. (1) $\frac{15}{8}a^2-2a^2\ln 2$；(2) $\frac{1}{6}ab$.

11. (1) $\frac{2}{3}$；(2) $\frac{32}{9}a^3$.

12. $\frac{16}{3}R^3$.

13. 1，$\left(\frac{4}{15},\frac{4}{15}\right)$.

14. (1) $2\pi a^{2n+1}$；(2) $\frac{3\sqrt{14}}{2}+18$.

15. (1) $8\pi a^5$；(2) -2；(3) 7.

16. 略.

17. $-\frac{3}{4}\pi a^2$.

18. (1) 5;(2) $-e^{-4}\sin 8$.

19. 略.

20. $n=-\frac{1}{2}, I=1-\sqrt{2}$.

21. $\varphi(y)=y^2$.

22. $-\frac{k}{2}$.

复习题七

1. (1) A;(2) C;(3) C;(4) B;(5) D.

2. (1) $y=e^{-\int P(x)dx}\left[\int p(x)e^{\int P(x)}dx+C\right]$;(2) $r_{1,2}=3\pm 2i$;(3) 2 个;(4) $y=\frac{1}{6}x^3+C_1x+C_2$;(5) $y=C_1y_1+C_2y_2+y^*$.

3. (1) $Ce^{y-x}=xy$;

(2) $\arctan(x+y)=y+C$;

(3) $\frac{y^2}{2}+xy-\frac{x^2}{2}=C$;

(4) $x>0, Cx=e^{\arcsin\frac{y}{x}}$; $x<0, \frac{C}{x}=e^{\arcsin\frac{y}{x}}$;

(5) $y-2=Ce^{2\arctan\frac{x+1}{y-2}}$;

(6) $y=\frac{x+1}{2}\pm\sqrt{C+6x-3x^2}$ 或 $(x-1)^2\left[\left(\frac{y-1}{x-1}\right)^2-\frac{y-1}{x-1}+1\right]=C$;

(7) $x=Ce^y-y$;

(8) $y=Ce^{-\tan x}+\tan x-1$;

(9) $y=x[\ln|\ln x|+C]$;

(10) $y=e^{-\frac{1}{x}}(e^x+C)$;

(11) $y=-\frac{\cos x}{x}+\frac{C}{x}$;

(12) $\frac{1}{y}=-\frac{1}{3}+Ce^{-\frac{3}{2}x^2}$;

(13) $x^2y-\frac{1}{3}y^3=C$;

(14) $y\ln x+\frac{1}{4}y^4=C$;

(15) $Ce^{x-y}=x+y$;

(16) $\frac{1}{1+m}x^{1+m}+\ln|x|+x^2y^2+\frac{1}{1+n}y^{1+n}+\ln|y|=C$.

4. (1) $\ln(x+1)=-\frac{1}{y}+1$;

(2) $\frac{1}{2}\left(\frac{y}{x}\right)^2=\ln x+2$;

(3) $y^2-x^2=y$;

(4) $\arcsin\frac{y}{x}=\ln x+\frac{\pi}{2}$;

(5) $y=\frac{x}{\cos x}$;

(6) $\frac{y}{x}=x\left(1+\ln\frac{y}{x}\right)$.

5. (1) $y=C_1e^{-4x}+C_2e^{-5x}$;

(2) $y=C_1e^{3x}+C_2e^{4x}+\frac{5}{12}$;

(3) $y=C_1e^{-x}+C_2e^{\frac{x}{2}}+e^x$;

(4) $y=C_1\cos ax+C_2\sin ax+\frac{1}{1+a^2}e^x$;

(5) $y=C_1+C_2e^{-\frac{5}{2}x}+\left(\frac{1}{3}x^2-\frac{3}{5}x+\frac{7}{25}\right)$;

(6) $y=e^x(C_1\cos 2x+C_2\sin 2x)-\frac{x}{4}e^x\cos 2x$;

(7) $y=C_1e^{-x}+C_2e^{-2x}+x\left(\frac{3}{2}x-3\right)e^{-x}$； (8) $y=\frac{1}{2}e^x+\frac{x}{2}\sin x+C_1\cos x+C_2\sin x$.

6. (1) $y=\frac{x^2}{2}e^{-x}$； (2) $y=\frac{5}{2}e^x-2e^{2x}+\frac{1}{2}e^{3x}$；

(3) $y=-\cos x-\frac{1}{3}\sin x+\frac{1}{3}\sin 2x$； (4) $y=-\left(1+x+\frac{x^2}{2}\right)e^{-x}+1$.

7. (1) $y=C_1x^2+C_2$； (2) $y=-x-\frac{x^2}{2}+C_1e^x+C_2$；

(3) $\frac{y}{y+C_1}=C_2e^{C_1x}$； (4) $\sqrt{C_1y^2-1}=\pm C_1x+C_2$.

8. (1) $y=-\frac{1}{a}\ln|1+ax|$； (2) $e^y=\frac{e^x+e^{-x}}{2}$； (3) $y=x^3+3x+1$.

9. $S=\frac{m}{k^2}\ln\left(\operatorname{ch}\frac{k\sqrt{g}}{\sqrt{m}}t\right)$.

***10.** (1) $y=C^2+Cx, y=-\frac{x^2}{4}$；

(2) $2[\sqrt{y-x}-1+\ln|\sqrt{y-x}-1|]=x+C, 2[\sqrt{y-x}+1-\ln(\sqrt{y-x}+1)]=x+C$, $y=1+x$.

***11.** (1) $y=C_1x+\frac{C_2}{x^2}$； (2) $y=\left[C_1+C_2\ln x+\frac{1}{2}(\ln x)^2\right]x^2$.

复习题八

1. (1) $\frac{3}{2}$；(2) $1-\sqrt{2}$；(3) 3；(4) $[-1,1)$；(5) 0.

2. (1) C；(2) C；(3) B；(4) C.

3. (1) 收敛；(2) 发散；(3) 收敛；(4) 收敛；(5) $q<e$ 时收敛，$q>e$ 时发散；(6) 收敛；(7) 绝对收敛；(8) 条件收敛；(9) 绝对收敛；(10) 条件收敛.

4. (1) $(-3,3]$；(2) $\left[-\frac{1}{3},\frac{1}{3}\right)$；(3) $\left(-\infty,-\frac{1}{2}\right)$；(4) $(-\infty,-1)\cup(1,+\infty)$；(5) $(-3,3)$.

5. $\frac{\sqrt{2}}{2}\ln(2+\sqrt{2})$.

6. (1) $\frac{3+x^2}{(3-x^2)^2}(|x|<\sqrt{3})$； (2) $\frac{2x}{(1-x)^3}(|x|<1)$；

(3) $\begin{cases}\frac{(1-x)\ln(1-x)+x}{x^2}, & x\in[-1,0)\cup(0,1),\\ \frac{1}{2}, & x=0,\\ 1, & x=1;\end{cases}$ (4) $e^{\frac{x}{2}}\left(\frac{x^2}{4}+\frac{x}{2}+1\right), x\in\mathbf{R}$.

7. $\sum_{n=1}^{\infty}\frac{n}{a^{n+1}}x^{n-1}$，$|x|<|a|$.

8. $\sum_{n=1}^{\infty}\frac{(-1)^{n-1}}{2n(2n-1)}x^{2n}(|x|<1)$.

9. $\sum_{n=1}^{\infty}\left(\frac{1}{n!}-\frac{1}{(n+1)!}\right)x^{n-1}$.

10. $\frac{1}{4}\sum_{n=0}^{\infty}\left[(-1)^{n+1}-\frac{1}{3^{n+1}}\right]x^{n}$.

11. $-\frac{1}{4}\sum_{n=0}^{\infty}\left(\frac{3}{7^{n+1}}+\frac{1}{3^{n+1}}\right)(x+4)^{n}$.

12. $\ln 18+\sum_{n=0}^{\infty}(-1)^{n}\left[\left(\frac{2}{9}\right)^{n+1}+\left(\frac{1}{2}\right)^{n+1}\right]\frac{(x-3)^{n+1}}{n+1}$.

13. (1) $\sum_{n=0}^{\infty}\frac{3(-1)^{n}-4^{n+1}}{4^{n+1}}(x-1)^{n},x\in(0,2)$；

(2) $\sum_{n=0}^{\infty}\left[3(-1)^{n}-\frac{1}{4^{n+1}}\right](x+2)^{n},x\in(-3,-1)$；

(3) $\sum_{n=0}^{\infty}\left[\frac{(-1)^{n}}{3^{n}}-\frac{1}{2^{n+1}}\right]x^{n},x\in(-3,2)$；

(4) $-\frac{1535}{648},-\frac{61485}{512},-\frac{184335}{512}$.

复习题九

1. (1) $\frac{19}{396}$. (2) 0.8. (3) $\frac{3}{7}$. (4) $\frac{4}{625}$. (5) $\frac{3}{8}$. (6) $\frac{A_{31}^{10}}{31^{10}}$. (7) $\frac{3}{7}$. (8) $\frac{2}{3}$. (9) $\frac{53}{120},\frac{20}{53}$. (10) $1-(1-p)^{n},(1-p)^{n}+np(1-p)^{n-1}$.

2. (1) C；(2) C；(3) C；(4) D；(5) C.

3. $p=\frac{19}{36},q=\frac{1}{18}$.

4. (1) $\frac{132}{169}$；(2) $\frac{37}{169}$；(3) $\frac{168}{169}$.

5. $1-p$.

6. $P(AB)=\frac{1}{12},P(\overline{A}\,\overline{B})=\frac{1}{2},P(\overline{A}|\overline{B})=\frac{2}{3}$.

7. (1) $\frac{5}{32}$；(2) $\frac{2}{5}$.

8. (1) $p=\frac{29}{90}$；(2) $q=\frac{20}{61}$.

9. $p=\frac{2}{5},q=0.4856$.

10. (1) 0.02702；(2) 0.3077.

11. $\frac{20}{29}$.

12. (1) 0.458，(2) 0.157.

13. 证明略.

14. 证明略.

15. $\sum_{k=2}^{n}\frac{(-1)^{k}}{k!}$.